材料成形过程控制原理及应用

主　编　徐学东
副主编　姜秋月
主　审　赵洪运

WUHAN UNIVERSITY PRESS
武汉大学出版社

图书在版编目(CIP)数据

材料成形过程控制原理及应用/徐学东主编. —武汉:武汉大学出版社,2016.2
ISBN 978-7-307-17428-3

Ⅰ.材… Ⅱ.徐… Ⅲ.工程材料—成型—高等学校—教材 Ⅳ.TB3

中国版本图书馆 CIP 数据核字(2015)第 321840 号

责任编辑:王亚明　　　　责任校对:王小倩　　　　装帧设计:吴　极

出版发行:**武汉大学出版社**　(430072　武昌　珞珈山)
　　　　　(电子邮件:whu_publish@163.com　网址:www.stmpress.cn)
印刷:北京虎彩文化传播有限公司
开本:787×1092　1/16　印张:18.75　字数:478 千字
版次:2016 年 2 月第 1 版　　2016 年 2 月第 1 次印刷
ISBN 978-7-307-17428-3　　定价:39.00 元

前言

自动控制技术在现代工业中得到了越来越广泛的应用。过程控制技术是自动控制技术的重要组成部分。在现代工业生产过程中,过程控制技术正在为实现各类最优的技术经济指标,提高经济效益和社会效益,提高技术竞争力发挥越来越大的作用。材料加工过程繁杂,机械化设备结构各异,对材料成形过程实施自动控制技术的要求是实现生产过程的程序控制或实现对生产过程工艺参数的自动检测和自动调节。

本书结合目前高等教育倡导的"厚基础,宽口径"培养模式,力求在较少的学时内将材料成形过程控制的基本理论、基本方法和应用实例进行系统的介绍,适用于高等院校相关专业的本科生教学,也可供从事材料成形控制工作的工程技术人员参考。

本书内容是按材料成形过程控制涉及的数字电子技术与自动控制系统的基本概念、微机原理及接口技术、材料成形过程控制常用检测技术、电机控制技术、微机控制技术、PLC控制技术、成形设备技术和系统、机器人系统进行编排的,共10章。其中,第1、2章主要介绍材料成形过程控制的相关概念、基本理论和方法,第3、4章主要介绍材料成形过程控制的检测技术和控制方法,第5~9章主要按照材料成形控制设备中被控物理量的类别,分别介绍时间测量与控制系统、位移测量与控制系统、速度测量与控制系统、温度测量与控制系统,第10章主要介绍机器人基础知识及其在焊接领域的应用。本书力求理论联系实际,通过实际应用对材料成形基础理论加以说明,其中大部分控制实例来自近年来从国外引进的设备和相关科研内容。本书突出计算机控制技术在材料成形过程控制中的应用,旨在增强学生对材料成形过程控制相关知识的了解和掌握。

本书由长春工程学院徐学东担任主编,姜秋月担任副主编,董文担任参编,由哈尔滨工业大学威海分校的赵洪运教授担任主审。全书由徐学东负责统稿。

具体编写分工如下:徐学东编写了第1、2章,第3章3.1、3.4节,第10章;姜秋月编写了第4、5、6、7章和第3章3.2、3.3、3.5节;董文编写了第8、9章和第3章3.6节。

由于编者水平有限,书中难免有错误和不当之处,敬请读者批评指正。

编　者
2015年10月

目录

1 绪 论

1.1 材料成形过程控制的特点

材料成形主要是指需要材料被加热才能够完成成形的工艺过程,如金属材料的铸造、锻压、焊接和热处理等。

经常提到的材料成形四大工艺是指材料(金属材料,下同)的塑性成形工艺、轧制成形工艺、焊接成形工艺与液态成形工艺。

塑性成形工艺包括模型锻压工艺、模型冲压工艺、模型挤压工艺与自由锻造工艺。

轧制成形工艺主要包括热轧成形工艺和冷轧成形工艺。

焊接成形工艺包括电弧焊接成形工艺、电阻焊接成形工艺、钎焊接成形工艺、电子束焊接成形工艺、激光束焊接成形工艺、摩擦焊接成形工艺等。

电弧焊接成形工艺按常见电弧的种类又可分为混合保护气体电弧焊工艺、电子束焊接成形工艺、氩气保护电弧焊工艺、等离子弧焊工艺、CO_2 气体保护电弧焊工艺。如果按焊枪中的电极是否熔化来分类,电弧焊接成形工艺又有熔化极电弧焊工艺与非熔化极电弧焊工艺之分。

按被焊工件(连接)接头形式的不同,电阻焊接成形工艺可细分为点焊成形工艺、焊缝成形工艺、凸焊成形工艺与闪光对焊成形工艺。

液态成形工艺按型模种类可分为金属型模液态成形工艺、砂型模液态成形工艺、敷层型模液态成形工艺;按液态成形过程中是否加外力可分为重力浇铸成形工艺、压力浇铸成形工艺、离心浇铸成形工艺。

材料成形过程工艺复杂,影响成形质量的因素较多,劳动强度大,操作者容易疲劳,效率低。人工操作以经验为主,质量不稳定,加工过程在高温下完成,因此实现材料成形生产过程的自动控制具有重要意义。

材料成形过程控制的基本特点有如下几个方面:

① 为多变量控制系统,建模困难。

② 干扰因素相当多。

③ 加工过程复杂。

④ 被控对象多样化。

⑤ 传感方式多样化。

⑥ 执行机构多样化。

⑦ 动态响应速度小。

⑧ 惯性大。

1.2 材料成形过程控制的基本概念

1.2.1 材料成形过程控制系统的基本组成

对于一个过程控制系统而言,无论其结果简单还是复杂,无论其用途和所需要完成的任务单一还是多样化,其都是由一些具有不同职能的基本元件(或单元)组成。最简单的过程控制系统的组成如图1-1所示。

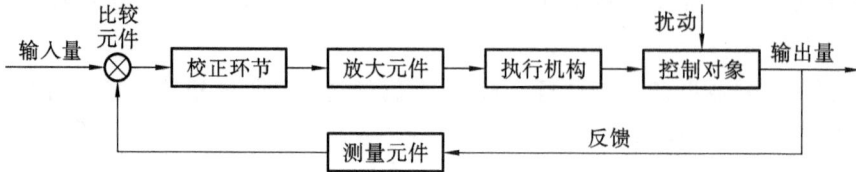

图 1-1　过程控制系统的组成

1.2.2 基本概念

（1）自动控制（automatic control）

自动控制是指在没有人直接参与的条件下,利用控制装置使被控对象的某些物理量(或状态)自动地按照预定的规律去运行。

（2）被控对象

被控对象是指过程控制系统所要控制的对象,即过程控制系统中需要予以控制的机器、设备或生产过程。被控对象是过程控制系统的主体,如火箭、锅炉、机器人、电冰箱等。控制装置则是指对被控对象起控制作用的设备总体,有测量变换部件、放大元件和执行机构。

（3）被控参数

被控参数是指在过程控制系统中需要控制的物理量,如温度、压力等。

（4）开环控制（open loop control）

开环控制是最简单的一种控制方式。它的特点是:按照控制信息传递的路径,控制量与被控制量之间只有前向通路而没有反馈通路。也就是说,控制作用的传递路径不是闭合的,故称为开环。

（5）闭环控制（closed loop control）

凡是将系统的输出量反馈至输入端,对系统的控制作用产生直接影响的控制系统,都称为闭环控制系统或反馈控制（feedback control）系统。这种自成循环的控制作用,使信息的传递路径形成了一个闭合的环路,故称为闭环。

（6）复合控制（compound control）

复合控制是开、闭环控制相结合的一种控制方式。

（7）被控量 （controlled variable）

被控量是指被控对象中要求保持给定值,按给定规律变化的物理量。被控量又称输出量、输出信号。

（8）给定值（set value）

给定值是指作用于自动控制系统的输入端并作为控制依据的物理量。给定值又称输入信号、输入指令、参考输入。

（9）干扰（disturbance）

除给定值之外，凡能引起被控量变化的因素都是干扰。干扰又称扰动。

1.3　材料成形过程的测量与控制系统的特点

1.3.1　各种形式的加热热源测量与控制系统占据主导地位

在材料成形四大工艺中，都要利用热源对工件进行加热，因此材料成形四大工艺常被习惯称为材料热加工或材料热加工工程。

材料热加工工程中，使用着迄今为止人类开发的所有可控、高效加热热源形式。

① 电弧热源，如三相交流电弧炉和气体保护电弧焊。

② 高能粒子束热源，包括电子束和等离子束热源。

③ 激光光束热源。

④ 中高频感应加热热源，如中高频感应加热用感应圈。

⑤ 焦耳电阻热热源。焦耳电阻热热源是利用通过具有一定电阻值导体的电流所产生的热效应来工作的热源形式，被广泛用于材料加热用的各种电阻加热炉及利用工件自身电阻产热的电阻焊。

⑥ 燃料能源，其利用各种固体、液体和气体燃料的燃烧来产生热量。

对上述所有热源形式的最重要要求是热源必须可控。所谓可控，首先是指热源输出功率的可控，并且控制方法要方便、可靠。尽管热源形式多样，但对热源输出功率的控制最终都归结于对热源供电电源的控制。例如，对电弧热源输出功率进行控制，是通过对电弧电源的控制来实现的。

对电子束热源、等离子束热源、激光光束热源、中高频感应加热热源、焦耳电阻热热源等的控制，也都是通过对相关供电电源的控制来实现的。为满足材料热加工工程对热源控制的多样要求，材料成形过程中加热热源测量与控制系统有下述特点。

1.3.2　加热热源测量与控制系统的控制功能多，精度高

从供电电源的控制角度看，不同的能源形式有不同的电负载形式。其中，最复杂的电负载形式当属电弧。电弧是一种气体放电现象。为了有效利用和控制电弧，必须先对电弧电源控制系统的电弧引燃过程、稳定放电状态的电弧、动态放电状态的电弧、交流电流电弧、直流电流电弧、脉冲电流电弧、熔化极电弧、非熔化极电弧、不同气体介质中的电弧等电弧物理现象有较充分的了解，再将掌握的理论运用于电弧电源控制系统中。正是由于上述原因，产生了对焊接电弧电源自动控制系统的多控制功能要求。这里，经简略综合，可列出如下常见焊接电弧电源控制系统：

① （电弧）电源输出伏安特性控制系统。

② 电源脉冲调制功能控制系统。

③ 电源恒压、恒电流控制系统。

其他几种电负载形式对电源自动控制系统有与电弧电源控制系统同样高的要求,而且针对各自负载的性质有各自不同的控制要求。

1.3.3 注重改善工作环境与操作人员的劳动保护

材料成形的四大工艺与冷加工工艺的主要不同在于,它们都属于热加工工艺。在材料成形热加工工程中,使用着各种大功率和特大功率的加热热源。因此,材料成形热加工工程中,常伴随着高温热辐射、强烈的光辐射、高能粒子溅射、有害气体的溢出及烟气粉尘的逸散。总之,材料成形热加工工程多伴随着恶劣的劳动环境。

对于铸件浇铸成形、进热轧机前钢锭的浇铸成形,生产线上都要使用各种金属材料熔炉。常用的熔炉有电阻炉、可燃气体熔化炉、电弧炉等。这些熔炉多为耗电、燃料的"大户"。这些熔炉产生的热辐射可使炉体周围环境的温度升至人体无法承受的程度。显而易见,必须采用全自动化控制系统,才能确保安全、高效生产。而熔炉全自动化要使用进出料系统、炉温控制系统、全系统的状态监测和安全警报系统等控制系统。

例如,摩托车发动机缸体制造主要采用轻合金材料液态成形工艺。海南省新大洲本田摩托有限公司在1992年引进了摩托气缸体制造的无人生产线。该生产线上,从型模制造到型模传送、材料熔化、材料浇铸、模内液态成形控制、开模脱模等工序,全部实现了自动化控制,从而摆脱了液态成形工艺中经常所处的高温、粉尘恶劣工作环境。

在材料焊接成形工程中,最常见的工艺方法是电弧焊成形工艺与电阻焊成形工艺。

无论哪种焊接成形工程,在焊接过程中,电弧本身都会产生高温和强烈的光辐射。其中,强烈的光辐射和紫外线会对人眼造成伤害。激光焊接时的散射激光也会对人眼造成伤害,而对人眼危害较大的当属等离子弧焊。

因此,电弧焊接成形工艺过程中,除采用防护玻璃外,对等离子弧焊和切割常采用水下防护作业。当然,最好的防护还是整个系统实现无人操作的全盘自动化。

除此之外,在电弧焊过程中会产生一些对人体有害的烟尘、粉尘,还会产生温度较高的"金属飞溅"。

1.3.4 注重改善供电电网的供电质量

供电电网的供电质量与用电设备自动控制系统间有何关系?

首先,作为材料成形工艺控制技术人员,应对材料成形设备中电负荷的性质及用电特点有深层次的了解。

① 材料成形工程中的设备都属于单台大功率与特大功率的电负载。

例如,汽车整车与汽车零件制造业中常见的电阻焊设备,包括电阻点焊设备、电阻缝焊设备、电阻凸焊设备、电阻闪光对焊设备及电阻焊机器人等,都使用大功率的焊接变压器,其功率范围多为 $50\sim600$ kV·A,焊接变压器二次侧的焊接电流可达 $10000\sim50000$ A。

用于钢材连轧生产线的大型闪光设备——德国产的闪光对焊焊机的焊接变压器容量为 1000 kV·A,其焊接变压器二次侧中出现的闪光对焊电流可达 150000 A。

在材料塑性成形工程中,特别是在以模锻成形工艺为主的零部件生产线上,如汽车前、后桥模锻生产线,目前多采用大功率晶闸管逆变器构成的中频感应加热炉。单台大功率晶闸管逆变器的功率多在 500 kV·A 以上。

这些大功率中频感应加热方式也常用于对某些大型工件进行高效、快速加热的场合，如大型工件的热处理、焊前预热、焊后为消除应力的退火处理等。

在钢材加热、冷轧制生产线上，为热、冷轧制机轧辊驱动的大功率直流电动机晶闸管变流器调速系统的单台容量为 500～5000 kV·A。

综上所述，材料成形工程设备中的电负载都属于"用电大户"。

如果一个企业以材料成形生产为主，那么该企业必须全面考虑材料成形工程设备用电量大的特点。这就需对配电电网容量、长级配电站、车间配电房作出科学规划。

② 材料成形工程中设备的电负载多为阻感性负载。

综合考察材料成形工程中设备的电气控制部分，可发现其电气控制部分主电路中使用最多的电力电子器件是各种类型、各种容量的晶闸管器件。而主电路的电路结构形式主要为晶闸管整流器、晶闸管交流调压器和晶闸管逆变器三种。

从电力电子学的相关理论中得知，上述三种形式主电路的基本工作原理都是一种，即晶闸管器件的开、关与相控调压原理。

三种主电路的电负载：电阻焊机中晶闸管交流调压器的负载是焊接变压器，轧钢机中晶闸管整流器的负载是大功率直流电动机，中、高频感应加热炉中晶闸管逆变器的负载是感应线圈。

从电工学的基本理论中得知，变压器、直流电动机及感应线圈都属于含有一定电感成分的阻感性负载。

又从理论电工学"阻感性负载晶闸管开关电路中的过渡过程分析"中得知，凡是主电路可归结为上述理论范畴的，都会产生负载电流的过渡过程。

由于过渡过程中的电流可达到正常电流的几倍乃至几十倍，因此过渡过程中的电流会对电网产生很大的电网冲击。电网冲击的危害很大，轻则使配电线路中的过流继电器经常"跳闸"，重则使电网设备与用电设备损坏。

电网波形畸变带来的危害是使网内设备互相干扰，即产生所谓的"扰邻"和"邻扰"故障。"扰邻"和"邻扰"故障表现为多台设备，特别是用计算机控制装置的设备，没有规律地失控，严重时使生产线不能工作。

解决上述问题的技术措施主要有：

① 为解决"扰邻"和"邻扰"问题，在每台阻感性负载晶闸管开关电路中一般加装滤波网络，以防止本台设备产生的干扰波形电流窜入电网，也可防止电网上的干扰波形电流窜入本台设备的主电路与控制电路中。

② 对电阻焊机来说，即便是单点电焊机，因为其阻感性负载晶闸管开关主电路的容量太大，加之其工作方式是频繁的开、关过程，即晶闸管开关主电路中的交流调压过渡过程成为主要的工作方式，所以近代的电阻焊机控制系统中，基本上都采用以微机为控制平台的无过渡过程电流冲击的"软启动"自动开关技术。由于这种控制技术是所有类型电阻焊机的核心控制技术，故从事电阻焊设备的设计、管理、采购和操作相关工作的工程技术人员都应对其有所了解。

③ 为解决多台电阻焊机并联对电网造成的冲击，对全车间的用电设备实行电网负荷优化管理。

所谓分时切入中断管理，是在多台电阻焊机并联于一个电网电源变压器时，为了避免可能出现的多台电阻焊机同时"申请"通电,即电阻焊机的工作程序可能同时进入"焊接"通电程序,就按管理一级计算机"分时切入中断管理"程序,对"申请"通电的电阻焊机进行切入电网的"分批分时"通电管理。由电阻焊工艺设备的相关理论可知,对大多数的单点电焊机、多点电焊机来说,"焊接"通电程序时的电流周波数只有 10~50 个。也就是说,通电时间最长的只有 1 s。因此,对电阻焊机进行切入电网的"分批分时"通电管理时,针对每台设备,就好像单独切入电网一样。

对轧钢机的大功率直流电动机晶闸管变流调速系统而言,由于轧制过程中直流电动机的工作状态时刻处于启动→加速→减速→停转→换向等过渡过程中,因此调速系统过渡过程对电网的冲击是非常大的。

目前,在轧钢机的大功率直流电动机晶闸管变流调速系统中,都有完善的计算机优化 PID 调速控制系统、计算机故障监测与报警系统、连轧线的计算机管理系统等,从而可确保轧钢生产线的正常运行与电网的安全。

1.3.5 高新技术和新兴学科在材料成形领域中的广泛应用

近代高科技领域中某些学科与工程的飞速发展,如计算机科学与工程、航空航天科学与工程、生物医学工程、电力电子科学与工程、核动力科学与工程等,必然首先伴随着材料成形科学与工程的发展,因为上述工程中的所有硬件必须由材料成形工程提供。

从这些硬件的尺寸看,有 50 万吨级的游轮;有长达 120 m、直径达 10 m 的核潜艇,其核反应堆的单季发电量就达 10 万千瓦级;有直径达 20 m、单机总质量达 400 t 的水轮机组;有表面机组有网球场大小、总质量达 600 t 的大坝船闸闸门。这些巨大硬件的问世离不开材料热加工成形工程,特别是焊接成形工程。在这些焊接成形工程中,采用了很多的焊接成形自动化控制系统。

这些硬件中,小的有微电子技术行业中的大、中、小规模支撑电路芯片,有现代生物学所用微型手术器械、高精度微型机械手,有航空航天领域内多种微型精密传感器器件等。这些属于微精加工领域的产品,也离不开特殊的材料热加工成形工艺。其中,值得指出的有激光熔敷、激光热处理。完成上述成形工艺的设备,没有一台不使用自动控制技术。因为对微加工来说,不使用微型工件的定位、装夹自动控制技术,成形质量监控技术和微小热能输入自动控制技术等是无法想象的。

现对由瑞典 ESAB 公司生产,具有世界焊接高技术水平,可用于特大壁厚工件加工的窄间隙埋弧自动焊机机头作如下介绍。

为了对钢材厚度达 250 mm、焊缝最大宽度只有 28 mm 的工件施焊,焊头部分必须有一套完善的焊缝自动跟踪系统,以及使焊头焊前潜入深度达 250 mm 的窄间隙中并使之自动居于中心位置的焊头自动预调整机构。

因为采用埋弧自动焊工艺,所以焊接过程中会产生"渣壳"。但在深 250 mm 的窄间隙空间底层处清除"渣壳"并不容易。为此,该自动焊设备中设计了熔剂自动回收系统。

该窄间隙埋弧自动焊机采用所谓"鱼鳞状焊道"的特殊焊接工艺。为此,焊机机头采用属专利技术的焊嘴偏摆机电一体化装置。

为有效控制电弧电压、焊接电流、焊接速度三个对焊接质量有较大影响的焊接参数,焊机采用了有数字设定与数码显示功能的焊接电源及焊接速度控制单元。

为使一台窄间隙埋弧自动焊机既可焊接纵缝,又可焊接环缝,整套自动焊机设备除包括一台由可 360°旋转的立柱、最大伸出距离为 8 m 横梁组成的主机外,还配套使用一台由主直流电动机驱动的、可防工件侧扭的双主动轮的轮胎。

为协调全机各组成系统的运行,一台控制计算机管理"焊前调试"与"正常焊接"两种运行方式,并控制全机的各分系统,如机械系统的立柱旋转驱动与立柱定位,横梁高度的升降驱动与水平移动驱动,送丝系统的送进与回抽驱动,焊剂送给与回收系统,焊接电源控制系统,焊头的焊缝跟踪系统,重要焊接参数设定与监测数值显示系统等。

1.3.6 机器人控制系统的大量推广、应用

在材料成形加工制造领域,特别是在钢结构构件的冲压与焊接联合加工制造业内,如轿车车身部件总成、载重汽车的驾驶室总成及车箱总成、摩托车架总成的成形加工中,以及品种繁多的汽车零部件生产线上,大量的工业机器人取代了人类,完成上下料、焊接等繁重操作。国外早在 20 世纪 80 年代就广泛以电阻焊接机器人为主体,构成车身部件总成柔性加工生产线。

车身部件总成柔性加工生产线一次性投资巨大,但是柔性加工生产线所产生的经济效益是十分突出的。它在具有较高生产率的同时,还能长期保持产品质量的稳定。

在轿车车身需不断改型以适应市场需求的今天,采用以电阻焊接机器人为主体的车身部件总成柔性加工生产线,配合车身部件的计算机辅助设计系统,可使轿车车身的改型制造周期由原来的"三十年一贯制"缩短至两年,而样车的出型可缩短至一年甚至更短时间。

目前,为增加国产轿车的市场竞争力,尽早实现车身部件总成加工生产线柔性化的思想已为国内几家大型汽车生产集团所接受。据相关资料统计,目前,国内通用型机器人总产量的 90%在经焊接成形工艺与设备的二次技术开发后,被用在汽车车身或其他焊接成形结构生产线上。

在国内,很多汽车生产集团已对传统的只使用悬挂式半自动人工握钳的点焊机、固定式多点焊机的车身生产线进行技术改造,全面增设电阻焊机器人与电弧焊机器人。

例如,"一汽"集团公司于 20 世纪 90 年代末开始对传统的车身生产线进行大规模技术改造。仅据 1994 年的统计,在车身生产线上共引进点焊机器人 52 台套、CO_2 气体保护焊机器人 20 台套,从而使"一汽"集团公司成为国内率先将车身部件总成柔性加工生产线用于载重汽车车身部件总成及轿车车身部件总成生产的大型综合性汽车生产企业。

武汉"神龙"公司的"神龙富康"轿车车身生产线上,有从国外引进的点焊机器人 80 台套、CO_2 气体保护焊机器人 30 台套,现在已在富康轿车车身外形的不断翻新上发挥了巨大作用。

在海南新大洲摩托车车架总成柔性加工生产线上,使用 8 台套大阪电器生产的 CO_2 气体保护焊机器人后,最大限度地减少了人工焊接时容易产生的车架变形、焊接质量不稳定等关键技术上的缺陷,从根本上提高了摩托车车架总成质量。

在汽车车身生产线上引进焊接机器人的优势主要有以下几点。

① 在汽车车身改型生产及中小批量生产中体现出了极大优势。采用固定式单点焊机、固定式多点焊机和稍显灵活的悬挂式单点焊机生产线的最大缺点是:设计出的生产线只能用于一种车型车身的制造。要想改变车身外形,固定式生产线上的所有电焊工位都必须从电极加压系统(一般悬挂式单点焊机、固定式单点焊机多选用气动加压系统,而多点焊机多采用液压系统)到焊接变压器的二次供电系统(包括焊接变压器的二次侧电缆线,焊接变压器的二次侧

焊接电流、电压及其他焊接参数的测量系统,所有电极、二次电缆线、焊接变压器内部、焊接主电路总的大功率晶闸管等的冷却系统及控制系统)做全盘变动,这实际上是很困难的。

这就是为什么以前多采用固定式生产线的"一汽"生产的"解放"载重汽车、"二汽"生产的"东风"载重汽车总是"三十年一贯制"的老面孔。

现在,由于焊接机器人生产线是柔性的,故用计算机辅助设计(CAD)系统设计出的样车车身焊点、焊缝分布图样,或生产中途做出的焊点、焊缝位置更改,都可直接下至点焊机器人及焊缝机器人工位,只需输入焊接机器人计算机控制软件中相关的焊枪位置数据及焊接参数等,就可马上投入生产。

有些较先进的焊接机器人计算机控制软件中,还备有"焊接专家系统"。这使得焊接机器人工位的机器人运动参数和焊接参数设定更方便,焊接质量更为稳定、可靠。

显而易见,柔性焊接机器人生产线特别适用于汽车车身的中小批量生产,可使汽车样车车身的制作周期变得很短。柔性焊接机器人生产线的这一突出技术优势,从一个侧面说明了为什么全世界机器人总产量的60%以上用于汽车产业。

② 保持产品(汽车车身)质量稳定的优势。焊接机器人的焊接质量主要取决于焊接技术参数。这些焊接技术参数都是从大量焊接工艺试验、焊接技术质量管理的第一手资料,熟练操作人员的实际经验中得出的。这些焊接技术参数再经计算机管理软件的优化,制成焊接技术参数数据库,存储于焊接机器人的控制计算机中备用。

又由于焊接机器人不会像人那样有体力和操作技术水平上的差异,因此可长久地保持焊接质量的稳定性。汽车车身部件总成这种先采用钢板冲压工艺再采用焊接工艺完成的部件,保证其质量稳定性的关键因素是焊接变形控制。焊接机器人焊接技术参数体系和一旦调好变形就较小的焊接程序可长久不变,因此能保证汽车车身质量的稳定性。

③ 保持汽车车身生产线长期稳定工作(不停线)的优势。以往的生产线只采用固定式单点、多点焊机,一旦发生故障,就会造成局部停线或漏焊。漏焊可由技术人员在产品上做记号跟踪,然后在汽车车身生产线上设置的补焊工位上补焊,但停线就会严重影响生产。而在机器人柔性生产线上,一旦某工位上的焊接机器人发生故障,车间管理一级的计算机会立即将发生故障焊接机器人的任务传送给线上的某台替补工位上的焊接机器人,这样生产线就不会停线。

2 材料成形过程控制基础

2.1 自动控制基础

2.1.1 自动控制系统的基本概念

在人不直接参与的情况下,利用控制装置使被控对象自动地按照预定的规律运行和变化,这种控制称为自动控制。

能够对被控对象的工作状态进行自动控制的系统称为自动控制系统。

自动控制系统的功能和组成是多种多样的,结构也是有简有繁的。自动控制系统可以是一个具体的工程系统,也可以是一个抽象的社会系统、生态系统和经济系统。本章研究的是一个具体的工程系统——工业机电自动控制系统。

自动控制理论是研究自动控制共同规律的技术科学。

自动控制理论在发展初期是以反馈控制理论为基础的自动调节原理。

随着工业生产和科学技术的发展,形成了以传递函数为基础的经典控制理论。它主要研究的是单输入-单输出、线性定常系统的分析和设计。

现代应用数学和计算机技术的发展和应用,使自动控制理论又进入了一个新的阶段,即现代控制理论阶段。它主要研究的是具有高性能、高精度的多变量变参数系统的最优控制问题。

2.1.2 开环控制系统和闭环控制系统

(1)开环控制系统

在开环控制系统中,控制装置与被控对象之间只有顺向作用,而没有反向联系。系统既不需要对输出量进行测量,也不需要将输出量反馈到输入端与给定输入量进行比较,故系统的输入量就是系统的给定值。

图 2-1 所示为晶闸管-电动机速度开环控制系统。

图 2-1 中的电动机是被控对象。转速 n 是要求实现自动控制的输出量,称为被控量。转速的给定电压 U_g 为系统的输入量。作用于被控对象(电动机)的量 U_d 为控制量。作用于被控对象(电动机)的负载转矩 T_L 称为扰动量。

当系统输入端给定一个电压 U_g(输入量)时,电动机就对应有一个转速 n(输出量)。

当给定电压 U_g 增大时,通过触发器 CF 使晶闸管整流装置的控制角 α 减小,晶闸管整流装置的输出电压 U_d 增高,电动机的转速 n 增加。

从理论上讲,所有使被控量即转速偏离期望值(给定值)的因素都是扰动。如电源电压的波动、电动机励磁电流的变化等因素在转速给定电压值 U_g 不变时,都将引起被控量(转速 n)的变化。

为了分清主次,将各种扰动分为主扰动和次扰动。系统分析时主要考虑主扰动。

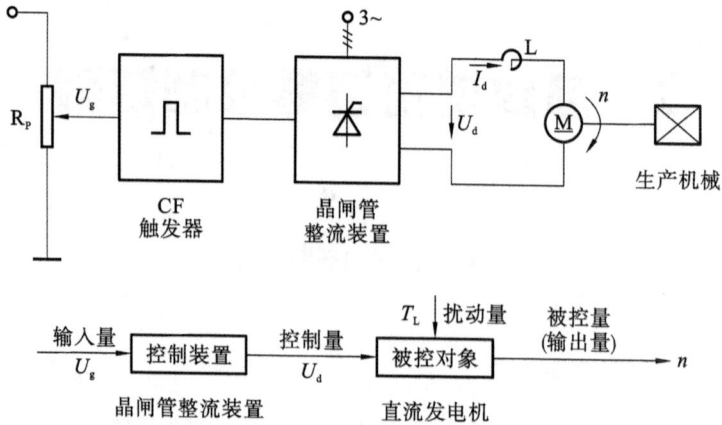

图 2-1 晶闸管-电动机速度开环控制系统

图 2-1 所示的系统是按给定量控制的开环控制系统。如果是按扰动量控制的开环控制系统，则要用仪表来测量其扰动，使系统按照扰动量来进行控制，以减小或抵消扰动对输出量的影响。这种开环控制系统称为前馈控制系统。

前馈控制系统利用可测量的扰动量产生一种补偿作用，能针对扰动迅速调整控制量，使被控量及时得到调整，以改善抗扰动的性能和提高控制精度。

按给定量控制的开环控制系统虽然结构简单、调整方便、成本低，但系统的抗扰动性能差，控制精度低，往往不能满足生产的要求。

如果将开环控制系统用于刨床，则在加工生产中，机械转矩的变化会产生不同的转速降，从而引起转速波动，造成刨床加工精度不高，不能满足生产要求。

在开环控制系统中，每一个给定的输入量有一个相应的固定输出量（期望值）。但是，当系统出现扰动时，这种输入量与输出量之间的一一对应关系将被破坏，系统的输出量将不再是期望值，两者之间有一定误差。开环控制系统不能减小这个误差，一旦此误差超出了允许范围，系统将不能满足实际控制要求。因此，开环控制系统不能实现自动调节。

开环控制系统的特点为：

① 系统中无反馈环节，不需要反馈测量元件。

② 系统开环工作，稳定性能好。

③ 系统不能实现自动调节，对干扰引起的误差不能自行修正，故控制精度不高。

因此，开环控制系统适用于输入量与输出量之间固定且内扰和外扰较小的场合。为了保证一定的控制精度，开环控制系统必须使用高精度控制元件。

（2）闭环控制系统

闭环控制系统是反馈控制系统，其控制装置与被控对象之间既有顺向作用，又有反向联系。它将被控对象的输出量送回输入端，然后与给定输入量进行比较，形成偏差信号，再将偏差信号作用到控制器上，使系统的输出量趋向于期望值。

图 2-2 所示为晶闸管整流供电的直流电动机闭环控制系统。

测速发电机 TG 与电动机 M 同轴，从测速发电机 TG 中引出转速负反馈电压 U_{fn}，此电压与电动机的转速成正比。将该转速负反馈电压 U_{fn} 与给定电压 U_g 进行比较，其偏差值 $\Delta U_i = U_g - U_{fn}$。经调节放大后，输出控制电压 U_c，再经 CF 触发器控制晶闸管整流器的输出电压

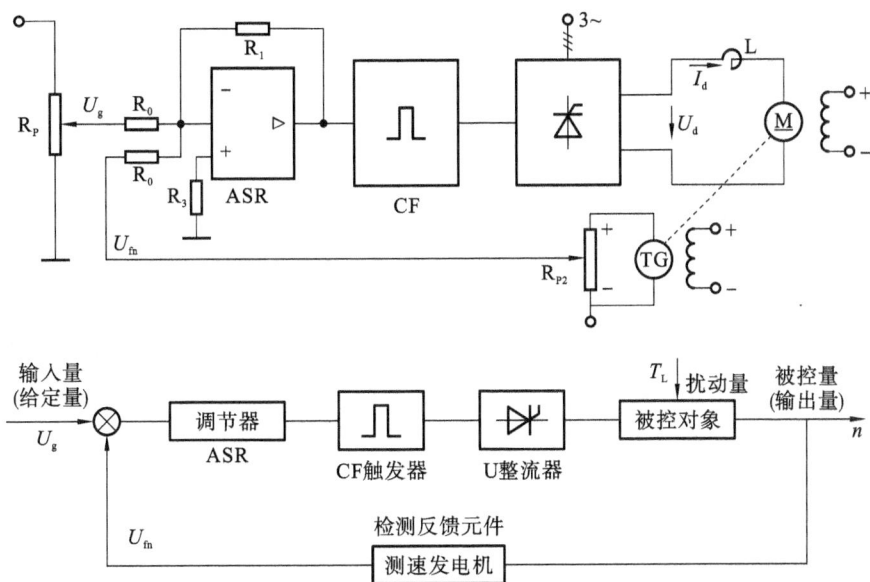

图 2-2　晶闸管整流供电的直流电动机闭环控制系统

U_d，从而控制电动机的转速 n，使转速 n 与转速给定值趋于一致。

当负载增加时，电动机因负载增加而转速下降，则转速负反馈电压 U_{fn} 减小。由于转速给定电压 U_g 不变，故偏差电压 $\Delta U_i = U_g - U_{fn}$ 增大。经放大后使晶闸管整流器的输出电压 U_d 增大，从而电动机的转速 n 回升。

该调节过程可以表示为：$T_L \uparrow \rightarrow I_d \uparrow \rightarrow n \downarrow \rightarrow U_{fn} \downarrow \rightarrow \Delta U_i (= U_g - U_{fn}) \uparrow \rightarrow U_c \uparrow \rightarrow \alpha$（控制角）$\downarrow \rightarrow U_d \uparrow \rightarrow n \uparrow$。

由此可见，当 U_g 不变而电动机转速 n 由于扰动原因产生变化时，可通过转速负反馈自动调节电动机转速 n 而维持稳定，从而提高了控制精度。

将闭环控制系统与开环控制系统相比较，可看出：两者之间最大的差别在于闭环控制系统存在一条从被控量（转速 n）经过检测反馈元件（测速发电机）到系统输入端的通道。这条通道称为反馈通道。

闭环控制系统有以下三个重要功能：

① 检测被控量。

② 将通过检测被控量的实际值而得到的反馈量与给定值进行比较，得到偏差值。

③ 根据偏差值来对被控量进行调节。

闭环控制系统的特点：

① 能补偿控制过程中各种扰动因素的影响，并可自动调节。

② 反馈环节的存在会出现稳定问题，可能会使系统的稳定性变差，甚至可能造成系统不稳定。

③ 系统必须具备由反馈元件组成的反馈环节。

2.1.3　自动控制系统的分类

如前所述，自动控制系统的组成千差万别，所完成的控制任务也不尽相同，但可以按不同的分类方法将其分为不同的类别。例如,按控制方式,其可分为开环控制系统、闭环控制系统和复合控制系统;按元件类型,其可分为机械系统、电气系统、机电系统、液压系统、气动系统、生物系统等;按系统功能,其可分为温度控制系统、压力控制系统、位置控制系统等。

为便于研究自动控制系统的实质,确定正确的研究方法及选择合适的数学工具,下面重点讨论几种最基本和最常用的分类方法。

（1）按输入量变换规律分类

① 恒值控制系统。恒值控制系统的输入量为常值,要求系统在扰动存在的情况下,输出量保持恒定。因此,恒值控制系统的任务就是要克服各种扰动对系统的影响而保持输出量为恒值。自动恒温控制系统和直流电动机闭环调速系统均为恒值控制系统。此外,工业控制中的过程控制系统（输出量为温度、流量、压力、液位等生产过程参量）也都为恒值控制系统。

② 随动控制系统。随动控制系统又称伺服系统或跟踪系统。其输入量是预先未知的随时间任意变化的函数,要求输出量能够迅速而准确地跟随输入量的变化而变化。因而,随动控制系统的任务是在各种情况下保证输出量以一定相度和速度跟随输入量的变化而变化。武器系统中的火炮跟踪系统、雷达导引系统,机械加工设备的伺服机构,天文望远镜的跟踪系统等都属于随动控制系统。

③ 程序控制系统。程序控制系统的输入量是按照预定规律随时间变化的函数。如数字控制机床、机械手控制系统等均采用程序控制系统。

（2）按组成系统元件的特性分类

① 线性系统。组成控制系统的所有环节（或元件）均为线性元件,即其输入/输出特性都是线性的,这样的控制系统称为线性系统。线性系统可以用线性微分方程（或差分方程）来描述。在线性系统中,环节（或元件）参数不随时间变化的控制系统称为定常系统（或时不变系统）,参数随时间变化的控制系统称为时变系统。

② 非线性系统。组成控制系统的所有环节（或元件）中,至少有一个为非线性元件,其他为线性元件,这样的控制系统称为非线性系统。

（3）按系统信号性质分类

① 连续时间系统。系统中的所有信号都是时间的连续函数的控制系统称为连续时间系统,简称连续系统。

② 离散时间系统。信号传输过程中存在间歇采样、脉冲序列等离散信号的控制系统称为离散时间系统,简称离散系统。其运动规律可用差分方程描述。

2.1.4 自动控制系统的性能及指标

2.1.4.1 对自动控制系统的性能要求

（1）稳定性

稳定性是决定一个自动控制系统能否实际应用的首要条件。稳定性是就动态过程的振荡倾向和系统重新恢复平衡工作状态的能力而言的。

系统的工作过程包括稳态和动态两种过程:

① 系统在输入量和被控量均为固定值时的平衡状态称为稳态,又称静态。

② 系统在受到外加信号（给定或干扰）作用后,被控量随时间 t 变化的全过程称为系统的

动态过程,又称过渡过程,常用 $C(t)$ 表示。

在外加信号的作用下,任何系统都会偏离原来的平衡状态,产生初始偏差。所谓稳定性,就是指系统由初始偏差状态达到或恢复平衡状态的性能。

在阶跃输入信号作用下,系统动态过程的几种基本形式为:

① 对于一个稳定系统,在外加信号作用后,由于系统中存在的电磁惯性及机械惯性,必须经过一定的过渡时间被控量才能达到新的平衡值,系统才能进入新的稳态。

稳定系统的动态过程如图 2-3 中的曲线 1 和 2 所示,其被控量的暂态成分随时间衰减,最终能以一定精度趋于平衡值(称为收敛)。

② 对于不稳定系统,其被控量的暂态成分随时间单调发散或振荡发散,如图 2-3 中的曲线 3 和 4 所示。

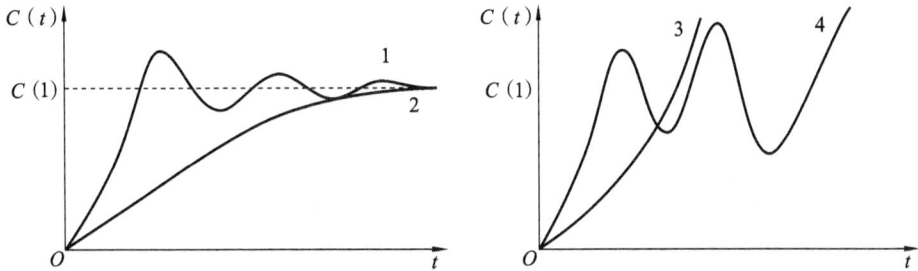

图 2-3 系统的稳定性

显然,不稳定系统是无法完成控制任务的;而对于稳定系统,也要求系统动态过程的振荡要小。为此,对被控量的振幅和振荡次数应有所限制。

(2)快速性

快速性是就稳定系统过渡时间的长短而言的。过渡过程持续时间长,说明系统的快速性差,反应迟钝,将使系统被控量长久地出现偏差,如图 2-3 中的曲线 2 所示。

通常要求自动控制系统的过渡时间尽可能短一些,以便有效地完成控制任务。

(3)准确性

准确性是指系统过渡到新的平衡状态后最终保持的精度。它反映了系统在动态过程后期的性能,一般自动控制系统要求被控量与其期望值的偏差很小。

对于一个具体系统来说,稳定性、快速性和准确性常常是相互矛盾、相互制约的。如提高了系统的快速性,则有可能引起系统强烈振荡;又如改善了系统的稳定性,控制过程则有可能变得迟缓,甚至使最终精度变差。因此,不能片面追求自动控制系统某一方面的性能,应根据具体控制要求进行综合考虑。

2.1.4.2 自动调速系统的性能指标

自动调速系统的性能指标是衡量自动调速系统性能优劣的准则。各种自动控制系统的具体指标有所不同,但一般包括静态性能指标、动态性能指标和经济性能指标。

(1)静态性能指标

① 调速范围 D。

调速范围是指电动机在额定负载下,用某一方法调速时所能达到的最高转速与最低转速之比。

$$D = \frac{n_{max}}{n_{min}}$$

一般希望自动调速系统的调速范围大一些,但不同的生产机械所要求的调速范围有所不同。

② 静差率 S。

自动调速系统静差率是指电动机工作在某一条机械特性上,其负载转矩由理想空载增加到额定负载(额定转速为 n_N 时),对应的额定转速降 Δn_N 与该特性上的理想空载转速 n_0 的比值。

$$S = \frac{\Delta n_N}{n_0} \times 100\% = \frac{n_0 - n_N}{n_0} \times 100\%$$

静差率主要用来衡量负载转矩变化时调速系统转速变化的程度,因此它反映了转速的相对稳定性。

静差率与机械特性的硬度有关。在理想空载转速 n_0 相同的情况下,机械特性越硬(Δn_N 越小),则静差率 S 越小,转速的相对稳定性越好。

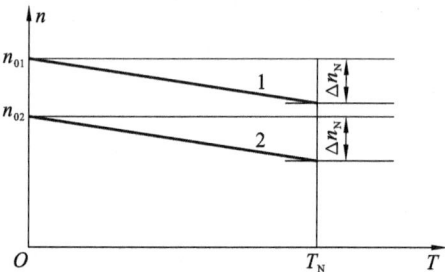

图 2-4 自动调速系统的机械特性

静差率与机械特性的硬度又有所不同。在理想空载转速 n_0 不同的情况下,对于硬度相同(Δn_N 相等)的机械特性,理想空载转速 n_0 越低,则静差率 S 越大,转速的相对稳定性就越差。

如图 2-4 所示,$n_{02} < n_{01}$,则 $S_2 > S_1$。

因此,对自动调速系统静差率的要求,实际上就是对系统最低速静差率的要求。

对于一个自动调速系统,调速范围 D、静差率 S 和额定转速降 Δn_N 三者之间存在一定的关系。在机械特性硬度(Δn_N)一定的情况下,对静差率要求越高(S 越小,即对自动调速系统转速的相对稳定性要求越高),则相应的调速范围越小。

对调速范围要求越高(D 越大),则相应的静差率 S 就越大,这样必然降低转速的相对稳定性。

可见,静差率 S 与调速范围 D 两项指标是相互关联、相互制约的。若要同时满足调速范围 D 和静差率 S 的较高要求,则必须设法使 Δn_N 减小,即必须提高机械特性的硬度。

③ 调速的平滑性 φ。

电动机在调速范围内所获得的调速级数越多,调速的平滑性越好。调速的平滑性 φ 用两个相邻速度级的转速之比来表示:

$$\varphi = \frac{n_i}{n_{i+1}}$$

式中 n_i——电动机在 i 级时的转速;

n_{i+1}——电动机在 $(i+1)$ 级时的转速。

φ 值越接近 1,则调速的平滑性越好。$\varphi \approx 1$ 时的调速称为无级调速,其平滑性最好。

④ 稳态误差(静差)。

稳态误差是指系统由一种稳定状态过渡到另一种稳定状态后(如系统受扰动作用后又重新平衡时),系统输出量的期望值与稳定时实际值之间的偏差。

稳态误差是系统控制精度或抗扰动能力的一种度量。稳态误差反映了系统的准确精度,因此可将系统分为有静差系统和无静差系统。

（2）动态性能指标

动态性能指标是指一个稳定的自动调速系统在动态过程中的指标。它通常以系统在阶跃信号作用下的响应特性来衡量，如图 2-5 所示。

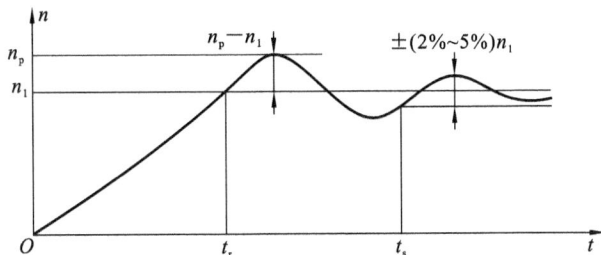

图 2-5　系统动态特性

① 最大超调量 δ。

最大超调量 δ 是自动调速系统转速超过其稳定值 n_1 的最大偏差（$n_p - n_1$）与稳定值 n_1 之比。

$$\delta = \frac{n_p - n_1}{n_1} \times 100\%$$

式中　n_p——自动调速系统达到的最高转速；

　　　n_1——转速的稳定值。

不同的自动调速系统对 δ 值的要求不同。一般在机械加工中，δ 值应限制在 $5\% \sim 10\%$。

δ 值越大，说明系统过渡过程越不平稳，越不能满足生产机械的工艺要求。

δ 值越小，说明系统过渡过程越平稳，但也反映过渡过程越缓慢。

② 上升时间 t_r。

上升时间是指系统在输入量作用下，系统转速从零上升到第一次达到稳定值 n_1 所需的时间。

③ 调节时间 t_s。

调节时间是指从系统受到输入量作用到系统的转速进入偏离稳定值 n_1 的 $\pm(2\% \sim 5\%)$ 区域所需的时间，如图 2-5 所示。它反映了自动调速系统的快速性，调节时间 t_s 越短，系统的快速性越好。

④ 振荡次数 N。

振荡次数是指系统在调节时间内，输出量在稳定值上下摆动的次数。图 2-5 中的振荡次数 $N=1$。N 值越小，系统的稳定性越好。

不同的生产机械对振荡次数的要求不同，如龙门刨床和轧钢机允许有一次振荡，造纸机械不允许有振荡。

2.1.5　自动控制系统的数学模型

研究一个自动控制系统时，除了对系统进行定性分析外，还必须进行定量分析，进而探讨改善系统静态和动态性能的具体方法。这就要求建立系统的数学模型（mathmatical model）。

所谓数学模型，是指能够描述系统变量之间关系的数学表达式。无论是机械、电气、流体系统，还是热力系统等其他系统，一般都可以用微分方程这一数学模型加以描述。将系统的微分方程这一数学模型转化为系统的传递函数形式或状态空间形式的数学模型，有利于对系统进行深入的研究、分析和综合,进而对系统进行识别。

2.1.5.1 系统动态微分方程模型

微分方程是时域中描述系统动态特性的数学模型。利用它还可以得到描述系统动态特性其他形式的数学模型。

当系统的数学模型能用线性微分方程描述时,该系统称为线性系统。如果微分方程的系数为常数,则称该系统为线性定常系统。线性系统可以运用叠加原理,当几个输入量同时作用于系统时可以逐个输入,求出对应的输出,然后把各个输出进行叠加,即为系统的总输出。研究非线性系统时不能应用叠加原理。许多实际的物理系统或多或少都存在一些非线性因素,但在一定范围内,经过线性化处理,可以用一个线性模型来研究其特性。

实际上系统的数学模型主要由简单的环节组成时,才能根据机理分析推导而得。而相当多的系统,尤其是复杂系统,它们涉及的因素较多时,往往需要通过实验方法建立数学模型,即对实验数据进行整理,并拟合出比较接近实际系统的数学模型。

建立系统或环节数学模型的方法有两种:一种是机理分析法,即根据各环节所遵循的物理规律(如力学、电磁学、运动学、热学等)来建立;另一种方法是实验辨识法,即根据实验数据进行整理编写。在实际工作中,这两种方法是相辅相成的。由于机理分析法是基本方法,故本节着重讨论这种方法。

【例 2-1】 列写图 2-6 所示 RLC 网络的微分方程。

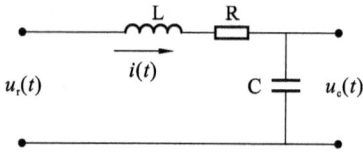

图 2-6　RLC 网络

【解】　(1)明确输入、输出量

此 RLC 网络的输入量为电压 $u_r(t)$,输出量为电压 $u_c(t)$。

(2)列出原始微分方程式

根据电路理论,得:

$$u_r(t) = L\frac{di(t)}{dt} + \frac{1}{C}\int i(t)dt + Ri(t) \tag{2-1}$$

$$u_c(t) = \frac{1}{C}\int i(t)dt \tag{2-2}$$

式中　$i(t)$——网络电流,是除输入、输出量之外的中间变量。

(3)消去中间变量

对式(2-2)两边求导,得:

$$\frac{du_c(t)}{dt} = \frac{1}{C}i(t) \quad 或 \quad i(t) = C\frac{du_c(t)}{dt} \tag{2-3}$$

代入式(2-1),整理为:

$$LC\frac{d^2u_c(t)}{dt^2} + RC\frac{du_c(t)}{dt} + u_c(t) = u_r(t) \tag{2-4}$$

显然,这是一个二阶线性微分方程,也就是图 2-6 所示 RLC 网络的数学模型。

【例 2-2】 图 2-7 所示为一具有质量、弹簧、阻尼器的机械位移系统。试列写质量 m 在外力 $F(t)$ 作用下位移 $x(t)$ 的运动方程。

【解】　设质量相对于初始状态的位移、速度、加速度分别为 $x(t)$、$dx(t)/dt$、$d^2x(t)/dt^2$,由牛顿运动定律,有:

$$m \frac{\mathrm{d}^2 x(t)}{\mathrm{d}t^2} = F(t) - F_1(t) - F_2(t) \qquad (2-5)$$

式中，$F_1(t) = f \cdot \mathrm{d}x(t)/\mathrm{d}t$，是阻尼器的阻尼力，其方向与运动方向相反，大小与运动速度成正比，f 为阻尼系数；$F_2(t) = Kx(t)$，是弹簧弹性力，其方向亦与运动方向相反，大小与位移成正比，K 为弹性系数。将 $F_1(t)$ 和 $F_2(t)$ 代入式(2-5)，经整理即得该系统的微分方程式为：

$$m \frac{\mathrm{d}^2 x(t)}{\mathrm{d}t^2} + f \frac{\mathrm{d}x(t)}{\mathrm{d}t} + Kx(t) = F(t) \qquad (2-6)$$

图 2-7　弹簧-质量-阻尼器
机械位移系统

综上所述，列写元件微分方程式的步骤可归纳如下：

① 根据元件的工作原理及其在控制系统中的作用，确定其输入量和输出量。

② 分析元件工作中所遵循的物理规律或化学规律，列写相应的微分方程。

③ 消去中间变量，得到输出量与输入量之间关系的微分方程，即数学模型。

比较式(2-4)、式(2-6)后发现，虽然它们所代表系统的类别、结构完全不同，但表征其运动特征的微分方程式却是相似的。从这里也可以看出，尽管环节(或系统)的物理性质不同，它们的数学模型却可以是相似的。这就是系统的相似性。利用这种性质，就可以用那些数学模型容易建立，参数调节方便的系统作为模型，代替实际系统从事实验研究。

2.1.5.2 传递函数

建立系统数学模型的目的是对系统的性能进行分析。在给定外作用及初始条件下，通过求解微分方程就可以得到系统的输出响应。这种方法比较直观，特别是借助于电子计算机可以迅速而准确地求得结果。但是如果系统的结构改变或某个参数变化，就要重新列写并求解微分方程，不便于对系统的分析和设计。

拉氏变换是求解线性微分方程的简捷方法。采用这一方法时，微分方程的求解问题化为代数方程和查表求解的问题，这样就使计算大为简便。更重要的是，采用这一方法能把以线性微分方程式描述系统动态性能的数学模型，转换为在复数域的代数形式的数学模型——传递函数。传递函数不仅可以表征系统的动态性能，还可以用来研究系统的结构或参数变化对系统性能的影响。经典控制理论中广泛应用的频率法和根轨迹法就是以传递函数为基础建立起来的。传递函数是经典控制理论中最基本和最重要的概念。

(1) 传递函数的定义和性质

① 定义。

将线性定常系统的传递函数定义为零初始条件下，系统输出量的拉氏变换与输入量的拉氏变换之比。

设线性定常系统用下述 n 阶线性常微分方程描述：

$$a_0 \frac{\mathrm{d}^n y(t)}{\mathrm{d}t^n} + a_1 \frac{\mathrm{d}^{n-1} y(t)}{\mathrm{d}t^{n-1}} + \cdots + a_{n-1} \frac{\mathrm{d}y(t)}{\mathrm{d}t} + a_n y(t)$$

$$= b_0 \frac{\mathrm{d}^m u(t)}{\mathrm{d}t^m} + b_1 \frac{\mathrm{d}^{m-1} u(t)}{\mathrm{d}t^{m-1}} + \cdots + b_{m-1} \frac{\mathrm{d}u(t)}{\mathrm{d}t} + b_m u(t) \qquad (2-7)$$

式中，$y(t)$ 是系统的输出量，$u(t)$ 是系统的输入量，$a_i (i = 1, 2, \cdots, n)$ 和 $b_j (j = 1, 2, \cdots, m)$

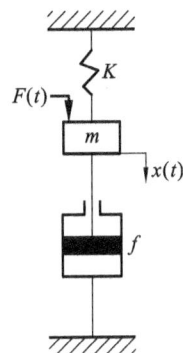

是与系统结构和参数有关的常系数。设 $u(t)$、$y(t)$ 及各阶导数在 $t=0$ 时的值均为零,即零初始条件,则对上式中各项分别求拉氏变换,并令 $Y(s)=L[y(t)]$,$U(s)=L[u(t)]$,可得 s 的代数方程为:

$$(a_0 s^n + a_1 s^{n-1} + \cdots + a_{n-1}s + a_n)Y(s) = (b_0 s^m + b_1 s^{m-1} + \cdots + b_{m-1}s + b_m)U(s) \qquad (2\text{-}8)$$

于是,由定义得系统传递函数为:

$$G(s) = \frac{Y(s)}{U(s)} = \frac{b_0 s^m + b_1 s^{m-1} + \cdots + b_{m-1}s + b_m}{a_0 s^n + a_1 s^{n-1} + \cdots + a_{n-1}s + a_n} \qquad (2\text{-}9)$$

② 性质。

传递函数具有以下性质:

a. 传递函数是复变量 s 的有理真分式函数,具有复变函数的所有性质。$m \leqslant n$ 且所有系数均为实数。

b. 传递函数是系统或元件数学模型的另一种形式,是一种用系统参数表示输出量与输入量之间关系的表达式。它只取决于系统或元件的结构和参数,而与输入量的形式无关,也不反映系统内部的任何信息。

c. 传递函数与微分方程有相通性。只要把系统或元件微分方程中的各阶导数用相应阶次的变量 s 代替,就很容易求得系统或元件的传递函数。

d. 传递函数 $G(s)$ 的拉氏反变换是脉冲响应 $g(t)$。

$g(t)$ 是系统在输入单位脉冲 $\delta(t)$ 时的输出响应。此时 $U(s)=L[\delta(t)]=1$,故有 $g(t)=L^{-1}[Y(s)]=L^{-1}[G(s)U(s)]=L^{-1}[G(s)]$。

对于简单的系统或元件,首先列出它的输出量与输入量的微分方程,求其在零初始条件下的拉氏变换,然后由输出量与输入量的拉氏变换之比即可求得系统的传递函数。对于较复杂的系统或元件,可以先将其分解成各局部环节,求得各局部环节的传递函数,然后利用本章所介绍的结构图变换法则计算系统总的传递函数。

下面举例说明求取简单环节传递函数的步骤。

【例 2-3】 求图 2-6 所示 RLC 网络的传递函数。

【解】 图 2-6 所示 RLC 网络的微分方程为:

$$LC \frac{\mathrm{d}^2 u_c(t)}{\mathrm{d}t^2} + RC \frac{\mathrm{d}u_c(t)}{\mathrm{d}t} + u_c(t) = u_r(t)$$

当初始条件为零时,拉氏变换为:

$$(LCs^2 + RCs + 1)U_c(s) = U_r(s)$$

则传递函数为:

$$G(s) = \frac{U_c(s)}{U_r(s)} = \frac{1}{LCs^2 + RCs + 1}$$

(2) 典型环节的传递函数

一个物理系统是由许多元件组合而成的。虽然各种元件的具体结构和作用原理是多种多样的,但若抛开其具体结构和物理特点,研究其运动规律和数学模型的共性,就可以划分成为数不多的几种典型环节。这些典型环节是比例环节、微分环节、积分环节、一阶惯性环节、二阶振荡环节和延迟环节。应该指出,由于典型环节是按数学模型的共性划分的,故它和具体元件不一定是一一对应的。换句话说,典型环节只代表一种特定的运动规律,不一定是一种具体的元件。

① 比例环节。

比例环节又称放大环节,其输出量与输入量之间是一种固定的比例关系。这就是说,它的输出量能够无失真、无滞后地按一定的比例复现输入量。比例环节的表达式为:

$$y(t) = Ku(t) \tag{2-10}$$

比例环节的传递函数为:

$$G(s) = \frac{Y(s)}{U(s)} = K \tag{2-11}$$

在物理系统中,无弹性变形的杠杆、非线性和时间常数可以忽略不计的电子放大器、传动链之速比以及测速发电机的电压和转速的关系,都可以认为是比例环节。但是也应指出,完全理想的比例环节实际上是不存在的。杠杆和传动链中总存在弹性变形,输入信号的频率改变时电子放大器的放大系数会发生变化,测速发电机电压与转速之间的关系也不完全是线性关系。因此,把上述这些环节当作比例环节是一种理想化的方法。在很多情况下,这样做既不影响问题的性质,又能使分析过程简化。但一定要注意理想化的条件和适用范围,以免导致错误的结论。

② 微分环节。

微分环节是自动控制系统中经常应用的环节。

a. 理想微分环节。

理想微分环节的特点是在暂态过程中,输出量为输入量的微分,即:

$$y(t) = \tau \frac{\mathrm{d}u(t)}{\mathrm{d}t} \tag{2-12}$$

式中　τ——时间常数。

其传递函数为:

$$G(s) = \frac{Y(s)}{U(s)} = \tau s \tag{2-13}$$

对于图 2-8(c)所示的测速发电机,当其输入量为转角 φ,输出量为电枢电压 u_c 时,具有微分环节的作用。设测速发电机角速度为 ω,则 $\omega = \frac{\mathrm{d}\varphi}{\mathrm{d}t}$,而测速发电机的输出电压 u_c 与其角速度成正比,因此得:

$$u_c = K\omega = K \frac{\mathrm{d}\varphi}{\mathrm{d}t}$$

由此传递函数为:

$$G(s) = \frac{U_c(s)}{\Phi(s)} = Ks$$

b. 实际微分环节。

理想微分环节在实际中很难实现。图 2-8(a)所示的 RC 串联电路是实际中常用的微分环节的例子。

图 2-8(a)所示电路的微分方程为:

$$u_r = \frac{1}{C}\int i\mathrm{d}t + iR$$

$$iR = u_c$$

消去中间变量,得:

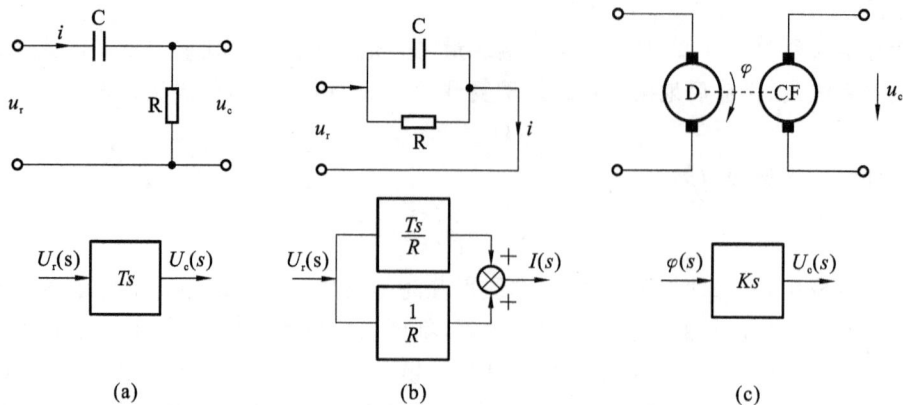

图 2-8 微分环节

$$u_r = \frac{1}{RC}\int u_c\,\mathrm{d}t + u_c$$

相应的传递函数为:

$$G(s) = \frac{U_c(s)}{U_r(s)} = \frac{T_c s}{T_c s + 1} \tag{2-14}$$

$$T_c = RC$$

当 RC 远小于 1 时,其传递函数可以写成:

$$G(s) = \frac{U_c(s)}{U_r(s)} = T_c s$$

c. 比例微分环节。

图 2-8(b)所示的 RC 电路也是微分环节。它与图 2-8(a)所示的微分电路稍有不同,其输入量为电压 u_r,输出量为回路电流 i。由电路原理知,当输入电压 u_r 发生变化时,有:

$$i = C\frac{\mathrm{d}u_r}{\mathrm{d}t} + \frac{u_r}{R}$$

因此,该电路的传递函数为:

$$G(s) = \frac{I(s)}{U_r(s)} = \frac{1}{R} + \frac{1}{R}Ts \tag{2-15}$$

式中 T——微分时间常数,其值为 RC。

称具有这种传递函数形式的环节为比例微分环节。

③ 积分环节。

积分环节的动态方程为:

$$\frac{\mathrm{d}y(t)}{\mathrm{d}t} = Ku(t) \tag{2-16}$$

上式表明,积分环节的输出量与输入量的积分成正比。

对应的传递函数为:

$$G(s) = \frac{Y(s)}{U(s)} = \frac{K}{s} \tag{2-17}$$

④ 一阶惯性环节。

自动控制系统中经常包含这种环节,这种环节具有一个储能元件。一阶惯性环节的微分方程为：

$$T\frac{\mathrm{d}y(t)}{\mathrm{d}t}+y(t)=Ku(t) \tag{2-18}$$

其传递函数可以写成如下表达式：

$$G(s)=\frac{Y(s)}{U(s)}=\frac{K}{Ts+1} \tag{2-19}$$

式中　K——比例系数；

　　　T——时间常数。

图 2-9 所示的 RC 电路就是一阶惯性环节的例子。

对于图 2-9 所示的 RC 电路，其输入电压 $u_r(t)$ 和输出电压 $u_c(t)$ 之间的关系为：

$$RC\frac{\mathrm{d}u_c(t)}{\mathrm{d}t}+u_c(t)=u_r(t)$$

对上式进行拉氏变换，可以求出传递函数为：

$$G(s)=\frac{U_c(s)}{U_r(s)}=\frac{1}{RCs+1}$$

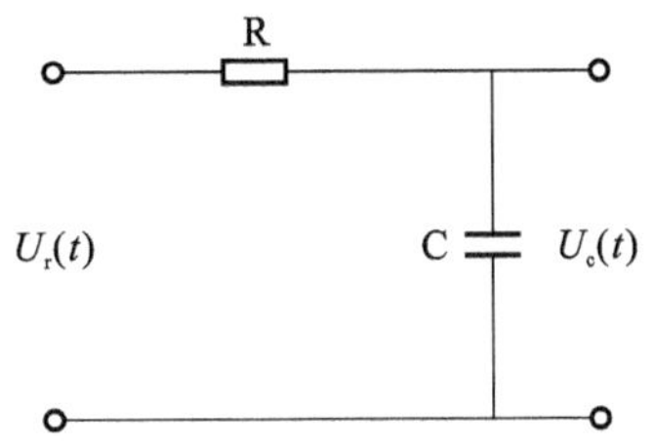

图 2-9　RC 电路

⑤　二阶振荡环节。

二阶振荡环节的微分方程为：

$$T^2\frac{\mathrm{d}^2}{\mathrm{d}t^2}y(t)+2\zeta T\frac{\mathrm{d}}{\mathrm{d}t}y(t)+y(t)=Ku(t) \tag{2-20}$$

其传递函数为：

$$G(s)=\frac{Y(s)}{U(s)}=\frac{K}{T^2s^2+2\zeta Ts+1}=\frac{\omega_n^2}{s^2+2\zeta\omega_n s+\omega_n^2} \tag{2-21}$$

式中　T——时间常数；

　　　ζ——阻尼系数(阻尼比)；

　　　ω_n——无阻尼自然振荡频率。

对于振荡环节恒有 $0\leqslant\zeta<1$。

⑥　延迟环节。

延迟环节的特点是其输出信号比输入信号滞后一定的时间。其数学表达式为：

$$c(t)=r(t-\tau) \tag{2-22}$$

由拉氏变换的平移定理，可求得输出量在零初始条件下的拉氏变换为：

$$Y(s)=U(s)e^{-\tau s}$$

所以，延迟环节的传递函数为：

$$G(s)=\frac{Y(s)}{U(s)}=e^{-\tau s} \tag{2-23}$$

在实际生产中，特别是在一些液压、气动或机械传动系统中，都可能遇到时间迟后现象。在计算机控制系统中，由于运算需要时间，也会出现时间迟后。

2.1.5.3　系统结构图及其等效变换

一个控制系统总是由许多元件组合而成。从信息传递的角度看，可以把一个系统划分为若干环节，每个环节都有对应的输入量、输出量及传递函数。为了表明每个环节在系统中的功能,在控制工程中,我们常常应用所谓"结构图"的概念。控制系统的结构图是描述系统各元部件之间信号传递关系的数学图形,它可表示系统中各变量之间的因果关系及对各变量所进行的运算,是控制理论中描述复杂系统的一种简便方式。

(1)系统结构图

控制系统的结构图是由许多对信号进行单向运算的方框和一些信号流向线组成。它包含四种基本单元。

① 信号线。

信号线是带有箭头的直线,箭头表示信号的流向,在直线旁标记信号的时间函数或象函数,见图 2-10(a)。

② 引出点(或测量点)。

引出点表示信号引出或测量的位置。从同一位置引出的信号在数值和性质方面完全相同,见图 2-10(b)。

③ 比较点(或综合点)。

比较点表示对两个及两个以上的信号进行加减运算,"+"表示信号相加,"-"表示信号相减,"+"号可以省略不写,见图 2-10(c)。

④ 方框(或环节)。

方框表示对信号进行的数学变换。方框中写入环节或系统的传递函数,见图 2-10(d)。显然,方框的输出量等于方框的输入量与传递函数的乘积,即:

$$Y(s)=G(s)U(s)$$

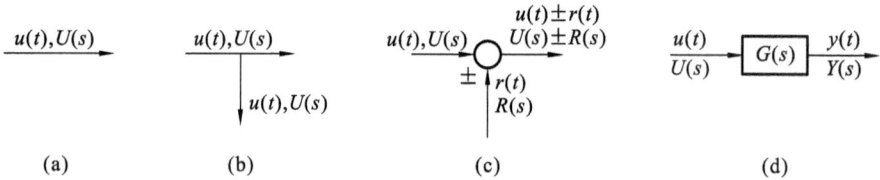

图 2-10 系统结构图的基本组成单元

绘制系统结构图时,首先分别列写系统各环节的传递函数,并将它们用方框表示,然后按照信号的传递方向用信号线依次将各方框连接起来,便得到系统结构图。

(2)系统结构图的等效变换和简化

一个复杂的系统结构图,其方框间的连接必然是错综复杂的。为了便于分析和计算,需要将系统结构图中的一些方框基于"等效"的概念进行重新排列和整理,使复杂的系统结构图得以简化。由于方框间的基本连接方式只有串联、并联和反馈连接三种,因此,结构图简化的一般方法是移动引出点或比较点,将串联、并联和反馈连接的方框合并。在简化过程中,应遵循变换前后变量关系保持不变的原则。

① 串联环节的等效变换。

环节的串联是很常见的一种结构形式。其特点是,前一个环节的输出信号为后一个环节的输入信号,如图 2-11(a)所示。

由图 2-11(a),有:

$$X(s)=G_1(s)U(s)$$

于是得:

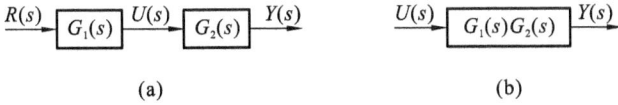

图 2-11　结构图串联连接及其简化

$$Y(s)=G_1(s)G_2(s)U(s)=G(s)U(s) \tag{2-24}$$

式中，$G(s)=G_1(s)G_2(s)$，是串联环节的等效传递函数，可用图 2-11(b)中的方框表示。由此可知，两个串联的环节可以用一个等效环节代替，等效环节的传递函数为各个环节传递函数之积。这个结论可推广到 n 个环节串联的情况。

在许多反馈系统中，它们的元件之间存在着负载效应。下面研究图 2-12(a)所示的系统。

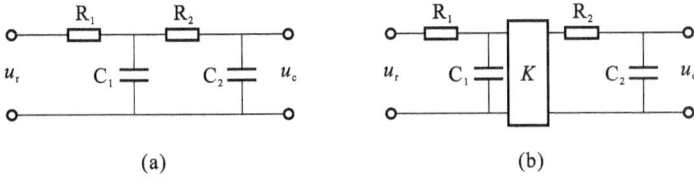

图 2-12　电路的串联

设 u_r 为输入量，u_c 为输出量。在该系统中，第二级电路（R_2C_2）部分将对第一级电路（R_1C_1）部分产生负载效应。这个系统的方程为：

$$\frac{1}{C_1}\int(i_1-i_2)\mathrm{d}t+R_1i_1=u_r$$

$$\frac{1}{C_1}\int(i_2-i_1)\mathrm{d}t+R_2i_2=-\frac{1}{C_2}\int i_2\mathrm{d}t=-u_c$$

假设初始条件为零，对上述方程进行拉氏变换，可得：

$$\frac{1}{C_1s}[I_1(s)-I_2(s)]+R_1(s)I_1(s)=U_r(s)$$

$$\frac{1}{C_1s}[I_2(s)-I_1(s)]+R_2(s)I_2(s)=-\frac{1}{C_2s}I_2(s)=-U_c(s)$$

在上述方程中消去中间变量 $I_1(s)$ 和 $I_2(s)$，可求得 $U_c(s)$ 和 $U_r(s)$ 之间的传递函数为：

$$\frac{U_c(s)}{U_r(s)}=\frac{1}{(R_1C_1s+1)(R_2C_2s+1)+R_1C_2s}$$

上述分析说明，如果两个 RC 电路串联，即使将第一个电路的输出量作为第二个电路的输入量，整个电路也不能看作图 2-11 所示的两个一阶惯性环的串联，传递函数也不等于 $1/(R_1C_1s+1)$ 和 $1/(R_2C_2s+1)$ 的乘积。这是因为第一级电路的输出量是有负载的，也就是说负载阻抗并非无穷大，因此要考虑负载效应。如果在两级电路之间加入隔离放大器，如图 2-12(b)所示，则由于放大器的输入阻抗很大，而输出阻抗很小，负载效应可以忽略不计，这时整个电路就可看作两个一阶惯性环节的串联，其传递函数就等于 $1/(R_1C_1s+1)$ 和 $1/(R_2C_2s+1)$ 的乘积。

② 并联环节的等效变换。

环节并联的特点是：各环节的输入信号相同，输出信号相加（或相减），如图 2-13(a)所示。

由图 2-13(a)，有：

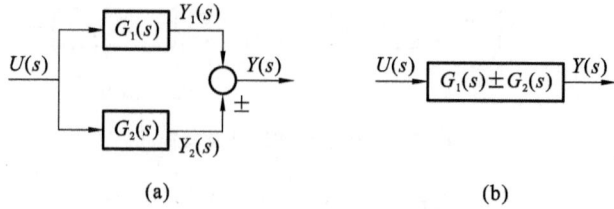

图 2-13 结构图并联连接及其简化

$$Y_1(s) = G_1(s)U(s)$$
$$Y_2(s) = G_2(s)U(s)$$
$$Y(s) = Y_1(s) \pm Y_2(s)$$

则有：

$$Y(s) = [G_1(s) \pm G_2(s)]U(s) = G(s)U(s) \qquad (2\text{-}25)$$

式中，$G(s) = G_1(s) \pm G_2(s)$，是并联环节的等效传递函数，可用 2-13(b)中的方框表示。由此可知，两个并联连接的环节可以用一个等效环节取代，等效环节的传递函数为各个环节传递函数的代数和。这个结论同样可以推广到 n 个环节并联的情况。

③ 反馈连接的等效变换。

若传递函数分别为 $G(s)$ 和 $H(s)$ 的两个环节按图 2-14(a)所示形式连接，则称之为反馈连接。"＋"为正反馈，表示输入信号与反馈信号相加；"－"则为负反馈，表示输入信号与反馈信号相减。构成反馈连接后，信号的传递形成了封闭的路线，形成了闭环控制。按照控制信号的传递方向，可将闭环回路分成两个通道——前向通道和反馈通道。前向通道传递正向控制信号，通道中的传递函数称为前向通道传递函数，如图 2-14(a)中的 $G(s)$。反馈通道是把输出信号反馈到输入端，它的传递函数称为反馈通道传递函数，如图 2-14(a)中的 $H(s)$。当 $H(s) = 1$ 时，称为单位反馈。

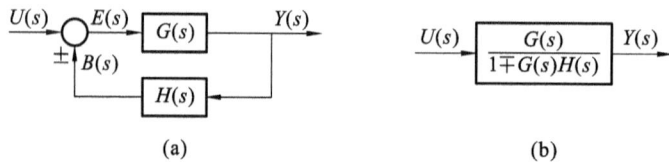

图 2-14 结构图反馈连接及其简化

由图 2-14(a)，得：

$$Y(s) = G(s)E(s)$$
$$B(s) = H(s)Y(s)$$
$$E(s) = U(s) \pm B(s)$$

则可得：

$$Y(s) = G(s)[U(s) \pm H(s)Y(s)]$$

于是有：

$$Y(s) = \frac{G(s)}{1 \mp G(s)H(s)}U(s) = \Phi(s)U(s) \qquad (2\text{-}26)$$

式中，$\Phi(s) = \dfrac{G(s)}{1 \mp G(s)H(s)}$，称为闭环传递函数，是环节反馈连接的等效传递函数。式中

"一"对应正反馈连接,"十"对应负反馈连接。式(2-26)可用图 2-14(b)中的方框表示。

④ 比较点和引出点移动规则。

在系统结构图简化过程中,有时为了便于进行方框的串联、并联或反馈连接的运算,需要移动比较点或引出点的位置。这时应注意在移动前后必须保持信号的等效性,而且比较点和引出点之间一般不宜交换位置。

图 2-15 所示为相加点的等效变换,图 2-16 所示为分支点的逆矢向移动变换。

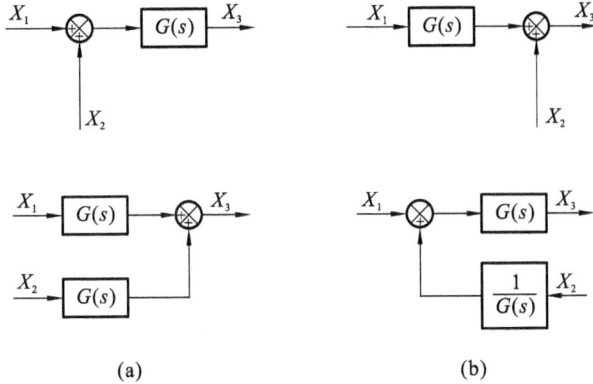

图 2-15　相加点的等效变换

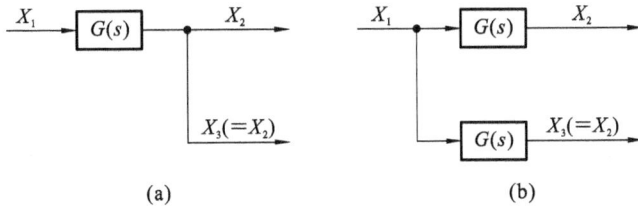

图 2-16　分支点的逆矢向移动变换

(a) 移动前;(b) 移动后

（3）系统传递函数

自动控制系统在工作过程中经常会受到两类输入信号的作用:一类是给定的有用输入信号 $u(t)$,另一类则是阻碍系统正常工作的扰动信号 $n(t)$。

闭环控制系统的典型结构可用图 2-17 表示。

研究系统输出量 $y(t)$ 的变化规律,只考虑 $u(t)$ 的作用是不完全的,往往还需要考虑 $n(t)$ 的影响。基于系统分析的需要,下面介绍一些传递函数的概念。

① 系统开环传递函数。

系统开环传递函数是用根轨迹法和频率法分析系统的主要数学模型。在图 2-17 中,将反馈环节 $H(s)$ 的输出端断开,则前向通道传递函数与反馈通道传递函数的乘积 $G_1(s)G_2(s)H(s)$ 称为系统的开环传递函数。相当于 $B(s)/E(s)$。由此可得图 2-14 所示反馈连接的闭环传递函数 $\Phi(s)=\dfrac{G(s)}{1\mp G(s)H(s)}$ 的通式:

$$\Phi(s)=\frac{前向通道传递函数}{1\mp 开环传递函数}$$

② $u(t)$ 作用下的系统闭环传递函数。

令 $n(t)=0$，图 2-17 简化为图 2-18，输出量 $y(t)$ 对输入信号 $u(t)$ 的传递函数为：

$$\frac{Y(s)}{U(s)}=\Phi(s)=\frac{G_1(s)G_2(s)}{1+G_1(s)G_2(s)H(s)} \tag{2-27}$$

称 $\Phi(s)$ 为 $u(t)$ 作用下的系统闭环传递函数。

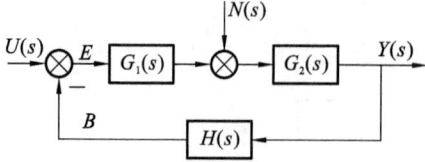

图 2-17　闭环控制系统的典型结构　　　图 2-18　$u(t)$ 作用下的系统结构图

③ $n(t)$ 作用下的系统闭环传递函数。

为了研究扰动对系统的影响，需要求出 $y(t)$ 对 $n(t)$ 的传递函数。令 $u(t)=0$，图 2-17 转化为图 2-19，由图可得：

$$\frac{Y(s)}{N(s)}=\Phi_n(s)=\frac{G_2(s)}{1+G_1(s)G_2(s)H(s)} \tag{2-28}$$

称 $\Phi_n(s)$ 为 $n(t)$ 作用下的系统闭环传递函数。

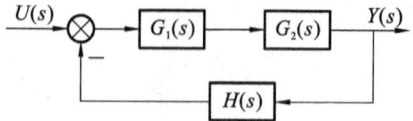

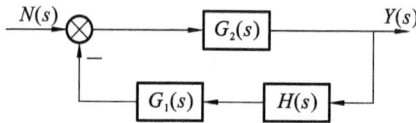

图 2-19　$n(t)$ 作用下的系统结构图

④ 系统的总输出。

当给定输入和扰动输入同时作用于系统时，根据线性叠加原理，线性系统的总输出应为各输入信号引起的输出总和。因此有：

$$Y(s)=\Phi(s)U(s)+\Phi_n(s)N(s)=\frac{G_1(s)G_2(s)U(s)}{1+G_1(s)G_2(s)H(s)}+\frac{G_2(s)N(s)}{1+G_1(s)G_2(s)H(s)}$$

⑤ 闭环系统的误差传递函数。

误差大小直接反映了系统的控制精度。在此定义误差为给定信号与反馈信号之差，即：

$$E(s)=U(s)-B(s)$$

a. $u(t)$ 作用下闭环系统的给定误差传递函数 $\Phi_e(s)$。

令 $n(t)=0$，则可由图 2-17 转化得到的图 2-20(a)，求得：

$$\frac{E(s)}{U(s)}=\frac{1}{1+G_1(s)G_2(s)H(s)}=\Phi_e(s) \tag{2-29}$$

b. $n(t)$ 作用下闭环系统的扰动误差传递函数 $\Phi_{en}(s)$。

取 $u(t)=0$，则可由图 2-20(b)求得：

$$\frac{E(s)}{N(s)}=\frac{-G_2(s)H(s)}{1+G_1(s)G_2(s)H(s)}=\Phi_{en}(s) \tag{2-30}$$

c. 系统的总误差。

根据叠加原理，系统的总误差为：

$$E(s)=\Phi_e(s)U(s)+\Phi_{en}(s)N(s)$$

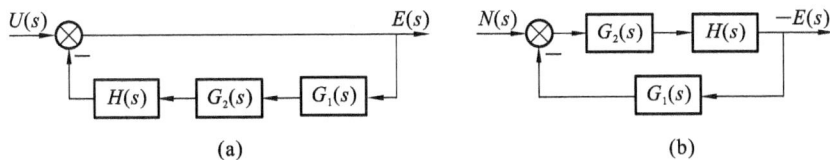

图 2-20 作用下误差输出的结构图

对比上面导出的四个传递函数 $\Phi(s)$、$\Phi_n(s)$、$\Phi_e(s)$ 和 $\Phi_{en}(s)$ 的表达式,可以看出,表达式虽然各不相同,但其分母完全相同,均为 $1+G_1(s)G_2(s)H(s)$,这是闭环控制系统的本质特征。

2.1.6 控制系统的时域与频域分析

分析和设计系统的首要工作是确定系统的数学模型。一旦建立了合理的、便于分析的数学模型,就可以对已组成的控制系统进行分析,从而得出系统性能的改进方法。

经典控制理论中,常用时域分析法、根轨迹法和频域分析法来分析控制系统的性能。本节仅简单介绍时域分析法和频域分析法,如需详细了解,可以参考自动控制原理相关书籍。与其他分析法相比,时域分析法是一种直接分析法,具有直观、准确的优点,尤其适用于一、二阶系统性能的分析和计算。对二阶以上的高阶系统,则须采用频域分析法和根轨迹法。

2.1.6.1 时域分析法

时域分析法是一种直接在时间域中对系统进行分析与校正的方法,它可以提供与系统的时间相应的全部信息,具有直观、准确的优点。但在研究系统参数改变引起系统性能指标变化的趋势这一类问题,以及对系统进行校正设计时,时域分析法不是非常方便。

时域分析法常用的典型输入信号有单位阶跃信号、单位斜坡信号、等加速度信号、单位脉冲信号。系统能够稳定工作是研究系统动态性能与稳态性能的基本前提。一般情况下,阶跃输入对系统来说是最严峻的工作状态。如果系统在阶跃信号作用下的动态性能能够满足要求,那么在其他形式函数的作用下,其动态性能也是令人满意的。故有关系统的动态性能指标均是根据系统的单位阶跃响应来定义的。

单位阶跃定义为:

$$u(t)=\begin{cases} U & (t \geqslant 0) \\ 0 & (t < 0) \end{cases}$$ (2-31)

式中,U 是常数,称为阶跃函数的阶跃值。$U=1$ 的阶跃函数称为单位阶跃函数,记为 $1(t)$,如图 2-21 所示。单位阶跃函数的拉氏变换为 $1/s$。

(1) 时域性能指标

对控制系统的一般要求常归纳为稳、准、快。工程上为了定量评价系统性能的好坏,必须给出控制系统性能指标的准确定义和定量计算方法。稳定是控制系统正常运行的基本条件。系统稳定,其响应才能收敛,研究系统的性能(包括动态性能和稳态性能)才有意义。

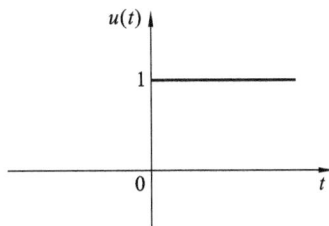

图 2-21 单位阶跃信号

实际物理系统都存在惯性,输出量的改变与系统所储有的能量有关。系统所储有的能量的改变需要一个过程。在外作用激励下,系统从一种稳定状态转换到另一种状态需要一定的时间。系统的动态性能指标一般有以下几个。

① 延迟时间 t_d：阶跃响应第一次达到终值 $h(\infty)$ 的 50% 所需的时间。

② 上升时间 t_r：阶跃响应从终值 $h(\infty)$ 的 10% 上升到终值 $h(\infty)$ 的 90% 所需的时间；对有振荡的系统，也可定义为从 0 到第一次达到终值 $h(\infty)$ 所需的时间。

③ 峰值时间 t_p：阶跃响应越过终值 $h(\infty)$ 达到第一个峰值所需的时间。

④ 调节时间 t_s：阶跃响应达到并保持在终值 $h(\infty)$ 的 ±5% 误差带内所需的最短时间。

⑤ 超调量 $\delta(\%)$：峰值 $h(t_p)$ 超出终值 $h(\infty)$ 的百分比，即：

$$\delta = \frac{h(t_p) - h(\infty)}{h(\infty)} \times 100\%$$

(2) 一阶系统的时间响应及动态性能

① 一阶系统传递函数的标准形式及单位阶跃响应。

一阶系统传递函数的标准形式为：

$$\Phi(s) = \frac{K}{s+K} = \frac{1}{Ts+1}$$

式中，$T = 1/K$ 称为一阶系统的时间常数，系统特征根 $\lambda = -1/T$。

② 单位阶跃响应动态性能分析。

当输入信号 $u(t) = 1(t)$ 时，$U(s) = 1/s$，系统输出量的拉氏变换为：

$$Y(s) = \frac{1}{s(Ts+1)} = \frac{1}{s} - \frac{T}{Ts+1}$$

对上式取拉氏反变换，得单位阶跃响应为：

$$Y(t) = 1 - e^{-\frac{t}{T}} \quad (t \geqslant 0) \tag{2-32}$$

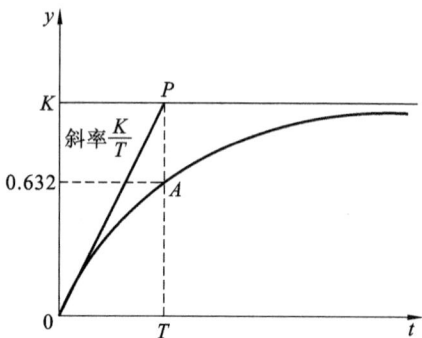

图 2-22 一阶系统的阶跃响应曲线

由此可见，一阶系统的阶跃响应是一条初始值为 0，按指数规律上升到稳态值 1 的曲线，见图 2-22。由系统的输出响应可得到如下的性能。

a. 由于 $Y(t)$ 的终值为 1，因此系统稳态误差为 0。

b. 当 $t = T$ 时，$Y(T) = 0.632$。这表明当系统的单位阶跃响应达到稳态值的 63.2% 时的时间，就是该系统的时间常数 T。

单位阶跃响应曲线的初始斜率为：

$$\frac{dy(t)}{dt}\Big|_{t=0} = \frac{1}{T}e^{-\frac{t}{T}}\Big|_{t=0} = \frac{1}{T}$$

这表明一阶系统的单位阶跃响应如果以初始速度上升到稳态值 1，所需的时间恰好等于 T。

c. 根据暂态性能指标的定义可以求得如下结果。

调节时间为：

$$t_s = 3T(s) \quad (\pm 5\% 的误差带)$$
$$t_s = 4T(s) \quad (\pm 2\% 的误差带)$$

延迟时间为：

$$t_d = 0.69T(s)$$

上升时间为

$$t_r = 2.20T(s)$$

峰值时间和超调量都为 0。

（3）二阶系统的时间响应及动态性能

凡是可用二阶微分方程描述的系统，都称为二阶系统。在工程实践中，二阶系统不乏其例，特别是不少高阶系统在一定条件下可用二阶系统的特性来近似表征。因此，研究典型二阶系统的分析和计算方法具有较大的实际意义。

① 典型的二阶系统。

常见二阶系统结构图如图 2-23（a）所示。其中，K、T_0 为环节参数。系统闭环传递函数为：

$$\Phi(s) = \frac{K}{T_0 s^2 + s + K}$$

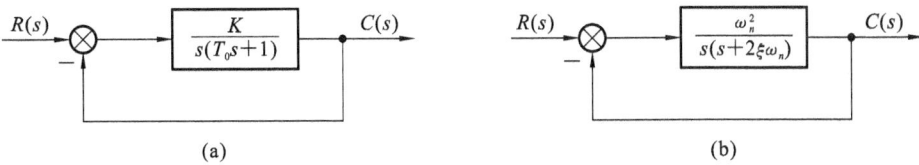

图 2-23　常见二阶系统结构图

为方便分析，常将二阶系统结构图表示成如图 2-23（b）所示的标准形式。系统闭环传递函数标准形式为：

$$\Phi(s) = \frac{\omega_n^2}{S^2 + 2\xi\omega_n s + \omega_n^2} \tag{2-33}$$

式（2-32）称为典型二阶系统的传递函数，其中，ξ 为典型二阶系统的阻尼比（或相对阻尼比），ω_n 为无阻尼振荡频率或自然振荡角频率。这两个参数完全决定了二阶系统的响应特性，是二阶系统重要的特征参数。

系统闭环传递函数的分母等于零所得方程式称为系统的特征方程式。典型二阶系统的特征方程式为：

$$s^2 + 2\zeta\omega_n s + \omega_n^2 = 0$$

它的两个特征根是：

$$s_{1,2} = -\zeta\omega_n \pm \omega_n \sqrt{\zeta^2 - 1}$$

若系统阻尼比取值范围不同，则特征根形式不同，响应特性也不同，由此可将二阶系统分为以下几类。

a. 当 $0 < \xi < 1$ 时，系统的时域响应具有振荡特性，称为欠阻尼系统；特征根为一对实部为负的共轭复数根。

b. 当 $\xi > 1$ 时，系统的时域响应具有非周期特性，称为过阻尼系统；特征根为两个不相等的负实根。

c. 当 $\xi = 1$ 时，称为临界阻尼系统；特征根为两个相等的负实根。

d. 当 $\xi = 0$ 时，系统响应为持续的等幅振荡，称为零阻尼系统。特征根为一对纯虚根。

② 二阶系统的阶跃响应。

在单位阶跃函数作用下，二阶系统输出的拉氏变换为：

$$Y(s) = \Phi(s)U(s) = \Phi(s)\frac{1}{s}$$

求 $Y(s)$ 的拉氏变换,可得典型二阶系统单位阶跃响应,如图 2-24 所示。

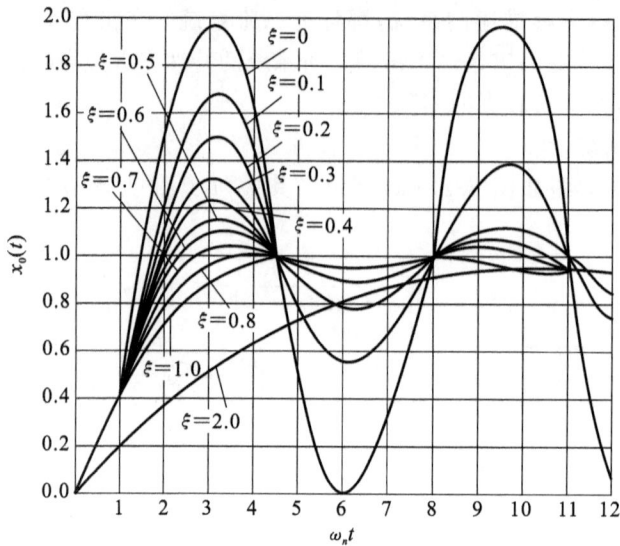

图 2-24　二阶系统单位阶跃响应

从图 2-24 中可以看出,当 $0 < \xi < 1$ 时,阶跃响应以 ω_n 为角频率,振荡收敛于稳态值。阻尼比越小,振荡的幅度越大,频率越快,常称这种响应为周期性振荡。

随着阻尼比的逐渐增大,振荡幅度越来越小。当 $\xi = 1$ 时,响应由周期性振荡转为非周期性振荡,即按指数规律收敛于稳态值。阻尼比继续增大,当 $\xi > 1$ 后,随着阻尼比的增大,响应越来越迟钝。

对于给定的 ω_n,阻尼比 ξ 越小,响应的速度越快,但阶跃响应的快速性指标——调节时间 t_s 在 $0 < \xi < 1$ 时随阻尼比的减小而增大。

可以看出,阶跃响应的快速性与 ξ、ω_n 密切相关。对于给定的阻尼比 ξ,ω_n 越大,响应越快,而超调量基本不变。

综上所述,在不同阻尼比 ξ 的条件下,二阶系统的闭环极点和暂态响应有很大区别。阻尼比 ξ 为二阶系统的重要特征参量。

a. 当 $\xi \leqslant 0$ 时,输出量作等幅振荡或发散振荡,系统不能稳定工作。

b. 当 $\xi > 1$ 时,暂态特性为单调变化曲线,没有超调量和振荡,但调节时间较长,系统反应迟缓。

c. 对二阶系统来说,欠阻尼情况是最有意义的。但是 ξ 过小,则超调量大,振荡次数多,调节时间长,暂态特性品质差。应该注意,超调量只和阻尼比有关。因此,通常可以根据允许的超调量来选择阻尼比 ξ。

d. 调节时间与系统阻尼比 ξ 和 ω_n 这两个特征参数的乘积成反比。在阻尼比一定时,可通过改变 ω_n 来改变暂态响应的持续时间。ω_n 越大,系统的调节时间越短。

e. 为了限制超调量,并使调节时间 t_s 较短,阻尼比一般为 $0.4 \sim 0.8$,这时阶跃响应的超调量将在 $1.5\% \sim 25\%$ 之间。

2.1.6.2　频域分析法

（1）基础概念

时域响应法是一种直接法，它以传递函数为系统的数学模型，以拉氏变换为数学工具，直接求出变量的解析解。这种方法虽然直观，分析时域时十分有用，但是应用需要两个前提：① 必须已知控制系统的开环传递函数；② 系统的阶次不能很高。如果系统的开环传递函数未知，或者系统的阶次较高，就不能采用上述方法进行分析。频域分析法不仅是一种通过开环传递函数研究系统闭环性能的分析方法，当系统的数学模型未知时，还可以通过实验的方法建立。此外，大量丰富的图形方法使得应用频域分析法分析高阶系统时，分析的复杂性并不随阶次的增加而显著增加。

当线性系统受正弦信号作用时，其输出特性随正弦信号频率的变化而变化。这种描述系统性能与正弦信号频率之间关系的方法就称为频率分析法。之所以将正弦信号作为研究信号，是因为周期信号可以通过傅立叶级数展开成正弦信号的叠加，而非周期信号可将其看作周期 $T \to \infty$ 的周期信号。

对于线性定常系统，若输入端作用一个正弦信号：

$$u(t) = U\sin(\omega t) \tag{2-34}$$

则系统的稳态输出 $y(t)$ 也为正弦信号，且频率与输入信号的频率相同，即：

$$y(t) = Y\sin(\omega t + \varphi) \tag{2-35}$$

$u(t)$ 和 $y(t)$ 虽然频率相同，但幅值和相位不同，并且随着输入信号角频率 ω 的改变，两者之间的振幅与相位关系也随之改变。这种基于频率 ω 的系统输入和输出之间的关系称为系统的频率特性。

正弦信号作用下，线性定常系统输出稳态分量与输入的幅值比和相位差随频率变化的规律称为频率特性。其中，幅值比的变化规律 $A(\omega)$ 称为频率特性，相位差的变化规律 $\Phi(\omega)$ 称为相频特性。或者定义为：在正弦信号作用下，线性定常系统稳态输出与输入的复数比为系统的频率特性，记为 $G(j\omega)$。

（2）频率特性的表示方法

由于频率特性是复变函数，因此可以表示为实部、虚部的形式：

$$G(j\omega) = U(\omega) + jV(\omega)$$

式中　$U(\omega)$——$G(j\omega)$ 的实部，它也是 ω 的函数，称为实频特性；

$V(\omega)$——$G(j\omega)$ 的虚部，同样也是 ω 的函数，称为虚频特性。

也可以将幅频和相频分别表示为：

$$A(\omega) = |G(j\omega)| = \sqrt{U(\omega) + jV(\omega)} \tag{2-36}$$

$$\Phi(\omega) = \angle G(j\omega) = \arctan\frac{V(\omega)}{U(\omega)} \tag{2-37}$$

当以矢量形式表示时，有 $G(j\omega) = A(\omega)e^{j\varphi(\omega)}$。

频率特性是频率的函数。如果在相应的坐标纸上绘制成曲线，就可以直观地分析系统的输出和输入之比相位随频率变化的情况，并且可以通过分析这些曲线的某些特点来判断系统的稳定性与动态品质，并对系统进行分析和综合。

通常频率特性采用下面介绍的曲线形式表示。

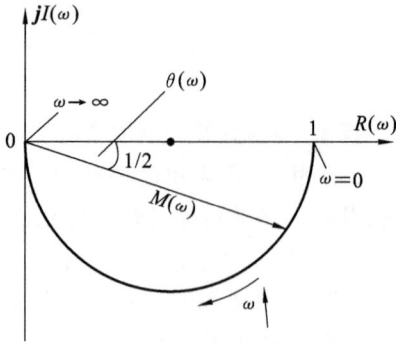

图 2-25　惯性环节的极坐标图

① 幅相频率特性。

当频率由零变化到无穷大时,式(2-36)表示的矢量末端在复数平面内变化的轨迹为幅相频率特性曲线,也称为极坐标图或乃奎斯特曲线(Nyquist 图)。由式(2-36)可知,向量 $G(j\omega)$ 的长度 $A(\omega)$ 等于 $|G(j\omega)|$,由正实轴方向绕原点逆时针转动的角度 $\Phi(\omega)$ 等于 $\angle G(j\omega)$。图 2-25 所示为惯性环节的极坐标图。

② 对数频率特性。

对数频率特性由对数幅频特性曲线与对数相频特性曲线两条曲线组成。横坐标采用对数坐标,即频率按对数分度,单位是 rad/s。纵坐标线性分度,幅频值以 $L(\omega)=20\lg A(\omega)$ 即 dB 为单位,相频以度(°)或 rad 为单位。图 2-26 是目前应用较为广泛的一种频率响应图,又称伯德图(Bode 图)。

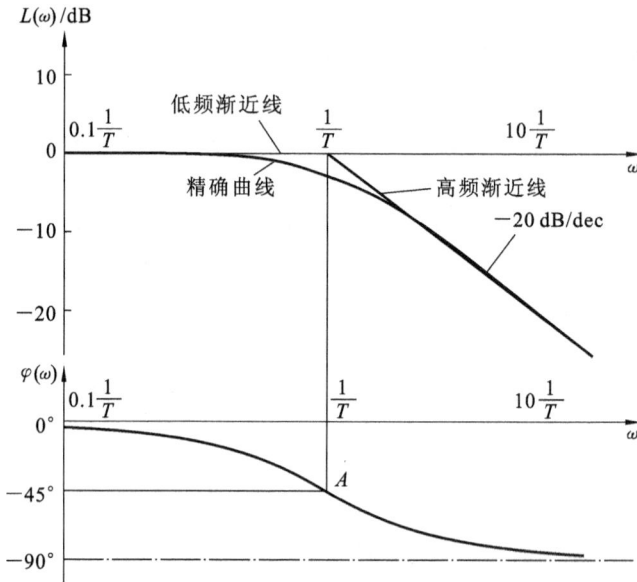

图 2-26　惯性环节的伯德图

采用伯德图表示对数频率特性具有以下优点:

a. 化乘除运算为加减运算。当系统由多个环节构成时,利用渐进幅频的概念,系统的幅频特可以由各环节的幅频特性折线叠加而成,简洁、方便。

b. 对数坐标拓宽了图形所能表示的频率范围。

c. 如果系统或环节的频率特性互为倒数,则其对数频率特性曲线关于零分贝线对称,相频特性曲线关于零度线对称。

d. 将实验获得的频率特性数据绘制成对数频率特性曲线,可以方便地确定系统的传递函数。

③ 对数幅相频率特性。

在所需要的频率范围内,以频率为参变量来表示的对数幅值和相位关系的图,称为对数幅相频率特性图,也称为尼柯尔斯图。

（3）频率特性的性能指标

采用频域方法进行线性控制系统设计时,时域内采用的诸如超调量、调整时间等描述系统性能的指标不能直接使用,需要在频域内定义频域性能指标。

① 谐振峰值 M_r。

谐振峰值 M_r 为幅频特性曲线 $A(\omega)$ 的最大值。一般说来,M_r 的大小表明闭环控制系统相对稳定性的好坏。M_r 越大,表明系统对某个频率的正弦信号反应越强烈,有共振倾向,系统的平稳性较差,相应阶跃响应的超调量大。对应的 ω_r 为谐振频率。

② 带宽 ω_b。

幅频特性下降至零频幅比的 70.7%,或下降 3 dB 时对应的频率称为带宽(也称为闭环截止频率)。带宽用于衡量控制系统的快速性:带宽越宽,表明系统复现快速变化信号的能力越强,阶跃响应的上升时间和调节时间越短。带宽是控制系统及控制元件的重要性能指标。

③ 相频宽 $\omega_{b\varphi}$。

相频宽 $\omega_{b\varphi}$ 为相频衰减 90°时对应的频率。与 ω_b 一样,$\omega_{b\varphi}$ 也用于衡量系统的快速性。相频宽越高,表明输入信号的频率越高,变化较快时输出相位角滞后 90°,即系统反应快速,快速性好。

④ 零频幅比 $A(0)$。

零频幅比 $A(0)$ 为频率为零时的振幅比。零频信号为直流或常值信号,$A(0)=1$ 表明系统阶跃响应的终值等于输入值,即系统的静差为 0。$A(0) \neq 1$ 则表明系统有静差,其与 1 的差值大小反映了系统的稳态精度,因此 $A(0)$ 越接近于 1,系统的精度越高。

谐振峰值 M_r 小,带宽 ω_b 宽,相频宽 $\omega_{b\varphi}$ 高,系统的过渡过程性能好;$A(0)$ 越接近于 1,系统的精度越高。这是频域分析法分析系统性能的一般准则。

2.1.7 控制系统的稳定性

稳定性是控制系统的重要性能,也是系统能够正常工作的首要条件。控制系统在实际工作中,不可避免地会受到外界或内部一些扰动因素的影响。如果系统不稳定,即便这些扰动很微弱,仍会使系统中的各物理量偏离其原平衡工作点,并随着时间的推移而发散,致使系统在扰动消失后也不可能恢复到原来的平衡工作状态。显然,不稳定的系统是无法正常工作的。

2.1.7.1 定义

系统处于平衡工作状态时,由于受到内部或外部的扰动,其输出量偏离原来的工作状态;当扰动消除后,经过足够长的时间,系统仍能回到原来的平衡状态,则称系统是稳定的,反之称系统是不稳定的。

稳定性是控制系统自身的固有特性。对于纯线性系统来说,系统稳定与否与初始误差的大小无关。而纯线性系统实际上是不存在的,所谓的线性系统大多是经过"小偏差"线性化处理后得到的线性化系统,所以上述稳定性的概念只是"小偏差"稳定性。

一般来说,系统的稳定性表现为其时域响应的收敛性。如果系统的零输入响应和零状态响应都是收敛的,则此系统就被认为是总体稳定的。零输入响应是指在输入信号加入之前,系统储存的能量在信号加入之后的释放规律。零状态响应是指初始条件为零的情况下输入信号加入系统后的运动规律。

2.1.7.2 稳定性的充分必要条件

稳定性是系统自身的一种恢复能力,所以是系统的一种固有特性。对于线性定常系统,它只取决于系统本身的结构和参数,而与初始条件和外作用无关。因此,可用系统的齐次微分方程来分析系统的稳定性。

线性系统动态方程式为:

$$a_n y^{(n)}(t) + a_{n-1} y^{(n-1)}(t) + \cdots + a_1 y'(t) + a_0 y(t)$$
$$= b_m X^{(m)}(t) + b_{m-1} X^{(m-1)}(t) + \cdots + b_1 X'(t) + b_0 X(t)$$

系统特征方程是:

$$a_n s^n + a_{n-1} s^{n-1} + \cdots + a_1 s + a_0 = 0$$

则系统稳定的充分必要条件是:系统特征方程式的所有根全部为负实数或具有负实部的共轭复数,或者说是所有根必须分布在复平面的左半面。

系统动态方程的传递函数为:

$$G(s) = \frac{Y(s)}{X(s)} = \frac{b_m s^m + b_{m-1} s^{m-1} + \cdots + b_1 s + b_0}{a_n s^n + a_{n-1} s^{n-1} + \cdots + a_1 s + a_0} = 0$$

所以特征方程的形式与 $G(s)$ 分母的形式相同。特征方程的根即为 $G(s)$ 的极点。

2.1.7.3 稳定性判据

根据线性定常系统稳定的重要条件,就可以确定一个控制系统是否稳定。但是,应用这一条件来确定系统稳定性时必须知道所有特征根的值,这对于高阶系统来说是非常困难的。所以要寻求一种不用求解特征方程的根,根据某些已知条件就可判别系统是否稳定的方法,这样的方法就是稳定性判据。

(1) 初步识别

若系统特征方程为:

$$a_n s^n + a_{n-1} s^{n-1} + \cdots + a_1 s + a_0 = 0$$

则由韦达定理知,根与系数有如下关系:

$$\frac{a_{n-1}}{a_n} = -\sum_{i=1}^{n} s_i$$

$$\frac{a_{n-2}}{a_n} = \sum_{i,j=1}^{n} s_i \cdot s_j \quad (i \neq j)$$

$$\frac{a_{n-3}}{a_n} = -\sum_{i,j,k=1}^{n} s_i \cdot s_j \cdot s_k \quad (i \neq j \neq k)$$

$$\frac{a_0}{a_n} = (-1)^n \prod_{i=1}^{n} s_i$$

式中,$s_i (i = 1, 2, \cdots, n)$ 为方程的根。

若系统稳定,即 $s_i (i = 1, 2, \cdots, n)$ 具有负实部(位于左半 s 平面),则必满足 $a_0, a_1, \cdots, a_n$ 同号且不为零。

例如,已知系统的特征方程式为:

$$s^3 - 2s^2 + s + 2 = 0$$

因为 $a_3 = 1, a_2 = -2, a_1 = 1, a_0 = 2$,系统符号不同,则系统不稳定。同时,其解为 $s_1 = 1$,$s_2 = -1, s_3 = 2$,其中 s_1, s_3 位于右半 s 平面,即证实系统不稳定。

（2）劳斯判据

① 列写劳斯表。将系统的特征方程写成如下标准形式：

$$a_n s^n + a_{n-1} s^{n-1} + \cdots + a_1 s + a_0 = 0$$

并将各系数组成如下排列的劳斯表：

$$
\begin{array}{ccccc}
s^n & a_n & a_{n-2} & a_{n-4} & \cdots \\
s^{n-1} & a_{n-1} & a_{n-3} & a_{n-5} & \cdots \\
s^{n-2} & b_1 & b_2 & b_3 & \cdots \\
s^{n-3} & c_1 & c_2 & c_3 & \cdots \\
s^{n-4} & d_1 & d_2 & d_3 & \cdots \\
\vdots & \vdots & \vdots & \vdots & \vdots \\
s^2 & e_1 & e_2 & & \\
s^1 & f_1 & & & \\
s^0 & g_1 & & &
\end{array}
$$

表中有关数的计算式为：

$$b_1 = \frac{a_{n-1} \cdot a_n - a_n \cdot a_{n-3}}{a_{n-1}}$$

$$b_2 = \frac{a_{n-1} \cdot a_{n-4} - a_n \cdot a_{n-5}}{a_{n-1}}$$

$$b_3 = \frac{a_{n-1} \cdot a_{n-6} - a_n \cdot a_{n-7}}{a_{n-1}}$$

$$\vdots$$

系数 b_i 的计算一直进行到其余的值全部等于零为止。

$$c_1 = \frac{b_1 \cdot a_{n-3} - b_2 \cdot a_{n-1}}{b_1}$$

$$c_2 = \frac{b_1 \cdot a_{n-5} - b_3 \cdot a_{n-1}}{b_1}$$

$$\vdots$$

$$d_1 = \frac{c_1 \cdot b_2 - c_2 \cdot b_1}{c_1}$$

$$d_2 = \frac{c_1 \cdot b_3 - c_3 \cdot b_1}{c_1}$$

$$\vdots$$

系数 c_i、d_i 的计算一直进行到其余的值全部等于零为止。

② 判别稳定性。如果行列表左端第一列数均为整数，则系统稳定，反之不稳定。

【例 2-4】　特征方程为 $2s^4 + s^3 + 3s^2 + 5s + 10 = 0$，判别系统的稳定性。

【解】　劳斯行列式为：

$$
\begin{array}{cccc}
s^4 & 2 & 3 & 10 \\
s^3 & 1 & 5 & 0 \\
s^2 & -7 & 10 & 0 \\
s^1 & \dfrac{45}{7} & 0 & \\
s^0 & 10 & 0 &
\end{array}
$$

从上面可以看出,第一列各数值的符号改变了两次,从 1 改成－7,又从－7 改成 45/7,因此该系统有两个正实部的极点,系统是不稳定的。

列出劳斯表后,可能出现以下两种特殊情况。

a. 行列式中某一行的第一列系数为零,其余各项不为零或没有。在计算劳斯表中各元素的数值时,可以用一有限小的正值 ε 来代替零值项,然后按照通常方法计算阵列中其余各项,如果零(ε)上面的系数符号与零(ε)下面的系数符号相反,表明这里有一个符号变化。

例如,特征方程为:

$$s^4 + 3s^3 + s^2 + 3s + 1 = 0$$

劳斯表为:

$$
\begin{array}{cccc}
s^4 & 1 & 1 & 1 \\
s^3 & 3 & 3 & 0 \\
s^2 & \varepsilon(0) & 1 & \\
s^1 & 3 - \dfrac{3}{\varepsilon} & 0 & \\
s^0 & 1 & 0 &
\end{array}
$$

可见,当 ε 趋近于零时,$3 - \dfrac{3}{\varepsilon}$ 的值是个很大的负值,由此可以认为第一列中各项数值的符号改变了两次。按劳斯判据,该系统有两个极点具有正实部,系统是不稳定的。

b. 若某一行所有数全为零,则可用全为零的上一行各数构造一个辅助多项式,并以这个多项式的导函数的系数代替劳斯表中的全零行,然后计算行列式。

例如,特征方程为:

$$s^4 + s^3 + 3s^2 + s + 2 = 0$$

劳斯表中的 $s^4 \sim s^1$ 各项为:

$$
\begin{array}{cccc}
s^4 & 1 & 3 & 2 \\
s^3 & 1 & 1 & 0 \\
s^2 & 2 & 2 & 0 \\
s^1 & 0 & 0 &
\end{array}
$$

从上面可以看出,s^1 项的各项全为零。为了求出 $s^4 \sim s^0$ 各项,将 s^2 中各项组成辅助多项式:

$$A(s) = 2s^2 + 2$$

将辅助多项式 $A(s)$ 对 s 求导数,得:

$$\frac{\mathrm{d}A(s)}{\mathrm{d}s} = 4s$$

用上式中的各项系数作为 s^1 行的各项系数,并计算以下各行的各项系数,得劳斯表为:

$$
\begin{array}{ccc}
s^4 & 1 & 3 & 2 \\
s^3 & 1 & 1 & 0 \\
s^2 & 2 & 2 & \\
s^1 & 4 & 0 & \\
s^0 & s & 0 &
\end{array}
$$

从第一列可以看出,各项符号没有改变,因此可以确定在右半平面没有极点,所以系统是稳定的。

2.2　微型计算机控制基本原理

2.2.1　微型计算机的组成与配置

微型计算机是以微处理器为核心,配以大规模集成电路存储器、输入/输出接口电路及系统总线所组成的计算机。

(1) 微型计算机的发展阶段

40 多年来,微型计算机经历了以下几个发展阶段。

① 第 1 阶段(1971—1972 年):此阶段微型计算机采用的微处理器是英特尔的 4004 和 8008。

② 第 2 阶段(1973—1977 年):此阶段微型计算机采用 8 位微处理器(如英特尔的 8080)。其流行机种是 TRS-80 和 AppleⅡ。

③ 第 3 阶段(1978—1984 年):此阶段微型计算机采用 16 位微处理器(如英特尔的 8086 和 8088)。其流行机种是 IBM PC 和 IBM PC/XT。

④ 第 4 阶段(1985—1992 年):此阶段微型计算机采用 32 位微处理器(如英特尔的 80386、80486 等)。其流行机种是 PC386 和 PC486。

⑤ 第 5 阶段(1993 年至今):此阶段微型计算机采用了新一代微处理器,如 Pentium。Pentium 处理器的内部数据总线为 32 位,外部数据总线为 64 位。此阶段出现了采用 64 位微处理器作为 CPU 的微型计算机,64 位微型计算机具有 64 位运算能力、64 位寻址空间和 64 位数据通路。

(2) 微处理器、微型计算机与微型计算机系统

微处理器是指采用大规模集成电路技术,将具有运算器和控制器功能的电路及相关电路集成在一个芯片上的大规模集成电路。微处理器是微型计算机的核心,又称为微型计算机的中央处理器。

微型计算机是指以微处理器为核心,配以大规模集成电路构成的主存储器、输入/输出接口电路及系统总线组成的计算机。微型计算机又称为个人计算机(PC)、微电脑等。

微型计算机系统是指以微型计算机为核心,配以相应的外部设备、电源、辅助电路及控制微型计算机工作的系统软件构成的计算机系统。

(3) 微型计算机硬件系统

微型计算机属于冯·诺依曼体系结构的计算机。但是,微型计算机的运算器、控制器不再是两个独立的部件,而是集成在一块微处理器上,统称为微处理器。有的高档微型计算机使用两个或多个微处理器。采用一个微处理器的微型计算机硬件系统是由微处理器(CPU)、存储器、系统总线及输入/输出设备组成的。

① 中央处理单元。

中央处理单元是一块微处理器芯片,芯片上集成有控制器、运算器、寄存器等功能部件。

运算器又称算术逻辑单元,具有算术运算和逻辑运算功能,是计算机对数据进行加工处理的部件。

控制器主要由指令寄存器、译码器、程序计数器、操作控制器等组成,负责对程序规定的控

制信息进行分析、控制,并协调输入、输出操作或内存访问。

寄存器是处理器内部的暂时存储单元。

② 存储器。

存储器是计算机实现记忆功能的部件。存储器主要包括主存储器和辅助存储器。主存储器由半导体存储器 RAM 和 ROM 组成,又称内存;辅助存储器又称外存储器,包括软盘存储器、硬盘存储器和光盘等。

③ 输入/输出设备。

常用的输入设备有键盘、鼠标、扫描仪、数码相机等。常用的输出设备有显示器、打印机、绘图仪等。一般而言,外存储器也属于输入/输出设备。

④ 总线。

微型计算机系统采用总线结构将 CPU、存储器和外部设备连接起来。所谓总线,就是在两个以上数字设备之间用于传送信息的公用通道。总线通常由数据总线、控制总线和地址总线三部分组成。其中,数据总线在 CPU 与内存或输入/输出接口之间传送数据,控制总线用来传送各种控制信号,地址总线用来传送存储单元或输入/输出接口的地址信息。

⑤ 网络设备。

随着计算机网络技术的发展,微型计算机为了适应网络的需求,出现了许多网络设备,如路由器、调制解调器等。将这些设备说成输入/输出设备有些牵强,因此将这些设备归为网络设备。

这样,微型计算机硬件系统又可以说是由微处理器、存储器、输入/输出设备和网络设备等部分组成的。

(4) 微型计算机的应用

微型计算机的应用已经涉及各个领域。目前,微型计算机的应用主要集中在以下几个方面:

① 科学计算。

其用于解决科学技术和工程设计中数据量很大、计算复杂的数学问题,如人造卫星与运载火箭的轨道设计,导弹发射的飞行轨迹计算等。

② 信息处理。

利用微型计算机可以对任何形式的数据进行加工和处理,如文字处理,图形、图像处理和声音信号处理等。

③ 自动控制。

利用微型计算机对生产过程进行控制,可以提高生产的自动化水平,减轻劳动强度,提高劳动生产率和产品质量。目前,计算机过程控制已广泛应用于机械、电力、石油、化工、冶金、纺织等行业,使生产过程的自动控制达到新的阶段,大大提高了劳动生产率和产品质量。

④ 计算机辅助工程。

所谓计算机辅助设计(computer aided design,CAD),就是指用计算机来帮助设计人员进行设计,常用于飞机、轮船、建筑工程等复杂设计工程中。利用计算机进行设计可以提高设计质量,缩短设计周期,提高设计的自动化水平。计算机辅助设计派生出了计算机辅助制造(CAM)、计算机辅助教学(CAI)等。

⑤ 计算机网络通信。

计算机网络通信是计算机技术与现代通信技术相结合的产物。利用计算机网络,可以使一个地区、一个国家甚至世界范围内实现计算机软、硬件资源共享,从而可以使众多的计算机方便地进行信息交换和相互通信。

2.2.2 微处理器的功能部件和工作原理

2.2.2.1 微处理器的功能部件

随着超大规模集成技术的发展,微处理器内部的主要功能部件由 8086 的两个功能部件(执行部件、总线接口部件)扩展到总线接口部件、高速缓存(cache)部件、取指/译码部件、指令缓冲部件、调度/执行部件、回退部件、寄存器组部件等。

2.2.2.2 微处理器的工作原理

微处理器的工作过程就是执行程序的过程。执行程序就是逐步执行一条条指令。微处理器执行一条指令的步骤如下。

(1) 取指令

指令预取部件向指令快存提取一条指令。

(2) 指令译码

指令译码部件将取得的指令翻译成起控制作用的微指令。

(3) 取操作数

根据计算出的该指令所使用操作数的物理地址,请求总线接口部件,通过总线从存储器中取得该操作数。

(4) 执行运算

按照指令操作码的要求,通过执行微指令,对操作数完成规定的运算处理。

(5) 回送结果

将指令的执行结果回送至内存或某寄存器中。

微处理器的工作过程是取指令、指令译码、取操作数、执行运算、回送结果,再取指令、指令译码、取操作数、执行运算、回送结果的循环工作过程。

2.2.3 8086/8088 微处理器

2.2.3.1 8086/8088 微处理器的主要特征

8086 微处理器采用 HMOS 工艺制造,内含 29000 多个晶体管,采用双列直插式封装,共有 40 个引脚,采用单个 +5 V 电源供电,时钟频率为 5~10 MHz。

8086 微处理器的主要特征是:

① 16 位数据总线(8088 微处理器的外部数据总线为 8 位)。

② 20 位地址总线,其中低 16 位与数据总线复用。

③ 24 位操作数寻址方式。

④ 16 位端口地址线可寻址空间为 64 KB。

⑤ 7 种基本寻址方式。

⑥ 99 条基本指令,具有对字节、字和字块进行操作的能力。

⑦ 可处理内部软件和外部硬件中断,中断源多达 256 个。

⑧ 支持单处理器、多处理器系统工作。

2.2.3.2 8086 微处理器的内部结构

8086 微处理器由两大部分组成:

① 总线接口部件 BIU(bus interface unit)。

② 执行部件 EU(execution unit)。

和一般的计算机中央处理器相比,8086 微处理器的执行部件 EU 相当于运算器,而总线接口部件 BIU 则类似于控制器。图 2-27 所示为 8086 微处理器内部功能结构。

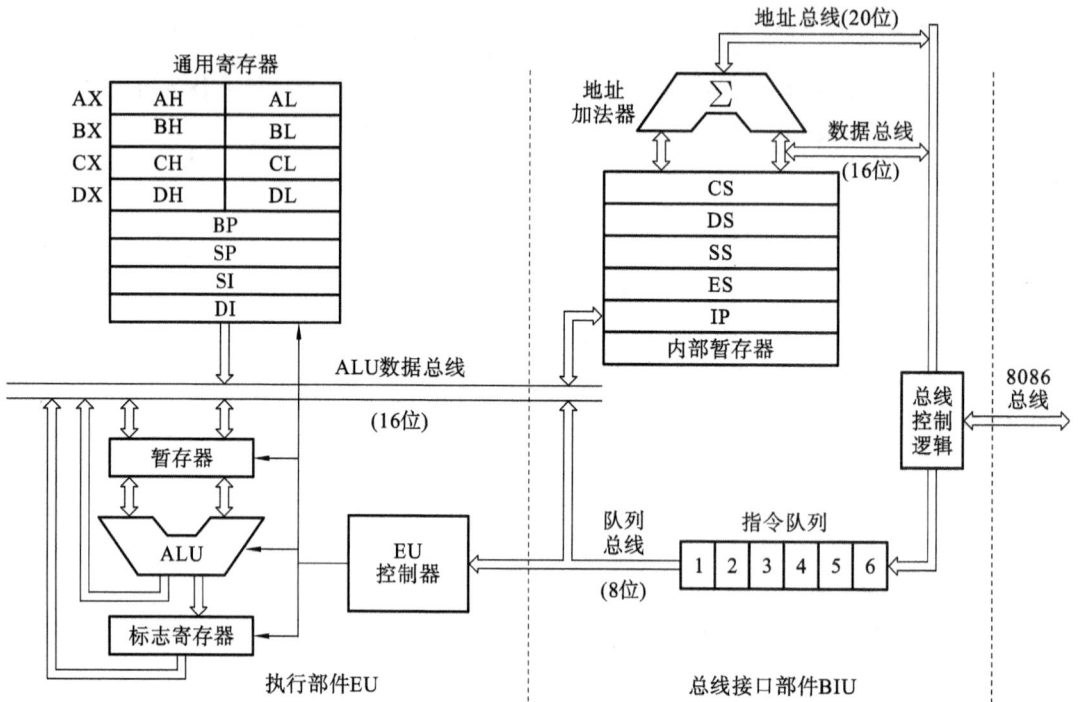

图 2-27 8086 微处理器内部功能结构

(1) 执行部件 EU

执行部件 EU 是进行数据处理、加工和有效地址计算的部件,即完成指令译码和执行指令操作。它主要由算术逻辑单元、标志寄存器、通用数据寄存器组、专用寄存器组和 EU 控制电路等组成。

① 算术逻辑单元(ALU)。

算术逻辑单元是一个 16 位的运算器,可用于 8 位、16 位二进制算术和逻辑运算,也可按指令的寻址方式计算寻址存储器所需的 16 位偏移量。

② 标志寄存器。

标志寄存器是一个 16 位的寄存器,可反映 CPU 运算的状态特征和存放某些控制标志。8086 微处理器使用了 9 位。其中,6 个标志位用来反映 CPU 的运行状态信息,它们分别是:

a. 进位标志(CF):当执行一个加法(或减法)运算使最高位产生进位(或借位)时,CF 为

1;否则为 0。此外,循环指令影响 CF。

　　b. 奇偶标志(PF):当指令执行结果的低 8 位中含有偶数个 1 时,PF 为 1;否则为 0。

　　c. 辅助进位标志(AF):当执行一个加法(或减法)运算使结果的低 4 位向高 4 位有进位(或借位)时,AF 为 1;否则为 0。

　　d. 零标志(ZF):若当前的运算结果为 0,则 ZF 为 1;否则为 0。

　　e. 符号标志(SF):它和运算结果的最高位相同。

　　f. 溢出标志(OF):当补码运算有溢出时,OF 为 1;否则为 0。

　　标志寄存器的 3 个控制标志位用来控制 CPU 的操作,由程序进行置位和复位。它们分别是:

　　a. 跟踪(陷阱)标志(TF):为方便程序调试而设置。若 TF 置 1,则 8086 微处理器处于单步工作方式;否则将正常执行程序。

　　b. 中断允许标志(IF):用来控制可屏蔽中断的响应。

　　c. 方向标志(DF):用来控制数据串操作指令的步进方向。若 DF 置 1,则串操作过程中地址会自动递减;否则自动递增。

　　③ 通用数据寄存器组。

　　4 个 16 位的数据寄存器 AX、BX、CX、DX 用于暂存计算过程中用到的操作数及结果。数据寄存器可作为 16 位或 8 位数据寄存器使用。

　　4 个 16 位的数据寄存器除用作通用数据寄存器外,还有各自的专门用途。例如,AX 在算术运算中用作累加器,BX 在计算存储器地址时常用作基址寄存器,CX 在串操作及循环中用作计数器等。

　　④ 专用寄存器组。

　　8086 微处理器提供了 4 个专用寄存器,即基数指针寄存器 BP、堆栈指针寄存器 SP、源变址寄存器 SI 和目的变址寄存器 DI。

　　地址指针和变址寄存器一般用来存放地址的偏移量。

　　SP 和 BP 用来指示存取位于当前堆栈段中的数据所在的偏移地址,变址寄存器 SI 和 DI 用来存放当前数据段的偏移地址。

　　⑤ EU 控制电路。

　　EU 控制电路负责从 BIU 的指令队列缓冲器中取指令,并对指令译码,根据指令要求向 EU 内部各部件发出控制命令,以完成各条指令规定的功能。

　　(2) 总线接口部件 BIU

　　总线接口部件 BIU 负责与存储器及外部设备接口,完成 8086/8088 微处理器与存储器间的信息传送。

　　总线接口部件 BIU 由 20 位地址加法器、段寄存器、16 位指令指针、指令队列缓冲器和总线控制电路等组成。

　　① 地址加法器和段寄存器。

　　8086 微处理器的 20 条地址线可直接寻址 1 MB 存储器物理空间。从 CPU 内部看,它均为 16 位的寄存器,所以 CPU 不能直接寻址 1 MB 空间。为此,8086 微处理器用一组段寄存器将这 1 MB 存储空间分成若干个逻辑段,每个逻辑段长度小于 64 KB,用 4 个 16 位的段寄存器分别存放各个段的起始地址(又称段基址)。它是由专门的地址加法器将有关段寄存器内容左移 4 位后,与 16 位偏移地址相加,形成一个 20 位物理地址。

4 个 16 位的段寄存器分别如下。

a. 代码段寄存器 CS：存放当前执行程序所在代码段的段基址。

b. 数据段寄存器 DS：存放程序当前使用的数据段的段基址。

c. 堆栈段寄存器 SS：存放程序当前使用的堆栈段的段基址，堆栈操作的数据就在这个段中。

d. 附加段寄存器 ES：存放程序当前使用的附加段的段基址。

② 16 位指令指针 IP(instruction pointer)。

16 位指令指针 IP 用来存放将要取出的指令在现行代码段中的偏移地址。它与代码段寄存器 CS 组合使用，才能确定下一条指令存放单元的物理地址。

③ 指令队列缓冲器。

8086 微处理器的指令队列为 6 个字节，在执行部件 EU 执行指令的同时，从内存中取下面一条或几条指令，取来的指令依次存放在指令队列中。它们按先进先出的原则存放，并按顺序取到执行部件 EU 中执行。

④ 总线控制电路。

总线控制电路将 8086 微处理器的内部总线和外部总线相连，是 8086 微处理器与内存单元、I/O 端口进行数据交换的必经之路。

它包括 16 条数据总线、20 条地址总线和若干条控制总线。CPU 通过这些总线与外部取得联系，从而形成各种规模的 8086 微型计算机系统。

2.3　微机接口基本原理

2.3.1　接口的基本概念

如前所述，微型计算机是由 CPU，存储器和许多输入、输出设备（诸如键盘、显示器、打印机等）组成的。输入、输出设备通过系统总线与 CPU 进行信息交换，根据 CPU 的要求进行工作，但是它们往往不能与 CPU 直接相连，而是通过一个连接部件进行缓冲和协调，完成 CPU 与外部设备之间信息类型和格式的转换。这个连接部件就是接口电路，又称为 I/O 接口。

2.3.1.1　I/O 接口的基本功能及结构

(1) I/O 接口的基本功能

I/O 接口的基本功能是能够根据 CPU 的要求对 I/O 设备进行管理与控制，实现信号逻辑及工作时序的转换，保证 CPU 与外部设计之间能进行可靠、有效的信息交换。其主要功能如下：

① I/O 接口为微型计算机与外部设计之间传送数据的寄存、缓冲站，以适应两者速度上的差异。

② 设置地址译码和设备选择逻辑，以保证 CPU 按照特定的路径访问选定的 I/O 设备。

提供 CPU 与外部设计之间交换数据所需的控制逻辑和状态信号，以保证接收 CPU 输出的命令或参数，按指定的命令控制设备完成相应的操作，并把指定设备的工作状态返回给 CPU。

（2）I/O 接口的基本结构

I/O 接口电路通常为大规模集成电路。虽然不同功能的基本接口电路的结构有所不同，但大体上都是由寄存器和控制逻辑两大部分组成。

① 寄存器。

寄存器是接口电路的核心。通常所说的接口，大都是指这些寄存器，主要有：

a. 数据缓冲寄存器。

数据缓冲寄存器分为输入锁存器和输出缓冲器两种。输入锁存器用来暂存外部设备送来的数据，输出缓冲器用来暂存处理器送往外部设备的数据。应用数据缓冲寄存器可实现高速的 CPU 与慢速的外部设备之间数据的传送。

b. 控制寄存器。

控制寄存器用于存放 CPU 发来的控制命令和其他信息，以确定接口电路的工作方式和功能。控制寄存器是只写寄存器，其内容只能由 CPU 写入，而不能读出。

c. 状态寄存器。

状态寄存器用于保存外部设备现行各种状态信息。它的内容可以被处理器读出，从而可使 CPU 了解外部设备状况及数据传送过程中发生的事情，以使 CPU 做出正确的判断，使它能安全、可靠地与接口完成交换数据的各种操作。特别是当 CPU 以程序查询方式与外部设备交换数据时，状态寄存器更是不可少。CPU 通过查询外部设备的忙/闲、正确/错误、就绪/不就绪等状态，才能正确地与之交换信息。

② 控制逻辑电路。

a. 数据总线和地址总线缓冲器。

数据总线和地址总线缓冲器用于实现接口芯片内部数据总线和系统数据总线的连接。

b. 端口地址译码器。

端口地址译码器用于正确地选择接口电路内部各端口寄存器的地址，保证每个端口寄存器唯一地对应 1 个端口地址，以便处理器正确无误地与指定外部设备交换信息，完成规定的 I/O 操作。

c. 内部控制逻辑。

内部控制逻辑用于产生一些接口电路内部的控制信号，以实现系统控制总线与内部控制信号之间的变换。

d. 联络控制逻辑。

联络控制逻辑用于产生/接收 CPU 和外部设备之间数据传送的同步信号。

2.3.1.2 I/O 接口硬件分类

I/O 接口的硬件主要分为两类：

（1）I/O 接口芯片

I/O 接口芯片大多是可编程的大规模集成电路。它们可通过 CPU 输出不同的命令和参数，灵活地控制互连的 I/O 电路或某些简单的外部设备进行相应的操作，如定时/计数器、中断控制器、DMA 控制器、并行接口和单片机构成的键盘控制器。

（2）I/O 接口控制卡

I/O 接口控制卡是由若干个集成电路按一定的逻辑结构组装成的部件。它或直接与

CPU 安装在一个系统板上，或制成一个插件插在系统总线槽上。按照所连接的外部设备控制的难易程度，该控制卡的核心器件为一般的接口芯片或微处理器。安装微处理器的 I/O 接口控制卡通常称为智能接口控制卡。这种卡上必有一片 EPROM 芯片，芯片内固化了控制程序，如 PC 机的硬盘驱动器接口控制卡。

2.3.2 串行、并行通信接口

2.3.2.1 串行通信接口

（1）计算机通信的基本概念

所谓通信，是指计算机与外部设备、计算机与计算机之间的信息交换。通信的基本方法有串行通信和并行通信两种。图 2-28 所示为这两种通信方式的示意图。其中，图 2-28(a)所示为串行通信方式，图 2-28(b)所示为并行通信方式。并行通信是数据的各位（8 位或 16 位）同时传送，有多少位数据就需要多少根传输线，数据的各位同时到达对方。而串行通信则只需要一对传输线，数据的各位按时间顺序依次传送。因此，串行通信节省传输线，特别是当数据位较多、传输距离远时，这一优点就更为突出。

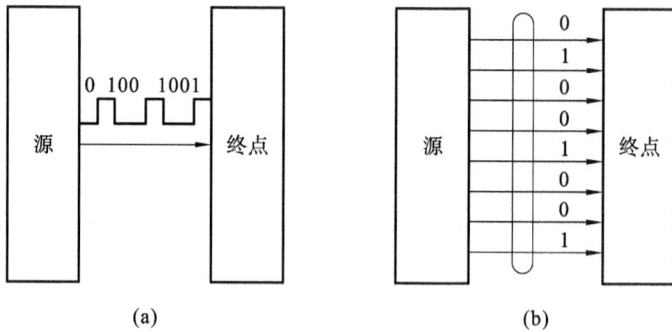

图 2-28　计算机串行和并行通信方式示意图
(a) 串行通信；(b) 并行通信

（2）串行通信的基本概念与数据传送方式

串行通信，就是数据按时钟以一位一位传送的方式进行通信。其特点是通信线路简单，通信成本低，对于远距离通信，可以利用电话线和调制解调器（modem）进行。其缺点是传送速度较慢。

① 发送时钟和接收时钟。

发送时钟用来控制串行数据的发送。数据发送过程是：把并行的数据序列送入移位寄存器，然后通过移位寄存器，由发送时钟触发进行移位输出，数据位的时间间隔取决于发送时钟周期。接收时钟用来控制串行数据的接收，数据接收过程是：把由传输线送来的串行数据序列，用接收时钟作为输入移位触发脉冲，逐位打入移位寄存器，最后装配成并行数据序列。

② 波特率。

波特率即单位时间传送的信息量，以每秒传输的位数表示，是衡量通信速度的指标。常用的波特率有 110 bit/s、300 bit/s、600 bit/s、1200 bit/s、2400 bit/s、4800 bit/s 和 9600 bit/s。

假如在某个异步串行通信系统中，它的数据传输速率为 960 字符/s，每个字符对应 1 个起始位、7 个数据位、1 个奇/偶校验位和 1 个停止位,那么波特率为 $10 \times 960 = 9600(bit/s)$。

③ 串行通信的数据传送方式。

串行传送的通信线路按其信息传送方向的不同,可分为单工、半双工和全双工三种。

a. 单工方式。

数据只能从甲方单方向地传送到乙方或者单方向地从乙方传送到甲方的传送方式称为单工方式。在这种情况下,甲、乙两方只需一方设置一个发送器,而另一方设置一个接收器即可实现通信。

b. 半双工方式。

在同一条通信线路上,数据既可以从甲方传送到乙方,又可以从乙方传送到甲方,但这两种传送不能同时进行。这种数据传送方式称为半双工方式。

c. 全双工方式。

甲、乙双方既可同时发送数据又可同时接收数据的传送方式称为全双工方式。此种情况下,甲、乙双方需分别设置一套发送器和接收器,并需要使用两条独立的通信线路。

(3) 串行通信的分类

串行通信按信息格式的约定分为两种:异步通信和同步通信。

① 异步通信。

在异步通信中,以字符为单位进行发送和接收,每一个字符用起始位和停止位标记字符的开始和结束。

异步通信协议为:首先用一位起始位表示字符的开始,后面紧接着的是字符的数据代码,数据可以是 5 位、6 位、7 位或 8 位,在数据代码后可根据需要加入奇偶校验位,最后是停止位,其长度可以是 1 位、1.5 位或 2 位。在异步通信中,字符间隔不固定,在停止位后可以是若干个空闲位。空闲位用高电平表示,用于等待传送。

微型计算机即采用异步通信方式。

② 同步通信。

同步通信不给字符加起始位和停止位,而是把传送字符顺序连接组成一个数据块,在数据块开头加同步字符,在数据块末尾加校验字符,每次通信传送这样一整块数据。同步通信数据块中字符间隔为 0。

③ 两种通信方式的比较。

a. 从硬件设备的要求来看,异步通信方式可靠性高,且硬件设备简单。同步通信方式与异步通信方式相比,对硬件要求更高,设备更复杂。

b. 从数据传输效率来看,同步通信的数据传输效率高于异步通信。异步通信一般能达到 19.2 KB/s,而同步通信很容易达到 500 KB/s 以上。

2.3.2.2 并行通信接口

并行通信就是把一个字符的各数位用几条线同时进行传输。和串行通信相比,在同样的传输率下,并行通信的信息实际传输速度快,信息率高。当然,因为并行通信比串行通信所用的电缆要多,随着传输距离的增加,电缆的开销会成为突出的问题,所以并行通信总是用在数据传输率要求较高而传输距离较短的场合。

实现并行通信使用的接口称为并行通信接口。并行通信接口用于在 CPU 与外部设备之间同时进行多位数据信息传送。并行通信接口的特点如下:

① 各数据位同时发送或接收,速度快。

② 数据线多,故常用于近距离数据传送。

并行通信接口能从 CPU 或 I/O 设备中接收数据,然后发送出去。因此,在信息传送过程中,并行接口起着锁存器或缓冲器的作用。通常,微型计算机要求并行通信接口具有以下功能和硬件支持:有两个或两个以上具有锁存器和缓冲器的数据交换端口,每个端口具有与 CPU 用应答方式(中断方式)交换数据所必需的控制和状态信号,具有与 I/O 设备交换数据所必需的控制和状态信号、片选信号和控制电路。

2.3.3 模拟接口技术

在控制和测量系统中,被控制和被测量的对象往往是一些连续变化的物理量,如温度、压力、流量、速度、电流、电压等,通常称为模拟量。当用计算机进行测量和控制时,必须先把它们转换成数字量。这种能够将模拟量转换成数字量的器件称为模拟/数字转换器,又称 A/D 转换器,简称 ADC 或 A/D。同样,计算机输出的数字量也必须先转换成模拟量,才能对执行机构进行控制,这种能够将数字量转换成模拟量的器件称为数字/模拟转换器,又称 D/A 转换器,简称 DAC 或 D/A。计算机通过 A/D 或 D/A 转换器与外界模拟量接口的技术称为模拟接口技术。

2.3.3.1 A/D 接口技术

(1)概述

A/D 接口的功能是把模拟量转换成数字量。它是模拟系统与数字系统或计算机之间的接口。图 2-29 所示为 A/D 转换芯片 ADC0809 的结构原理图。

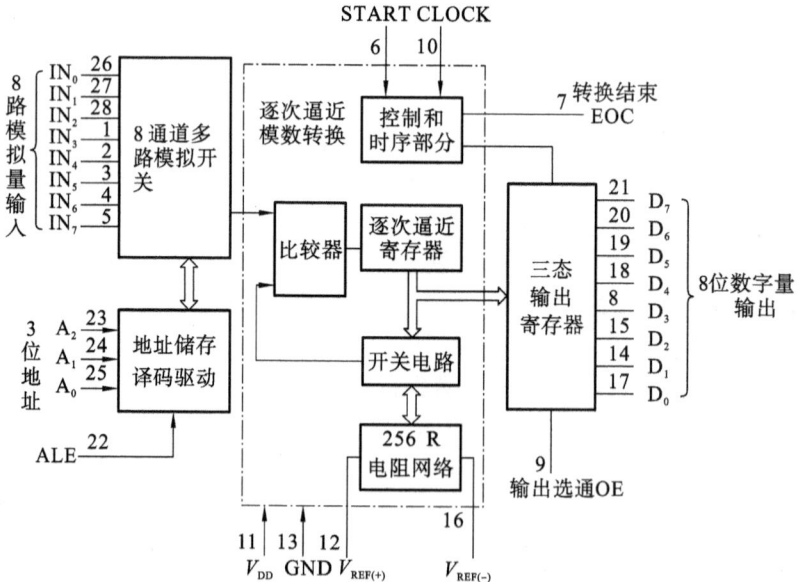

图 2-29 ADC0809 结构原理框图

A/D 转换即模拟量转换成数字量,通常要经历采样、量化和编码三个步骤。

① 采样。

采样是通过模拟开关,将随时间连续变化的信号变成随时间不连续变化的信号。模拟开关每隔一定的时间间隔 T(采样周期)闭合一次,这样随时间连续变化的信号就变成了一串脉冲信号,这就是采样信号。

② 量化。

采样后的信号虽然时间上不连续,但幅度仍连续,是一个模拟信号,不能直接被计算机处理,需要经过量化,转换为数字量,才能送入计算机进行处理。量化的过程就是 A/D 转换的过程。

③ 编码。

为了处理方便,需要将量化值进行二进制编码,通常编码位数越多,量化引起的误差越小。对无正负区分的单极性信号,所有的二进制编码位表示其值的大小。对于有正负区分的双极性信号,要有一位符号位表示其极性。

(2) 模拟信号的转换

在 A/D 转换时,往往用分时的方法通过一个 A/D 转换器实现多个模拟信号的转换,并且在转换过程中使采样得到的模拟信号在一定的时间里保持为稳定的状态,以保证转换器正常转换,这就要求用多路模拟开关和采样保持电路来实现。

① 多路模拟开关。

多路模拟开关由多个模拟开关组成。多个模拟信号接至模拟开关的各个通道输入端,CPU 送出地址和地址允许信号 EN,将地址码锁存在通道译码器中,译码器输出接通相应的通道开关,这样接在该通道上的模拟输入信号就从多路开关的输出端输出,进入转换器。

② 采样保持电路。

采样保持电路由保持电容、输入/输出缓冲放大器、模拟开关和控制电路组成。它有两种工作状态:采样状态和保持状态。当开关 K 闭合时,输出信号 V_o 随入信号 V_i 变化,为采样状态;当开关断开时,利用电容保持输出信号不变,为保持状态。

(3) A/D 转换器的主要参数

常见的 A/D 转换方式有计数式、逐次逼近式、双积分式和并行式。A/D 转换器的主要参数如下。

① 分辨率:分辨率指 A/D 转换器可转换数字量的最小模拟电压。一个 n 位的 A/D 转换器,其分辨率等于最大允许模拟量输入值(即满量程)除以 $2n$。

② 转换时间:转换时间是指从输入转换信号开始到转换结束所需要的时间,通常转换时间的数量级为 μs。

③ 量程:量程指所能转换的输入模拟电压的最大范围。

④ 绝对精度:绝对精度指在输出端产生给定的数字信号,实际需要的模拟输入值与理论上要求的模拟输入值之差。

⑤ 相对精度:相对精度指满刻度值校准以后,任意数字输出对应的实际模拟输入值(中间值)与理论值(中间值)之差。

2.3.3.2 D/A 接口技术

(1) 概述

D/A 接口是把数字量转换为模拟量的电路。其作用是把计算机的数字信号转换为模拟设备中连续变化的模拟信号,以便计算机控制外部模拟设备。

数字量是由二进制代码按数位组合起来的,每位代码都有一定的权值。为了实现数字量到模拟量的转换,必须将每位代码按其权值的大小转换成相应的模拟量,然后将各模拟量相加,其总和就是与数字量相对应的模拟量,如$1101B=1\times2^3+1\times2^2+0\times2^1+1\times2^0=13$。这就是 D/A 转换的基本原理。其电路原理图如图 2-30 所示。

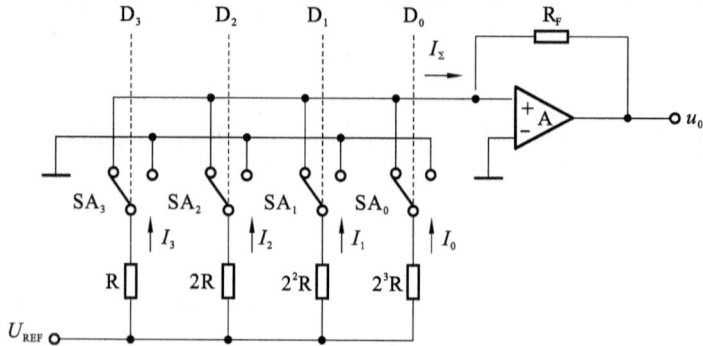

图 2-30 D/A 转换器原理图

(2) D/A 转换器的主要参数

① 分辨率。

分辨率是指 D/A 转换器所能产生的最小模拟量增量。对于 n 位的 D/A 转换器,分辨率为 $1/(2n)$。

② 转换时间。

转换时间是指数字量输入到转换完成、输出达到最终值并稳定为止所需的时间。

③ 转换精度。

转换精度用于衡量 D/A 转换器在将数字量转换成模拟量时,得到模拟量的精确程度,表示模拟量输出实际值与理论值之间的偏差。

④ 线性度。

线性度是指 D/A 转换器的实际转换特性与理想转换特性之间的误差,通常用误差的最大值表示。一般情况下,D/A 转换器的线性误差应小于±0.5 LSB(Least Significant Bit,最低有效位)。

⑤ 微分线性误差。

微分线性用于表示任意两个相邻的数字编码输入转换器时输出模拟量之间的关系。

2.4 电气控制基础

2.4.1 低压电器

低压电器通常是指工作在直流电压小于 1500 V、交流电压小于 1200 V 的电路中,在低压配电系统和控制系统中起通断、保护、控制和调节作用的电气设备。工作电压值超出这个范围的电器通常称为高压电器。低压电器是自动控制系统的基本组成元件,控制系统的优劣与所用低压电器直接相关。

低压电器种类繁多,结构原理各异,功能多样,用途广泛,有多种分类方式。

（1）按控制对象分类

低压电器根据所控制的对象可分为低压配电电器和低压控制电器。低压配电电器主要用于配电系统中，为工厂用电设备提供电能。此类电器一般要求动作准确，工作可靠，有较强的动稳定性和热稳定性（动稳定性和热稳定性分别是指电器承受短路电流或冲击电流的电动力作用和热效应而不致损坏的能力），如刀开关、转换开关、熔断器和自动开关等。低压控制电器主要用于拖动自动控制系统和用电系统，这类电器一般要求体积小、工作准确可靠、响应速度快且寿命长，如接触器、控制继电器、启动器、按钮等。

（2）按动作性质分类

低压电器依据电器的动作性质可分为自动电器和非自动电器。自动电器是根据自身参数或外来信号及某个物理量的变化而自动动作并完成通断操作的电器，如继电器和接触器等；非自动电器是直接依靠手动或外力来完成其通断操作的电器，如刀开关、按钮、行程开关等。

（3）按所起作用分类

低压电器依据所起的作用可分为控制电器和保护电器。控制电器在系统中起通断、控制和调节作用，如刀开关、控制继电器、接触器、按钮等；保护电器在系统中起保护作用，保障系统的安全运行，如熔断器、热继电器等。

（4）按执行机能分类

低压电器按电器的执行机能可分为有触点电器和无触点电器。有触点电器有开关、按钮等，无触点电器有晶闸管、霍尔接近开关等。

2.4.2　主令电器

主令电器是在自动控制系统中发出指令或信号的电器，用来控制接触器、继电器或其他电器线圈，使电路接通或断开，从而达到控制生产机械的目的。主令电器应用广泛，种类繁多，按其作用可分为按钮、行程开关、接近开关、万能转换开关、主令控制器及其他主令电器（如脚踏开关、钮子开关、紧急开关）等。

（1）按钮

按钮是一种结构简单、应用广泛的主令电器。在低压控制电路中，其用于手动发出控制信号，短时接通和断开小电流的控制电路。按钮也常作为可编程控制器的输入信号元件。控制按钮的结构示意图和图文符号如图 2-31 所示，一般由按钮帽、复位弹簧、桥式动静触点和外壳等组成。按钮常为复合式，即同时具有常开、常闭触点，按下按钮帽时常闭触点先断开，然后常开触点闭合（即先断后合）；去掉外力后，在复位弹簧的作用下，常开触点断开，常闭触点复位。

按钮按结构形式可分为按钮式、紧急式、旋钮式及钥匙式等；有带指示灯和不带指示灯之分，带指示灯的按钮帽用透明塑料制成，兼作指示灯罩；还有一种带锁键的按钮，按下后不自动复位，需再按一次才复位。

（2）行程开关

行程开关又称为限位开关或位置开关，是一种利用生产机械某些运动部件的撞击来发出控制信号的小电流主令电器，主要用于生产机械的运动方向、行程大小控制或位置保护等，一般由执行元件、操作机构及外壳组成。行程开关的种类很多，按动作方式分为瞬动型和蠕动型，按头部结构分为直动式、滚动式和微动式等。

① 直动式行程开关。直动式行程开关如图 2-32（a）所示。其结构与按钮相似，只是它用

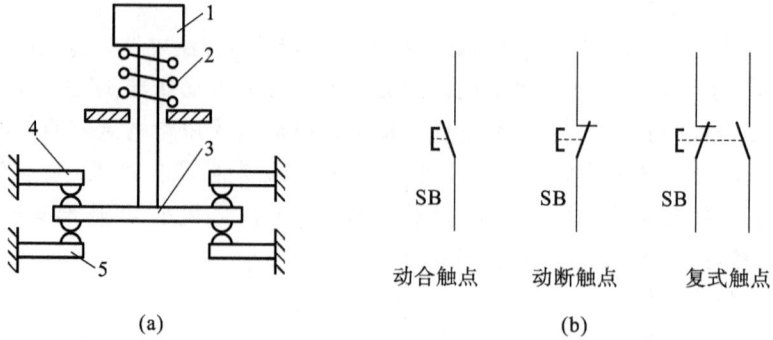

图 2-31　按钮的结构示意图和图文符号

1—按钮帽；2—复位弹簧；3—动触点；4—动断触点；5—动合触点

运动部件上的挡块来碰撞行程开关的顶杆。这种行程开关触点的分合速度取决于挡块的移动速度，在挡块移动速度小于 0.4 m/min 时，触点断开较慢，电弧易烧坏触点，此时不应采用这类行程开关。

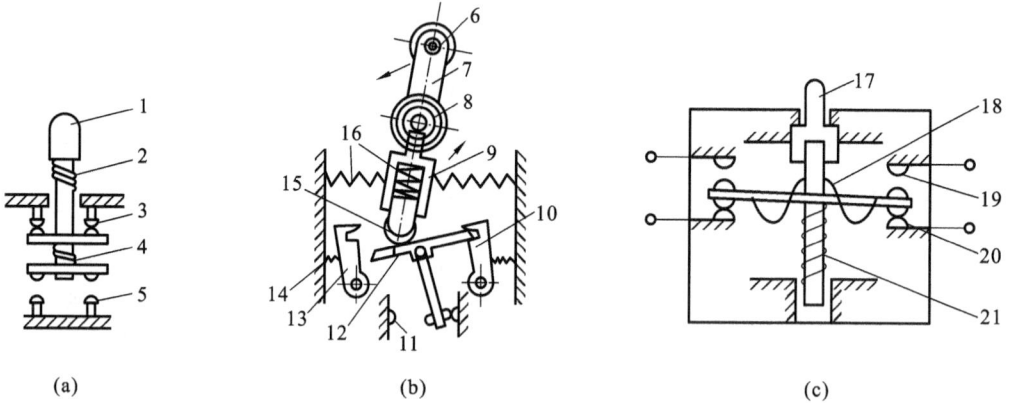

图 2-32　行程开关结构图

（a）直动式；（b）滚动式；（c）微动式

1—顶杆；2,8,14,16—弹簧；3,20—动触点；4—触点弹簧；5,19—动合触点；6—滚轮；7—上转臂；
9,17—推杆；10,13—压板；11—触点；12—触点推杆；15—小滑轮；18—弓簧片；21—复位弹簧

② 滚动式行程开关：为克服直动式行程开关的缺点，还可采用能瞬时动作的滚轮旋转式结构，如图 2-32(b)所示。这种结构的开关通过左、右推动滚轮 6，带动小滑轮 15 在触点推杆 12 上快速移动，从而使动触点迅速地与右边的静触点断开，并与左边的静触点闭合。这样就减少了电弧对触点的烧蚀，并保证了动作的可靠性。这类行程开关适用于低速运动的机械。

③ 微动式行程开关。微动式行程开关具有弯片式弹簧瞬动机构，如图 2-32(c)所示。当推杆被压下时，弓簧片变形，储存能量。当到达预定位置时，弓簧片连同动触点产生瞬时跳跃，实现电路的切换。当操作力小时，弓簧片释放能量，反向跳跃，触点分合速度不受推杆压下速度影响，克服了直动式行程开关的缺点。这种行程开关不仅动作灵敏，而且体积小，适用于小型机械。

行程开关的主要技术参数有额定电压、额定电流、触点换接时间、动作力、动作角度或工作行程、触点数量、结构形式和操作频率等。

（3）接近开关

接近开关是一种非接触式的、无触点行程开关。当运动着的物体在一定距离内接近它时，它就能发出信号，从而进行相应的操作。接近开关不仅能代替有触点行程开关来完成行程控制和限位保护，还可用于高频计数、测速、液面检测、检测零件尺寸、加工程序的自动衔接等。由于它具有无机械磨损、工作稳定可靠、寿命长、重复定位精度高以及能适应恶劣的工作环境等特点，故在工业生产领域已逐渐得到推广应用。接近开关的主要技术参数有动作距离、重复精度、操作频率、复位行程等。

接近开关按其工作原理分，有高频振荡型、电容型、感应电桥型、永久磁铁型、霍尔效应型等。

（4）光电开关

光电开关是另一种类型的非接触式检测装置，是用来检测物体靠近、通过等状态的光电传感器。它有一对光的发射和接收装置，根据两者的位置和光的接收方式分为对射型（或遮断型）和反射型，作用距离从几厘米到几十米不等。

图 2-33（a）所示为对射型光电开关，发射器和接收器相对安置，轴线严格对准。当物体在两者之间通过时，红外光束被遮断，接收器接收不到红外线而产生一个电脉冲信号。反射型又分为反射镜反射型（简称接受型）及被测物体反射型（简称散射型），如图 2-33（b）、图 2-33（c）所示。反射镜反射型传感器单侧安装，需要调整反射镜的角度以取得最佳的反射效果，它的检测距离不如对射型。散射型安装最为方便，并且可以根据被测物体上的黑白标记来检测，但散射型的检测距离较小，只有几百毫米。

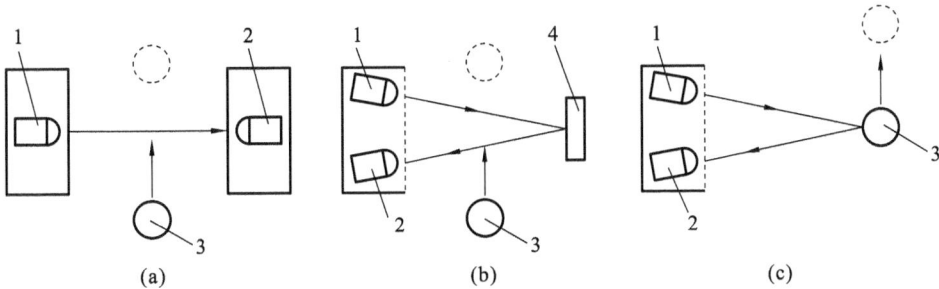

图 2-33 光电开关的类型及应用

（a）对射型；（b）接受型；（c）散射型

1—发射器；2—接收器；3—被测物；4—反射镜

光电开关中的红外光发射器一般采用功率较大的红外发光二极管（红外 LED），而接收器可采用光敏三极管、光敏达林顿三极管或光电池。为了防止日光灯的干扰，可在光敏元件表面加红外滤光透镜。LED 可用高频（40 Hz 左右）脉冲电流驱动，从而发射调制光脉冲。相应地，接收光电元件的输出信号经选频交流放大器及解调器处理，可以有效地防止太阳光的干扰。

光电开关可用于生产流水线上统计产量、检测装配件到位与否及装配质量，并且可以根据被测物的特定标记给出自动控制信号。目前，它已广泛地应用于自动包装机、自动灌装机和装配流水线等自动化机械装置中。

选用时，要根据使用场合和控制对象确定检测元件的种类。例如，当被测对象运动速度不是太快时，可选用一般用途的行程开关；而在工作频率很高，对可靠性及精度要求也很高时，应选用接近开关；不能接近被测物体时，应选用光电开关。

2.4.3 低压电器的电磁执行机构

电磁式电器在电气控制系统中使用量很大,其类型也较多,但就其原理和结构而言基本相同,主要由两个部分组成,即检测部分(电磁机构)和执行部分(触点系统),还有灭弧系统和其他缓冲机构等。

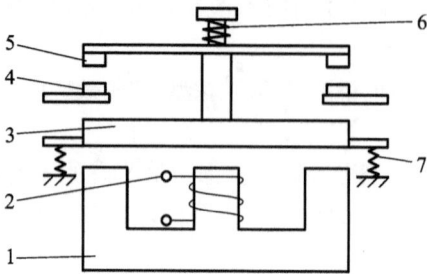

图 2-34 电磁式电器工作原理示意图
1—铁心;2—线圈;3—衔铁;4—静触点;
5—动触点;6—触点弹簧;7—释放弹簧

（1）电磁机构的吸力特性与反力特性

电磁式电器的基本工作原理如图 2-34 所示,其电磁机构由线圈、铁心(又称静铁心或磁轭)和衔铁(又称动铁心)三部分组成。电磁式电器的工作原理是:当吸引线圈通电后,电磁系统即把电能转变为机械能,所产生的电磁吸力克服释放弹簧与触点弹簧的反力使铁心吸合,并带动触点支架使动、静触点接触闭合。当吸引线圈断电或电压显著下降时,由于电磁吸力消失或过小,衔铁在释放弹簧反力作用下返回原位,同时带动动触点脱离静触点,将电路切断。

可见,作用在衔铁上的力有两个:电磁吸力与反力。电磁吸力由电磁机构产生,反力则由释放弹簧(有时也称复位弹簧)和触点弹簧所产生。

电磁吸力可表示为:

$$F = \frac{10^7}{8\pi} B^2 S$$

式中　　F——电磁吸力,N;

　　　　S——气隙磁感应强度,T;

　　　　B——磁极截面积,m^2。

当线圈中通以直流电时,电磁力 F 为恒定值;当线圈中通以正弦交流电时,其气隙磁感应强度也按正弦规律变化。

所谓吸力特性,是指电磁吸力随衔铁与铁心间气隙变化的关系曲线,不同的电磁机构有不同的吸力特性。根据吸引线圈通电电流的性质分类,电磁机构分为直流电磁机构和交流电磁机构,它们不仅工作性质不同,结构也不相同。

直流电磁机构的工作性能受吸引线圈励磁电压的高低、衔铁行程大小等因素的影响。结构上,由于直流电磁铁在稳定状态下通过恒定电流,磁通恒定,铁心中没有因磁通交变而引起的磁滞损失与涡流损失,只有线圈本身的铜损,故直流电磁铁线圈做成没有骨架的细长形。

交流电磁机构的吸力是周期性变化的,必然会在某一时刻电磁吸力小于弹簧反力,这时衔铁被释放;而在某一时刻电磁吸力大于弹簧反力,衔铁又被吸合。如此反复,衔铁将产生振动。这样,不仅对电器工作非常不利,而且有噪声,所以必须采取消振措施。结构上,由于铁心中有磁滞损失和涡流损失,故铁心由硅钢片叠制而成,线圈形状是粗短形,而且有骨架,目的是将线圈与铁心隔开,以免铁心发热,热量传给线圈使其过热而烧坏。

对于直流电磁机构,其励磁电流的大小与气隙无关,电磁吸力随气隙的减小而增加,所以吸力特性曲线比较陡峭。而交流电磁结构的励磁电流与气隙成正比,其吸力随气隙的减小而增加,所以吸力特性曲线比较平坦。

（2）触点系统

触点是电器的执行机构,它在衔铁的带动下起接通和分断电路的作用。因此,要求触点导电、导热性能良好。触点通常用铜或银质材料制成,主要有两种结构形式:桥式触点和指形触点。触点的接触形式有三种,即点接触、线接触和面接触。点接触的桥式触点主要适用于电流不大且压力小的场合;桥式触点多为面接触,适用于大容量、大电流的场合(如交流接触器);指形触点的接触方式为线接触,接触区为一直线,触点接通或分断时产生滚动摩擦,既可消除触点表面的氧化膜,又可缓冲触点闭合时的撞击,改善触点的电气性能,指形触点适用于接电次数多、电流大的场合。

电器的触点又有常开(动合)触点和常闭(动断)触点之分。在无外力作用而处于静止状态时,触点间是断开状态,当衔铁吸合时触点闭合接通电路的触点,称为常开触点,反之称为常闭触点。

（3）灭弧系统

在通电状态下,动、静触点脱离接触时,如果被分断电路的电流超过某一数值(根据触点材料的不同,其值为 0.25~1 A),或分断后加在触点间隙(或称弧隙)两端的电压超过某一数值(根据触点材料的不同,其值为 12~20 V)时,则触点间隙中就会产生电弧。电弧实际上是触点间气体在强电场下产生的放电现象,产生高温并发出强光和火花。电弧的存在,既烧损触点金属表面,缩短电器的寿命,又延长电路的分断时间,严重时会引起火灾或其他事故,因此应采取措施迅速熄灭电弧。常用的灭弧方法有电动力灭弧、磁吹灭弧、栅片灭弧、灭弧罩灭弧等几种。

2.4.4 接触器与继电器

2.4.4.1 接触器

接触器(图 2-35)是一种用于频繁地接通或断开交、直流主电路及大容量控制电路,实现远距离自动控制的低压自动控制电器。在功能上,接触器除能自动切换外,还具有刀开关类手动开关所不能实现的远距离操作功能和失压(或欠压)保护功能。它不同于断路器等,虽有一定的过载能力,但不能切断短路电流,也不具备过载保护的功能。接触器生产方便,价格低廉。在可编程控制器控制系统中,接触器常作为输出执行元件,用于控制电动机、电热设备、电焊机、电容器组等负载。

（1）接触器的组成及工作原理

目前使用的接触器是电磁式电器的一种。其结构与电磁式电器相同,一般由电磁机构、触点系统、灭弧系统、复位弹簧机构或缓冲装置、支架与底座等几部分组成,如图 2-35 所示。电磁机构是接触器的感测元件,由线圈、铁心、衔铁和复位弹簧等几部分组成。

接触器的工作原理如下。当电磁线圈通电

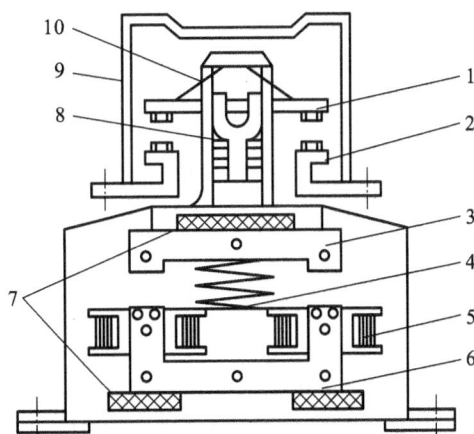

图 2-35 CJ20 系列交流接触器结构示意图

1—动触点;2—静触点;3—衔铁;4—缓冲弹簧;
5—电磁线圈;6—铁心;7—垫毡;8—触点弹簧;
9—灭弧罩;10—触点压力簧片

后,线圈电流在铁心中产生磁通,该磁通对衔铁产生克服复位弹簧反力的电磁吸力,使衔铁带动触点动作。触点动作时,常闭触点先断开,常开触点后闭合。当线圈中的电压值降低到某一数值(一般为线圈额定电压的 85%)时,铁心中的磁通下降,电磁吸力减小,当减小到不足以克服复位弹簧的反力时,衔铁在复位弹簧的反力作用下复位,使主、辅触点的常开触点断开,常闭触点恢复闭合,这也体现了接触器的失压保护功能。

接触器的触点有主触点和辅助触点之分。主触点用于通断主电路,通常为三对(或三极)常开的触点;辅助触点常用于控制电路,起电气联锁作用,一般常开、常闭触点各两对。主、辅触点一般采用双断点桥式结构,电路的通断由主触点、辅助触点共同完成。

接触器按流过主触点电流性质的不同,可分为交流接触器和直流接触器;按电磁结构的操作电源不同,可分为交流励磁操作和直流励磁操作的接触器。通常所说的交流/直流接触器是指前一种分类方法,两者不能混淆。

(2)接触器的主要技术参数

① 额定电压。接触器铭牌上的额定电压是主触点能承受的额定电压。通常用的电压等级为:直流接触器为 110 V、220 V、440 V,交流接触器为 110 V、220 V、380 V、500 V 等。

② 额定电流。接触器铭牌上的额定电流是主触点的额定电流,即允许长期通过的最大电流,有 5 A、10 A、20 A、40 A、60 A、100 A、150 A、250 A、400 A、600 A 几个等级。

③ 吸引线圈的额定电压。交流有 36 V、110 V、220 V 和 380 V 几种,直流有 34 V、48 V、220 V、440 V。

④ 电寿命和机械寿命。其以万次表示。

⑤ 额定操作频率。其以"次/h"表示,即允许每小时接通的最多次数。

(3)接触器的选择与使用

① 接触器的类型选择。根据接触器所控制负载的轻重和负载电流的类型,来选择直流接触器或交流接触器。

② 额定电压的选择。接触器的额定电压应大于或等于负载回路的电压。

③ 额定电流的选择。接触器的额定电流应大于或等于被控回路的额定电流。对于电动机负载,可按下列经验公式计算:

$$I_c = \frac{P_N \times 10^3}{K U_N}$$

式中　I_c——流过接触器主触点的电流,A;

　　　P_N——电动机的额定功率,kW;

　　　U_N——电动机的额定电压,V;

　　　K——经验系数,一般取 $1\sim1.4$。

接触器的额定电流应大于或等于 I_c。接触器如使用在电动机频繁启动或正反转的场合,一般将其额定电流降一个等级再选用。

④ 吸引线圈的额定电压选择。吸引线圈的额定电压应与所接控制电路的电压一致。对简单控制电路可直接选用交流 380 V、220 V 电压;对电路复杂,使用电器较多者,应选用110 V 或更低的控制电压。

⑤ 接触器的触点数量、种类选择。接触器的触点数量和种类应根据主电路和控制电路的要求选择。如辅助触点的数量不能满足要求时,应用增加中间继电器的方法解决。

接触器的图形和文字符号如图 2-36 所示。

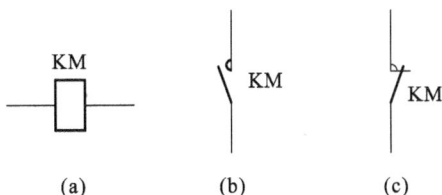

图 2-36　接触器的图形和文字符号
（a）线圈；（b）主触点、常开触点；（c）常闭触点

2.4.4.2　继电器

继电器是根据某种输入信号的变化来接通或断开小电流控制电路，实现远距离自动控制和保护的自动控制电器。其输入量可以是电流、电压等电气量，也可以是温度、时间、速度或压力等非电量，而输出则是触点动作或电路参数的变化。

继电器的种类繁多，按输入信号的性质可分为电压继电器、电流继电器、时间继电器、温度继电器、速度继电器和压力继电器等，按工作原理可分为电磁式继电器、感应式继电器、电动式继电器、热继电器和电子式继电器等，按输出形式可分为有触点继电器和无触点继电器两种，按用途可分为控制用继电器和保护用继电器等。

无论继电器的输入量是电气量还是非电量，其工作方式都是当输入量变化到某一定值时，继电器的触点动作，接通或断开控制电路。从这一点来看，继电器与接触器是相同的，但它与接触器又有区别：首先，继电器主要用于小电流电路，触点容量较小（一般在 5 A 以下），且无灭弧装置，而接触器用于控制电动机等大功率、大电流电路及主电；其次，继电器的输入信号可以是各种物理量，如电压、电流、时间、速度、压力等，而接触器的输入量只有电压。

（1）电磁式继电器

电磁式继电器结构简单、价格低廉、使用与维护方便，广泛地应用于控制电路中。

电磁式继电器的结构及工作原理与接触器相似，也由电磁机构和触点系统等组成。由于继电器是用于切换小电流的控制电路和保护电路，故继电器没有灭弧装置，也无主、辅触点之分等。其典型结构如图 2-37 所示。

电磁式继电器有直流和交流两类，常用的电磁式继电器有电流继电器、电压继电器和中间继电器。

① 电磁式电流继电器：电流继电器的线圈与被测电路串联，以反映电路电流的变化，其线圈匝数少，导线粗，阻抗小。电流继电器常用于按电流原则控制的场合，如电动机的过载及短路保护、直流电动机的磁场控制及失磁保护。电流继电器有欠电流继电器和过

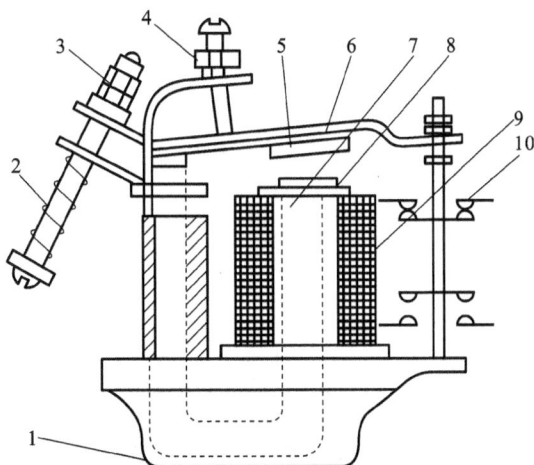

图 2-37　电磁式继电器
1—底座；2—反力弹簧；3—调节螺丝；4—调节螺母；
5—非磁性垫片；6—衔铁；7—铁心；8—极靴；
9—电磁线圈；10—触点系统

电流继电器两种。

② 电磁式电压继电器:电磁式电压继电器的结构与电流继电器相似,不同的是其线圈与被测电路并联,需要电抗大,所以线圈的匝数多而导线细。

电压继电器根据所接电路电压值的变化而处于吸合或释放状态。根据动作电压的不同,电压继电器有过电压继电器、欠电压继电器和零电压继电器三种。过电压继电器在电路电压正常时释放,而在发生过电压故障时吸合;欠电压、零电压继电器在电路电压正常时吸合,而发生欠电压、零电压时释放。

③ 电磁式中间继电器:电磁式中间继电器的吸引线圈属于电压线圈,但它的触点数量较多(一般有4对常开触点、4对常闭触点,共8对),触点容量较大,且动作灵敏。其主要用途是:当其他继电器的触点数量或触点容量不够时,可借助中间继电器来扩大触点数目或触点容量,起到中间转换的作用。

电磁式继电器的整定:电磁式继电器的吸合值和释放值可以根据保护要求在一定范围内调整,调整到控制系统所要求的范围内。一般可通过调整复位弹簧的松紧程度和改变非磁性垫片的厚度来实现。

电磁式继电器的图形和文字符号如图2-38所示。

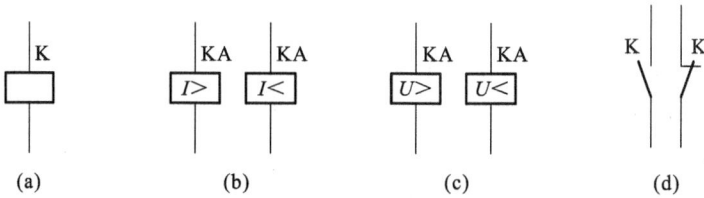

图 2-38 电磁式继电器的图形和文字符号
(a) 线圈一般符号;(b) 电流继电器线圈;(c) 电压继电器线圈;(d) 触点

④ 电磁式继电器的选用:选用电磁式继电器时,主要根据保护或控制对象对继电器的要求,触点的数量、种类、返回系数,以及控制电路的电压、电流、负载性质等来选择。

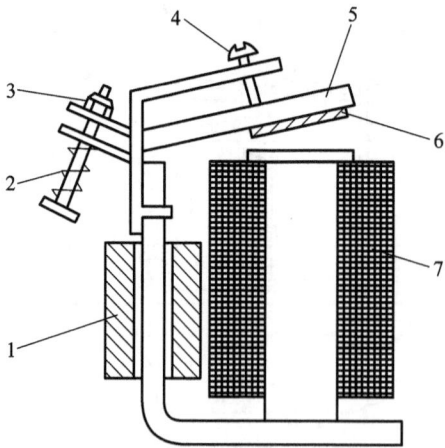

图 2-39 直流电磁式时间继电器结构示意图
1—阻尼铜套;2—释放弹簧;3—调节螺母;
4—调节螺钉;5—衔铁;6—非磁性垫片;7—电磁线圈

(2) 时间继电器

在感测元件获得信号后,执行元件要延迟一段时间才动作的继电器叫作时间继电器。这里的延时区别于一般电磁式继电器从线圈得电到触点动作的固有动作时间。时间继电器常用于按时间原则进行控制的场合。其种类很多,按工作原理划分,时间继电器可分为电磁式、空气阻尼式、晶体管式和数字式等;按延时方式,可分为通电延时型和断电延时型两种。

① 直流电磁式时间继电器:在直流电磁式电压继电器的铁心上增加一个阻尼铜套,即可构成直流电磁式时间继电器。直流电磁式时间继电器如图2-39所示。

当线圈通电时,由于衔铁处于释放位置,气隙大,磁阻大,磁通小,铜套阻尼作用相对也小,因此衔铁吸合时延时不显著。而当线圈断电时,磁通变化量大,铜套阻尼作用也大,使衔铁延时释放而起到延时作用,因此这类继电器仅用于断电延时。直流电磁式时间继电器结构简单、可靠性高且寿命长;其缺点是仅能获得断电延时,延时精度低且延时时间短,最长不超过 5 s,一般只用于延时精度不高的场合。

直流电磁式时间继电器的延时时间是靠改变铁心与衔铁间非磁性垫片的薄厚(粗调)和改变释放弹簧的松紧(细调)来调节的。

② 空气阻尼式时间继电器:空气阻尼式时间继电器又称气囊式时间继电器,它是利用空气通过小孔时产生阻尼的原理获得延时的。它由电磁系统、延时机构和触点三部分构成。电磁机构为直动式双 E 型铁心,触点系统借用 LX5 型微动开关,延时机构采用气囊式阻尼器。

空气阻尼式时间继电器的电磁机构可以是直流的,也可以是交流的。它既可做成通电延时型,又可做成断电延时型。只要改变电磁机构的安装方向,便可实现不同的延时方式。

空气阻尼式时间继电器的主要技术数据有线圈额定电压、触点数目及延时范围等,可根据需要选用。

③ 晶体管式时间继电器:晶体管式时间继电器又称半导体式时间继电器,它利用 RC 电路中的电容器充电时电容电压不能突变,只能按指数规律逐渐变化的原理来获得延时。因此,只要改变 RC 充电回路的时间常数(改变电阻值),即可改变延时时间。继电器的输出形式有触点式和无触点式。有触点式是用晶体管驱动小型电磁式继电器,而无触点式是采用晶体管或晶闸管输出。

图 2-40 所示为 JSJ 型晶体管时间继电器原理图。其工作原理如下。

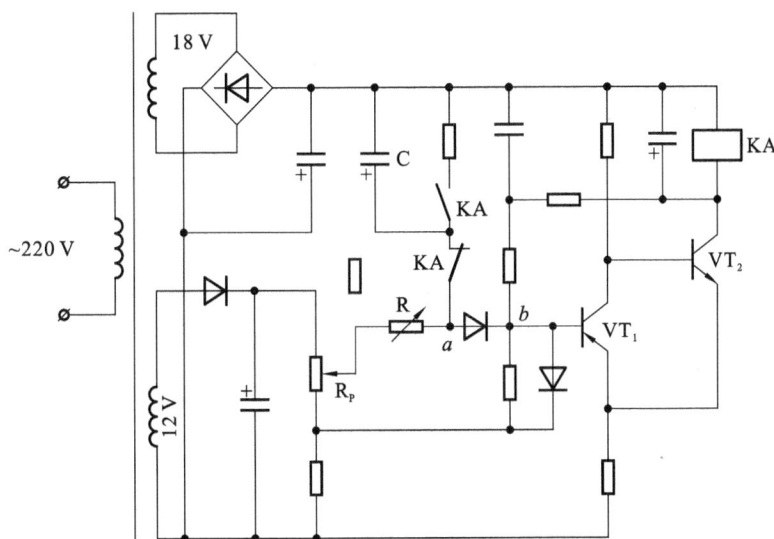

图 2-40 JSJ 型晶体管时间继电器原理图

图中主电源由变压器二次侧的 18 V 电压经整流、滤波而得,辅助电源由变压器二次侧的 12 V 电压经整流、滤波而得。当电源变压器接上电源,VT_1 管导通,VT_2 管截止,继电器 KA 不动作。两个电源分别向电容器 C 充电,a 点电位高于 b 点电位时,VT_1 管截止,VT_2 导通,VT_2 管集电极电流通过继电器 KA 的线圈,KA 各触点动作,输出信号。图中 KA 的动断触点断开充电电路,动合触点闭合使电容放电,为下次工作做好准备。调节电位器 R_p,就可以改变延时时间的长短。此电路延时范围为 0.2～300 s。

晶体管式时间继电器的延时范围广,精度较高,体积小,耐冲击和耐振动,调节方便,寿命长,因此应用很广泛,但晶体管式时间继电器的延时易受电源电压波动的影响,抗干扰性差。

除了上述空气阻尼式、晶体管式时间继电器外,目前应用广泛的还有数字式时间继电器。其采用 MOS 大规模集成电路,工作可靠,功能强,精度高,并采用拨码开关整定延时时间,直观性、重复性好,延时范围宽,有些产品还带有延时时间显示功能,特别适用于需要多功能、延时范围广、反复整定延时时间的场合。

④ 时间继电器的选用:选用时间继电器时,首先应考虑满足控制系统所提出的工艺要求和控制要求,并根据对延时方式的要求选用通电延时型或断电延时型。对于延时要求不高和延时时间较短的,可选用价格相对较低的空气阻尼式;当要求延时精度较高、延时时间较长时,可选用晶体管式或数字式;在电源电压波动大的场合,采用空气阻尼式比采用晶体管式好;而在温度变化较大处,则不宜采用空气阻尼式时间继电器。总之,选用时除了考虑延时范围、准确度等条件外,还要考虑控制系统对可靠性、经济性、工艺安装尺寸等的要求。

(3)热继电器

热继电器是利用电流的热效应,在感测元件被加热到一定程度时执行相应动作的一种保护电器。热继电器主要用于交流电动机的过载保护、断相或电流不平衡运行的保护及其他电气设备发热状态的控制。电动机在实际运行中发生过载,只要电动机绕组不超过允许温升,这种过载就是允许的,但如果长时间过载,绕组温升超过了允许值,将会加剧绕组绝缘老化,严重时甚至使电动机绕组烧毁。热继电器还常和交流接触器配合组成磁力启动器。

① 热继电器的结构与工作原理:热继电器主要由热元件、双金属片、触点、复位弹簧和电流调节装置等部分组成,如图 2-41 所示。双金属片是热继电器的感测元件,它由两种不同线膨胀系数的金属机械碾压而成。线膨胀系数大的称为主动层,常用线膨胀系数大的铜或铜镍铬合金制成;线膨胀系数小的称为被动层,常用线膨胀系数小的铁镍合金制成。在加热之前,两双金属片长度基本一致,热元件串接在电动机定子绕组电路中,电动机定子绕组电流即为热

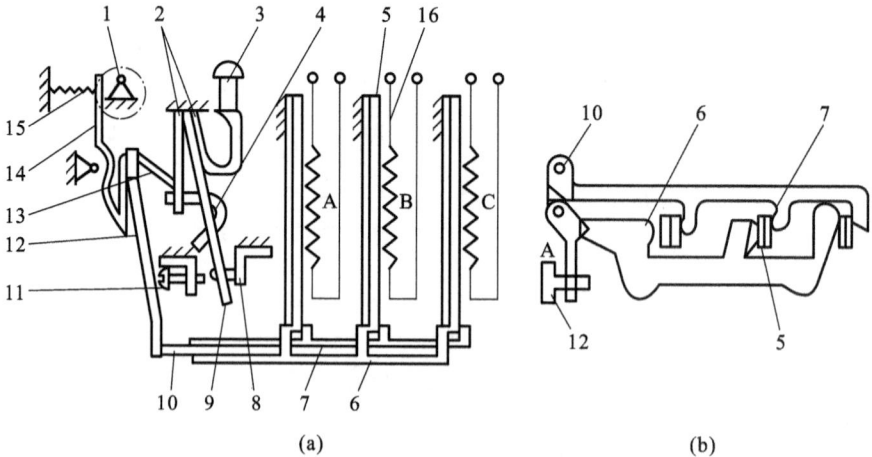

(a)   (b)

图 2-41　热继电器

(a)结构示意图;(b)差分式断相保护示意图

1—电流调节凸轮;2—簧片;3—手动复位按钮;4—弓簧片;5—主双金属片;6—外导板;7—内导板;8—动断触点;
9—动触点;10—杠杆;11—复位调节螺钉;12—补偿双金属片;13—推杆;14—连杆;15—压簧;16—热元件

元件上流过的电流。当电动机正常运行时,热元件产生的热量虽能使双金属片弯曲,但还不足以使热继电器动作。当电动机过载时,流过热元件的电流增大,热元件产生的热量增加,使被其缠绕的双金属片受热膨胀,双金属片将向被动层方向弯曲。当弯曲到一定程度时,双金属片推动导板使热继电器的触点动作,切断电动机的控制电路,使主电路停止工作。通过调节电流调节凸轮就可整定热继电器的动作电流值。

热继电器根据拥有热元件的多少,可分为单相结构、两相结构、三相结构三种类型。根据复位方式,热继电器可分为自动复位和手动复位两种。使用两相结构的热继电器时,将两只热元件分别串接在两相主电路中;用三相结构热继电器时,将三只热元件分别串接在三相主电路中,热继电器的触点一般连接于控制电路中。

② 热继电器的技术参数:热继电器的主要技术参数有额定电压、额定电流、相数、热元件编号及整定电流调节范围等。热继电器的整定电流是指热继电器的热元件允许长期通过又不致引起继电器动作的电流值。对于某一热元件,可通过调节其电流调节旋钮,在一定范围内调节其整定电流。

热继电器的图形和文字符号如图 2-42 所示。

(4) 速度继电器

速度继电器是利用速度原则对电动机进行控制的自动电器,常用于笼型异步电动机的反接制动控制,因此又称反接制动继电器。

JY1 型速度继电器结构图如图 2-43 所示。它主要由转子、定子和触点三部分组成。转子是一个圆柱形永久磁铁,其轴与被控制电动机的轴相连接;定子是一笼型空心圆环,由硅钢片叠成,并装有笼形绕组。定子空套在转子上,能独自偏摆。当电动机转动时,速度继电器的转子随之转动,这样就在速度继电器的转子和定子圆环之间的气隙中产生旋转磁场,继而产生感应电动势并产生电流。此电流与旋转的磁场作用产生转矩,使定子偏转,其偏转角度与电动机的转速成正比。当偏转到一定角度时,与定子连接的摆锤推动动触点,使常闭触点分断。当电动机转速进一步升高后,摆锤继续偏摆,使动触点与静触点的常开触点闭合。当电动机转速下降时,摆锤偏转角度随之减小,动触点在簧片作用下复位(常开触点打开,常闭触点闭合)。

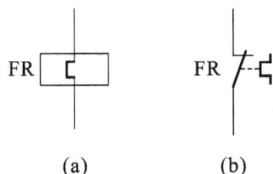

图 2-42　热继电器的图形和文字符号

(a) 热元件;(b) 动断触点

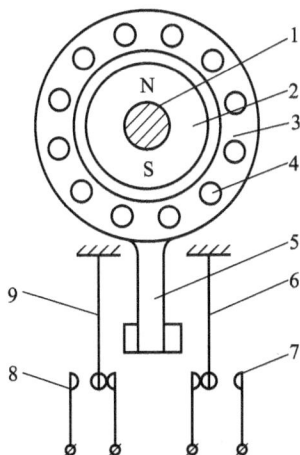

图 2-43　速度继电器结构图

1—转轴;2—转子;3—定子;4—绕组;
5—摆锤;6,9—簧片;7,8—静触点

速度继电器主要根据电动机的额定转速来选择。速度继电器的图形和文字符号如图2-44所示。

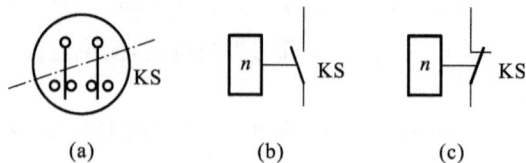

图 2-44　速度继电器的图形和文字符号
（a）转子；（b）动合触点；（c）动断触点

2.4.5　继电器-接触器控制系统的基本控制电路

继电器-接触器控制系统是应用最早的控制系统。它是由主令电器、接触器、继电器和保护电器等按一定的生产机械要求组成的控制系统,具有结构简单、容易掌握、维护方便、价格低廉等优点。目前,在工业企业中,继电器-接触器控制系统的应用十分广泛,是其他自动化控制系统的基础。虽然数字控制系统、可编程控制器等一系列先进控制系统和其他可控制设备正在逐渐取代继电器-接触器控制系统,但是作为控制系统的基础,还是应该学习、掌握继电器-接触器控制系统的基本控制电路。

2.4.5.1　异步电动机直接启动单向运行的控制电路

（1）点动控制

许多生产机械在调整试车或运行时要求电动机能瞬时动作一下,这就叫作点动控制。如龙门刨床横梁的上、下移动,摇臂钻床立柱的夹紧与放松,桥式起重机吊钩、大车运行的操作控制等都需要使用点动控制。

用按钮、接触器组成的电动机点动控制电路如图 2-45 所示。合上电源开关 Q,按下 SB_1 按钮,接触器线圈 KM 通电,动合主触点 KM 闭合,电动机 M 通电运行。放开按钮,KM 释放,电动机断电停转。

（2）电动机的直接启动单向连续运行控制电路

在上述点动控制电路中,按钮 SB_1 两端并联接触器的一个动合辅助触点便可实现电动机的连续运转。因为当接触器线圈通电后,辅助动合触点也闭合,这时放开 SB_1,线圈仍通过辅助触点继续保持通电,使电动机继续运行。动合辅助触点的这个作用称为自锁。要使电动机停止运转,可在控制电路中串联另一按钮的动断触点 SB_2。这样按下 SB_2 时,线圈断电,电动机也跟着停转,故该按钮称为停止按钮,SB_1 则称为启动按钮。

完整的单向连续运行控制电路如图 2-46 所示。

（3）基本保护环节

要确保生产安全,必须在电动机的主电路和控制电路中设置保护装置。一般中小型电动机有如下三种常用的基本保护环节。

① 短路保护。

由熔断器来实现短路保护。它应能确保在电路发生短路事故时可靠地切断电源,使被保护设备免受短路电流的影响。

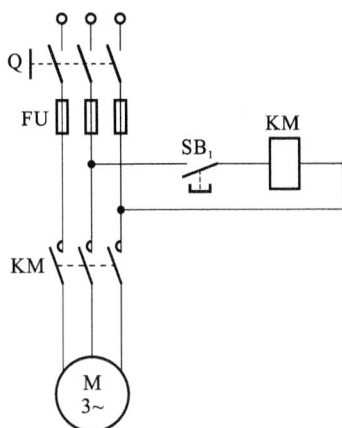

图 2-45　异步电动机的点动控制　　　　图 2-46　异步电动机的自锁控制

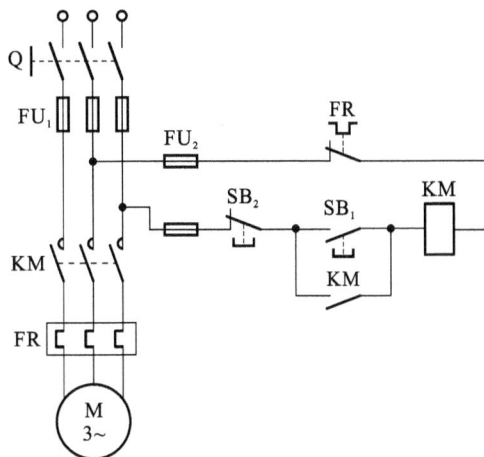

② 过载保护。

由热继电器来实现过载保护。它应能保护电动机绕组不因超过允许温升而损坏。

③ 失压保护(零压保护)和欠压保护。

继电器-接触器控制电路本身具有失压保护(零压保护)和欠压保护作用。因为当断电或电压过低时接触器就释放,从而使电动机自动脱离电源;当线路恢复供电时,由于接触器的自锁触点已断开,电动机是不能自行启动的。这种保护可避免引起意外的人身事故和设备事故。

2.4.5.2　电动机的正反转控制电路

很多生产机械都要求有正、反两个方向的运动,如起重机的升降、机床工作台的进退、主轴的正反转等。这可由电动机的正反转控制电路来控制。

由上述内容,我们知道要使三相异步电动机反转,只要将电动机三相电源线中的任意两根对调连接即可。若在电动机单向运转控制电路的基础上再增加一个接触器及相应的控制线路,就可实现正反转控制,如图 2-47(a)所示。

由主电路可以看出,若两个接触器同时吸合工作,则将造成电源短路的严重事故,所以在图 2-47(b)中,将两个接触器的动断辅助触点分别串联到另一个接触器的线圈支路上,达到两个接触器不能同时工作的控制作用,称为互锁或联锁。这两个动断辅助触点因而称为互锁触点。这种互锁叫作接触器互锁。但这种控制电路有一个缺点,就是反转时必须先按停止按钮,再按另一转向的启动按钮。

图 2-47(c)中采用了复合按钮互锁,即将两个启动按钮的动断触点分别串联到另一个接触器线圈的控制支路上。这样,若正转时要反转,直接按反转按钮 SB_2,其动断触点断开,正转接触器 KM_1 线圈断电,主触点断开,接着串联于反转接触器线圈支路中的动断触点 KM_1 恢复闭合,动合触点 SB_2 闭合,KM_2 线圈通电自锁,电动机就反转。这种电路叫作双重互锁控制电路。

2.4.5.3　多机顺序联锁控制电路

装有多台电动机的生产机构,有时要求按一定的顺序启动电动机,有时要求按一定顺序停

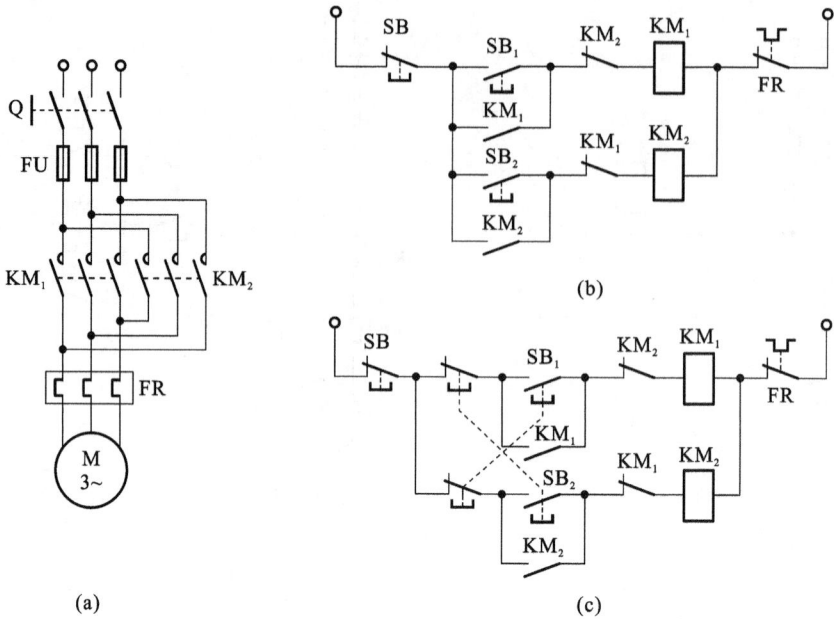

图 2-47 异步电动机的正反转控制

机,这就要采用顺序联锁控制。

车床油泵和主轴电气原理图见图 2-48。

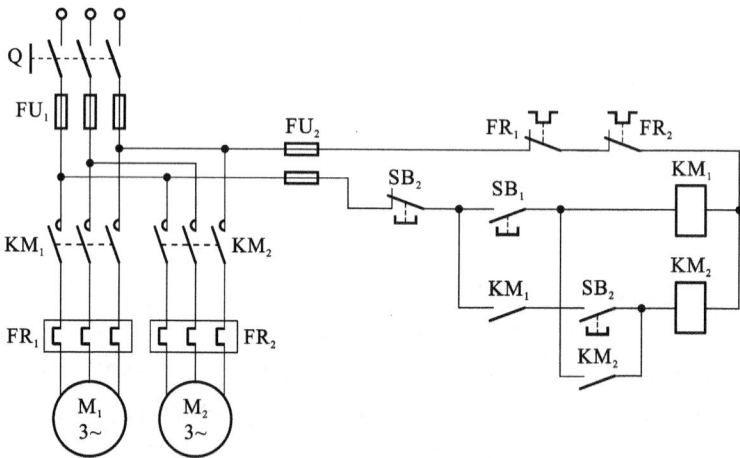

图 2-48 车床油泵和主轴电气原理图

要求油泵电动机 M_1 先启动,使润滑系统有足够的润滑油以后,方能启动主轴电动机 M_2。按下 SB_1,KM_1 线圈通电自锁,KM_1 主触点闭合,油泵电动机 M_1 启动。这时通过 KM_1 的自锁触点闭合,为 KM_2 线圈通电做准备。这样,按下 SB_2,主轴电动机 M_2 方能启动。如果 M_1 未启动,则这时按下 SB_2,主轴电动机 M_2 也不能启动。

电路中的熔断器 FU_1、FU_2 起短路保护作用;而过载保护由热继电器 FR_1 和 FR_2 承担,因为两个热继电器的动断触点是串联的,所以任何一台电动机发生过载而引起热继电器动作,都会使 M_1、M_2 停止运转。

2.4.5.4 多处控制电路

在一些材料加工设备上,为了便于调整操作和加工,要求在不同地点都能实现同一操作控制。这时只要把启动按钮与动合触点并联,停止按钮与动断触点串联,便可实现多处控制,如图 2-49 所示。

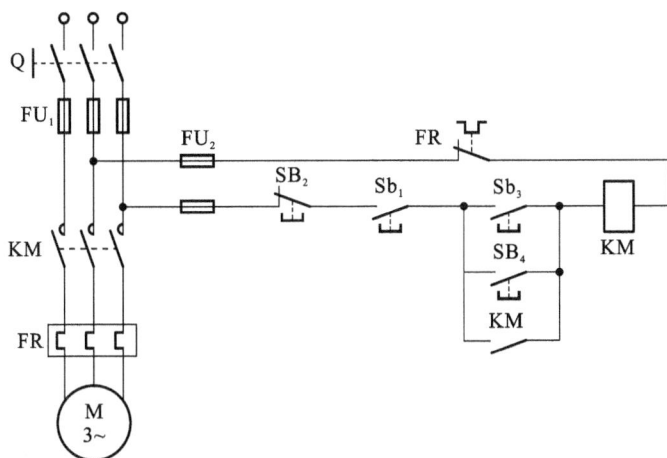

图 2-49 多处控制电路

2.4.5.5 行程控制电路

根据运动部件的位置变化,即以行程为信号对电路进行控制,称为行程控制电路。它是通过行程开关配合挡铁来实现的。

图 2-50 所示为工作台自动往返控制电路,实现自动往返的行程开关 SQ_1 和 SQ_2 实际上与按钮组成的多处控制相似。

当按下 SB_1 时,KM_1 线圈通电,电动机正转,带动工作台前进。运动到预定位置时,装于工作台侧的左挡铁 L 压下安装于床身上的行程开关 SQ_2,KM_1 线圈断电。接着 SQ_2 的动合触点闭合,KM_2 线圈通电,电动机电源换相反转,使工作台后退,SQ_2 复位,为下一循环作准备。当工作台后退到预定位置时,右挡铁 R 压下 SQ_1,KM_2 线圈断电,接着 KM_1 通电,电动机又正转……如此自动往返。加工结束,按下停止按钮 SB_3,电动机就断电停转。若要改变工作台行程,可调整挡铁 L 和 R 之间的距离。图中 SQ_3 和 SQ_1 是作为限位保护而设置的,目的是防止当 SQ_1 和 SQ_2 失灵时造成工作台超越极限位置出轨的严重事故。车间里的桥式起重机,其大车的左右运行、小车的前后运行和吊钩的提升都必须有限位保护。

2.4.5.6 时间控制电路

以时间的长短为信号来控制电路的动作称为时间控制。它是利用时间继电器实现的。

时间控制电路举例如下。

(1)三相鼠笼式异步电动机星形-三角形换接降压启动的控制电路

如图 2-51 所示,其工作过程如下。先合上电源开关 Q,按下启动按钮 SB_2,接触器 KM_1、KM_2 线圈得电,其主触点同时闭合,电动机定子绕组作星形连接降压启动。KM_1 的动合辅助

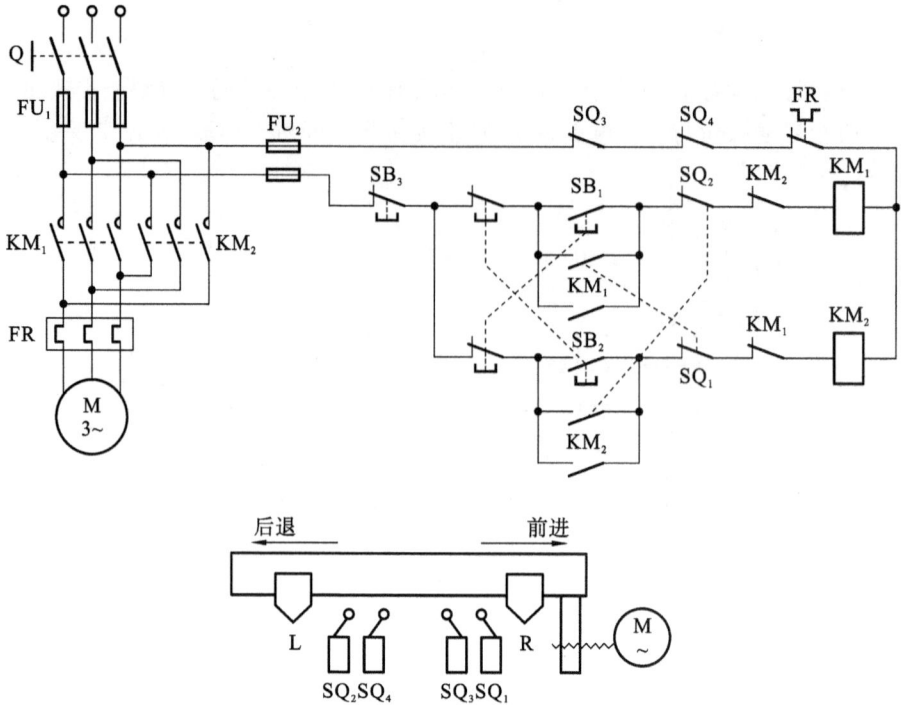

图 2-50 工作台自动往返控制电路

触点闭合自锁，KM_2 的动断辅助触点断开，与接触器 KM_3 实现互锁。由于时间继电器 KT 的线圈与 KM_1 同时得电，所以经过预先整定好的时间（星形连接启动时间），通电延时断开的动断触点断开使 KM_2 线圈失电，主触点断开，而延时闭合的动合触点闭合，使 KM_3 线圈通电自锁，其主触点 KM_3 闭合，将电动机定子绕组连接成三角形全压正常运行。

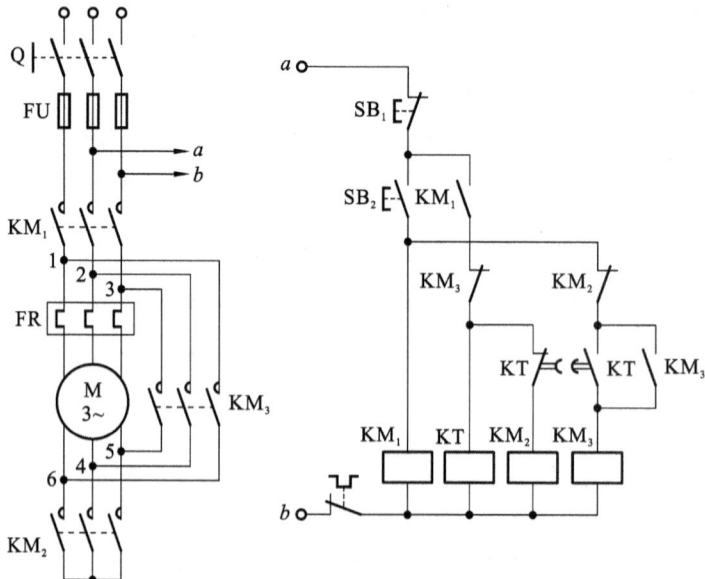

图 2-51 异步电动机星形-三角形降压启动控制电路

（2）能耗制动控制电路

图 2-52 所示为有变压器全波整流的能耗制动控制电路。制动用直流电源由桥式全波整流器 VC 供给,用可调电阻 R 调节制动电流的大小。

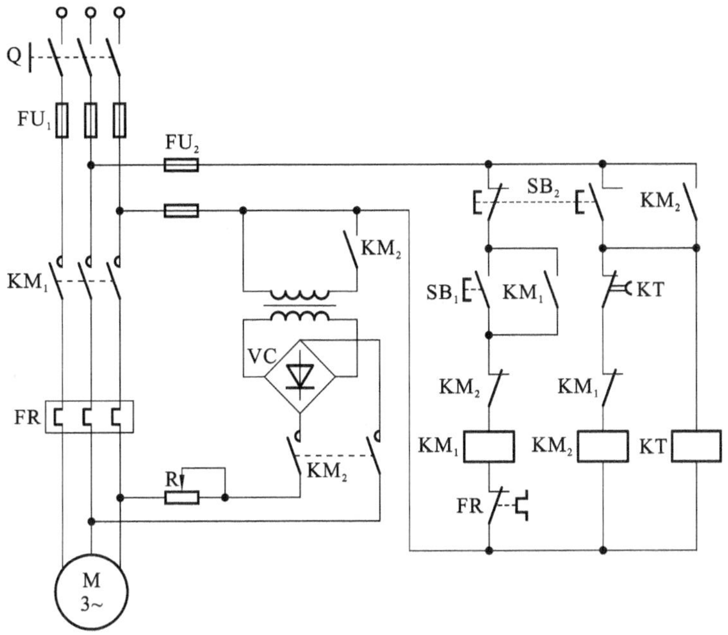

图 2-52　能耗制动控制电路

其工作原理如下:先合上电源开关,按下启动按钮 SB_1,接触器 KM_1 线圈得电动作并自锁,主触点闭合,电动机 M 启动运转。停车时,按下 SB_2,KM_1 线圈失电,断开电动机三相交流电,同时 KM_2 和时间继电器 KT 线圈得电,通过接触器 KM_2 的主触点向电动机定子绕组通入直流电,进行能耗制动。经过预先调好的时间,KT 的动断延时触点断开,KM_2 线圈失电,切断直流电源,制动结束。

2.4.5.7　电气控制电路图的阅读

（1）阅读生产机械电气控制电路图的一般步骤

要阅读一张生产机械电气控制电路图,除了要具有必要的电动机、电器等设备知识外,读图时还应注意以下几点:

① 应了解生产机械设备的工艺过程,控制线路服务的对象及生产过程对控制电路提出的要求。要有一个生产机械动作顺序表。

② 了解控制系统中各电动机、电器的作用。一般控制系统图都附有电动机、电器一览表,可以查出各电器元件的作用。与此同时,还应搞清每台电动机(或电磁阀)是由哪些接触器控制的。

③ 读图时,要掌握控制电路编排上的特点。一般控制电路常依据生产设备动作的先后次序由上到下并联排列,读图时也要一行一行地进行分析。

一般控制电路图上还在每一并联支路旁注明该部分的控制作用,读图时利用这些特点去分析控制电路的作用就会比较容易。

④ 在控制电路原理图中,同一个电器的线圈和触头用同一文字符号表示。同一电器的线圈和触头会分布在不同的支路中,起着不同的作用。

对于接触器,电压、电流、时间继电器等,它们的触头动作是依靠其吸引线圈通断电来实现的。但是还有一些电器,如按钮、行程开关、压力继电器、温度继电器等没有吸引线圈,只有触头,这些触头的动作是依靠外力或其他因素实现的。所以在读图时应当特别注意,在控制电路中是找不到这些电器的吸引线圈的。

⑤ 电气控制电路图中所有电器的触头均按其自然状态下的情况画出,但在读图时要注意有些触头的自然状态与实际工作情况不一定相符。例如,机械设备处于起始位置时,某些行程开关可能受到压力,动合触头已闭合,动断触头已断开。还有一些继电器的线圈在电源开关闭合时就已通电(这种辅助电器并没发出命令)。因此,在读图时对这些问题也要加以注意。

(2) 继电器-接触器控制电路举例(以感应加热设备的控制电路为例)

金属工件在高频电流产生的电磁场中产生感应电流,利用高频电流在金属导体中的集肤效应可实现表面加热。感应淬火设备就是机械工业中进行表面淬火的主要设备,这种设备在工程中有很广泛的应用。这里就其继电器、接触器控制电路进行分析。至于如何产生高频电流,将在电子技术课程中解决。

为了分析高频感应加热设备的控制电路,需要了解设备使用时的要求,具体如下:

① 高频电源(由电子器件组成)工作时有较大的功率损耗,需要进行风冷。进行高频加热时,用作表面加热处理的高频加热感应圈要求用循环水进行冷却,因此冷却水压力不足或通风机没开动时不许进行工作。当这两个条件具备之后,用绿色信号灯指示。

② 高频电流发生器的电子线路工作时,要先接入灯丝电压,但电压要分两次接入。开始时只接入较低的电压(此时串入了电抗器)进行预热,预热完毕(由时间继电器控制)后接入额定电压(电抗器被短路)。

③ 当灯丝加上额定电压后,才允许接通电子线路高频电源的主变压器,使高频电能输出,对工件进行淬火处理。每个工件的淬火时间长短由时间继电器控制。在高频电能输出时,用红色信号灯指示。

④ 为了操作人员的安全,该设备装有门开关联锁装置。设备门没关好时,不允许系统工作,电路不会接通。

高频加热设备的电路原理图如图 2-53 所示。操作过程如下所述。

在图 2-53 中,当隔离开关 Q_1 和 Q_2 闭合后,风机电动机 M 运转、鼓风。当冷却水给上后,水压继电器 KAM 的触头闭合;设备门开关 KAD 的触头闭合后,绿色信号灯接入电源,指示可以工作。

按下启动按钮 SB_1 后,接触器 KM_1 的吸引线圈通电,灯丝变压器串联电抗器 L 接入电源,作低压预热,预热时间由时间继电器 KT_1 控制。经过一定时间后,延时动合触头 KT_1 闭合,接触器 KM_2 的吸引线圈通电,其触头 KM_2 闭合,电抗器被短路,灯丝接入额定电压,这时允许加高压。KM_2 通电后将时间继电器 KT_1 断电,减少电能消耗。

按下启动按钮 SB_3,接触器 KM_3 的吸引线圈和时间继电器 KT_2 的线圈同时通电。接触器 KM_3 工作,接通主变压器,有高频电流输出,对工件进行高频淬火处理。淬火时间由时间继电器 KT_2 控制,淬火时间达到后,时间继电器的动断延时触头 KT_2 打开,接触器 KM_3 断电,停止高频输出。

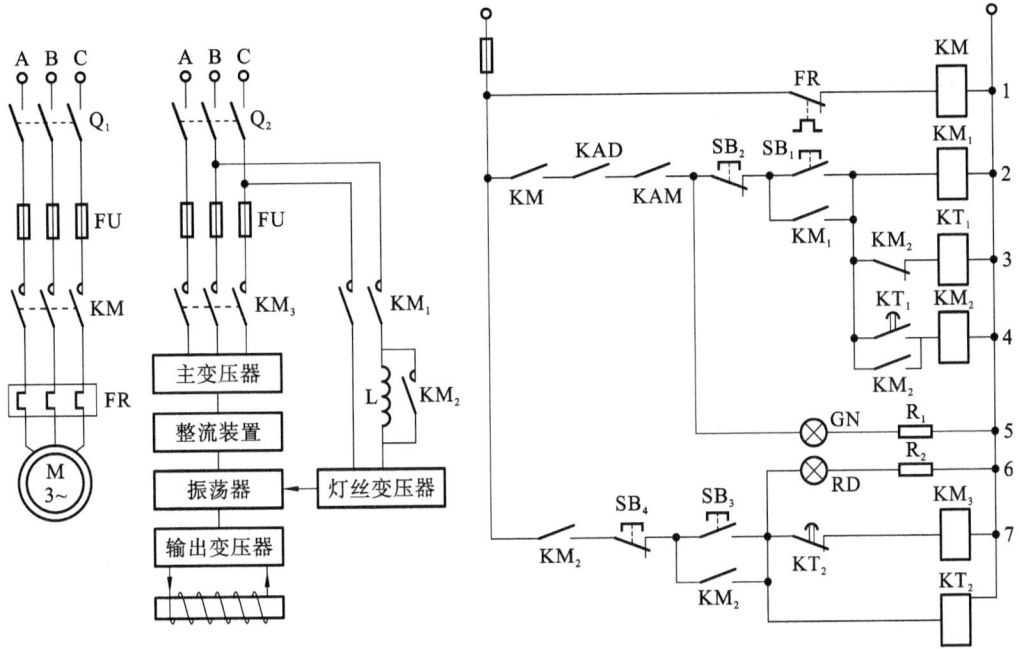

图 2-53 高频加热设备控制电路
1—风机控制;2—灯丝变压器控制;3—延时继电器;4—电抗器短路控制;5—指示灯;6—工作指示灯;7—淬火时间控制

2.5 可编程控制器基础

2.5.1 PLC 的概念与基本组成

可编程控制器(programmable controller)原本应简称 PC,但为了与个人计算机简称 PC 相区别,将可编程控制器简称定为 PLC(programmable logic controller),但这并不是说 PLC 只能控制逻辑信号。PLC 是专门针对工业环境应用设计的,自带直观、简单并易于掌握编程语言环境的工业现场控制装置。它采用一类可编程的存储器,用于存储程序,执行逻辑运算、顺序控制、定时、计数与算术操作等面向用户的指令,并通过数字或模拟式输入/输出控制各种类型的机械或生产过程。

20 世纪 70 年代中后期,PLC 进入实用化发展阶段,计算机技术已全面引入可编程控制器中,使其功能发生了飞跃。20 世纪 80 年代初,PLC 在先进工业国家中已获得广泛应用,已步入成熟阶段。20 世纪 80 年代—20 世纪 90 年代中期是 PLC 发展最快的时期,在处理模拟量能力、数字运算能力、人机接口能力和网络能力方面得到大幅度提高,逐渐进入过程控制领域。20 世纪末期,PLC 更加适应现代工业的需要。这个时期发展了大型机和超小型机,诞生了各种各样的特殊功能单元,生产了各种人机界面单元、通信单元,使应用可编程逻辑控制器的工业控制设备的配套更加容易。

在制造工业中存在大量的以开关量为主的开环顺序控制,它按照逻辑条件进行顺序动作和时序动作。另外,还有与顺序、时序无关的按照逻辑关系进行联锁保护动作的控制。由于这些控制和监视的要求,PLC 发展成了取代继电器线路和以进行顺序控制为主的产品。PLC 厂家在原来 CPU 模板上逐渐增加了各种通信接口,现场总线技术及以太网技术也同步发展,使 PLC 的应用范围越来越广泛。PLC 具有稳定可靠、价格便宜、功能齐全、应用灵活方便、操作维护方便的优点,这是它能持久地占有市场的根本原因。

PLC 实质上是一种专用于工业控制的计算机,其硬件结构基本上与微型计算机相同,基本构成为:中央处理器(CPU)、存储器、输入/输出接口(缩写为 I/O,包括输入接口、输出接口、外部设备接口、扩展接口等)、外部设备编程器及电源模块,见图 2-54。PLC 内部各组成单元之间通过电源总线、控制总线、地址总线和数据总线连接,外部则根据实际控制对象配置相应设备,与控制装置构成 PLC 控制系统。

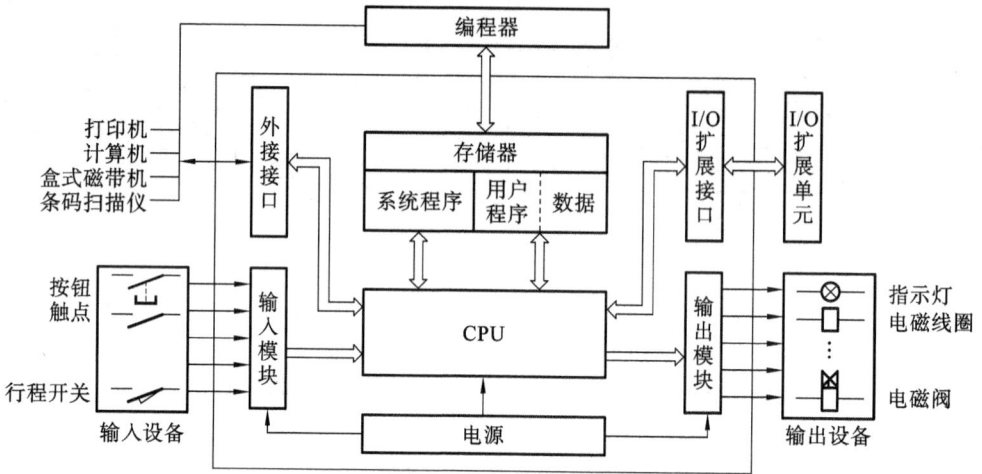

图 2-54　PLC 的基本组成

2.5.1.1　中央处理器

中央处理器(CPU)由控制器、运算器和寄存器组成,集成在一个芯片内。CPU 通过数据总线、地址总线、控制总线和电源总线与存储器、输入/输出接口、编程器和电源相连接。

小型 PLC 的 CPU 采用 8 位或 16 位微处理器或单片机,如 8031、M68000 等,这类芯片价格很低;中型 PLC 的 CPU 采用 16 位或 32 位微处理器或单片机,如 8086 系列单片机等,这类芯片的主要特点是集成度高、运算速度快且可靠性高;而大型 PLC 则需采用高速位片式微处理器。

CPU 按照 PLC 内系统程序赋予的功能指挥 PLC 控制系统完成各项工作任务。

2.5.1.2　存储器

PLC 内的存储器主要用于存放系统程序、用户程序和数据等。

(1)系统程序存储器

PLC 系统程序决定了 PLC 的基本功能。该部分程序由 PLC 制造厂家编写并固化在系统程序存储器中,主要有系统管理程序、用户指令解释程序、功能程序与系统程序调用等部分。

系统管理程序主要控制 PLC 的运行,使 PLC 按正确的次序工作;用户指令解释程序将 PLC 的用户指令转换为机器语言指令,传到 CPU 内执行;功能程序与系统程序调用则负责调用不同的功能子程序及其管理程序。

系统程序属于需长期保存的重要数据,所以其存储器采用 ROM 或 EPROM。ROM 是只读存储器,该存储器只能读出内容,不能写入内容。ROM 具有非易失性,即电源断开后仍能保存已存储的内容。

EEPROM 为可电擦除只读存储器,用紫外线照射芯片上的透镜窗口才能擦除已写入内容。可电擦除可编程只读存储器还有 E2PROM、FLASH 等。

(2) 用户程序存储器

用户程序存储器用于存放用户载入的 PLC 应用程序。载入初期的用户程序因需修改与调试,所以称为用户调试程序,存放在可以随机读写操作的随机存取存储器 RAM 内,以方便用户修改与调试。

修改与调试后的程序称为用户执行程序。由于不需要再作修改与调试,所以用户执行程序就被固化到 EPROM 内长期使用。

(3) 数据存储器

PLC 运行过程中需生成或调用中间结果数据(如输入/输出元件的状态数据,定时器、计数器的预置值和当前值等)和组态数据(如输入/输出组态、设置输入滤波、脉冲捕捉、输出表配置、定义存储区保持范围、模拟电位器设置、高速计数器配置、高速脉冲输出配置、通信组态等)。这类数据存放在数据存储器中。由于工作数据与组态数据不断变化,且不需要长期保存,所以采用随机存取存储器 RAM。

RAM 是一种高密度、低功耗的半导体存储器,可用锂电池作为备用电源。一旦断电,就可通过锂电池供电,保持 RAM 中的内容。

2.5.1.3 接口

输入/输出接口是 PLC 与工业现场控制或检测元件和执行元件连接的接口电路。PLC 的输入接口有直流输入、交流输入、交直流输入等类型,输出接口有晶体管输出、晶闸管输出和继电器输出等类型。晶体管和晶闸管输出为无触点输出型电路。晶体管输出型用于高频小功率负载,晶闸管输出型用于高频大功率负载。继电器输出为有触点输出型电路,用于低频负载。

现场控制或检测元件输入 PLC 的各种控制信号,如限位开关、操作按钮、选择开关及其他一些传感器输出的开关量或模拟量等,通过输入接口电路将这些信号转换成 CPU 能够接收和处理的信号。输出接口电路将 CPU 送出的弱电控制信号转换成现场需要的强电信号,以驱动电磁阀,接触器等被控设备的执行元件。

(1) 输入接口

输入接口用于接收和采集两种类型的输入信号:一类是由按钮、转换开关、行程开关、继电器触头等提供的开关量输入信号;另一类是由电位器、测速发电机和各种变换器提供的连续变化的模拟量输入信号。

图 2-55 所示的直流输入接口电路中,R_1 是限流与分压电阻,R_2 与 C 构成滤波电路,滤波后的输入信号经光耦合器 T 与内部电路耦合。当输入端的按钮 SB 接通时,光耦合器 T 导通,直流输入信号被转换成 PLC 能处理的 5 V 标准信号电平(简称 TTL),同时 LED 输入指示灯亮,表示信号接通。微电脑输入接口电路一般由寄存器、选通电路和中断请求逻辑电路组成,这些电路集成在一个芯片上。交流输入、交直流输入接口电路与直流输入接口电路类似。

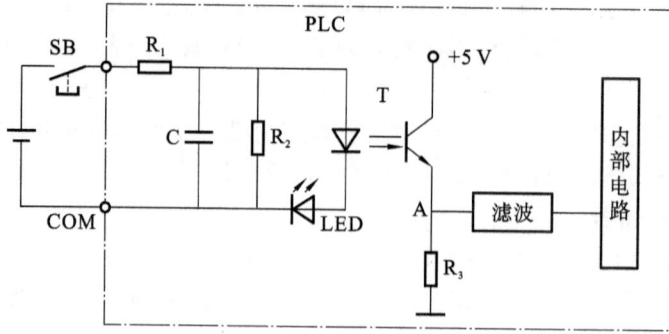

图 2-55　直流输入接口电路

滤波电路用以消除输入触头的抖动,光电耦合电路可防止现场的强电干扰进入 PLC。因为输入电信号与 PLC 内部电路之间采用光信号耦合,所以两者在电气上完全隔离,使输入接口具有抗干扰能力。现场的输入信号通过光电耦合后转换为 5 V 的 TTL 送入输入数据寄存器,再经数据总线传送给 CPU。

（2）输出接口

输出接口电路向被控对象的各种执行元件输出控制信号。常用执行元件有接触器、电磁阀、调节阀（模拟量）、调速装置（模拟量）、指示灯、数字显示装置和报警装置等。输出接口电路一般由微电脑输出接口电路和功率放大电路组成。与输入接口电路类似,内部电路与输出接口电路之间采用光电耦合器进行抗干扰电隔离。

微电脑输出接口电路一般由输出数据寄存器、选通电路和中断请求逻辑电路组成,这些电路集成在一个芯片上。CPU 通过数据总线将输出信号送到输出数据寄存器中。功率放大电路是为了适应工业控制要求,将微电脑的输出信号放大。

（3）其他接口

若主机单元的 I/O 数量不够用,可通过 I/O 扩展接口电缆与 I/O 扩展单元（不带 CPU）相接进行扩充。PLC 还常配置连接各种外围设备的接口,可通过电缆实现串行通信、EPROM 写入等功能。

2.5.1.4　编程器

编程器的作用是将用户编写的程序下载至 PLC 的用户程序存储器,并利用编程器检查、修改和调试用户程序,监视用户程序的执行过程,显示 PLC 状态、内部器件及系统的参数等。

编程器有简易编程器和图形编程器两种。简易编程器体积小,携带方便,但只能用语句形式进行联机编程,适合小型 PLC 的编程及现场调试。图形编程器既可用语句形式编程,又可用梯形图编程,还能进行脱机编程。

目前,PLC 制造厂家大都开发了计算机辅助 PLC 编程支持软件。当个人计算机安装了 PLC 编程支持软件后,就可用作图形编程器,进行用户程序的编辑、修改,并通过个人计算机和 PLC 之间的通信接口实现用户程序的双向传送、监控 PLC 的运行状态等。

2.5.1.5　电源

PLC 的电源将外部供给的交流电转换成供 CPU、存储器等所需的直流电,是整个 PLC 的能源供给中心。PLC大都采用高质量、工作稳定性好、抗干扰能力强的开关稳压电源,许多 PLC电源还可向外部提供直流24 V稳压电源,用于向输入接口上接入的电气元件供电,从而 简化外围配置。

2.5.2 PLC工作原理

2.5.2.1 PLC内外部电路

（1）外部电路接线

图2-56所示为电动机全压启动电气控制线路,控制逻辑由交流接触器KM线圈、指示灯 HL_1 和 HL_2、热继电器常闭触头FR、停止按钮 SB_2、启动按钮 SB_1 及接触器常开辅助触头KM 通过导线连接实现。

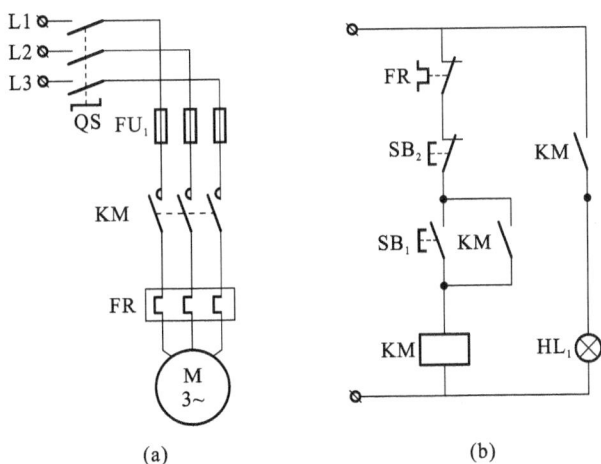

图2-56 电动机全压启动电气控制线路

（a）主电路；（b）控制线路

合上QS后按下启动按钮 SB_1,则线圈KM通电并自锁,接通指示灯 HL_1 所在支路的辅 助触头KM及主电路中的主触头,HL_1 亮,电动机M启动;按下停止按钮 SB_2,则线圈KM断 电,指示灯 HL_1 灭,M停转。

图2-57所示为采用SIEMENS的一款S7系列PLC实现电动机全压启动控制的外部接 线图。主电路保持不变,热继电器常闭触头FR、停止按钮 SB_2、启动按钮 SB_1 等作为PLC的 输入设备接在PLC的输入接口上,而交流接触器KM线圈、指示灯 HL_1 和 HL_2 等作为PLC 的输出设备接在PLC的输出接口上。控制逻辑通过执行按照电动机全压控制要求编写并存 入程序存储器内的用户程序实现。

（2）建立内部I/O映像区

在PLC存储器内开辟了I/O映像区,用于存放I/O信号的状态,分别称为输入映像寄存器 和输出映像寄存器。此外,PLC其他编程元件也有相对应的映像存储器,称为元件映像寄存器。

I/O映像区的大小由PLC的系统程序确定。系统的每一个输入点总有一个输入映像区 的某一位与之相对应,系统的每一个输出点也都有输出映像区的某一位与之相对应,且系统的 输入/输出点的编址号与I/O映像区的映像寄存器地址号相对应。

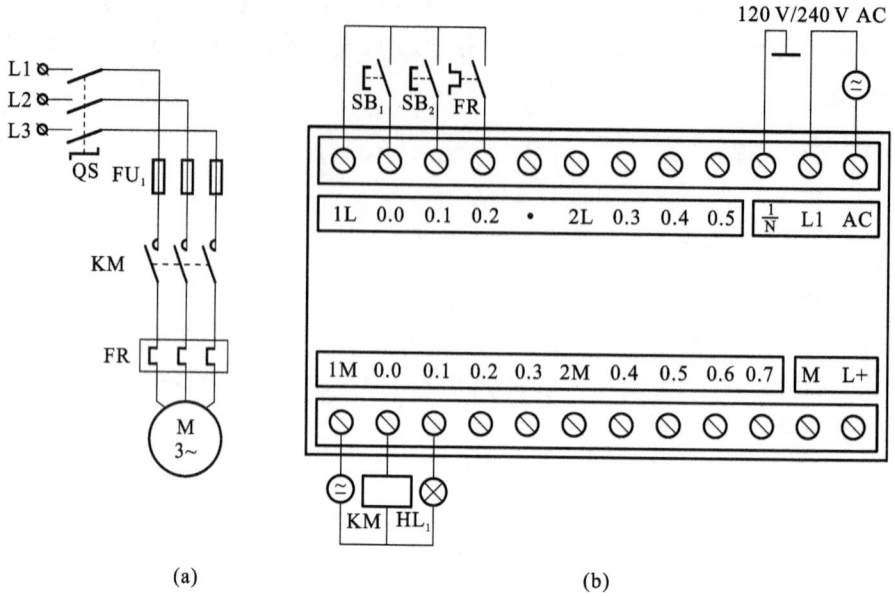

图 2-57 电动机全压启动 PLC 控制接线图

(a) 主电路;(b) I/O 实际接线图

PLC 工作时,将采集到的输入信号状态存放在输入映像区对应的位上,运算结果存放在输出映像区对应的位上。PLC 在执行用户程序时所需描述输入继电器的等效触头或输出继电器的等效触头、等效线圈状态的数据取用于 I/O 映像区,而不直接与外部设备发生关系。

I/O 映像区的建立使 PLC 工作时只和内存有关地址单元内所存的状态数据发生关系,而系统输出也只是给内存某一地址单元设定一个状态数据。这样不但加快了程序执行速度,而且将控制系统与外界隔开,提高了系统的抗干扰能力。

图 2-58 所示为 PLC 的内部等效电路。以其中的启动按钮 SB_1 为例,其接入接口 I0.0 与输入映像区的一个触发器 I0.0 相连接。当 SB_1 接通时,触发器 I0.0 就被触发为"1"状态,而这个"1"状态可被用户程序直接引用为 I0.0 触头的状态。此时 I0.0 触头与 SB_1 的通断状态相同,则 SB_1 接通,I0.0 触头状态为"1"。反之,SB_1 断开,I0.0 触头状态为"0"。因为 I0.0 触发器功能与继电器线圈相同且不用硬连接线,所以 I0.0 触发器等效为 PLC 内部的一个 I0.0 软继电器线圈,直接引用 I0.0 线圈状态的 I0.0 触头就等效为一个受 I0.0 线圈控制的常开触头(或称为动合触头)。

同理,停止按钮 SB_2 与 PLC 内部的一个软继电器线圈 I0.1 相连接。SB_2 闭合,I0.1 线圈的状态为"1";反之为"0"。继电器线圈 I0.1 的状态被用户程序取反后引用为 I0.1 触头的状态,所以 I0.1 等效为一个受 I0.1 线圈控制的常闭触头(或称为动断触头)。而输出触头 Q0.0、Q0.1 则是 PLC 内部继电器的物理常开触头,一旦闭合,外部相应的 KM 线圈、指示灯 HL_1 就会接通。PLC 输出端有输出电源用的公共接口 COM。

2.5.2.2 PLC 控制系统

用 PLC 实现电动机全压启动电气控制时,其主电路基本保持不变,而用 PLC 替代电气控制线路。

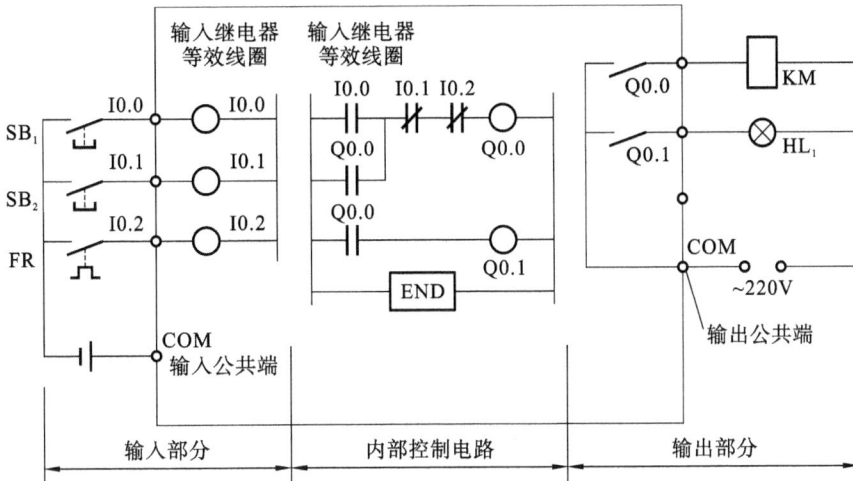

图 2-58　PLC 内部等效电路

（1）PLC 控制系统的构成

图 2-59 所示为电动机全压启动的 PLC 控制系统基本构成图，可将之分成输入电路、内部控制电路和输出电路三个部分。

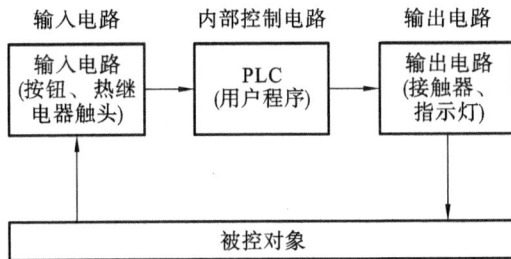

图 2-59　PLC 控制系统基本构成框图

① 输入电路。

输入电路的作用是将输入控制信号送入 PLC，输入设备为按钮 SB_1、SB_2 及 FR 常闭触头。外部输入的控制信号经 PLC 输入到对应的一个输入继电器，输入继电器可提供任意多个常开触头和常闭触头，供 PLC 内容控制电路编程使用。

② 输出电路。

输出电路的作用是将 PLC 的输出控制信号转换为能够驱动 KM 线圈和 HL_1 指示灯的信号。PLC 内部控制电路中有许多输出继电器，每个输出继电器除了 PLC 内部控制电路提供的编程用的常开触头和常闭触头外，还为输出电路提供一个常开触头与输出端口相连。该触头称为内部硬触头，是一个内部物理常开触头。通过该触头驱动外部的 KM 线圈和 HL_1 指示灯等负载，KM 线圈再通过主电路中的 KM 主触头去控制电动机 M 的启动与停止。驱动负载的电源由外部电源提供，PLC 的输出端口中还有输出电源用的 COM 公共端。

③ 内部控制电路。

内部控制电路由按照被控电动机实际控制要求编写的用户程序形成。其作用是按照用户程序规定的逻辑关系，对输入、输出信号的状态进行计算、处理和判断，然后得到相应的输出控制信号，通过控制信号驱动输出设备，如电动机 M、指示灯 HL_1 等。

用户程序通过个人计算机通信或编程器输入等方式,全部写入 PLC 的用户程序存储器中。修改用户程序时,只需通过编程器等设备改变存储器中的某些语句,不会改变控制器内部接线,实现了控制的灵活性。

(2) PLC 梯形图

梯形图编程语言是从继电器控制系统原理图的基础上演变而来的。PLC 梯形图与继电器控制系统梯形图的基本思想是一致的,将 PLC 内部等效成由许多内部继电器的线圈、常开触头、常闭触头或功能程序块等组成的等效控制线路。

图 2-60 所示为 PLC 梯形图常用的等效控制元件符号。

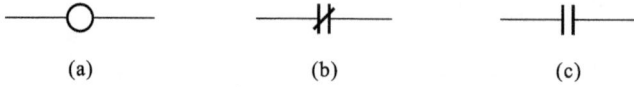

| (a) | (b) | (c) |

图 2-60　梯形图常用的等效控制元件符号

(a) 线圈符号;(b) 常闭触头符号;(c) 常开触头符号

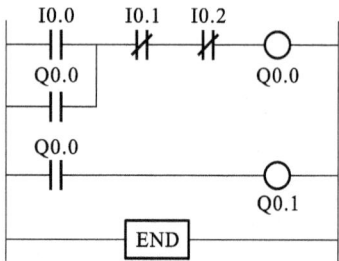

图 2-61　电动机全压启动控制梯形图

图 2-61 所示为电动机全压启动的 PLC 控制梯形图,由 FR 常闭触头、SB$_2$ 常闭按钮、KM 常开辅助触头与 SB$_1$ 常开按钮的并联单元、KM 线圈等零件对应的等效控制元件符号串联而成。电动机全压启动控制梯形图在形式上类似于接触器电气控制线路图,但与电气控制线路图存在许多差异。

① 梯形图中继电器元件的物理结构不同于电气元件。

PLC 梯形图中的线圈、触头只是功能上与电气元件的线圈、触头等效。梯形图中的线圈、触头在物理意义上只是输入、输出存储器中的一个存储位,与电气元件的物理结构不同。

梯形图中继电器元件的通断状态不同于电气元件,梯形图中继电器元件的通断状态与相应存储位上保存的数据相关。如果该存储位的数据为"1",则该元件处于"通"状态;如果该存储位数据为"0",则表示处于"断"状态。这与电气元件实际的通断状态不同。

② 梯形图中继电器元件状态切换过程不同于电气元件。

梯形图中继电器元件的状态切换只是 PLC 对存储位状态数据的操作。如果 PLC 对常开触头等效的存储位数据赋值为"1",就可完成动合操作过程;如对常闭触头等效的存储位数据赋值为"0",就可完成动断操作过程。切换操作过程没有时间延时。而电气元件线圈、触头进行动合或动断切换时,必定有延时,且一般要经过先断开后闭合的操作过程。

③ 梯形图中继电器所属触头数量与电气元件不同。

如果 PLC 从输入继电器 I0.0 相应的存储位中取出了位数据"0",将之存入另一个存储器的一个存储位,被存入的存储位就成了受 I0.0 继电器控制的一个常开触头,被存入的数据为"0";如在取出位数据"0"之后先进行取反操作,再存入一个存储器的一个存储位,则该位存入的数据为"1",该存储位就成了受继电器 I0.0 控制的一个常闭触头。

只要 PLC 内部存储器足够多,这种位数据转移操作就可无限次进行。每进行一次操作,就可产生一个梯形图中的继电器触头。由此可见,梯形图中继电器触头原则上可以无限次反复使用。

但是 PLC 内部的线圈通常只能引用一次,如需重复使用同一地址编号的线圈,应慎之又慎。与 PLC 不同的是,电气元件中触头数量是有限的。

梯形图每一行画法规则为:从左母线开始,经过触头和线圈(或功能方框),终止于右母线。一般并联单元画在每行的左侧,输出线圈则画在右侧,其余串联元件画在中间。

2.5.2.3 PLC 工作过程

PLC 上电后,在系统程序的监控下周而复始地按一定的顺序对系统内部的各种任务进行查询、判断和执行等,如图 2-62 所示。

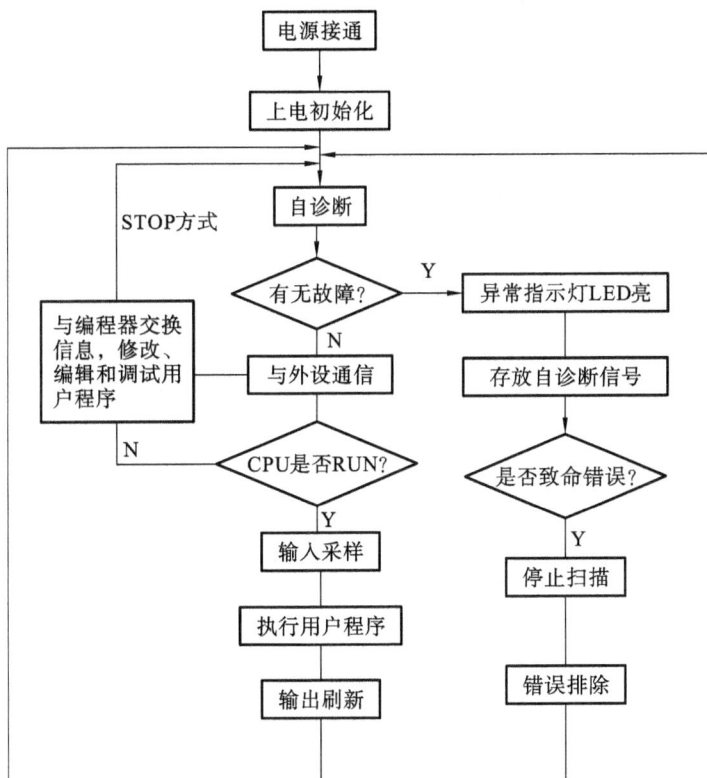

图 2-62 PLC 顺序循环过程

(1) 上电初始化

PLC 上电后,首先对系统进行初始化,包括硬件初始化、I/O 模块配置检查、停电保持范围设定、清除内部继电器及复位定时器等。

(2) CPU 自诊断

在每个扫描周期须进行自诊断。通过自诊断,对电源、PLC 内部电路、用户程序的语法等进行检查。一旦发现异常,CPU 使异常继电器接通,PLC 面板上的异常指示灯 LED 亮,内部特殊寄存器中存入出错代码并给出故障显示标志。如果不是致命错误,则进入 PLC 的停止(STOP)状态;如果是致命错误,则 CPU 被强制停止,等待错误排除后才转入 STOP 状态。

(3) 与外部设备通信

与外部设备通信阶段,PLC 与其他智能装置、编程器、终端设备、彩色图形显示器、其他PLC 等进行信息交换,然后进行 PLC 工作状态的判断。

PLC 有 STOP 和 RUN 两种工作状态。如果 PLC 处于 STOP 状态,则不执行用户程序,将通过与编程器等设备交换信息,完成用户程序的编辑、修改及调试任务;如果 PLC 处于 RUN 状态,则将进入扫描过程,执行用户程序。

(4) 扫描过程

以扫描方式把外部输入信号的状态存入输入映像区,再执行用户程序,并将执行结果输出存入输出映像区,直到传送到外部设备。

PLC 上电后周而复始地执行上述工作过程,直至断电停机。

2.5.2.4 用户程序循环扫描

PLC 对用户程序进行循环扫描分为输入采样、程序执行和输出刷新三个阶段,见图 2-63。

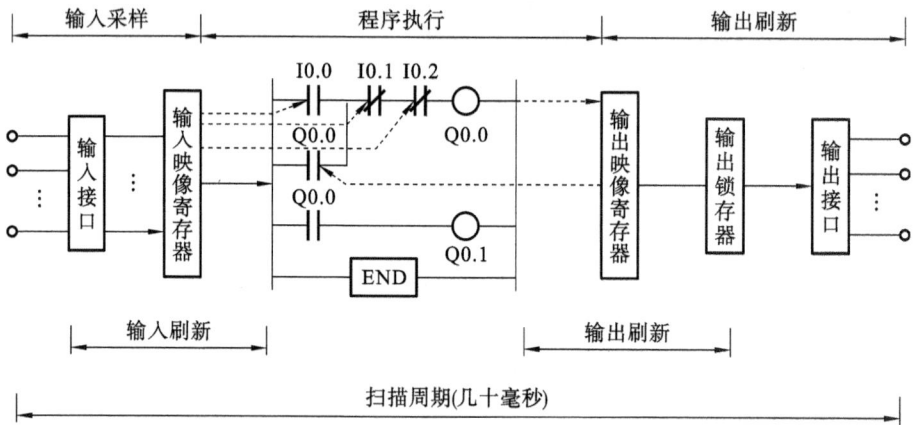

图 2-63　PLC 用户程序扫描过程

(1) 输入采样阶段

CPU 将全部现场输入信号,如按钮、限位开关、速度继电器的通断状态经 PLC 的输入接口输入映像寄存器,这一过程称为输入采样。输入采样结束后进入程序执行阶段,期间即使输入信号发生变化,输入映像寄存器内的数据也不再随之变化,直至一个扫描循环结束,下一次输入采样时才会更新。这种输入工作方式称为集中输入方式。

(2) 程序执行阶段

PLC 在程序执行阶段若不出现中断或跳转指令,就会根据梯形图程序从首地址开始按自上而下、从左往右的顺序进行逐条扫描。扫描过程中分别从输入映像寄存器、输出映像寄存器及辅助继电器中将有关编程元件的状态数据"0"或"1"读出,并根据梯形图规定的逻辑关系执行相应的运算,运算结果写入对应的元件映像寄存器中保存。需向外输出的信号则存入输出映像寄存器,并由输出锁存器保存。

(3) 输出处理阶段

CPU 将输出映像寄存器的状态经输出锁存器和 PLC 的输出接口传送到外部去驱动接触器和指示灯等负载。这时输出锁存器保存的内容要等到下一个扫描周期的输出阶段才会被再次刷新。这种输出工作方式称为集中输出方式。

(4) PLC 扫描过程示例

梯形图将以指令语句表的形式存储在 PLC 的用户程序存储器中。指令语句表是 PLC 的另一种编程语言,用由一系列操作指令组成的表描述 PLC 的控制流程。不同的 PLC 指令语句表使用的助记符不同。采用 SIEMENS S7-300 系列 PLC 指令语句表编写的电动机全压启动梯形图的功能程序如下:

```
A(
O I0.0           //取 I0.0,存入运算堆栈;
O Q0.0           //Q0.0 和堆栈内数据进行或运算,结果存入堆栈;
)
AN I0.1          //I0.1 取非后和堆栈内数据进行与运算,结果存入堆栈;
AN I0.2          //I0.2 取非后和堆栈内数据进行与运算,结果存入堆栈;
=  Q0.0          //将堆栈内数据送到输出映像寄存器 Q0.0;
A Q0.0           //取出 Q0.0 数据存入堆栈;
=  Q0.1          //将堆栈内数据送到输出映像寄存器 Q0.1;
MEND             //主程序结束。
```

指令语句表是由若干条语句组成的程序,语句是程序的最小独立单元。每个操作功能由一条或几条语句执行。PLC 语句由操作码和操作数两部分组成。操作码用助记符表示(如 A 表示"取",O 表示"或"等),用于说明要执行的功能,即告之 CPU 应执行何种操作。操作码的主要功能有逻辑运算中的与、或、非,算术运算中的加、减、乘、除,时间或条件控制中的计时、计数、移位等功能。

操作数一般由标识符和参数组成。标识符表示操作数的类别,如输入继电器、输出继电器、定时器、计数器、数据寄存器等;而参数表示操作数的地址或一个预先设定值。

以电动机全压启动 PLC 控制系统为例,在输入采样阶段,CPU 将 SB$_1$、SB$_2$ 和 FR 的触头状态读入相应的输入映像寄存器,外部触头闭合时存入寄存器的是二进制数"1",反之存入"0"。输入采样结束后进入程序执行阶段。

执行第 1、2 条指令时,从 I0.0 对应的输入映像寄存器中取出信息"1"或"0",并存入称为"堆栈"的操作器中。

执行第 3 条指令时,取出 Q0.0 对应的输出映像寄存器中的信息"1"或"0",并与堆栈中的内容相"或",结果再存入堆栈中(电路的并联对应"或"运算)。

执行第 4、5 条指令时,先取出 I0.1 的状态数据进行非运算,再和堆栈中的数据相"与"后存入堆栈,然后取出 I0.2 的状态数据进行取非运算,最后和堆栈中的数据相"与"后再次存入堆栈(电路中的串联对应"与"运算)。

执行第 6 条指令时,将堆栈中的二进制数据送入 Q0.0 对应的输出映像寄存器中。

执行第 7 条指令时,取出 Q0.0 输出映像寄存器中的二进制数据存入堆栈。

执行第 8 条指令时,取出堆栈中的二进制数据送入 Q0.1 对应的映像寄存器中。

执行第 9 条指令时,结束用户程序的一次循环扫描过程,开始下一次扫描过程。

在输出处理阶段,CPU 将各输出映像寄存器中的二进制数传送给输出锁存器。如果 Q0.0、Q0.1 对应的输出映像寄存器存放的二进制数为"1",则外接的 KM 线圈、指示灯 HL$_1$ 通电;反之,将断电。

(5) 继电器控制与 PLC 控制的差异

PLC 程序的工作原理可简述为由上至下、由左至右、循环往复、顺序执行。其与继电器控制线路的并行控制方式存在差别,见图 2-64。

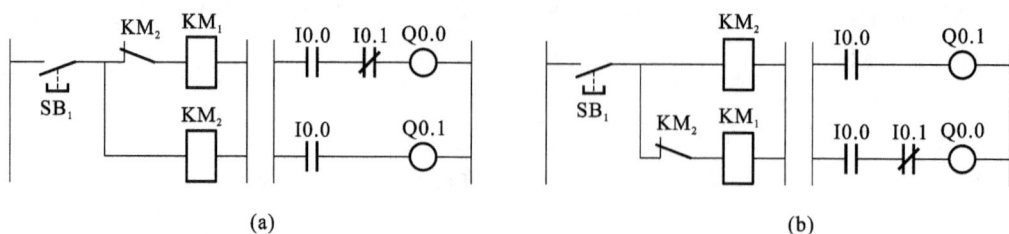

图 2-64 梯形图与继电器控制触头通断状态分析

(a) 触头通断无差异;(b) 触头通断有差异

图 2-64(a)所示控制图中,如果为继电器控制线路,由于是并行控制方式,首先是线圈 Q0.0 与线圈 Q0.1 均通电,然后常闭触头 Q0.1 的断开导致线圈 Q0.0 断电。如果为梯形图控制线路,当 I0.0 接通后,线圈 Q0.0 通电,然后是 Q0.1 通电,完成第 1 次扫描;进入第 2 次扫描后,线圈 Q0.0 因常闭触头 Q0.1 的断开而断电,而 Q0.1 通电。

图 2-64(b)所示控制图中,如果为继电器控制线路,首先线圈 Q0.0 与线圈 Q0.1 均通电,然后 Q0.1 断电。如果为梯形图控制线路,当触头 I0.0 接通后,线圈 Q0.1 通电,然后进行第 2 次扫描,结果因常闭触头 Q0.1 断开,线圈 Q0.0 始终不能通电。

2.5.3 PLC 编程基础

PLC 编程语言与一般计算机语言相比具有明显的特点。它既不同于高级语言,又不同于一般的汇编语言;它既要满足易于编写的要求,又要满足易于调试的要求。目前,还没有一种对各厂家产品都兼容的编程语言。如三菱公司的产品有自己的编程语言,OMRON 公司的产品也有自己的语言。但不管什么型号的 PLC,其编程语言都具有以下特点。

① 图形式指令结构。程序由图形方式表达,指令由不同的图形符号组成,易于理解和记忆。系统的软件开发者已把工业控制中所需的独立运算功能编制成象征性图形,用户根据自己的需要把这些图形进行组合,并填入适当的参数。在逻辑运算部分,几乎所有的厂家都采用类似于继电器控制电路的梯形图,很容易被接受。如西门子公司还采用控制系统流程图来表示,它沿用二进制逻辑元件图形符号来表达控制关系,直观易懂。较复杂的算术运算、定时计数等,一般也参照梯形图或逻辑元件图给予表示,虽然象征性不如逻辑运算部分,但是也很受用户欢迎。

② 明确的变量常数。图形符相当于操作码,规定了运算功能,操作数由用户填入,如 K400、T120 等。PLC 中的常数、变量及其取值范围有明确规定,由产品型号决定,可查阅产品目录手册。

③ 简化的程序结构。PLC 的程序结构通常很简单,典型的为块式结构,不同块完成不同的功能,使程序的调试者对整个程序的控制功能和控制顺序有清晰的概念。

④ 简化应用软件生成过程。使用汇编语言和高级语言编写程序时,要完成编辑、编译和连接三个过程;而使用编程语言时只需要编辑一个过程,其余由系统软件自动完成,整个编辑过程都是在人机对话下进行的,不要求用户有高深的软件设计能力。

⑤ 强化调试手段:无论是汇编程序还是高级语言程序调试,都是令编辑人员头疼的事。而 PLC 的程序调试提供了完备的条件,使用编程器,利用 PLC 和编程器上的按键、显示、内部

编辑、调试、监控等,并在软件支持下,诊断和调试操作都很简单。

总之,PLC 的编程语言是面向用户的,不要求使用者具备高深的知识和经历长时间的专门训练。

2.5.3.1　编程语言的形式

最常用的两种编程语言为:① 梯形图;② 助记符语言表。采用梯形图编程,因为它直观易懂,但需要一台个人计算机及相应的编程软件;采用助记符形式便于试验,因为它只需要一台简易编程器,而不必用昂贵的图形编程器或计算机来编程。

虽然一些高档的 PLC 具有与计算机兼容的 C 语言、BASIC 语言、专用的高级语言(如西门子公司的 GRAPH5、三菱公司的 MELSAP),但是不管怎么样,各厂家的编程语言都只适用于本厂的产品。

① 编程指令。指令是告知 PLC 要做什么,以及怎样去做的代码或符号。从本质上讲,指令只是一些二进制代码,这点 PLC 与普通的计算机是完全相同的。同时,PLC 有编译系统,它可以把一些文字符号或图形符号编译成机器码,所以用户看到的 PLC 指令一般不是机器码,而是文字代码或图形符号。常用的助记符语句用英文文字(可用多国文字)的缩写及数字代表各相应指令。常用的图形符号即梯形图,它类似于电气原理图示符号,易为电气工作人员所接受。

② 指令系统。一个 PLC 所具有指令的全体称为该 PLC 的指令系统。它包含着指令的多少,各指令都能做什么,代表着 PLC 的性能和功能。一般地,性能好、功能强的 PLC,其指令系统必然丰富,能做的事也就多。在编程之前必须弄清 PLC 的指令系统。

③ 程序。程序是 PLC 指令的有序集合,PLC 运行它可进行相应的工作。当然,这里的程序是指 PLC 的用户程序。用户程序一般由用户设计,PLC 厂家或代理商不提供。用语句表达的程序不大直观,可读性差,特别是较复杂的程序更难读,所以多数程序用梯形图表达。

④ 梯形图:梯形图的连线有两种:一种为母线,另一种为内部横竖线。内部横竖线把一个个梯形图符号指令连成一个指令组。这个指令组一般总是从装载(LD)指令开始,必要时再继以若干个输入指令(含 LD 指令),以建立逻辑条件。最后为输出类指令,实现输出控制,或为数据控制、流程控制、通信处理、监控工作等指令,以进行相应的工作。母线是用来连接指令组的。图 2-65 所示为三菱公司 FX2N 系列产品最简单梯形图例。它有两组;第一组用以实现启动、停止控制;第二组有仅一个 END 指令,用以结束程序。

a. 梯形图与助记符的对应关系。

助记符指令与梯形图指令有严格的对应关系,而梯形图的连线可把指令的顺序予以体现。一般地,其顺序为:先输入,后输出(含其他处理);先上,后下;先左,后右。有了梯形图就可将其翻译成助记符程序。图 2-65 所示梯形图的助记符程序为:

地址	指令	变量
0000	LD	X000
0001	OR	X010
0002	AND NOT	X001
0003	OUT	Y000
0004	END	

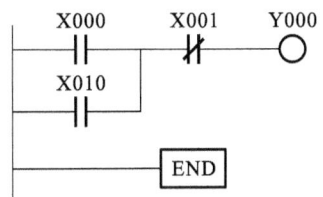

图 2-65　梯形图图例(一)

反之,根据助记符,可画出与其对应的梯形图。

b. 梯形图与电气原理图的关系。

如果仅考虑逻辑控制,梯形图与电气原理图也可建立起一定的对应关系。如梯形图的输出(OUT)指令对应于继电器的线圈,而输入指令(如 LD、AND、OR)对应于接点,互锁指令(IL、ILC)可看成总开关等。这样,原有的继电控制逻辑经转换即可变成梯形图,再进一步转换,即可变成语句表程序。

有了这个对应关系,用 PLC 程序代表继电逻辑是很容易的。这也是 PLC 技术对传统继电控制技术的继承。

2.5.3.2 编程元件

下面以三菱公司的 FX2N 系列产品的一些编程元件及其功能为例进行介绍。FX 系列产品内部的编程元件,也就是支持该机型编程语言的软元件,按通俗叫法分别称为继电器、定时器、计数器等,但它们与真实元件有很大的差别,一般称它们为"软继电器"。这些编程用的继电器,其工作线圈没有工作电压等级、功耗大小和电磁惯性等问题;触点没有数量限制,没有机械磨损和电蚀等问题。在不同的指令操作下,其工作状态可以无记忆,也可以有记忆,还可以作脉冲数字元件使用。一般情况下,X 代表输入继电器,Y 代表输出继电器,M 代表辅助继电器,SPM 代表专用辅助继电器,T 代表定时器,C 代表计数器,S 代表状态继电器,D 代表数据寄存器,MOV 代表传输等。

(1) 输入继电器(X)

PLC 的输入端子是从外部开关接受信号的窗口。PLC 内部与输入端子连接的输入继电器 X 是用光电隔离的电子继电器,它们的编号与接线端子编号一致(按八进制输入),线圈的吸合或释放只取决于 PLC 外部触点的状态。内部有常开/常闭两种触点供编程时随时使用,且使用次数不限。输入电路的时间常数一般小于 10 ms。各基本单元都是八进制输入的地址,输入为 X000～X007、X010～X017、X020～X027。它们一般位于机器的上端。

(2) 输出继电器(Y)

PLC 的输出端子是向外部负载输出信号的窗口。输出继电器的线圈由程序控制。输出继电器的外部输出主触点接到 PLC 的输出端子上,供外部负载使用,其余常开/常闭触点供内部程序使用。输出继电器的电子常开/常闭触点使用次数不限。输出电路的时间常数是固定的。各基本单元都是八进制输出,输出为 Y000～Y007,Y010～Y017,Y020～Y027。它们一般位于机器的下端。

(3) 辅助继电器(M)

PLC 内有很多辅助继电器,其线圈与输出继电器一样,由 PLC 内各软元件的触点驱动。辅助继电器也称中间继电器,它没有对外的任何联系,只供内部编程使用。它的电子常开/常闭触点使用次数不受限制。但是,这些触点不能直接驱动外部负载,外部负载的驱动必须通过输出继电器来实现。如图 2-66 中的 M300,它只起到一个自锁的功能。在 FX2N 中普遍采用 M0～M499 共 500 点辅助继电器,其地址号按十进制编号。辅助继电器中还有一些特殊的辅助继电器,如掉电继电器、保持继电器等,在这里就不一一介绍了。

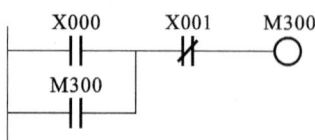

图 2-66 梯形图图例(二)

（4）定时器（T）

PLC 内的定时器是根据时钟脉冲进行累积计数,当所计时间达到设定值时,其输出触点动作,时钟脉冲有 1 ms、10 ms、100 ms。定时器可以用用户程序存储器内的常数 K 作为设定值,也可以用数据寄存器(D)的内容作为设定值。在后一种情况下,一般使用有掉电保护功能的数据寄存器。即使如此,备用电池电压降低时,定时器或计数器往往也会发生误动作。

定时器通道范围如下:

① 100 ms 定时器 T0~T199,共 200 点,设定值为 0.1~3276.7 s。

② 10 ms 定时器 T200~T245,共 46 点,设定值为 0.01~327.67 s。

③ 1 ms 积算定时器 T246~T249,共 4 点,设定值为 0.001~32.767 s。

④ 100 ms 积算定时器 T250~T255,共 6 点,设定值为 0.1~3276.7 s。

定时器指令符号及应用如图 2-67 所示。当定时器线圈 T200 的驱动输入 X000 接通时,T200 的当前值计数器对 10 ms 的时钟脉冲进行累积计数。当前值与设定值 K123 相等时,定时器的输出触点动作,即输出触点是在驱动线圈后的 1.23 s(10 ms×123＝1.23 s)时才动作。当 T200 触点吸合后,Y000 就有输出。当驱动输入 X000 断开或发生停电时,定时器就复位,输出触点也复位。

每个定时器只有一个输入,它与常规定时器一样,线圈通电时开始计时,断电时自动复位,不保存中间数值。定时器有两个数据寄存器,一个为设定值寄存器,另一个为现时值寄存器。编程时,由用户设定累积值。

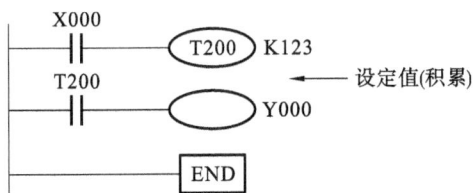

图 2-67 定时器指令符号及应用　　　　图 2-68 积算定时器的符号接线

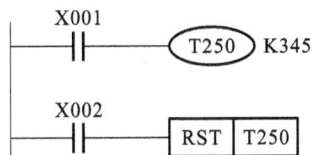

积算定时器的符号接线如图 2-68 所示。定时器线圈 T250 的驱动输入 X001 接通时,T250 的当前值计数器对 100 ms 的时钟脉冲进行累积计数。当该值与设定值 K345 相等时,定时器的输出触点动作。在计数过程中,不论输入 X001 接通还是复电,计数都进行。累积时间为 34.5 s(100 ms×345＝34.5 s)时触点动作。当复位输入 X002 接通时,定时器就复位,输出触点也复位。

（5）计数器（C）

FX2N 中的 16 位增计数器是 16 位二进制加法计数器,它在计数信号的上升沿进行计数。它有两个输入,一个用于复位,一个用于计数。每一个计数脉冲上升沿使原来的数值减 1,当现时值减到零时停止计数,同时触点闭合。直到复位控制信号的上升沿输入时,触点才断开,设定值又写入,继而进入计数状态。

其设定值在 K1~K32767 范围内有效。

设定值 K0 与 K1 含义相同,即在第一次计数时,其输出触点就动作。

通用计数器的通道号:C0~C99,共 100 点。

保持用计数器的通道号:C100~C199,共 100 点。

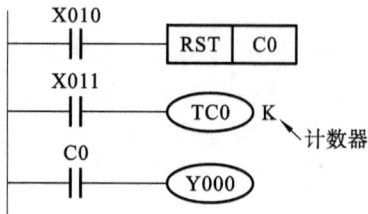

图 2-69　计数器的符号接线

通用与掉电保持用的计数器点数分配,可由参数设置,可随意更改。

举例如下(图 2-69)。

由计数输入 X011 每次驱动 C0 线圈时,计数器的当前值加 1。当第 10 次执行线圈指令时,计数器 C0 的输出触点即动作。之后即使计数器输入 X011 再动作,计数器的当前值仍保持不变。

当复位输入 X010 接通(ON)时,执行 RST 指令,计数器的当前值为 0,输出触点也复位。

应注意的是,计数器 C100～C199 即使发生停电,当前值与输出触点的动作状态或复位状态仍能保持。

(6) 数据寄存器(D)

数据寄存器是计算机必不可少的元件,用于存放各种数据。FX2N 中的每一个数据寄存器都是 16 bit(最高位为正、负符号位),也可用两个数据寄存器合并起来存储 32 bit 数据(最高位为正、负符号位)。

① 通用数据寄存器。通道分配 D0～D199,共 200 点。

只要不写入其他数据,已写入的数据不会变化。但是,由 RUN→STOP 时,全部数据均被清零(若特殊辅助继电器 M8033 已被驱动,则数据不被清零)。

② 停电保持用寄存器。通道分配 D200～D511,共 312 点,或 D200～D999,共 800 点(依机器的具体型号确定)。

其基本上同通用数据寄存器。除非改写,否则原有数据不会丢失。无论电源接通与否,PLC 运行与否,其内容都不变化。然而在两台 PLC 作点对点的通信时,D490～D509 被用作通信操作。

③ 文件寄存器。通道分配 D1000～D2999,共 2000 点。

文件寄存器是在用户程序存储器(RAM、EEPROM、EPROM)内的一个存储区,以 500 点为一个单位,最多可在参数设置时设置到 2000 点。用外部设备口进行写入操作。在 PLC 运行时,可用 BMOV 指令读到通用数据寄存器中,但是不能用指令将数据写入文件寄存器。用 BMOV 将数据写入 RAM 后,再从 RAM 中读出。将数据写入 EEPROM 时,需要花费一定的时间,请务必注意。

④ RAM 文件寄存器。通道分配 D6000～D7999,共 2000 点。

驱动特殊辅助继电器 M8074,由于采样扫描被禁止,上述的数据寄存器可作为文件寄存器处理,用 BMOV 指令传送数据(写入或读出)。

⑤ 特殊用寄存器。通道分配 D8000～D8255,共 256 点。

特殊用寄存器是写入特定目的数据或已经写入数据的寄存器。其内容在电源接通时写入初始化值(一般先清零,然后由系统 ROM 来写入)。

2.5.3.3　FX2N 系列的基本逻辑指令

基本逻辑指令是 PLC 中最基本的编程语言,掌握了它也就初步掌握了 PLC 的使用方法。各种型号的 PLC 基本逻辑指令大同小异,现在逐条学习 FX2N 系列基本逻辑指令的功能和使用方法。每条指令及其应用实例都以梯形图和语句表两种编程语言对照说明。

（1）输入、输出指令（LD/LDI/OUT）

下面把 LD/LDI/OUT 三条指令的功能、梯形图表示形式、操作元件以列表的形式加以说明，见表 2-1。

表 2-1　　　　　LD/LDI/OUT 三条指令的功能、梯形图表示形式、操作元件

符号（名称）	功能	梯形图表示形式	操作元件
LD（取）	常开触点与母线相连	┤├	X,Y,M,T,C,S
LDI（取反）	常闭触点与母线相连	┤╱├	X,Y,M,T,C,S
OUT（输出）	线圈驱动	─○	Y,M,T,C,S,F

LD 与 LDI 指令用于与母线相连的接点，还可用于分支电路的起点。OUT 指令是线圈的驱动指令，可用于输出继电器、辅助继电器、定时器、计数器、状态寄存器等，但不能用于输入继电器。OUT 指令用于并行输出，能连续使用多次。LD 与 OUT 指令应用见图 2-70。

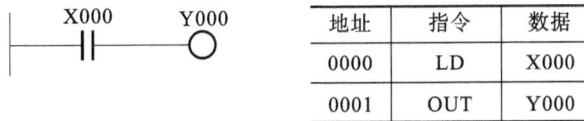

地址	指令	数据
0000	LD	X000
0001	OUT	Y000

图 2-70　LD 与 OUT 指令应用

（2）触点串联指令（AND/ANDI）、并联指令（OR/ORI）

AND/ANDI、OR/ORI 指令的功能、梯形图表示形式、操作元件见表 2-2。

表 2-2　　　AND/ANDI、OR/ORI 指令的功能、梯形图表示形式、操作元件

符号（名称）	功能	梯形图表示形式	操作元件
AND（与）	常开触点串联连接	┤├┤├	X,Y,M,T,C,S
ANDI（与非）	常闭触点串联连接	┤╱├┤╱├	X,Y,M,T,C,S
OR（或）	常开触点并联连接	┤├	X,Y,M,T,C,S
ORI（或非）	常闭触点并联连接	┤╱├	X,Y,M,T,C,S

AND、ANDI 指令用于一个触点的串联，串联触点的数量不限，这两个指令可连续使用。OR、ORI 指令是用于一个触点的并联连接指令。ANDI 指令的应用见图 2-71。

（3）电路块的并联和串联指令（ORB、ANB）

ORB、ANB 指令的功能、梯形图表示形式、操作元件见表 2-3。

含有两个或两个以上触点串联连接的电路称为串联电路块。串联电路块并联连接时，支路的起点以 LD 或 LDNOT 指令开始，而支路的终点要用 ORB 指令。ORB 指令是一种独立

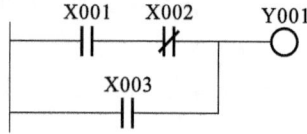

地址	指令	数据
0002	LD	X001
0003	ANDI	X002
0004	OR	X003
0005	OUT	Y001

图 2-71 ANDI 指令的应用

指令，其后不带操作元件号，因此 ORB 指令不表示触点，可以看成电路块之间的一段连接线。如需要将多个电路块并联连接，应在每个并联电路块之后使用一个 ORB 指令，用这种方法编程时并联电路块的个数没有限制；也可将所有要并联的电路块依次写出，然后在这些电路块的末尾集中写出 ORB 的指令，但这时 ORB 指令最多使用 7 次。

表 2-3　　　　　　　　　　　**ORB、ANB 指令的功能、梯形图表示形式、操作元件**

符号(名称)	功能	梯形图表示形式	操作元件
ORB(块或)	电路块并联连接		无
ANB(块与)	电路块串联连接		无

　　将分支电路(并联电路块)与前面的电路串联连接时使用 ANB 指令，各并联电路块的起点使用 LD 或 LDNOT 指令；与 ORB 指令一样，ANB 指令也不带操作元件，如需要将多个电路块串联连接，应在每个串联电路块之后使用一个 ANB 指令，用这种方法编程时串联电路块的个数没有限制。若集中使用 ANB 指令，最多使用 7 次。

　　ORB、ANB 指令的应用见图 2-72。

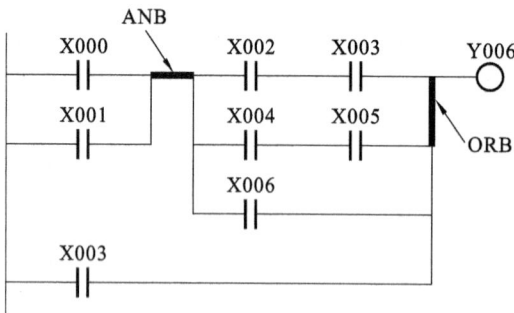

地址	指令	数据
0000	LD	X000
0001	OR	X001
0002	LD	X002
0003	AND	X003
0004	LDI	X004
0005	AND	X005
0006	OR	X006
0007	ORB	
0008	ANB	
0009	OR	X003
0010	OUT	Y006

图 2-72 ORB、ANB 指令的应用

（4）程序结束指令（END）

END 指令的功能、梯形图表示形式、操作元件见表 2-4。

表 2-4   **END 指令的功能、梯形图表示形式、操作元件**

符号(名称)	功能	梯形图表示形式	操作元件
END(结束)	程序结束	—— 结束	无

在程序结束处写上 END 指令,PLC 只执行第一步至 END 之间的程序,并立即输出处理。若不写 END 指令,PLC 将从用户存储器的第一步执行到最后一步。因此,使用 END 指令可缩短扫描周期。另外。在调试程序时,可以将 END 指令插在各程序段之后,分段检查各程序段的动作。确认无误后,再依次删去插入的 END 指令。

其他的一些指令,如置位复位指令、脉冲输出指令、清除指令、移位指令、主控触点指令、空操作指令、跳转指令等,在此不做详细介绍。

3 材料成形过程控制常用检测技术

3.1 传感器基础

3.1.1 传感器的概念

在焊接、铸造、锻压等自动化生产中,传感器处于整个控制系统的最前端,起着获取检测信息与转换信息的重要作用。传感器类似于人的五官,可获取外界环境的信息,对于整个控制系统来说,是控制抉择的依据。

关于传感器的概念,我国国家标准《传感器通用术语》(GB/T 7665—2005)规定:传感器(sensor)是能感受规定的测量量并按一定规律转换成可用输出信号的器件或装置。也就是说,传感器是一种按一定的精度把被测量转换为与之有确定关系的、便于应用的某种物理量的测量器件或装置,用于满足系统信息传输、存储、显示、记录及控制等要求。

① 传感器首先是一种测量器件或装置,它的作用体现在测量上。如常见的发电机,它是一种可以将机械能转变成电能的转换装置。从能量转换的角度看,它是一种发电设备,不能称之为传感器;但从另一个角度看,人们可以通过发电机发电量的大小来测量调速系统的机械转速,这时发电机就可看成一种用于测量转速的测量装置,是一种速度传感器,通常称为测速发电机。应用传感器的目的就是为了获得被测量的准确信息。

② 传感器定义中的所谓"可用输出信号"是指便于传输、转换及处理的信号,主要包括气、光和电等信号,现在一般是指电信号(如电压、电流、电势及各种电参数等);而"规定的测量量"一般是指非电量信号,主要包括各种物理量、化学量和生物量等,在工程中常需要测量的非电量信号有力、温度、流量、位移、速度、加速度、转速、浓度等。正是因为这类非电量信号不能像电信号那样可用电工仪表和电子仪器直接测量,所以就需要利用传感器技术实现由非电量到电量的转换。

③ 传感器的输入和输出信号应该具有明确的对应关系,并且应保证一定的精度。

④ 关于"传感器"这个词,目前国外还有许多提法,如变换器(transducer)、转换器(converter)、检测器(detector)和变送器(transmitter)等。根据我国的规定,将传感器定名为sensor。当传感器的输出信号为标准信号(1~5 V 、4~20 mA)时,称为变送器(transmitter),注意二者不要混淆。

3.1.2 传感器的组成

传感器的种类繁多,其工作原理、性能特点和应用领域各不相同,所以结构、组成差异很大。但总的来说,传感器通常由敏感元件、转换元件及测量电路组成,有时还要加上辅助电源,如图 3-1 所示。

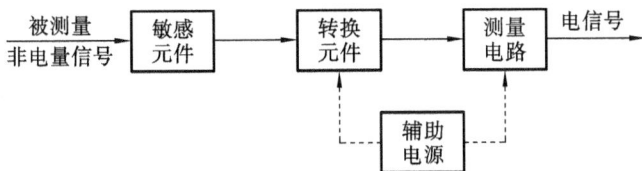

图 3-1　传感器组成框图

（1）敏感元件（sensing element）

敏感元件是指传感器中能直接感受被测量的变化,并输出与被测量成确定关系某一物理量的元件。敏感元件是传感器的核心,也是研究、设计和制作传感器的关键。图 3-2 所示为一气体压力传感器的示意图。膜盒 2 的下半部与壳体 1 固定,上半部通过连杆与磁芯 4 相连,磁芯 4 置于两个电感线圈 3 中,后者接入测量电路 5。这里的膜盒就是敏感元件,其外部与大气压力 p_a 相通,内部感受被测压力 p。当 p 变化时,引起膜盒上半部移动,即输出相应的位移量。

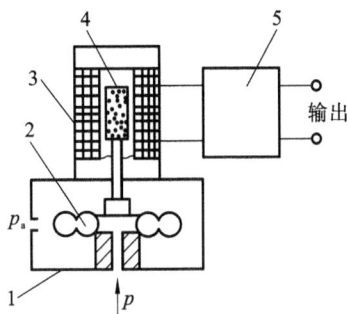

图 3-2　气体压力传感器
1—壳体；2—膜盒；3—电感线圈；
4—磁芯；5—测量电路

（2）转换元件（transduction element）

转换元件是指传感器中能将敏感元件输出的物理量转换成适合传输或测量电信号的部分。在图 3-2 中,转换元件是可变电感线圈 3,它把输入的位移量转换成电感的变化。需要指出的是,并不是所有的传感器都能明显地区分敏感元件和转换元件,有的传感器转换元件不止一个,需要经过若干次的转换;有的则是两者合二为一。

（3）测量电路（measuring circuit）

测量电路又称转换电路或信号调理电路,它的作用是将转换元件输出的电信号进行进一步的转换和处理,如放大、滤波、线性化、补偿等,以获得更好的品质特性,便于后续电路显示、记录、处理及控制等功能的实现。测量电路的类型视传感器的工作原理和转换元件的类型而定,一般有电桥电路、阻抗变换电路、振荡电路等。

3.1.3　传感器的分类

通常,一种传感器可以检测多种参数,一种参数又可以用多种传感器测量,所以传感器的分类方法很多,至今尚无统一规定,归纳起来一般有以下几种。

（1）按工作原理分类

这是传感器最常见的分类方法。这种分类方法将物理、化学、生物等学科的原理、规律和效应作为分类的依据,有利于对传感器工作原理的阐述和对传感器的深入研究与分析。本书主要就是按这一分类方法来介绍各种类型传感器的。

按照传感器工作原理的不同,传感器可分为电参数式传感器（包括电阻式传感器、电感式传感器和电容式传感器）、压电式传感器、光电式传感器（包括一般光电式传感器、光纤式传感器、激光式传感器和红外式传感器等）、热电式传感器、半导体式传感器、波式和辐射式传感器等。这些类型的传感器大部分是分别基于其各自的物理效应原理命名的。

（2）按被测量分类

按被测量的性质进行分类,有利于准确表达传感器的用途,对人们系统地使用传感器很有帮助。为更加直观、清晰地表述各类传感器的用途,将种类繁多的被测量分为基本被测量和派生被测量,见表 3-1。对于各派生被测量的测量,也可通过对基本被测量的测量来实现。

表 3-1 **基本被测量和派生被测量**

基本被测量		派生被测量
位移、速度、加速度、力、时间	线位移	长度、厚度、应变、振动、磨损、平面度
	角位移、线速度	旋转角、偏转角、角振动 振动、流量
	角速度、线加速度	转速、角振动、振动、冲击、质量
	角加速度、压力、频率	角振动、转矩、转动惯量、质量、应力、力矩、周期、计数
光		光通量与密度、光谱
温度		热容
湿度		水汽、含水量、露点
浓度		气(液)体成分、黏度

（3）按结构分类

传感器按其结构构成可分为结构型传感器、物性型传感器和复合型传感器。结构型传感器是依靠传感器结构参数(如形状、尺寸等)的变化,利用某些物理规律,实现信号的变换,从而检测出被测量,它是目前应用最多、最普遍的传感器。这类传感器的特点是其性能以传感器中元件相对结构(位置)的变化为基础,而与其材料特性关系不大。物性型传感器则是利用某些功能材料本身所具有的内在特性及效应将被测量直接转换成电量的传感器。例如,热电偶传感器就是利用金属导体材料的温差电动势效应和不同金属导体间的接触电动势效应来实现对温度测量的;而利用压电晶体制成的压力传感器则是利用压电材料本身所具有的压电效应实现对压力的测量的。这类传感器的敏感元件就是材料本身,无所谓"结构变化",因此通常具有响应速度快的特点,而且易于实现小型化、集成化和智能化。复合型传感器则是结构型传感器和物性型传感器的组合,兼有二者的特征。

（4）按能量转换关系分类

按照传感器的能量转换情况,传感器可分为能量控制型传感器和能量转换型传感器两大类。所谓能量控制型传感器,是指其变换的能量是由外部电源供给的,而外界的变化(即传感器输入量的变化)只起到控制的作用。电阻、电感、电容等电参数传感器,霍耳传感器等都属于这一类传感器。能量转换型传感器主要由能量变换元件构成,它不需要外电源。如基于压电效应、热电效应、光电效应等的传感器都属于此类传感器。此外,根据被测量的性质,可以将传感器分成物理型传感器、化学型传感器和生物型传感器三大类。

此外,根据传感器的使用材料,可以将传感器分为半导体传感器、陶瓷传感器、金属材料传感器、复合材料传感器、高分子材料传感器等;根据应用领域的不同,还可分为工业用、农用、民用、医用及军用等不同类型;根据具体的使用目的,又可分为测量用、监视用、检查用、诊断用、控制用和分析用等不同类型。

3.1.4 传感器的基本特性

为了更好地掌握和使用传感器,必须充分地了解传感器的基本特性。传感器的基本特性是指系统的输出输入关系特性,即系统输出信号 $y(t)$ 与输入信号(被测量) $x(t)$ 之间的关系,如图 3-3 所示。

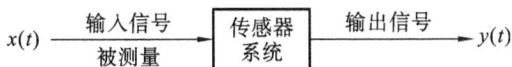

图 3-3　传感器系统

根据传感器输入信号 $x(t)$ 是否随时间变化,其基本特性分为静态特性和动态特性。它们是系统对外呈现出的外部特性,但与其内部参数密切相关。不同的传感器内部参数不同,因此其基本特性表现出不同的特点。一个高精度传感器只有具有良好的静态特性和动态特性,才能保证信号不失真地按规律转换。

3.1.4.1　静态特性

当传感器的输入信号是常量,不随时间变化(或变化极缓慢)时,其输出输入关系特性称为静态特性。传感器的静态特性主要由下列几种性能来描述。

(1) 测量范围(measuring range)

传感器所能测量到的最小输入量 x_{min} 与最大输入量 x_{max} 之间的范围称为传感器的测量范围。

(2) 量程(span)

传感器测量范围的上限值 x_{max} 与下限值 x_{min} 的代数差 $(x_{max} - x_{min})$ 称为量程。

(3) 精度(accuracy)

传感器的精度是指测量结果的可靠程度,是测量中各类误差的综合反映。测量误差越小,传感器的精度越高。

传感器的精度用其量程范围内的最大基本误差与满量程输出之比的百分数表示。其基本误差是指传感器在规定的正常工作条件下所具有的测量误差,由系统误差和随机误差两部分组成。如用 S 表示传感器的精度,则:

$$S = \frac{\Delta_{max}}{x_{max} - x_{min}} \tag{3-1}$$

式中　Δ_{max}——测量范围内允许的最大基本误差。

工程技术中为简化传感器精度的表示方法,引入了精度等级的概念。精度等级以一系列标准百分比数值分级表示,代表传感器测量的最大允许误差。如果传感器的工作条件偏离正常工作条件,还会带来附加误差。温度附加误差就是最主要的附加误差。

(4) 线性度(linearity)

传感器的线性度是指其输出量与输入量之间的关系曲线偏离理想直线的程度,又称为非线性误差。如不考虑迟滞、蠕变等因素,一般传感器的输出输入关系特性可用 n 次多项式表示为:

$$y = a_0 + a_1 x + a_2 x^2 + \cdots + a_n x^n$$

式中　x——输入量;

　　　y——输出量;

　　　a_0——零输入时的输出,也叫作零位输出;

　　　a_1——传感器线性项系数,也叫作线性灵敏度;

$a_2, a_3, \cdots, a_n$——非线性项系数。

在不考虑零位输出的情况下,传感器的线性度可分为以下几种情况(图 3-4)。

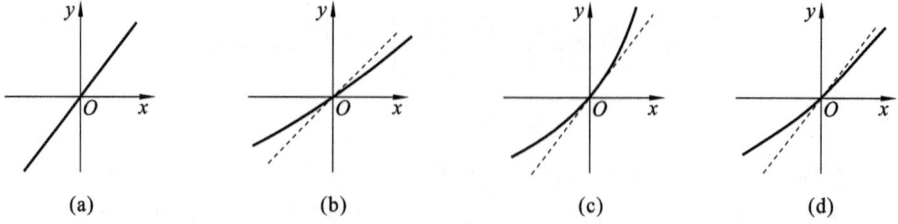

图 3-4 传感器的非线性

(a) 理想线性特性;(b) 仅有偶次非线性项;(c) 仅有奇次非线性项;(d) 普遍情况的输入输出特性

如果非线性项的次数不高,则在输入量变化范围不大的情况下,可采用直线近似地代替实际输出输入特性曲线的某一段,使传感器的非线性特性得到线性化处理。这里所采用的直线称为拟合直线。实际输出输入特性曲线与拟合直线的最大相对误差就是非线性误差,用 γ_L 来表示,即:

$$\gamma_L = \pm \frac{\Delta L_{max}}{y_{FS}} \times 100\%$$

式中 ΔL_{max}——非线性最大误差;

y_{FS}——满量程输出值。

目前常用的直线拟合方法有理论拟合、过零旋转拟合、端点拟合、端点平移拟合及最小二乘拟合等,如图 3-5 所示。

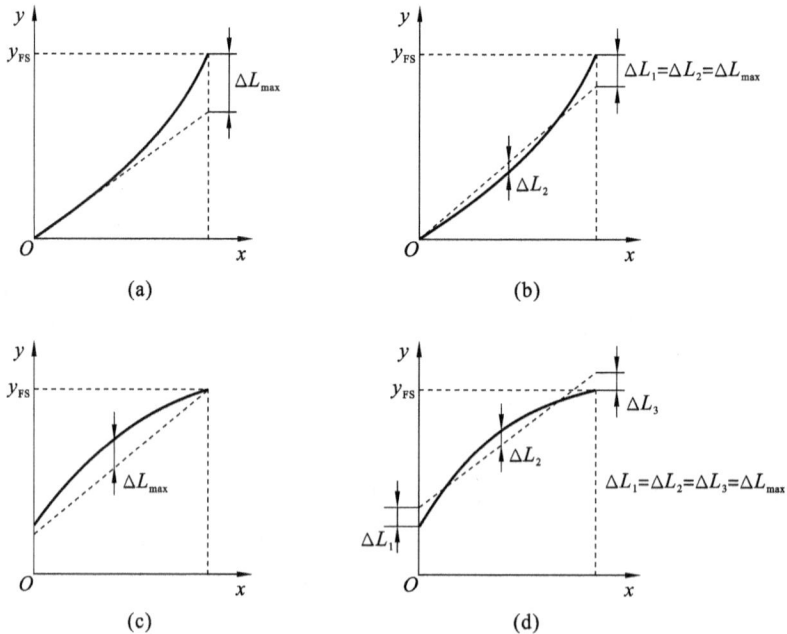

图 3-5 各种直线拟合方法

(a) 理论拟合;(b) 过零旋转拟合;(c) 端点拟合;(d) 端点平移拟合

(5) 灵敏度(sensitivity)

灵敏度是指传感器输出的变化量与引起该变化量的输入变化量之比。灵敏度可以表示如下：

$$K = \frac{\Delta y}{\Delta x}$$

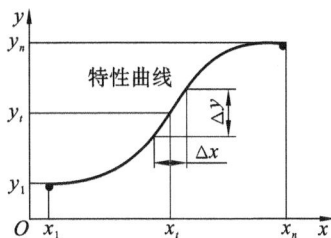

图 3-6　传感器的灵敏度

对于线性传感器,它的灵敏度就是其特性曲线的斜率,是一个常数,与输入量大小无关;而对于非线性传感器,其灵敏度是一个随工作点而变化的变量,如图 3-6 所示。一般希望传感器的灵敏度高,且在满量程范围内是恒定的,这样就可保证在传感器输入量相同的情况下,输出信号尽可能大,从而有利于对被测量进行转换和处理。

（6）分辨率和阈值（resolution and threshold）

传感器能检测到的输入量最小变化量的能力称为分辨力。对于某些传感器,如电位器式传感器,当输入量连续变化时,输出量只做阶梯变化,则分辨力就是输出量的每个"阶梯"所代表的输入量的大小。对于数字式仪表,分辨力就是仪表指示值的最后一位数字所代表的值。当被测量的变化量小于分辨力时,数字式仪表的最后一位数不变,仍指示原值。

当分辨力以满量程输出的百分数表示时,则称为分辨率。

阈值是指能使传感器的输出端产生可测变化量的最小被测输入量值,即零点附近的分辨力。有的传感器在零位附近有严重的非线性,形成所谓"死区"（dead band）,则将死区的大小作为阈值;更多情况下,阈值主要取决于传感器噪声的大小,因而有的传感器只给出噪声电平。

（7）重复性（repeatability）

重复性是指传感器在输入量按同一方向做全量程连续多次变动时所得特性曲线间不一致的程度,如图 3-7 所示。

（8）迟滞（hysteresis）

迟滞特性表明传感器在正（输入量增大）反（输入量减小）行程中输出与输入曲线不重合的程度,如图 3-8 所示。迟滞大小一般由实验方法测得。迟滞度可以用下式表示：

$$\gamma_{\mathrm{H}} = \pm \frac{\Delta H_{\max}}{y_{\mathrm{FS}}} \times 100\%$$

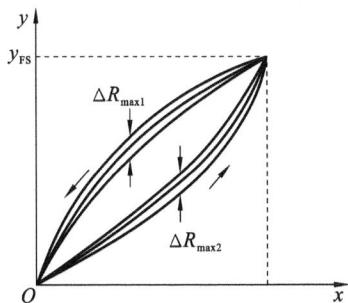

图 3-7　传感器的重复性

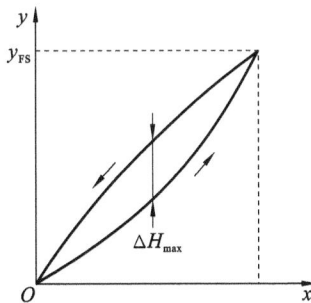

图 3-8　传感器的迟滞特性

传感器材料的物理性质是产生迟滞的主要原因。例如,把应力施加于某弹性材料时,弹性材料产生形变,应力取消后,弹性材料仍不能完全恢复原状。又如,铁磁体、铁电体在外加磁场、电场作用下也均会发生迟滞现象。此外,传感器机械部分存在不可避免的缺陷,如摩擦、磨损、间隙、松动、积尘等,也是造成迟滞现象的重要原因。

（9）稳定性（stability）

稳定性表示传感器在一个较长的时间内保持其性能参数的能力。理想的情况是不论什么时候，传感器的特性参数都不随时间变化。但实际上，随着时间的推移，大多数传感器的特性会发生改变。这是因为敏感元件或构成传感器部件的特性会随时间发生变化，从而影响传感器的稳定性。

稳定性一般用室温条件下，经过一规定时间间隔后传感器的输出与起始标定时的输出之间的差异来表示，称为稳定性误差。稳定性误差可用相对误差表示，也可用绝对误差表示。

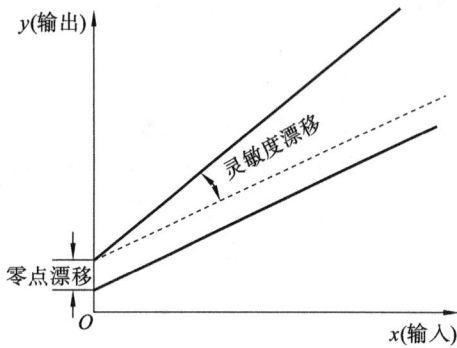

图 3-9 传感器的漂移

（10）漂移（drift）

传感器的漂移是指在外界的干扰下，在一定时间间隔内，传感器的输出量发生与输入量无关的、不需要的变化。漂移量的大小也是衡量传感器稳定性的重要性能指标。传感器的漂移有时会导致整个测量或控制系统瘫痪。

漂移包括零点漂移和灵敏度漂移等，如图 3-9 所示。

零点漂移和灵敏度漂移又可分为时间漂移和温度漂移。时间漂移是指在规定的条件下，零点或灵敏度随时间发生缓慢变化。温度漂移则是由环境温度变化而引起的零点或灵敏度的漂移。

3.1.4.2 动态特性

以上介绍的是传感器的静态特性，即输入信号是不随时间变化的。但大多数情况下传感器的输入信号是随时间变化的动态信号，这时就要求传感器能时刻精确地跟踪输入信号，按照输入信号的变化规律输出信号。当传感器输入信号变化缓慢时是容易跟踪的，但随着输入信号的变化加快，传感器随动跟踪性能会逐渐下降。输入信号变化时，输出信号也随时间变化，这个过程称为响应。动态特性就是指传感器对于随时间变化的输入信号的响应特性。通常要求传感器不仅能精确地显示被测量的大小，还能复现被测量随时间变化的规律，这也是传感器的重要特性之一。

传感器的动态特性与其输入信号的变化形式密切相关。在研究传感器动态特性时，通常是根据不同输入信号的变化规律来考察传感器响应的。实际传感器输入信号随时间变化的形式可能是多种多样的，最常见、最典型的输入信号是阶跃信号和正弦信号。这两种信号在物理上较容易实现，而且便于求解。对于阶跃输入信号，传感器的响应称为阶跃响应或瞬态响应，它是指传感器在瞬变的非周期信号作用下的响应特性。这对传感器来说是一种最严峻的状态，如果传感器能复现这种信号，那么就能很容易地复现其他种类的输入信号，其动态性能指标也必定会令人满意。

而对于正弦输入信号，则称为频率响应或稳态响应。它是指传感器在振幅稳定不变的正弦信号作用下的响应特性。稳态响应的重要性在于：工程上所遇到的各种非电信号的变化曲线都可以展开成傅立叶（Fourier）级数或进行傅立叶变换，即可以用一系列正弦曲线的叠加来表示原曲线。因此，当已知传感器对正弦信号的响应特性后，就可以判断它对各种复杂变化曲线的响应了。

为便于分析传感器的动态特性,必须建立动态数学模型。建立动态数学模型的方法有多种,如微分方程、传递函数、频率响应函数、差分方程、状态方程、脉冲响应函数等。建立微分方程是对传感器动态特性进行数学描述的基本方法。在忽略了一些影响不大的非线性和随机变化的复杂因素后,可将传感器作为线性定常系统来考虑,因而其动态数学模型可用线性常系数微分方程表示。能用一、二阶线性微分方程来描述的传感器分别称为一、二阶传感器。虽然传感器的种类和形式很多,但它们一般可以简化为一阶或二阶环节的传感器(高阶可以分解成若干个低阶环节),因此一阶和二阶传感器是最基本的。当求解出微分方程的解后就能够得到系统的瞬态响应和稳态响应。微分方程的通解是系统的瞬态响应,特解是系统的稳态响应。对于一些较复杂的系统,求解微分方程比较麻烦,可采用数学上的拉氏变换将实数域的微分方程变换成复数域的代数方程,这样可使运算简化,求解就相对容易了。在采用阶跃输入信号研究传感器时域动态特性时,为表征传感器的动态特性,常用时间常数 τ、上升时间 t_r、响应时间 t_s 和超调量 σ 等参数来综合描述;在采用正弦输入信号研究传感器频域动态特性时,常用幅频特性和相频特性来描述,其重要指标是频带宽度(简称带宽)及相位误差等。对于各典型环节动态性能指标的分析和计算方法,在《自动控制原理》等教材中都有详细的阐述。因篇幅关系,这里就不一一介绍了。

3.1.5　传感器的发展趋势

传感器作为人类认识和感知世界的一种工具,其发展历史相当久远,可以说是伴随着人类文明的进程而发展起来的。传感器技术的发展程度,影响、决定着人类认识世界的程度与能力。

随着科学的进步和社会的发展,传感器技术在国民经济和人们的日常生活中占有越来越重要的地位。人们对传感器的种类、性能等方面的要求越来越高,这进一步促进了传感器技术的快速发展。目前,许多国家都把传感器技术列为重点发展的关键技术之一。美国曾把20世纪80年代看成传感器技术时代,并将其列为20世纪90年代22项关键技术之一。日本把传感器技术列为20世纪80年代十大技术之首。从20世纪80年代中后期开始,我国也把传感器技术列为国家优先发展的重要技术之一。

传感器技术是一项与现代技术密切相关的尖端技术,近年来发展很快,主要特点及发展趋势表现在以下几个方面。

(1) 发现并利用新现象、新效应

利用物理现象、化学反应和生物效应是各种传感器工作的基本原理,所以发现新现象与新效应是发展传感器技术的重要工作,是研制新型传感器的理论基础,意义极为深远。例如,日本夏普公司利用超导技术研制成功高温超导磁性传感器,是传感器技术的重大突破,其灵敏度高,仅次于超导量子干涉器件。但它的制造工艺远比超导量子干涉器件简单,可用于磁成像技术,具有广泛的推广价值。

(2) 开发新材料

传感器材料是传感器技术发展的物质基础。随着材料科学的快速发展,人们可根据实际需要控制传感器材料的某些成分或含量,从而设计制造出用于各种传感器的新功能材料。例如,用高分子聚合物薄膜制成温度传感器,用光导纤维制成压力、流量、温度、位移等多种传感器,用陶瓷制成压力传感器,用半导体氧化物制成各种气体传感器等。这些新材料的应用,极大地提高了各类传感器的性能,促进了传感器技术的发展。

（3）采用高新技术

随着微电子技术、计算机技术、精密机械技术、高密封技术、特种加工技术、集成技术、薄膜技术、网络技术、纳米技术、激光技术、超导技术、生物技术等高新技术的迅猛发展,传感器技术进入了一个更为广阔的发展空间。高新技术成果的采用,成为传感器技术发展的技术基础和强大推动力。因此,传感器的高科技化不但是传感器技术的主要特征,而且是21世纪传感器及其产业的发展方向。

（4）拓展应用领域

目前,检测技术正在向宏观世界和微观世界纵深发展。空间技术、海洋开发、环境保护及地震预测等都要求检测技术满足开发、研究宏观世界的要求,而细胞生物学、遗传工程、光合作用、医学及微加工技术等又希望检测技术跟上研究微观世界的步伐。因此,科学的发展对当前传感器技术的研究、开发提出了许多新的要求,其中重要的一点就是要拓宽应用领域和检测范围,不断突破参数测量的极限。通过这些应用领域的开发和研究,不但可以提高传感器的应用性能,而且可以促进其他相关技术的发展,甚至会诞生一些新学科。

（5）提高传感器的性能

检测技术的发展,必然要求传感器的性能不断提高。例如,对于火箭发动机燃烧室的压力测量,希望测量精度高于 0.1%;对于超精密机械加工的在线测量,要求误差小于 $0.1~\mu m$ 等,由此需要人们研制出更多性能优异的各类传感器。

对传感器而言,其主要性能指标包括检测精度、线性度、灵敏度和稳定性等,其中检测精度是最重要的性能指标。在20世纪三四十年代,检测精度一般为百分之几到千分之几。近年来,随着传感器技术的不断发展,其检测精度提高很快,有些被测量的检测精度可达万分之几甚至百万分之几。例如,用直线光栅测线位移时,测量范围在几米时,误差仅为几微米。

（6）传感器的微型化与低功耗

目前,各种测控仪器设备的功能越来越强大,同时各个部件的体积越来越小。这就要求传感器自身的体积也要小型化、微型化,现在一些微型传感器,其敏感元件采用光刻、腐蚀、沉积等微机械加工工艺制作而成,尺寸可以达到微米级。此外,由于传感器工作时大多离不开电源,在野外或远离电网的地方往往是用电池或太阳能等供电,因此开发微功耗的传感器及无源传感器就具有重要的实际意义。这样既可以节省能源,又可以提高系统的工作寿命。

（7）传感器的集成化与多功能化

所谓传感器的集成化,是指将信息提取、放大、变换、传输、处理和存储等功能都在同一基片上实现,从而实现一体化。与一般传感器相比,它具有体积小、反应快、抗干扰、稳定性好及成本低等优点。目前随着半导体集成技术与厚、薄膜技术的不断发展,传感器的集成化已成为传感器技术发展的一种趋势。

传感器的多功能化是与集成化相对应的一个概念,是指传感器能感知与转换两种以上不同的物理量。例如,使用特殊的陶瓷材料把温度和湿度敏感元件集成在一起,制成温湿度传感器;将检测几种不同气体的敏感元件用厚膜制造工艺制作在同一基片上,制成检测氧、氨、乙醇、乙烯等气体的多功能传感器等。利用多种物理、化学及生物效应使传感器多功能化,已日益成为当今传感器的发展方向。

(8) 传感器的智能化与数字化

利用计算机及微处理技术使传感器智能化是 20 世纪 80 年代以来传感器技术的一大飞跃。智能传感器是一种带有微处理器的传感器。与一般传感器相比,它不仅具有信息提取、转换等功能,还具有数据处理、双向通信、信息记忆存储、自动补偿及数字输出等功能。随着人工神经网络、人工智能和信息处理技术(如多传感器信息融合技术、模糊理论等)的进一步发展,智能传感器将具有更高级的分析、决策及自学功能,可完成更复杂的检测任务。此外,目前传感器的功能已突破传统的界限,其输出不再是单一的模拟信号,而是经过微处理器处理过的数字信号,有的甚至带有控制功能,这就是所谓的数字传感器。数字传感器的特点为:一是将模拟信号转换成数字信号输出,提高了传感器的抗干扰能力,特别适用于电磁干扰强、信号传输距离远的工作现场;二是可通过软件对传感器进行线性修正及性能补偿,减少了系统误差;三是一致性与互换性好。可以预见,随着计算机和微处理技术的不断发展,智能化、数字化传感器一定会迎来更为广阔的发展空间。

(9) 传感器的网络化

传感器的网络化是传感器领域近些年发展起来的一项新兴技术。它利用 TCP/IP 协议,使现场测量数据就近通过网络与网络上有通信能力的节点直接进行通信,实现了数据的实时发布和共享。由于传感器自动化、智能化水平的提高,多台传感器联网已推广应用,虚拟仪器、三维多媒体等新技术已开始实用化。传感器网络化的目标是采用标准的网络协议,同时采用模块化结构将传感器和网络技术有机地结合起来,实现信息交流和技术维护。

3.2　压力传感器

压力传感器(图 3-10)是工业实践、仪器仪表控制中最为常用的一种传感器,广泛应用于各种工业自控环境,涉及水利水电、铁路交通、生产自控、航空航天、军工、石化、油井、电力、船舶、机床、管道等众多行业。

压力传感器的种类繁多,如电阻应变片压力传感器、半导体应变片压力传感器、压阻式压力传感器、电感式压力传感器、电容式压力传感器、谐振式压力传感器及电容式加速度传感器等。其中,应用最广泛的是压阻式压力

图 3-10　压力传感器

传感器,它价格极低,有较高的精度及较好的线性特性。下面主要介绍这类传感器。

3.2.1　压阻式压力传感器

(1) 定义

压阻式压力传感器是利用单晶硅材料的压阻效应和集成电路技术制成的传感器。压阻式传感器常用于压力、拉力、压力差和可以转变为力的变化的其他物理量(如液位、加速度、重量、应变、流量、真空度)的测量和控制。

(2) 压阻效应

当力作用于硅晶体时,晶体的晶格产生变形,使载流子从一个能谷向另一个能谷散射,引

起载流子的迁移率发生变化,扰动了载流子纵向和横向的平均量,从而使硅的电阻率发生变化。这种变化因晶体的取向不同而异,因此硅的压阻效应与晶体的取向有关。硅的压阻效应不同于金属应变计:前者电阻随压力的变化主要取决于电阻率的变化,后者电阻的变化则主要取决于几何尺寸的变化(应变),而且前者的灵敏度比后者大 50～100 倍。

压电传感器中主要使用的压电材料有石英、酒石酸钾钠和磷酸二氢铵。其中,石英(二氧化硅)是一种天然晶体,压电效应就是在这种晶体中发现的。在一定的温度范围内,压电性质一直存在,但温度超过这个范围之后,压电性质完全消失(这个高温就是所谓的"居里点")。由于随着应力的变化电场变化微小(也就是说压电系数比较低),故石英逐渐被其他的压电晶体所替代。酒石酸钾钠具有很大的压电灵敏度和压电系数,但是它只能在室温和湿度比较低的环境下使用。磷酸二氢铵属于人造晶体,能够承受高温和相当高的湿度,已经得到了广泛的应用。

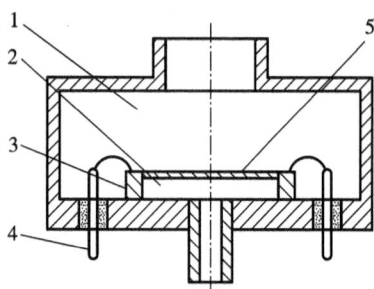

图 3-11　压阻式压力传感器的结构

1—低压腔;2—高压腔;
3—硅环;4—引线;5—硅膜片

（3）压阻式压力传感器的结构(图 3-11)

压阻式压力传感器采用集成工艺将电阻条集成在单晶硅膜片上,制成硅压阻芯片,并将此芯片的周边固定封装于外壳之内,引出电极引线。压阻式压力传感器又称为固态压力传感器,它不同于粘贴式应变计需通过弹性敏感元件间接感受外力,而是直接通过硅膜片感受被测压力。硅膜片的一面是与被测压力连通的高压腔,另一面是与大气连通的低压腔。硅膜片一般设计成周边固支的圆形,直径与厚度比为 20～60。在圆形硅膜片(N 型)定域扩散 4 条 P 杂质电阻条,并接成全桥,其中两条位于压应力区,另两条处于拉应力区,相对于膜片中心对称。

硅柱形敏感元件也是在硅柱面某一晶面的一定方向上扩散制作电阻条,两条受拉应力的电阻条与另两条受压应力的电阻条构成全桥。

压阻式压力传感器的性能主要取决于压敏元件(即压敏电阻)、放大电路,以及生产中的标定和老化工艺。

① 应变片。

在目前的压力传感器封装工艺中,通常可以将压阻式敏感芯体做得体积小巧,灵敏度高,而且稳定性好,并将压敏电阻以惠斯通电桥形式与应变材料(通常为不锈钢)结合在一起。这样一来,就能确保压阻式压力传感器过载能力强和抗冲击压力强。

该类传感器适合测量高量程范围的压力变化,尤其在 1 MPa 以上时,线性很好,精度也很高,并适合测量与应变材料兼容的各类介质。

② 陶瓷压阻。

在结构上,该类传感器将压敏电阻以惠斯通电桥形式与陶瓷烧结在一起。其过载能力较应变片类低一些,抗冲击压力性能较差,但灵敏度较高,适合测量 50 kPa 以上的高量程范围,而且耐腐蚀,温度范围也很宽。

抗腐蚀的陶瓷压力传感器没有液体的传递,压力直接作用在陶瓷膜片的前表面,使膜片产生微小的形变;厚膜电阻印刷在陶瓷膜片的背面,连接成一个惠斯通电桥(闭桥)。由于压敏电阻的压阻效应,电桥产生一个与压力成正比的高度线性、与激励电压也成正比的电压信号,可以和应变式传感器兼容。

陶瓷是一种公认的高弹性、抗腐蚀、抗磨损、抗冲击和振动的材料。陶瓷的热稳定特性及它的厚膜电阻可以使它的工作温度范围宽达－40～135 ℃,而且具有测量的高精度、高稳定性。其电气绝缘程度大于 2 kV,输出信号强,长期稳定性好。

③ 扩散硅(图 3-12)。

与上述两种结构不同,扩散硅采用在硅片上注入粒子形成惠斯通电桥形式的压敏电阻。被测介质的压力直接作用于传感器的膜片(不锈钢或陶瓷),使膜片产生与介质压力成正比的微位移,使传感器的电阻值发生变化。用电子线路检测这一变化,并转换输出一个对应于这一压力的标准测量信号。因此,扩散硅传感器灵敏度和精度最高,适合测量 1 kPa～40 MPa 的压力范围。一般情况下,扩散硅传感器分为隔离膜片和非隔离膜片两种。非隔离膜片只能测量干净的气体;隔离膜片分为软性膜片和刚性膜片,适合测量各种类型的介质。

图 3-12　扩散硅压力传感器外观

3.2.2　压电式压力传感器

(1) 工作原理

压电式压力传感器是利用某些晶体的极化效应工作的,即当晶体沿着一定方向受到机械力作用发生变形时,就产生了极化效应,当机械力撤掉之后又会重新回到不带电的状态。也就是受到压力时,某些晶体可能产生出电的效应。

压电式压力传感器中主要使用的压电材料有石英、酒石酸钾钠、磷酸二氢铵、钛酸钡压电陶瓷、PZT、铌酸盐系压电陶瓷、铌镁酸铅压电陶瓷等。其中,石英(二氧化硅)是一种天然晶体,磷酸二氢铵属于人造晶体,而压电陶瓷等属于多晶体。

(2) 主要应用

压电式压力传感器主要应用在压力等的测量中。例如,其在飞机、汽车、船舶、桥梁和建筑的振动和冲击测量中已经得到了广泛的应用(图 3-13),在航空和宇航领域中更有特殊地位。压电式压力传感器也可以用于发动机内部燃烧压力的测量与真空度的测量。总之,它既可以用来测量大的压力,又可以用来测量微小的压力。

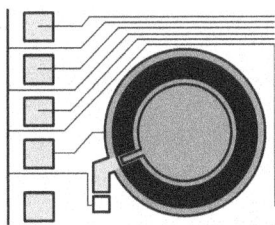

图 3-13　测量飞机机身振动的压电传感器

压电式压力传感器也广泛应用在生物医学领域中。例如,心室导管式微音器就是用压电式压力传感器制成的。因为测量动态压力如此普遍,所以压电式压力传感器的应用非常广泛。

3.2.3　压力传感器的性能参数和选型

3.2.3.1　性能参数

压力传感器的种类繁多,性能也有较大的差异,主要性能参数如下:

(1) 额定压力范围

额定压力范围是指满足标准规定值的压力范围,也就是在最高和最低温度之间,传感器输出符合规定工作特性的压力范围。在实际应用中,传感器所测压力在该范围之内。

（2）最大压力范围

最大压力范围是指传感器能长时间承受且不引起输出特性永久性改变的最大压力。特别是半导体压力传感器,为提高线性和温度特性,一般大幅度缩小额定压力范围,因此即使在额定压力以上连续使用也不会被损坏。一般最大压力是额定压力最高值的 2～3 倍。

（3）损坏压力

损坏压力是指能够加载在传感器上且不使传感器元件或传感器外壳损坏的最大压力。

（4）线性度

线性度是指在工作压力范围内,传感器输出与压力之间直线关系的最大偏离。

（5）压力迟滞

压力迟滞是指在室温下,在工作压力范围内,从最小工作压力和最大工作压力趋近某一压力时,传感器输出之差。

（6）温度范围

压力传感器的温度范围分为补偿温度范围和工作温度范围。补偿温度范围是指由于施加了温度补偿,精度进入额定范围内的温度范围。工作温度范围是保证压力传感器能正常工作的温度范围。

3.2.3.2　选型

通常,压力传感器在使用中按照以下 5 个步骤进行选型。

（1）熟悉测量压力类型

先确定系统中要测量压力的最大值。一般而言,需要选择一个具有比测量压力最大值还要大 1.5 倍左右压力量程的变送器。尤其是在水压测量和加工处理中,有峰值和持续不规则的上下波动,这种瞬间的峰值能破坏压力传感器,持续的高压力值或稍微超出压力传感器的标定最大值会缩短传感器的寿命。所以在选择压力传感器时,要充分考虑压力范围、精度与其稳定性。

（2）了解压力介质类型

黏性液体会堵住压力接口,溶剂或有腐蚀性的物质会破坏传感器中与这些介质直接接触的材料。由以上这些因素将决定是否选择直接的隔离膜及直接与介质接触的材料,比如在选择扩散硅压力传感器时需要注意隔离膜片。

（3）掌握精度

决定压力传感器精度的有非线性、迟滞性、非重复性、零点偏置刻度、温度等,但主要有非线性、迟滞性和非重复性三种。

（4）确定温度范围

通常,一个压力传感器会标定两个温度范围,即正常操作的温度范围和可补偿的温度范围。正常操作温度范围是指压力传感器在工作状态下不被破坏时的温度范围;在超出温度补偿范围时,可能会达不到其应用的性能指标。温度补偿范围是一个比操作温度范围小的典型范围。

（5）弄清楚输出信号

压力传感器有 mV、V、mA 及频率输出、数字输出等多种类型。选择怎样的输出取决于多种因素,包括压力传感器与系统控制器或显示器间的距离,是否存在电气噪声或其他干扰信号。

对于许多压力传感器和控制器间距较小的 OEM 设备,采用 mA 输出的压力传感器是最为经济有效的。如果需要将输出信号放大,则最好采用具有内置放大的变送器。对于远距离传输或存在较强的电子干扰信号时,最好采用 mA 级输出或频率输出。

3.3　位移传感器

位移是指物体的某个表面或某点相对于参考表面或参考点位置的变化。位移有线位移和角位移两种。线位移是指物体沿某一条直线移动的距离,角位移是指物体绕某一定点旋转的角度。在机械工程中经常要精确测量零部件的位移或位置,并且力、扭矩、速度、加速度、温度、流量等参数也可转换为位移进行测量。

用来测量位移量的传感器称为位移传感器,又称为线性传感器,是一种属于金属感应的线性器件,作用是把各种被测物理量转换为电量。在生产过程中,位移的测量一般分为实物尺寸测量和机械位移测量两种。位移传感器如图 3-14 所示。

小位移通常用应变式传感器、电感式传感器、差动变压器式传感器、涡流式传感器、霍尔传感器来检测,大位移常用感应同步器、光栅、容栅、磁栅等传感技术来测量。

图 3-14　位移传感器

3.3.1　角位移检测

3.3.1.1　转角-数字编码器

转角-数字编码器(简称编码盘)是一种对被测轴角(度)位移直接进行编码的数字式传感器,它与被测轴直接硬性连接。按结构分类,它可分为接触式、光电式和电磁式,使用较多的是光电式。按编码原理分类,编码盘有绝对式和增量式两种。

(1)绝对式编码盘

绝对式编码盘按某种码制确定码盘图形,再通过电刷接触方式、光电方式或电磁方式读取图形对应的数码,来直接检测出角度值。常用的码制有二进制的 8421 码制和循环码制。

图 3-15 所示为具有 4 位数码的 8421 码制的绝对式光电式编码盘的原理图。

图中,一个圆环称为一个码道,对应于 8421 码数的 1 位,外环为最低位,内环为最高位。根据码道数 N_D,按 2^{N_D} 对圆周分度。因此,编码盘的角度分辨率为:

$$R_\theta = \frac{360°}{2^{N_D}} \tag{3-2}$$

码道数 N_D 越大,分辨率 R_θ 越小,编码盘对角度变化的分辨能力越强,测量越精确。目前,绝对式光电式编码盘已可做到 $N_D=18$,使得角度分辨率小于 $5''$,测量角位移可获得较高的测量精度。

使用二进制编码盘时,读取相邻数码存在多位变化情况。因此,制作、安装偏差易引起数

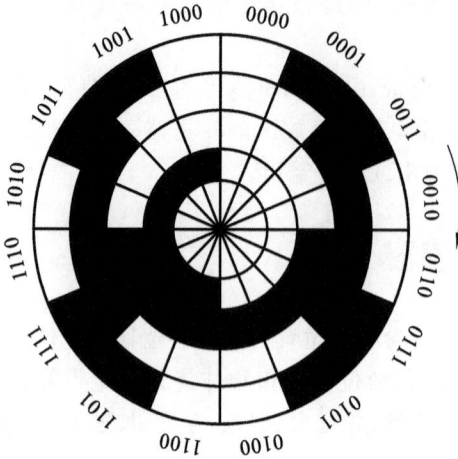

图 3-15　8421 码绝对式光电式编码盘

码读取值出现粗大读数误差,最坏的情况发生在位置 1111 与 0000 之间。对此问题,虽然可以从制造上加以改进并可采用"选读"方法消除,但增加了复杂性。所以,在使用绝对式编码盘时广泛采用循环编码盘。

循环编码盘的特点是相邻的两个数码之间只有 1 位发生变化,因此即使因制作和安装不准发生错读,引起的误差也只是最低位的 1 位数。循环编码盘的缺点是读取的数码不能直接进行二进制运算,需要先将循环码变换成二进制码。

循环码变换成二进制码的过程如下:

$$\left.\begin{array}{l} B_1 = R_1 \\ B_i = R_i \oplus B_{i-1} \end{array}\right\} \tag{3-3}$$

式中,B_i 表示二进制码,R_i 表示循环码,$i=1$ 表示它们的最高位;$\oplus$ 表示不进位相加。由循环码 R_i 变换成二进制码 B_i 时,最高位不变,从次高位开始利用式(3-3)依次求出其余各位,即本位循环码 R_i 与已经求得相邻高位二进制码 B_{i-1} 作不进位相加,其结果就是本位的二进制码。因为相同的两个数码作不进位相加,其结果必然为 0,故由式(3-3)可知,只要 R_i 与 B_{i-1} 状态相同,B_i 必为 0,状态不同则为 1。

循环码变换成二进制码也可用硬件电路实现。图 3-16 所示为 4 位循环码变二进制 8421 码的一种变换电路。这种方法的优点是转换速度快,可简化测量系统中测控计算机的数据处理;缺点是所用元件较多。例如,对 N_D 位数码就需用(N_D-1)个图 3-16 中点画线框内的电路元件。

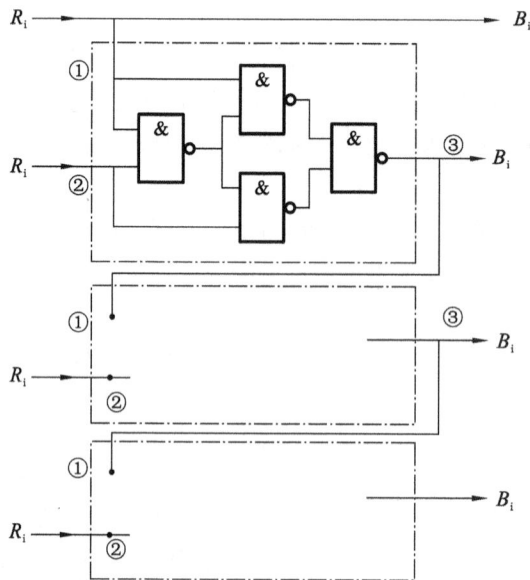

图 3-16　循环码-8421 码变换电路

图 3-17 所示为采用绝对式编码盘时,利用微机进行测角的原理框图。图中的可编程 I/O 并行接口芯片可根据微机类型和编码盘的位数选取。微机在获取二进制数码后,根据编码盘的角度分辨率即可得到取数时刻对应的轴角值。

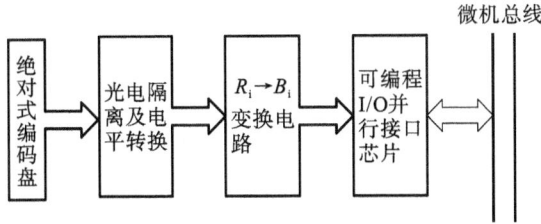

图 3-17　绝对式编码盘测角原理图

采用绝对式编码盘的缺点是结构复杂,价格昂贵,并行信号传输的引线多,使用与维护不方便。

（2）增量式编码盘

增量式编码盘实际上是由一个脉冲发射器(与转轴硬性连接)及其变换电路和一个可逆计数器组成的测角传感器。脉冲发生器具有三个输出信号,脉冲发生器输出信号的变换电路如图 3-18 所示。利用电路得到的转向信号控制可逆计数器对 P 脉冲进行向上、向下计数。增量式编码盘的测角分辨率 R_θ,取决于每转脉冲发生器发出的脉冲数 P,即:

$$R_\theta = \frac{360^\circ}{P} \tag{3-4}$$

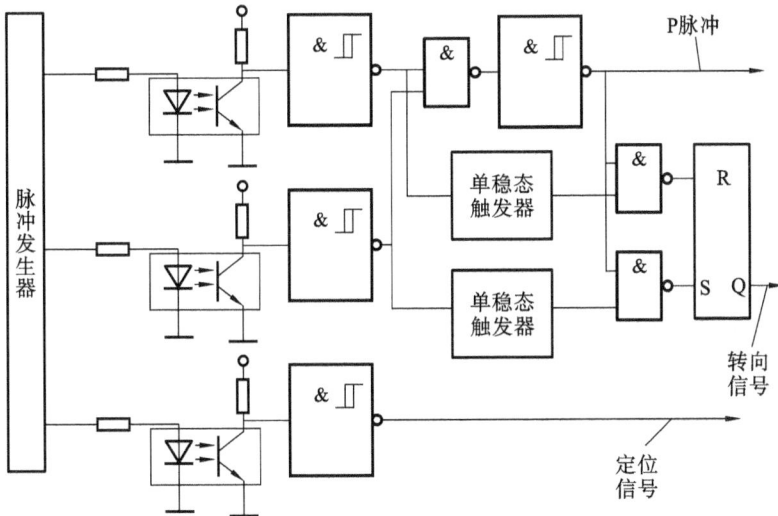

图 3-18　脉冲变换电路

图 3-19 所示为采用增量式编码盘由微机测角的原理框图。对轴角测量无定位要求的系统,可选用二进制可逆计数器;对轴角测量有定位要求的系统,则应选用可预置(计数初值)的二进制可逆计数器。接口芯片的位数与计数器位数应相等。

对于增量式测角,被测轴在时间间隔 T 内的角位移增量 $\Delta\theta$,是由微机的 CPU 根据定时器定时时间 T 的起始和终止时刻读取的两个计数值 m_{p1}、m_{p2},按下式计算获得的:

$$\Delta\theta = \frac{m_{p2} - m_{p1}}{P} \times 360^\circ \tag{3-5}$$

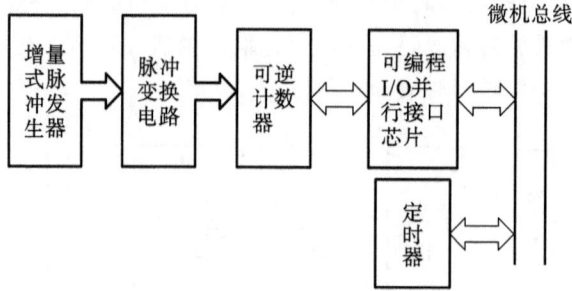

图 3-19　增量式编码盘测角原理图

　　如果要求检测的是被测轴的角度值而不仅是角位移增量时,采用增量式编码盘则需利用图 3-18 中所示的定位信号。脉冲发生器一旦安装好,定位信号的轴角位置便固定了。若定位点刚好在定位信号的位置上,则计数器的预置初值全为零;若定位点与定位信号之间有角度差,则将此值作为初值,计数器预置此数。如果被测轴机构设置有定位信号,则可直接使用该定位信号。

3.3.1.2　电机式传感器

　　控制电动机中的旋转变压器和自整角机广泛应用于自动控制系统中。它们在原理上相似,根据用途不同,可以成对使用,也可单个使用。下面仅介绍单个应用正余弦旋转变压器作转角传感器,以轴角-数字编码法利用微机进行转角检测的方法。

　　旋转变压器是一种特殊的两相旋转电动机,由定子、转子两大部分组成。它的定、转子上各有两个结构完全相同、空间互成 90°的绕组。定子、转子绕组之间的电磁耦合程度与转子的转角有关,因此转子绕组的输出电压也与转子的转角有关,通过对转子输出电压的检测便可获得转角的大小。单个使用旋转变压器检测转角时,因接线方式等的不同而有正余弦旋转变压器和线性旋转变压器之分。若适当选取定、转子绕组的电压比,线性旋转变压器转子的转角在 ±60°范围内变化时,其输出电压和转角的线性关系与理想直线相比,误差不超过 0.1%。因此,在检测变换范围不大的转角时,使用线性旋转变压器作为测角传感器,利用微机可方便地实现转角的检测。以下着重介绍采用正余弦旋转变压器测角的方法。

　　单个使用的正余弦旋转变压器原理图如图 3-20 所示。其定子绕组的一相直接短接,另一相上施加交流励磁电压 $u_r = U_m \sin(\omega t)$,则与该定子绕组平行的转子绕组内产生最大的感应电压,与该定子绕组成 90°的转子绕组内的感应电压为零。随着转子轴的转动,两个转子绕组内的感应电压与转子轴角 θ 间的关系是:

$$\left. \begin{aligned} e_s &= KU_m \sin(\omega t)\sin\theta \\ e_c &= KU_m \sin(\omega t)\cos\theta \end{aligned} \right\} \tag{3-6}$$

式中　K——正余弦旋转变压器的电压比;

　　　　ω——励磁电压的角频率;

　　　　U_m——励磁电压的幅值。

　　上式表明,当转子轴角 θ 固定时,转子绕组输出电压在时间上是同相位的正弦函数,其幅值的大小与转子轴角 θ 的正弦或余弦值有关。因此,e_s 或 e_c 的幅值大小可以反映 θ 的大小。

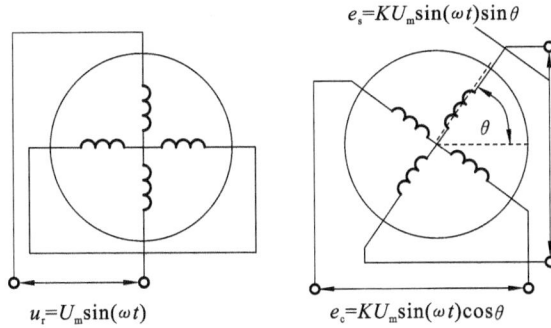

图 3-20　测角时的正余弦旋转变压器原理图

为分析方便,取 $K=1$,则在励磁电压正峰值时刻,e_s 和 e_c 的幅值为:

$$\left.\begin{array}{l} e_{sm}=U_m\sin\theta \\ e_{cm}=U_m\cos\theta \end{array}\right\} \tag{3-7}$$

　　由式(3-7)可看出,当励磁电压一定时,转子绕组输出电压幅值是空间上的转子轴角 θ 的正弦函数或余弦函数,如图 3-21(a)所示。

　　由于旋转变压器输出电压幅值 e_{sm}、e_{cm} 在 $0°\sim360°$ 范围内不是转子轴角 θ 的单值函数[如图3-21(b)所示],使得对转子轴角 θ 的编码变得复杂。为了简化对轴角 θ 的编码,需对 e_{sm}、e_{cm} 进行变换。先取 e_{sm}、e_{cm} 的绝对值,并将 $0°\sim360°$ 等分为 $45°$ 区间内,$|e_{sm}|$ 和 $|e_{cm}|$ 均是 θ 的单值函数。

　　图 3-21(c)中绘制的电压幅值是每个区间 $|e_{sm}|$ 和 $|e_{cm}|$ 中数值较小的一个,用符号 e_1 表示。只要判断转子轴角 θ 处于第几区间,再根据 $|e_{sm}|$ 和 $|e_{cm}|$ 值求出 $0°\sim45°$ 范围内的转子轴角 θ_1,即可求得转子轴角 θ。

　　判断转子轴角 θ 的区间和数值,即要对转子轴角进行编码,编码方法一般称为循环码法。有关循环码编码方法的具体内容,本书不再赘述。解决了正余弦旋转变压器轴角编码问题之

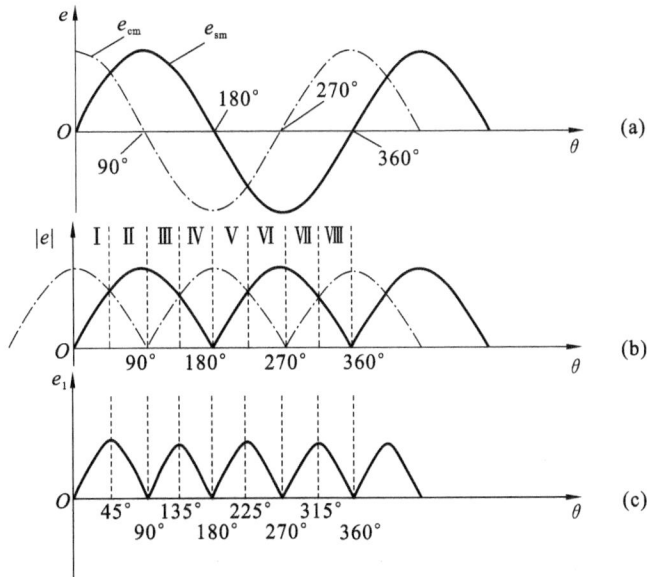

图 3-21　旋转变压器输出电压幅值与轴角 θ 的关系曲线

后,便可利用微机实现转子轴角的检测。

3.3.2 直线位移检测

运动体直线位移行程的检测有间接检测法和直接检测法两种。

间接检测法是通过滚压-螺旋传动装置或齿条-齿轮传动装置将直线运动量变为旋转运动量,利用旋转式传感器测量转角来得到直线位移量。这种检测方法特别适用于行程较长的场合。对旋转式传感器的要求是能反映旋转方向和转角大小,以便进行直线位移量及其增减的折算。在满足此要求的情况下,前面介绍的转角检测法可直接采用,此处不再加以讨论。关于直线位移检测,可以参考其他资料进行学习。

3.4 温度测量及传感器

温度是一个很重要的表征冷热状态的物理量,也是材料成形热加工生产过程中基本的和最常用的工艺参数之一。在材料热加工生产过程中,离不开温度检测和控制,因其对保证材料成形热加工工艺的正确实施和产品的质量具有十分重要的意义。温度检测和控制的准确性、可靠性是保证产品质量的关键因素之一,因此必须对温度检测和控制有一个基本的了解,并能采取合理的测试方法,正确使用和选用测温传感器及仪表,掌握必要的测温、控温技术。这也是从事科学研究和实现生产过程自动化的重要手段之一。

3.4.1 温度与温标

3.4.1.1 温度

温度是定量描述物体冷热程度的状态参数,它以热平衡为基础。当冷热不同的两物体处于同一空间时,热量将从热物体传至冷物体,经过一段时间以后,两物体将随热交换的进行达到热平衡而处于相同的热状态。对于这一共同的物理性质,可用一个物理参数——"温度"来表示。此时,可认为处于相同热状态的两物体的温度相等。如果两物体的温度不同,它们之间就不会热平衡,就有热交换,热量将由高温物体传给低温物体。物体愈热则温度愈高,反之温度愈低。从微观上说,根据分子运动学理论,温度是分子平均动能的量度,即:

$$BT = \frac{mU^2}{2}$$

式中　　B——比例常数;

$\frac{mU^2}{2}$——分子平均动能;

T——热力学温度。

分子平均动能无论因何缘故增大时,物体的温度就升高;反之则降低。

3.4.1.2 温标

对测量参数、参考点及测温单位"度"的不同规定,便形成了各种温标。温标是温度传递的标准,是温度传感器与温度测量仪表分度的依据。

(1)经验温标

经验温标是以物质的某种特性作测温介质而制定的温标。例如,用水银作为测温介质,制定了摄氏和华氏温标;用酒精和水的混合物作为测温介质,制定了兰氏温标。

① 华氏温标。1706 年,华氏(Daninel Fahrenheit)提出了以水和氯化铵融体为 32 ℉,正常人体温度为 96 ℉的规定,后改为冰水融体为 32 ℉,水的沸点为 212 ℉,中间等分为 180 份,每份为 1 ℉。

② 摄氏温标。1742 年,摄氏(Anders Cesius)提出以水的冰点为 0 ℃,水的沸点为100 ℃,中间等分为100 份,每份为 1 ℃。

③ 兰氏温标。1790 年,兰氏(Rankine)提出以水的冰点为 1000 °R,水的沸点为 1080 °R,中间等分为 80 份,每份为 1 °R。

三个经验温标之间的相互换算关系如下:

$$x \ ℃ = \left(\frac{9}{5} x + 32 \right) \ ℉ = \left(\frac{4}{5} x + 1000 \right) \ °R$$

经验温标依赖于温度介质的特性,测温范围有限,无法满足宏观的需求,因此要建立一种与测温介质性质无关的统一温标。这就是由热力学第二定律引出的热力学温标。

(2)热力学温标

所谓热力学温标,就是取卡诺机换热量 Q 为测温参数的一种温标。具体来说,若取复现性最好的水的三相点(即固、液、气相平衡态)为参考点,且定义该点的温度为 273.16 K,相应的换热量为 $Q_参$,则当测得热量 Q 以后,便可根据下式求得相应的温度,即:

$$T = Q \frac{273.16}{Q_参}$$

根据热力学第二定律可严格证明,卡诺机的热效率仅与两热源的温度有关,而与物质的性质无关。热力学温标为基本温标,目前国内外所用的摄氏、华氏等温标,在内容上都已根据热力学温标给予了修订。

理想的卡诺机是无法实现的,所以热力学温标是一种理论的温标,它存在着实验上的困难。

(3)国际实用温标

国际实用温标是出于实用而建立起来的国际协议性温标,它不能取代热力学温标。实现国际实用温标须具有三个条件:一是有定义温度的固定点,一般是利用水、纯金属及液态气体的状态变化;二是复现温度的标准器,通常用的是标准铂电阻、标准铂铑热电偶及标准光学高温计;三是要有定义点之间计算温度的内插方程式。

随着科学技术的发展,国际实用温标几经修改,目前使用的是国际计量委员会(CIPM)1990 年制定的国际实用温标(ITS—1990)。我国已于 1991 年 7 月 1 日起正式使用。本书所涉及的温度测量仪器的校准分度都是建立在国际实用温标基础上的。其基本内容归纳如下。

① 规定以热力学温度为基本温度,用符号 T_{90} 表示,其单位为 K。同时规定温度也可用它比水三相点低 0.01 K 的热状态之差来表示,称为摄氏温度,用符号 t_{90} 表示,其单位为℃。摄氏温度的定义为:

$$t_{90} = T_{90} - 273.15$$

在实际应用中,一般直接用 T、t 分别代替 T_{90}、t_{90}。根据定义,表示温度差和温度间隔时 1 ℃=1 K。

建立 1990 年国际实用温标的基准点是纯水的三相点温度。这是因为其复现方便,准确度高,易于保存,有利于温度的量值在国际上传递的统一。

② 规定了一系列高纯度物质可复现的平衡态温度作为定义固定点的温度,如平衡氢三相点(13.81 K),平衡氢沸点(20.28 K),氧三相点(54.361 K),水三相点(273.16 K),锌凝固点(692.73 K)等。

③ 把最低固定点(−259.34 ℃)到最高固定点(1064.43 ℃)之间分成几个温度区段,并对每一区段规定了基准内插仪器和内插公式。例如,从平衡氢三相点(−259.34 ℃)到银凝固点(961.93 ℃)温度范围采用铂电阻温度计为基准内插仪器,在银凝固点以上范围采用光谱量度比较仪或精密光电亮度高温计为基准内插仪器。

④ 规定在标准状态下,水的沸腾温度不是 100 ℃,而是 99.974 ℃。

国际实用温标是一个协议性温标。随着测试技术的发展,这个温标的数值在不断向热力学温标靠拢,这就必然会导致温标的相应更改,我国目前采用的温度标准传递系统如图 3-22 所示。

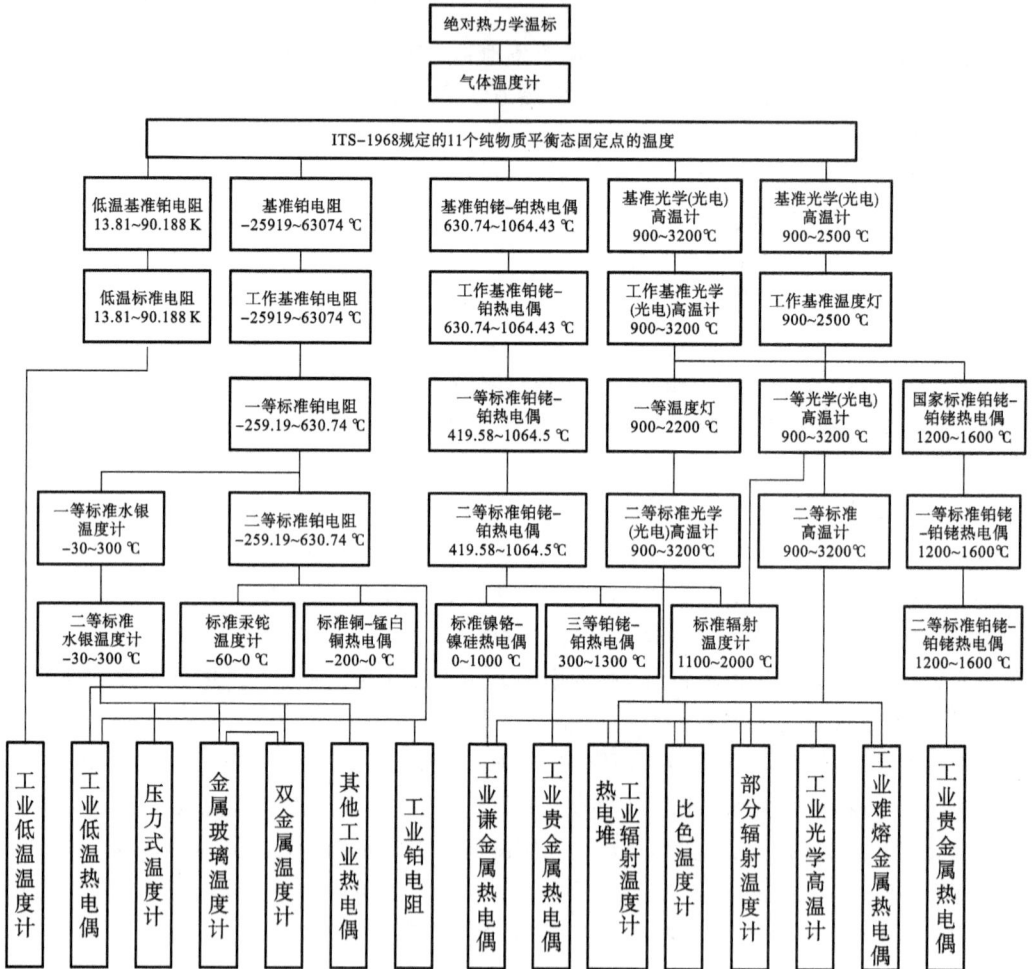

图 3-22 温度标准传递系统

3.4.2 温度检测方法和仪表

温度测量与长度、质量、压力等参数的测量有所不同。它是利用某些物质的物理性能,如线膨胀率、体积膨胀率、电阻率、电势率、热噪声、热辐射等与温度的关系,制成各式各样的感温器件——温度传感器,并通过它们随温度的变化量间接获得温度值。

温度测量方法一般分接触测量法与不接触测量法两大类。

接触测量法测温时感温元件直接与被测介质接触,测量方法比较简单、直观,准确度和可靠性也较高,应用非常广泛,但由于直接接触被测介质,难免会影响介质的温度场而带来测量误差。另外,测量过程会受到被测对象特性及传热方式的影响而出现测量误差,当介质具有腐蚀性时会使感温元件寿命缩短。

不接触测温时根据光和热辐射原理,将被测对象的辐射能量通过适当方式聚集并投射在光敏或热敏元件上,热能转化成电信号输出以测定温度。此时测量温度响应快,测温范围广,可远距离或对运动物体进行测量。此类测温仪器结构复杂,使用方法也较严格,测量结果具有一定的准确度。

3.4.3 温度传感器及控制系统综述

温度测量的研究和应用已有很久的历史,所使用的温度传感器种类繁多。伴随着半导体技术、集成电路技术、计算机技术的发展,温度传感器及控制器也飞速发展,不断有新的产品诞生并投入实际应用。温度传感器大致可分为以下三类。

(1) 经典的分立式传感器(含敏感元件)

根据某些特性的物理特征现象及规律而研制的温度传感器,是使用年代久远、为人们所熟知的。如利用物体受热后体积膨胀的原理而制成膨胀式温度计(水银或酒精、双金属、气体压力温度计等);利用导体的电阻随温度而变化的原理制成电阻温度计(铜、镍、铂电阻及半导体热敏电阻等);将两种不同的导体组成回路,利用两个接点的温度不同而产生热电势的原理制成热电偶温度计(镍铬-镍硅、铂铑-铂、钨铼-钨热电偶等)。传感器本身就是一个完整的、独立的感温元件,通常要配温度变送器,以获得标准的模拟量(电压或电流)输出信号,然后接上二次仪表来完成温度测量及控制功能。此类温度传感器及控制器在一定的场合具有相应的测量精度和分辨力,虽外围电路较复杂,有时还需进行温度校准(如非线性校准、温度补偿、输出标定等),但使用方便、可靠,特别是在630.74 ℃以上的高温区域,目前只能采用热电偶高温计或辐射式高温计进行测量。

(2) 模拟集成温度传感器/控制器

随着半导体集成工艺的发展,模拟集成温度传感器在20世纪80年代问世。它是将温度传感器集成在一个芯片上,可完成温度测量及模拟信号输出的专用集成电路(IC)。其特点是功能单一(仅测量温度)、测量误差小、价格低、响应速度快、体积小、微功耗,适合远距离测温、控温,无须进行非线性校准,外围电路简单,是目前在国内外应用最为普遍的集成温度传感器。典型产品有 LM56、AD592、TMP17、LM135 等。

模拟集成温度控制器主要包括温控开关、可编程控制器,典型产品有 LM56、AD22105 和 MAX6509。

(3) 数字温度传感器/控制器

数字温度传感器诞生于20世纪90年代中期,是微电子技术、计算机技术和自动测试技术的结晶。其内部包含温度传感器、A/D 转换器、存储器(或寄存器)和接口电路。有的产品还带多种选择器、中央控制器(CPU)、随机存取存储器(RAM)和只读存储器(ROM)。其智能化的特点表现在:

① 能输出温度数据及相关温度控制量,适配各种微控制器(MCU)。

② 可构成最简单方式的高性价比和多功能测控器。

③ 在硬件的基础上可通过软件来实现测试功能。

数字化的智能温度控制器是数字温度传感器适配各种微控制器构成的,成为一个完整的温控系统,主要应用于温度测控系统、计算机及家用电器中。

3.4.4 接触法测温

3.4.4.1 热电偶

就目前情况来看,在很多场合,测量高温的主要手段仍是热电偶温度计。

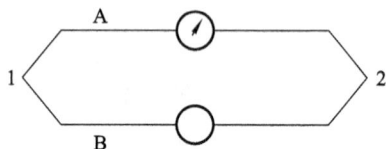

图 3-23 塞贝克效应

(1) 热电效应

在由两种导体(或半导体)A、B 组成的闭合回路(图 3-23)中,如果对接点 1 加热,使得接点 1 与接点 2 的温度不同,那么回路中就有电流产生,接在回路中的电流表指针会发生偏转。这一现象称为温差电效应或塞贝克效应。相应的电动势称为温差电动势或塞贝克电动势,它在回路中产生的电流称为热电流。A、B 称为热电极。接点 1 通常用焊接的方法连在一起,测温时将它置于被测温度场中,称为测量端(或工作端、热端)。接点 2 一般要求恒定在某一温度,称为参考端(或自由端、冷端)。

实验证明,当热电极材料一定时,热电动势仅与两接点的温度有关,即:

$$\mathrm{d}E_{AB} = (t, t_0) = \alpha_{AB}\mathrm{d}t$$

式中 α_{AB}——塞贝克系数或热电动势率,其值依热电极材料和两接点的温度而定。

在闭合回路中,当两接点 1、2 的温度分别为 t 及 t_0 时(设 $t > t_0$),则在接点 1(热端)产生的热电动势可写成 $e_{AB}(t)$,它表示由 A、B 两种不同导体组成的热电偶在接点温度为 t 时所产生的热电动势。同理,接点 2(冷端)所产生的热电动势用 $e_{AB}(t_0)$ 表示。因此,当热电偶两端温度分别为 t 和 t_0 时,回路的总热电动势为两接点产生的热电动势之和,用 $E_{AB}(t, t_0)$ 表示。

$$E_{AB}(t, t_0) = e_{AB}(t) + e_{AB}(t_0)$$

因为热电动势 $e_{AB}(t)$ 的大小和 $e_{AB}(t_0)$ 的大小相等,方向相反,即:

$$e_{AB}(t) = -e_{AB}(t_0)$$

所以有如下关系:

$$E_{AB}(t, t_0) = e_{AB}(t) - e_{AB}(t_0)$$

由此得出:

① 在由两种不同导体组成的热电偶回路中,当两接点温度不同时,所产生的总热电动势等于热电偶两个接点所产生的热电动势之差。即热电偶两端温差越大,产生的总热电动势就越大。

② 若回路中两接点温度相同,则因各接点产生的电动势大小相等,方向相反,回路中总热电动势为零。

③ 假如保持热电偶一个接点的温度不变,如设 t_0 不变,则 $e_{AB}(t_0)$ 也将是一个常数,以 C 表示。于是上式可写成:

$$E_{AB}(t, t_0) = e_{AB}(t) - C = X(T) \tag{3-8}$$

由式(3-8)可知,当热电偶冷端保持温度恒定时,热电偶回路中的总热电动势 $E_{AB}(t,t_0)$ 与热端温度成函数关系。因此,当 t_0 保持不变时,只要测得总热电动势 $E_{AB}(t,t_0)$ 就可求得热端温度 t 的数值。

在 $t=0$ ℃的情况下,通过实验测定某种类型热电偶的热电动势与热端温度的关系,这一项工作称为热电偶的分度。热电偶分度的目的,就是制作出各种热电偶的热电动势与温度值相对应的表格,以供实际使用。这种表格称为热电偶的分度表。

在热电偶测温过程中,回路中接入第三根中间导体(如显示测量仪表),只要接点的温度相同,就不影响热电偶产生的总热电动势。

在热电偶测温回路中,当其接点温度分别为 t_1 与 t_0 时产生的热电动势为 E_1,接点温度分别为 t_0 与 t_2 时电动势为 E_2,当接点温度分别为 t_1 与 t_2 时热电动势为 $E=E_1+E_2$。因此,在某一给定的参考温度下校正的热电偶,经适当修正可在任意参考温度下工作。另外,采用与热电极热电特性相同的材料作延伸导线,接入热电偶回路中将热电偶冷端延伸到温度稳定处,并不影响热电偶产生的热电动势。

(2) 常用热电偶的结构及类型

常用热电偶分为标准化热电偶与非标准化热电偶两大类。

国际电工委员会(IEC)为已被公认的性能较好的热电偶制定了统一标准。我国标准化热电偶均采用 IEC 标准。

① 铂铑$_{10}$-铂热电偶:其分度号为 S,是一种贵金属热电偶。铂是贵重金属,铑是稀有金属,所以价值比较大。正极是铂铑合金,可以测量 1600 ℃高温,长期工作温度为 $0\sim1300$ ℃。其物理性能比较稳定,抗氧化能力强,但不适宜在金属蒸气、金属氧化物及其他还原介质中工作,要选用可靠的保护管;热电动势较小,要配用灵敏度较高的仪表;测量精度比较高,通常被选作 $630.74\sim1064.43$ ℃范围内的基准热电偶,可作为校验 Ⅰ、Ⅱ 级标准热电偶使用。

② 镍铬-镍硅热电偶:其分度号为 K,是一种廉价热电偶。其性能稳定,抗氧化能力强,可测量 $0\sim1200$ ℃的温度,长期工作温度为 $0\sim900$ ℃。其热电动势比铂铑-铂热电偶大,测温精度比较高,在工业中应用比较广泛。目前,将此热电偶用作 Ⅲ 级标准热电偶来校验工业用的镍铬-镍铝热电偶。

③ 铂铑$_{30}$-铂铑$_6$热电偶:其分度号为 B,又称为双铂铑热电偶。其抗污染能力强,力学性能好,可测量 1800 ℃高温,长期使用可测量 1600 ℃高温,而且具有在高温条件下热电特性十分稳定的优点,多用来测量钢液和铁液的温度。但其热电动势比较小,100 ℃时只有 0.03 mV,需配用灵敏度较高的仪表,参考端在 $0\sim100$ ℃范围内可不用补偿导线。

④ 钨铼热电偶:由于钨、铼的熔点极高,因此可测量的温度相当高,可高达 2000 ℃。但由于纯钨、纯铼抗污染能力差,而且易产生热脆现象,所以通常采用钨铼合金。应用比较广泛的是钨铼$_5$-钨铼$_{20}$,常用来测量 $300\sim2000$ ℃的温度,其热电动势-温度曲线的线性极好,但其抗氧化能力差、测试复现性差,而在惰性气体或真空中使用时热电性能稳定,所以广泛用于真空炉中测定钢液温度。由于不易焊接(一般不焊接,将工作端扭结成麻花状),故属于高温型热电偶。

⑤ 镍铬-考铜热电偶:其分度号为 EA,镍铬合金是正极,由于负极考铜中含有大约一半的铜,易于氧化,故适用于还原或中性介质中。其短时间可测量 800 ℃,长时间只能用于测量低于 600 ℃的温度,优点是在标准分度的热电偶中其热电动势最大,分度曲线接近直线,因此测量精度比较高,应用比较广;不足之处是测量温度不够高,热电极成分含量不易保证,因此复制性差。

⑥ 铜-锰白铜(旧称康铜)热电偶:其分度号为 T,铜是正极,锰白铜是负极。在测量低温(0 ℃以下)时,因为工作端温度低于参考温度,所以电动势的极性发生变化。铜-锰白铜热电偶的热电动势与温度的关系曲线为:在 0 ℃以下使用时,灵敏度下降,线性也不好;在接近 -200 ℃时灵敏度急剧下降,以致无法使用,所以其通常只用于 -200 ℃以上的工作场合。目前在 0~100 ℃之间,铜-锰白铜热电偶已被用作Ⅲ级标准热电偶来检定其他低温仪表。

此外,还有镍铬-铜镍、镍铬-锰白铜、铁-锰白铜等热电偶,优点是电动势大、线性好、价格低,但测温范围小,多用于 600 ℃以下或更低温度,属低温型。

热电偶广泛应用于各种条件的测量,其结构形式很多,按用途及结构可分为普通热电偶、铠装热电偶、表面热电偶、快速微型热电偶等。

① 普通热电偶:其结构如图 3-24 所示。为了防止灰尘和有害气体进入热电偶内部,接线盒的出线孔和盒子均用垫圈和垫片加以密封,它主要用于测量气体、蒸汽、液体等介质的温度。普通工业用热电偶根据需要有多种形式,如图 3-25 所示。

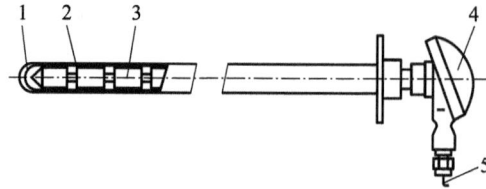

图 3-24 普通热电偶

1—热电偶结点;2—外壳;3—绝缘套管;4—接线盒;5—引出线

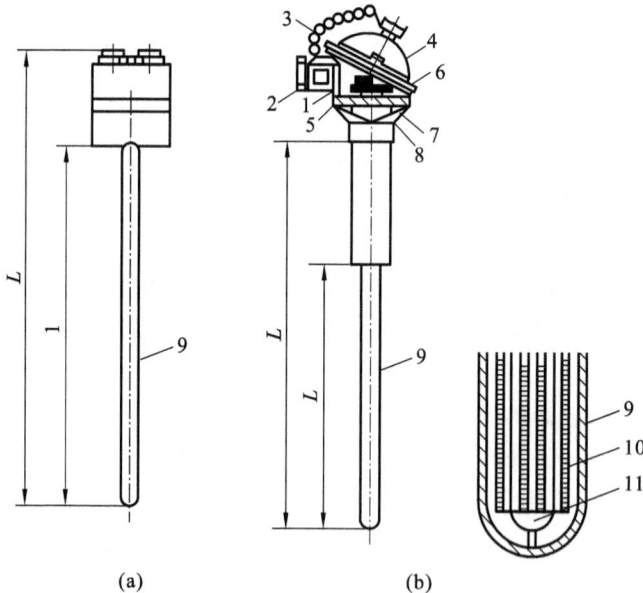

(a)   (b)

图 3-25 普通工业用热电偶

(a) 小型试验炉用热电偶;(b) 插入式热电偶

1—导线出孔密封圈;2—导线出孔螺母;3—链条;4—端盖;5—接线柱;
6—端盖密封圈;7—接线盒;8—接线座;9—保护管;10—绝缘管;11—热电极

常用的无机绝缘材料有石英、陶瓷、氧化铝等,做成绝缘管,以套在热电极外。保护管一般用刚玉管、氧化铝、不锈钢制成。

② 铠装热电偶。铠装热电偶是由热电极、绝缘材料和金属套管组成的坚实组合体,也称套管热电偶。它可以做得很细、很长,可以弯曲。其断面如图 3-26 所示。铠装热电偶的电极周围用氧化物粉末填充绝缘。常用的氧化物粉末有氧化镁粉、氧化铝粉。

铠装热电偶通常是拉制形成的,整个热电偶直径为 1~3 mm,金属套管外壁厚为 0.12~0.60 mm,热电极直径为 0.2~0.8 mm 或更小。双芯铠装热电偶的内部双芯分别为两根热电极,其顶部焊接在一起;单芯铠装热电偶的外电极金属套管即为一极,因此中心电极在顶端应与套管焊在一起。

铠装热电偶是近年来发展起来的,它的主要优点是动态响应快,工作端热容量小,安装机动、灵活、方便,测温准确,强度好,使用寿命长。

③ 表面热电偶。表面热电偶用来测量各种状态的固体表面温度,如压铸模、金属型等的

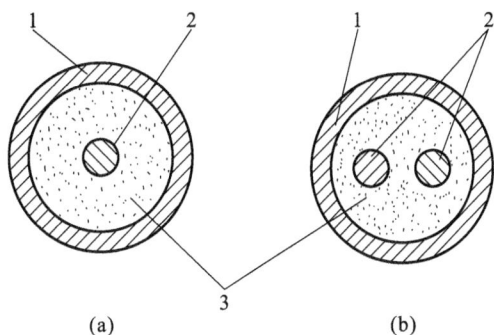

图 3-26 铠装热电偶断面图
(a) 单芯;(b) 双芯
1—外电极金属套管;2—内热电极;3—绝缘填充物

表面温度。表面热电偶多数是根据被测对象自行设计、安装和使用的。为了减少热损失,适当增大热电偶热端与被测面的接触面积是有利的。一般认为,热电极与表面接触长度不小于热电极直径的 20 倍,才能避免温度梯度产生热损失所造成的测量误差。

固定安装使用的表面热电偶为了使热电极与被测表面良好接触,所用热电极要尽可能细,以免影响被测表面温度场。热电极应绝缘埋入并用填料冲压紧实。自端面引出热电极时要固定好,以免热电极受到拉应力而产生附加热电动势。

④ 快速微型热电偶。这是一种消耗式热电偶,专为测量钢液、铁液或其他熔融金属温度而设计的。其主要特点是热电偶元件很小,而且每次测量后进行更换。热电极一般采用直径为 0.1 mm 的铂铑$_{10}$-铂和钨铼$_5$-钨铼$_{20}$ 等材料,长度为 25~40 mm,补偿导线固定在测温管内,通过插件与接往显示仪表的补偿导线连接。快速测温偶头一般只能使用 1~3 次(由液态金属温度决定),是易耗品。

这种热电偶的关键部件是偶头,它包括外保护帽与 U 形石英管。U 形石英管是外径为 3 mm 的透明石英管,热电偶的参考端在偶头内。为了保证在测温过程中热电偶参考端温度不超过允许值(一般为 100 ℃),必须用绝热良好的纸管加以保护。支承石英管以外保护帽的高温水泥也要有良好的绝热性能。快速微型热电偶所配用的显示仪表可采用专用的电子电位差计,指针全量程时间不大于 1 s,记录纸速度为 4800~9600 mm/h 或 3.75 r/h,也可配用数字式温度表。应在 5~6 s 内完成测温工作。

(3) 热电偶的冷端温度补偿

热电偶的热电动势大小与热电极材料和两接点的温度有关,同时热电偶的分度表和根据分度表刻度的温度仪表都是以热电偶参考端温度等于 0 ℃ 为条件的。但实际上,冷端温度受周围温度的影响,不可能保持为 0 ℃ 或某一常数。因此,要测出实际温度就必须采取修正或补偿措施。

① 冷端恒温法:使参考端(冷端)温度处于 0 ℃或某一恒定温度。

a. 把冷端放在固定的铁匣内,利用铁匣有较大的热容量,使冷端温度变化不大或变化缓慢,或将铁匣做成水套式并通以流水,以提高恒定性。

b. 将冷端置入盛油的容器内,利用油的热惰性使接点温度保持一致并接近室温。

c. 将冷端置入充满绝缘物的铁管中,把铁管埋在 1.5~2 m 或更深的地下,以保持恒温。

d. 将冷端置入冰水混合物容器中,保持在 0 ℃不变。这种方法精度高,一般用在实验室和校验热电偶的装置中。

e. 将冷端置于恒温器中,恒温器可自动控制温度恒定。

② 冷端温度校正法:即通过计算来补正。

当冷端温度变化时(t_0 变化到 t_0'),热电偶产生的热电动势分别为:

$$E(t,t_0)=E(t)-E(t_0)$$
$$E(t,t_0')=E(t)-E(t_0')$$

两式相减,得:

$$E(t,t_0)=E(t,t_0')+E(t_0',t_0)$$

式中 $E(t,t_0')$——热电偶实际测得的热电动势;

$E(t_0',t_0)$——热电偶冷端温度 t_0 变化到 t_0' 相应产生的热电动势,可由热电偶分度表查出。

在测温精度要求不高时,可采用补正系数 K 来进行计算修正,即:

$$t=t_指+Kt_n$$

式中 $t_指$——测温时仪表指示温度;

t_n——测温时冷端温度(或环境温度);

K——补正系数,其中铜-锰白铜的 K 值为 0.7,镍铬-考铜的 K 值为 0.8,铁-锰白铜的 K 值为 1,铂铑$_{10}$-铂的 K 值为 0.5。

由于 K 值不精确,因此求得的温度偏高一些,但其相对误差小于 0.04%,在一般工程测量中可以接受。

③ 补偿导线法:测温时热电偶长度受一定限制,使得冷端温度直接受到被测介质温度和周围环境温度的影响,难以处于 0 ℃,而且不稳定。根据中间温度定律,当热电极 A、B 与 A′、B′相连接后仍然可以看作仅由热电极 A、B 组成的回路。一般在低温范围内(0~10℃),用补偿导线作为 A′、B′,此时其热电特性与热电偶 A、B 的热电特性很近似,它的作用是把热电偶参考端移至离热源较远及环境温度较恒定的地方。由于可以选择廉价金属作补偿导线,从而能节省大量价格昂贵的金属热电极材料。但要注意,补偿导线只是起延长热电极的作用,它并不能消除冷端温度不为 0 ℃的影响,因此还应该用补正方法将其补正到 0 ℃。使用时要注意不同的热电偶应配用不同的补偿导线,同时切勿将极性接反,否则不仅不能补偿,还会因抵消作用而造成更大的误差。

④ 补偿热电偶:在热电偶测量回路中反向串接一支同型号的热电偶,称为补偿热电偶。此时 A′、B′是补偿热电偶的热电极,其工作端置于恒定温度 t_0。如果 $t_0=0$℃,则可完全补偿;若 t_0 为非零的恒定温度,则必须补正到 0 ℃。此法常用于多点测量,一般多支工作热电偶用一支补偿热电偶,在测量点切换的同时也切换了补偿热电偶,如图 3-27 所示。

⑤ 冷端温度补偿器:当冷端温度为 t_n 时,热电动势为:

$$E_{AB}(t,t_0)=E_{AB}(t,t_n)+E_{AB}(t_n,t_0)$$

如果在线路中串接一个热电动势 $U=E_{AB}(t_n,t_0)$,则显示仪表的输入热电动势 $E_{AB}(t,t_0)=E_{AB}(t_2,t_n)$,这时就可以得到正确的测量值。所谓冷端温度补偿器,实质上就是产生一个直流信号为 $E_{AB}(t,t_0)$ 的毫伏发生器,将它串接在热电偶的测量线路中,就可以在测量时使读数得到自动补偿。实质上它是一个不平衡电桥。其输出端与热电偶串接,电桥的三个臂由电阻温度系数很小的锰铜线绕制,使其电阻值不随温度变化而变化,另一臂则由电阻温度系数较大的铜线绕制,并使其在 20 ℃时 $R_X=R=1$ Ω,此时电桥平衡,没有电压输出。当电桥所处的温度变化时,R_X 的电阻也随之变化,电桥便有不平衡电压输出。适当选择 R_s,使电桥的电压输出特性与所配用的热电偶的热电特性相似。其热电动势方向为:当温度大于 20 ℃时,与热电偶的热电动势方向相同;当低于 20 ℃时,与热电偶的热电动势方向相反,从而起到冷端自动补偿的作用。使用冷端补偿器时,要注意不同的热电偶配用不同型号的冷端补偿器,连接极性切勿接反。在直读式自动电子电位差计中,它的测量桥路本身具有温度自动补偿功能,只要将热电偶的补偿导线与仪表相连接即可,如图 3-28 所示。

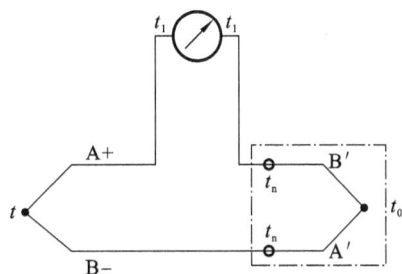

图 3-27 补偿热电偶线路

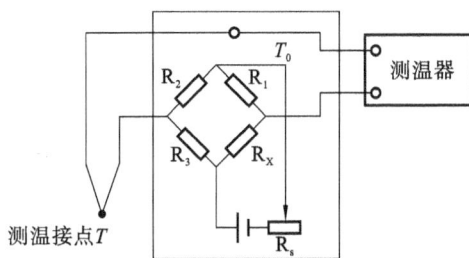

图 3-28 热电偶冷端温度桥式补偿法

3.4.4.2 热电阻

热电阻是基于导体或半导体的电阻值(电阻率)随温度变化而变化的特性来进行温度测量的感温元件。使用热电阻作感温元件的测量温度计通常称为电阻温度计。常用的热电阻有铂丝和铜丝,所以常有铂电阻温度计和铜电阻温度计之分。

与热电阻配合使用的二次仪表可以为电桥或直流电位差计。用这些仪表测量出热电阻的阻值后要查阅标准的电阻-温度分度表才能换算出被测介质的温度;也可以设计一专门配套的动圈仪表或自动平衡式仪表,由仪表直接指示出被测介质的温度值。

(1)热电阻的工作原理

热电阻值与温度的关系一般可以用下式表示:

$$R_t=R_0(1+At+Bt^2+Ct^3+\cdots)$$

式中 R_0——0 ℃时热电阻的电阻值,Ω;

  R_t——被测介质温度为 t 时热电阻的电阻值,Ω;

  A,B,C——视不同热电阻而异的分度常数。

显然,由于电阻丝具有一定的长度,故它所测得的温度只能是其所在介质周围温度的平均值。

(2)铂电阻

在 0~650 ℃范围内,工业用铂丝热电阻的阻值与温度的关系可简化为:

$$R_t = R_0(1 + At + Bt^2) \tag{3-9}$$

在 $-190 \sim 0 \, ℃$ 范围内,为:

$$R_t = R_0(1 + At + Bt^2 + Ct^3) \tag{3-10}$$

式中 R_0, R_t——温度为 $0 \, ℃$ 及 t 时铂电阻的电阻值;

      A, B, C——温度系数,由实验确定,$A = 3.9684 \times 10^{-3} \, ℃^{-1}$,$B = -5.847 \times 10^{-7} \, ℃^{-2}$,$C = -4.22 \times 10^{-12} \, ℃^{-3}$。

由式(3-9)和式(3-10)可以看出,当 R_0 值不同时,在同样温度下,其 R_t 值也不同。目前,国内统一设计的一般工业用标准铂电阻 R_0 值有 $100 \, \Omega$ 和 $500 \, \Omega$ 两种,并将电阻值 R_t 与温度 t 的相应关系统一列成表格,称其为铂电阻的分度表,分度号分别用 Pt100 和 Pt500 表示。

铂电阻在常用的热电阻中准确度最高,《国际温标》(ITS—1990)中还规定,将具有特殊构造的铂电阻作为 $13.5033 \, K \sim 961.78 \, ℃$ 标准温度计来使用。铂电阻广泛用于 $-200 \sim 850 \, ℃$ 范围内的温度测量,工业中通常用在 $600 \, ℃$ 以下。

铂丝纯度高,化学与物理性能稳定,电阻与温度线性关系好,电阻率高,复现性和稳定性好,加工性能好,应用较广。

(3) 铜电阻

在测温精度要求不高且测温范围比较小的情况下,可采用铜电阻作为热电阻材料而代替铂电阻。在 $-50 \sim 150 \, ℃$ 的温度范围内,铜电阻与温度呈线性关系,其电阻与温度关系的表达式为:

$$R_t = R_0(1 + At)$$

式中 A——铜电阻的温度系数,$A = 4.25 \times 10^{-3} \sim 4.28 \times 10^{-3} \, ℃^{-1}$。

铜电阻的电阻率较低,电阻的体积较大,热惯性也大,在 $100 \, ℃$ 以上易氧化,因此只能用在低温及无浸蚀性介质中。但铜电阻的线性在热电阻中是最好的,它在 $0 \, ℃$ 时的阻值为 $100 \, \Omega$,一般铜电阻长期工作温度限制在 $120 \, ℃$ 以下。我国以 R_0 值在 $50 \, \Omega$ 和 $100 \, \Omega$ 条件下制成相应分度表作为标准,$R_0 = 50 \, \Omega$ 的铜电阻,其分度号为 Cu50。

(4) 热电阻的结构(图 3-29)

实际应用的热电阻,其外形因使用场合不同而不同,但是它们的基本结构大致相似。其一般由感温元件(电阻丝)、套管和接线盒等主要部分组成。

热电阻的感温元件是一个电阻丝绕组,电阻丝绕在由绝缘材料(如云母片或塑料)制成的支架上。电阻丝的引出线一端与电阻丝焊牢,另一端则接到接线盒中的接线柱上,电阻绕组与引出线一起装在套管中。套管材料常为石英、不锈钢、碳素钢或黄铜。接线盒供连接电阻与二次仪表用,其结构与热电偶所用的接线盒相似。

工业用热电阻与二次仪表连接使用时,从感温元件接至二次仪表的引出线数目有两根、三根和四根的区别。只用两根引出线时,感温元件的电阻值中将包括两根引出线的电阻值;使用四根引出线时,则可完全消除引出线电阻的影响;而使用三根引出

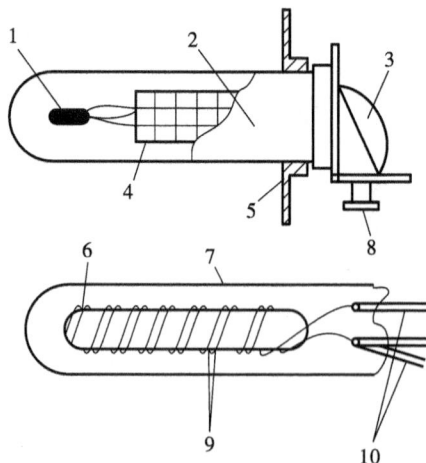

图 3-29   热电阻的结构
1—电阻体;2—不锈钢管套;3—接线盒;
4—陶瓷绝缘管套;5—安装固定件;6—芯柱;
7—保护膜;8—引线口;9—电阻丝;10—引线端

线时,则只有一定条件下才能免除引出线电阻的影响。

(5) 铟、锰、碳等热电阻

铂、铜热电阻在低温和超低温环境下测量性能不够理想,而铟、锰、碳等热电阻材料都是测量低温和超低温的理想材料。铟电阻用 99.999％高纯度的铟丝绕成,可在室温至 4.2 K 温度范围内使用。实验证明,在 4.2～15 K 温度范围内,其灵敏度比铂电阻高 10 倍,缺点是材料软,复制性差。

锰热电阻在 2～63 K 温度范围内电阻值随温度变化大,灵敏度高;缺点是材料脆,难拉成丝。

碳热电阻适合做液氦温度范围内的温度测量,价廉、对磁场不敏感,但稳定性较差。

(6) 热敏电阻

热敏电阻是其电阻值随电阻温度变化而显著变化的半导体电阻,通常可分为正温度系数热敏电阻(PTC)、负温度系数热敏电阻(NTC)和临界温度系数热敏电阻(CTR)三类。PTC、CTR 在某些温度范围内阻值会产生急剧变化,因此往往不能对较宽的温度范围进行测量,只适用于恒定温度或限于某些狭窄温度范围内的测量。

① 正温度系数热敏电阻(PTC)。PTC 具有在工作温度范围内电阻值随温度升高而显著增大的特性,通常以 $BaTiO_3$ 系列为基本材料,掺入适量稀土元素(如 La、Nb、Y 等),再利用陶瓷工艺经高温烧结而成。$BaTiO_3$ 的居里点为 120 ℃,当加入居里点移动剂时,通常其居里点可在－20～300 ℃ 间变化。习惯上,将 120 ℃ 以上的称为高温 PTC,反之称为低温 PTC。PTC 的电阻和温度的关系可近似地用以下经验公式表示

$$R_t = R_{t_0} e^{B_p(t-t_0)}$$

式中　R_t,R_{t_0}——温度为 t、t_0 时的电阻值,Ω;

B_P——正温度系数热敏电阻的材料系数,其温度系数变化范围较大,可从百分之几到百分之几十。

PTC 具有以下特点:具有恒温、调温和精确自动控温的特殊功能;无明火、安全可靠;对电源无特殊要求;热交换率高,节约能源;响应快,寿命长;可满足外形各异、设计复杂的要求等。

PTC 有圆片型 PTC(A 特性)和圆片型 PTC(B 特性)之分。其中,圆片型 PTC(A 特性)的主要特点是电阻-温度系数与温度间的关系是线性的(对数刻度),电阻-温度系数的直线范围宽(－20～80 ℃),温度系数大[(2.5～4.5)％/℃]。其主要用于电子电路的补偿,温度测量及温度控制的感温元件、各种半导体器件的过热保护等。

圆片型 PTC(B 特性)的主要特点是在电路及元件中作无触点保护。当电源发生异常时切断电源,电源正常后又自动恢复;用无触点方式防止产生噪声和火花等。其主要用于按钮式电话及电话交换机、直流风扇电动机及变压器、音响和无线电设备的安全保护等。

PTC 在选用上应注意以下几点:

a. 确定使用温度范围。

b. 确定常温或标称阻值范围。

c. 能保证长期有效工作的耐压值。

PTC 使用中应注意:PTC 发热体在真空或在含有还原性气体及有害气体环境中使用时,PTC 效应会明显下降,致使可靠性降低;在灰尘严重、纤绒较多的环境中不可使用,这些杂质吸附于 PTC 发热体表面会使 PTC 的热量不易散发,造成元件功能降低或失效;不可在浴室或有露水的环境中使用,一方面水雾或露水聚集在 PTC 表面时会使 PTC 发热体处于居里点以

下的工作状态,时间略长就会使 PTC 失效,另一方面 PTC 元件的两电极较近,水雾或露水较易造成短路,给人身带来不必要的伤害;不能在有金属粉末的环境中使用,因为金属粉末积落于 PTC 发热体上会造成短路,发生事故;PTC 元件在高频下使用,尤其在 1 MHz 条件下使用时,便会失去正温度特性。

② 负温度系数热敏电阻(NTC)。NTC 具有在工作温度范围内电阻值随温度升高而显著减小的特性,通常由 Mn、Co、Ni、Cu 等过渡金属的氧化物经烧结而成。其电阻值与温度的关系可近似地用以下经验公式表示:

$$R_t = R_{t_0} e^{B\left(\frac{1}{t} - \frac{1}{t_0}\right)}$$

式中　　R_t,R_{t_0}——温度为 t、t_0 时的电阻值;

　　　　B——负温度系数热敏电阻的材料常数。

NTC 具有以下优点:灵敏度高,它的电阻温度系数(α_T)的绝对值要比金属大 1～2 个数量级,所以可以使用精度低的二次仪表;稳定性好,在 0.01 ℃ 的小温差范围内,稳定性可达到 0.0002 ℃ 的精度;体积小,热敏电阻可根据使用条件制成各种形状,目前最小的珠状热敏电阻的尺寸仅为 $\phi 0.2$ mm;功耗小,一般热敏电阻的阻值为 $1 \times 10^2 \sim 1 \times 10^5$ Ω,可不必考虑线路引线电阻带来的影响;不需要冷却端温度补偿,非常适用于远距离的测量与控制;价格低廉等。

NTC 的特性主要表现在电阻温度系数 α_T、响应时间和互换性上。温度系数 $\alpha_T = -B/t^2$,是衡量热敏电阻变化灵敏度高低的一个标志。温度低时 α_T 大,温度高时 α_T 小,但在整个温度范围内的变化是相当平滑的。热敏电阻的响应时间随着工艺条件、结构形式的不同而有很大的变化。对于快速测温,可选择薄膜型或厚膜型热敏电阻,其响应时间可达几十微秒或毫秒级;而对于一般测温场合,秒级已足够满足要求,这对于热敏电阻是容易实现的。互换性是指批量供应的测温热敏电阻更换的难易程度。

③ 临界温度系数热敏电阻(CTR)。CTR 是指在某一特定温度下电阻值发生突变的临界温度电阻,它是一种由 V、Ba、P 等的氧化物烧结的固溶体。目前,其可使用的温度范围是 60～70 ℃,电阻值的聚变温度为 ±0.1 ℃。

3.4.4.3　PN 结温度传感器

(1) 热敏二极管温度传感器

半导体 PN 结的正向与反向电压与温度有关,利用这种特性可构成温度传感器。

图 3-30 所示为锗二极管及硅二极管的正向电压与温度之间的关系。由图 3-30 可知,在 -40～100 ℃ 的温度范围内其特性为线性关系。图 3-31 所示为采用硅二极管温度传感器的温度检测电路,温度每变化 1 ℃ 输出 0.1 V 的电压变化量。

图 3-32 所示为锗二极管在常温下的温度特性。曲线中有一个拐点,拐点的两侧都是线性关系。图 3-33 所示为其低温范围内特性的放大部分。由图可知,锗二极管可用作 3～15 K 低温范围内的传感器。

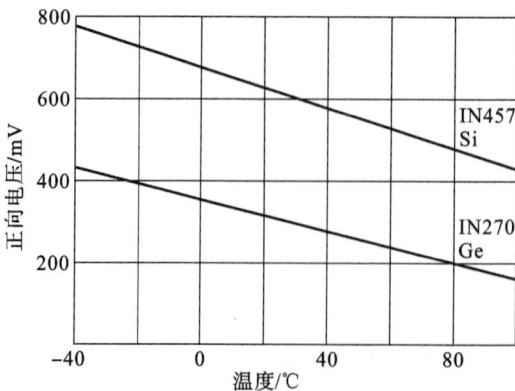

图 3-30　二极管温度传感器的特性

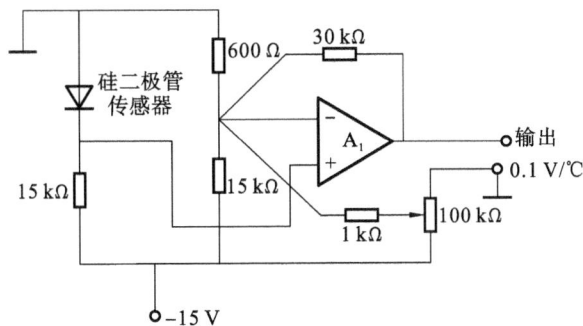

图 3-31　采用二极管温度传感器的温度检测电路

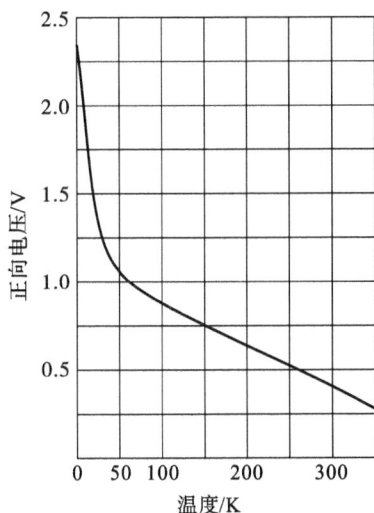

图 3-32　锗二极管在常温下的温度特性

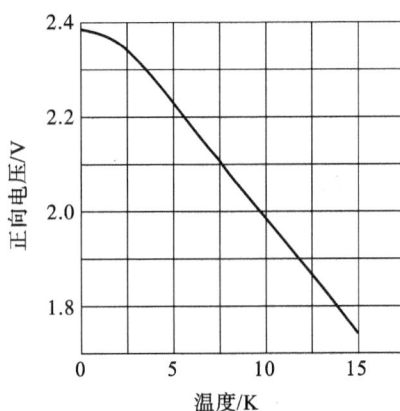

图 3-33　锗二极管的温度特性

（2）热敏晶体管温度传感器

NPN 晶体管在集电极电流 I_c 恒定时，基极-发射极间电压 U_{be} 随环境温度变化而变化，可用下式表示：

$$U_{be} = U_0 - \frac{kT}{q} \ln\left(KT \frac{\lambda}{I_c} \right)$$

式中　U_0——$T=0$ K 时的 U_{be}；

　　　k——玻尔兹曼常数；

　　　q——电荷；

　　　K,λ——常数。

图 3-34 所示为硅晶体管 U_{be} 与温度之间的关系，图 3-35 所示为硅晶体管 U_{be} 及 dU_{be}/dT 与温度之间的关系。

图 3-36 所示为采用晶体管温度传感器的温度测量电路，温度每变化 1 ℃线性输出 0.1 V 的电压变化量。图 3-37 所示为采用晶体管温度传感器的精密温度测量电路，增设非线性补偿电路，即线性化电路，它是市售一般温度计中较高精度的温度计，1 年内温度漂移在 ±0.03 ℃ 以内。

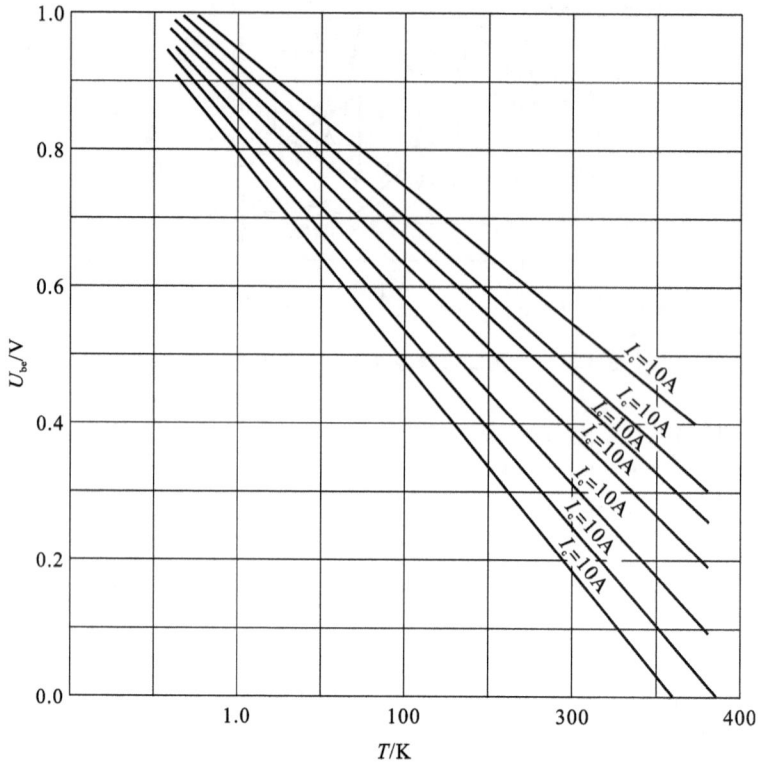

图 3-34　硅晶体管 U_{be} 与温度之间的关系

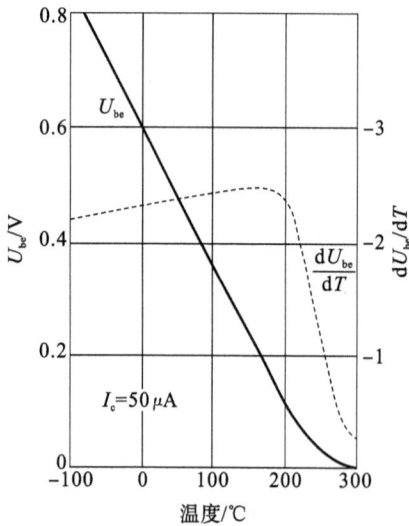

图 3-35　硅晶体管的 U_{be} 及 dU_{be}/dT
与温度之间的关系

（3）热敏晶闸管温度传感器

晶闸管具有温度开关的功能，它是具有 PNPN 四层结构的三个 PN 结的元件，阳极加负电压时其特性与二极管反向特性一样，加正向电压时在发生正的转折之前无电流流通，若超过转折电压就进入导通状态。晶闸管的转折电压随温度变化而改变，因此可作为实用的温度开关。特别是在低温时发生转折，产生的热载流子增多，电流放大系数也很大。另外，可通过门极电阻 R_{GA} 由外部电路对开关温度进行控制。图 3-38 所示为热敏晶闸管温度传感器的工作特性，平均导通电流为 100 mA，浪涌电流为 2 A。

图 3-39 所示为用晶闸管温度传感器 VS_1（TT201）驱动普通晶闸管 VS_2（CR2AM-6），从而控制大功率负载的电路实例。

3.4.4.4　热敏磁性温度传感器

热敏磁性材料在 $-50 \sim 400\ ℃$ 范围内具有相变温度，即居里温度 t_c。利用饱和磁通密度 B_m、起始磁导率 μ 及矫顽力 H_c 在 t_c 时的急变现象构成的温度传感器可进行温度检测与控制，应

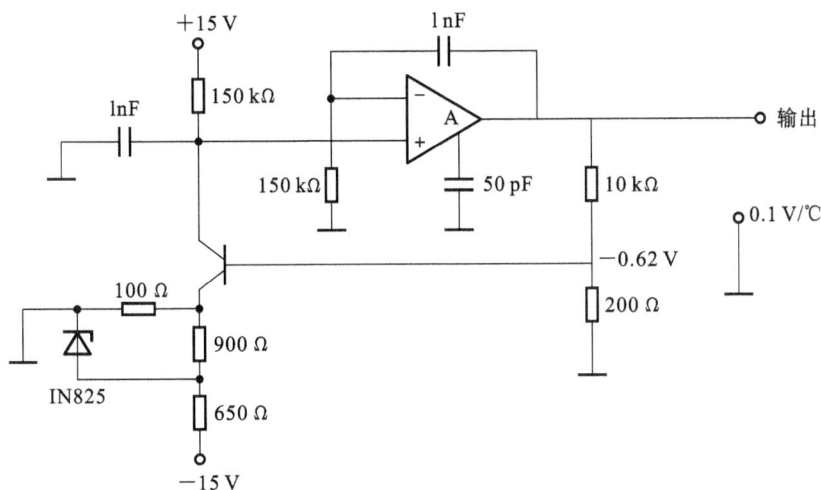

图 3-36 采用晶体管温度传感器的温度测量电路

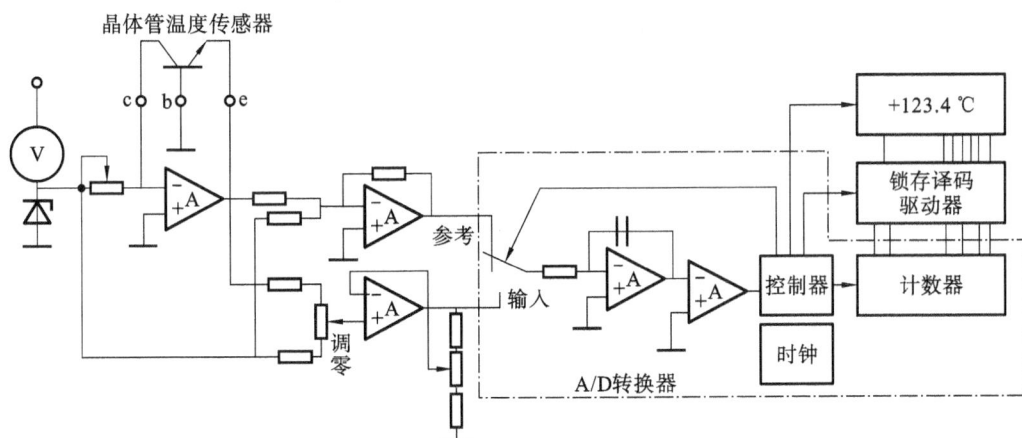

图 3-37 采用晶体管温度传感器的精密温度测量电路

用广泛。热敏磁性材料有铁氧体系及镍合金系两类。若严格把握材料组成及热处理条件，t_c 的复现性非常好。这种传感器适用于恒温检测，并具有放大功能。作为温度传感器使用时，可根据磁滞特性随温度变化的利用方法不同进行分类，即可利用 B_m、μ、H_c 中的任意参数随温度变化的特性构成温度传感器。这要由使用目的、检测电路与经济性决定。

热敏铁氧体材料有尖晶石结构的铁氧化物，实用的有 Mn-Cu-Fe、Mn-Zn-Fe、Mn-Ni-Fe 系氧化物的复合烧结体。

（1）热敏铁氧体温度传感器

利用热敏铁氧体的温度特性构成温度传感器时，从实用角度看，有利用最大磁通密度 B_m 与利用起始磁导率 μ 两种。前者利用磁吸力引起温度变化的原理，不需要驱动电功率，温度引起特性变化不太急剧，工作温度分散性较大，不适用于精密的温度测量。而后者在对温度进行测量时，需要交流电源或振荡电路，但特性变化急剧，能进行高精度的温度测量。

图 3-40 所示为热敏铁氧体、永久磁铁、笛簧接点元件构成的热敏簧片开关，永久磁铁主要采用钡铁氧体。根据永久磁铁和热敏铁氧体组合方式的不同，热敏簧片开关有常开型和常闭

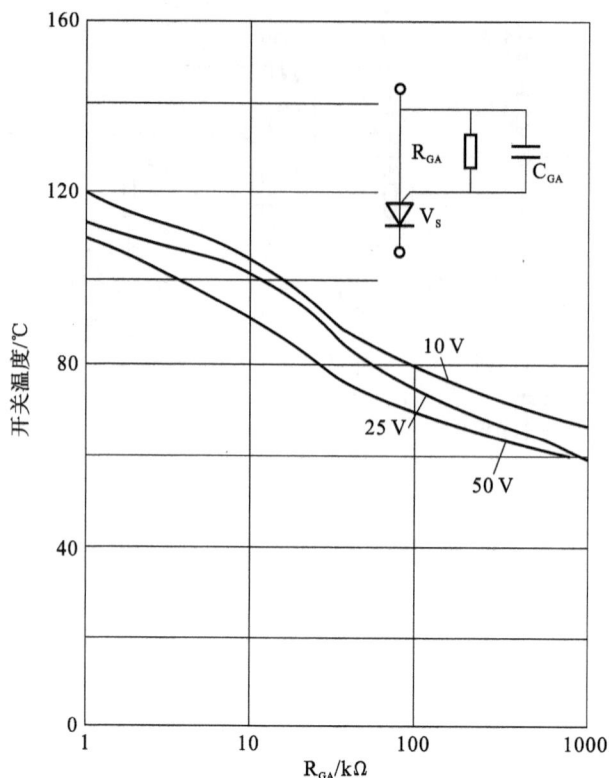

图 3-38　热敏晶闸管温度传感器的工作特性

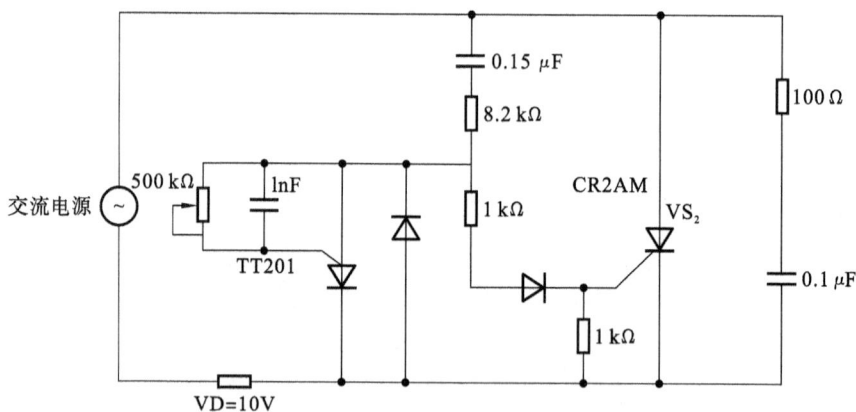

图 3-39　采用晶闸管温度传感器进行温度控制的电路

型两种,通常工作时像电磁继电器一样,恢复时有 4~6 ℃ 的温度差。

　　热敏簧片开关是一种用磁场使其工作的器件,易受外磁场影响。若在弱磁性体(铁板等)或附近有外磁场的情况下使用,则要考虑这些因素选择工作温度。另外,因为它是一种机械开关,故在有强振动冲击的地方使用时易产生误动作或使性能恶化。

　　热敏簧片开关有 WBR、MBR、BBR、P 型、L 型、F 型、C 型、T 型、S 型等多种。P 型是放在金属保护管内的,适用于油、水等液体的温度检测。其作为实用的温度传感器,可防止汽车发动机过热,在温度控制器、锅炉及热水供应器的传感器等中有所应用。L 型与 F 型安装在铝散

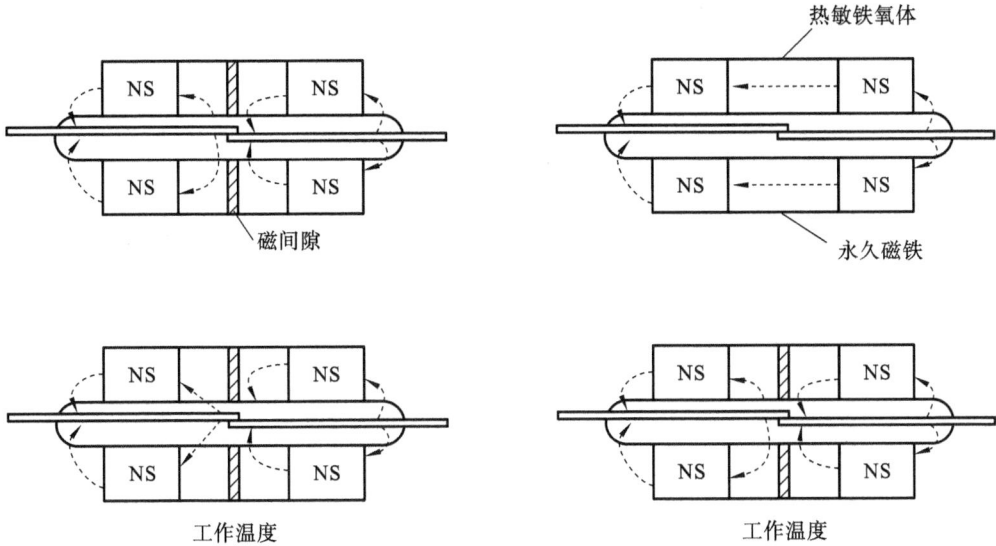

图 3-40 热敏簧片开关

热片上,用于检测散热器表面温度及环境温度,主要用作家用电热水瓶、嵌板式加热器、热水器及锅炉等的过热监测中。C 型放在铝圆筒内,具有响应速度快、机械强度高、通用性较强等特点。T 型插入乙烯管内,两端密封进行防水处理,用于热水瓶、冷冻商品陈列橱的温度控制等。S 型放在铝或铜制的方形箱内,从端子引出乙烯线,是一种防湿、防滴漏的产品,也可以在湿度高或低温处使用。

图 3-41 所示为电饭锅的温度控制情况,受热板紧靠锅底,接通电源的同时永久磁铁被推上,热敏簧片开关被吸着。若锅中米饭已做好,锅底的温度急剧升高,先是受热板的温度升高,若热敏铁氧体的温度超过 t_c,则它将失去磁性,弹簧力将永久磁铁压下,电源被切断。吸力大小因热敏铁氧体厚度不同而异,调整吸力也可改变 ± 5 ℃的工作温度。

(2) 热敏磁性合金温度传感器

利用热敏磁性合金起始磁导率 μ 与温度的关系可制成温控开关。图 3-42 所示为使用 Fe-Ni 系镍合金作为温度开关的温控电烙铁,工作温度可调节为 260 ℃、315 ℃、370 ℃、420 ℃、480 ℃,开关的工作温度精度为 $\pm 3\%$。

镍合金以外金属的磁导率与涡流损耗也随温度变化而变化。图 3-43 所示为利用这种性质测量旋转体表面附近温度的方法,将绕有线圈的磁心靠近旋转体放置,用交流电桥检测不平衡电流,从而知其温度。已有旋转体的温度为 20~50 ℃,空隙为 45~49 mm,则测量精度可达到 $\pm(1~2)$ ℃。

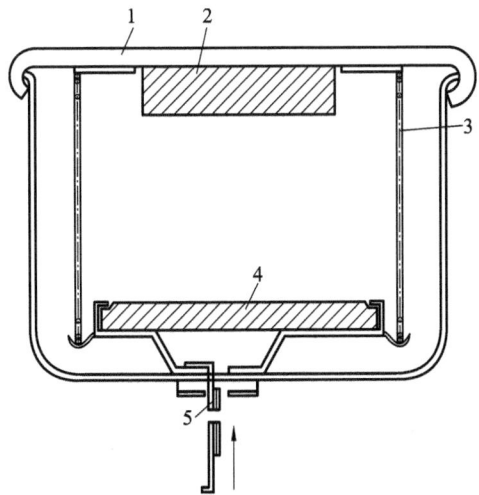

图 3-41 电饭锅的温度控制

1—受热板;2—热敏铁氧体;3—弹簧;
4—永久磁铁;5—驱动开关

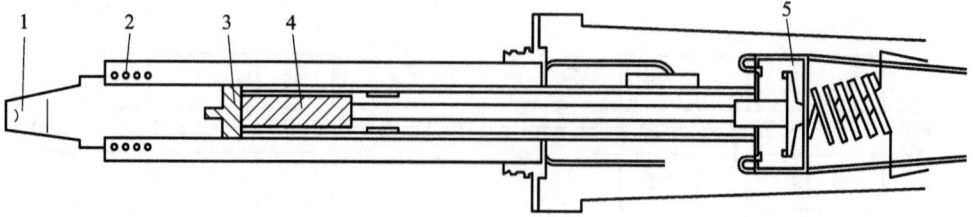

图 3-42　温控电烙铁

1—烙铁头；2—加热丝；3—热敏磁性体；4—磁铁；5—开关

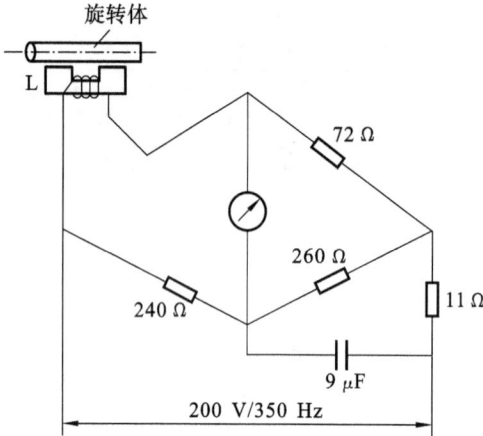

图 3-43　测量旋转体表面附近温度的方法

3.4.4.5　弹性温度传感器

物质的弹性系数随温度变化而变化。固体片与空腔内的液体及气体的谐振频率，固体、液体及气体的声波传播速度与其物质的弹性系数有关。利用这些现象就可测量温度。现有利用晶振的固有振动频率的晶体温度计，以及利用气体、液体中声波传播速度的超声波温度计。

（1）晶振温度传感器

晶振的固有振荡率 f 可用下式表示：

$$f = \frac{n}{2t}\left(\frac{y}{\rho}\right)^{\frac{1}{2}}$$

式中　n——谐波次数；

　　　t——振子的厚度；

　　　ρ——密度；

　　　y——弹性系数。

由于 y 与温度有关，因此 f 随温度的变化而变化。现已有采用 f 与温度呈线性关系的截止方法，构成实用的温度传感器。晶振温度传感器有 0 ℃时谐振频率为 28.208 MHz 的 LC 截止型，以及 30 ℃时谐振频率为 10.594 MHz 的 Ys 截止型。其温度系数都约为 1 kHz/℃。现在测量精度最高的物理量是频率，因此能将温度直接变换为频率的温度传感器是一种高可靠度的传感器。图 3-44 所示为 LC 截止型振子的结构及其晶振温度传感器探头的结构，使用温度范围为 $-80\sim750$ ℃。

这种温度传感器的谐振频率 1 Hz 相当于 1×10^{-3}℃，因此具有 1×10^{-4}℃ 的分辨力。但对于直径为 9.5 mm 的探头，空气热时间常数要为 1 min 以上。对于 1 ℃ 的变化，经跟踪到 1×10^{-4} ℃ 的分辨力需要约 10 min，因此考虑实用性，其分辨力为 $1\times10^{-3}\sim0.1$ ℃ 即可。

（2）超声波温度计

气体中声音的传播速度 v 与气体密度 ρ、体积弹性模量 y 有关，即 $v=(y\rho)^{1/2}$。对于理想的气体，可用下式表示：

$$v=\left(\frac{\lambda RT}{M}\right)^{\frac{1}{2}}, \quad T=\frac{MU^2}{\lambda R} \tag{3-11}$$

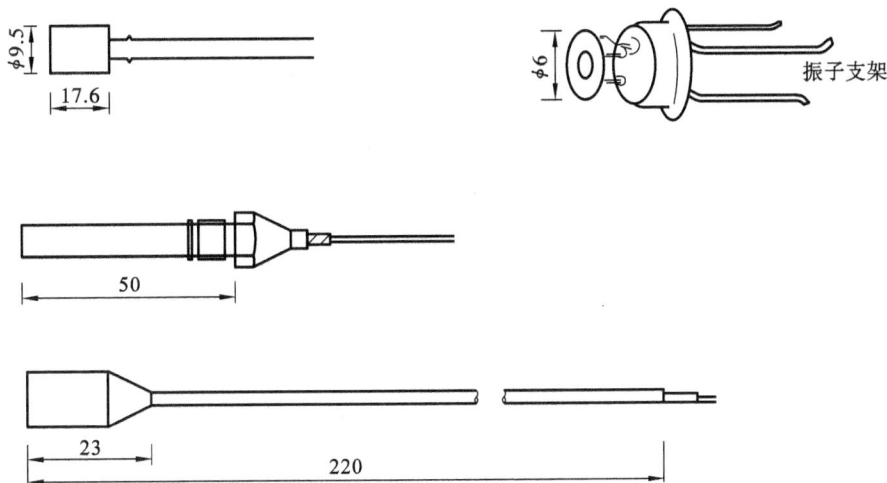

图 3-44　LC 截止型振子组件

式中　λ——热比；

　　　R——气体常数；

　　　M——分子量；

　　　T——温度。

空气接近理想气体，$v=20.067T^{1/2}(\text{m/s})$。若空气中含有水蒸气，则声速稍有改变，即：

$$v=20.067\times T\left(1+0.319\frac{p'}{p}\right)^{\frac{1}{2}} \tag{3-12}$$

式中　p',p——大气压和水蒸气压。

在常温常湿情况下，相对湿度增加 10%RH，声速就快 0.03%～0.04%，则约有 2 ℃的测量误差。精密测量气温时，首先测量相对湿度与大致的气温，再计算出水蒸气压，然后必须对测量的温度值进行补偿。

若超声波的传播路径中有风，则声速会改变，此时应采用适当的方法消除误差。当风速为 20 m/s 以下时，由风造成的误差可忽略不计。

这种温度计用于很多温度计所不能测量的地方。例如，气体本身可作为温度传感器，响应速度快，因此可测量内燃机内气体的温度变化；被测物体中不用放置温度传感器，不必考虑热辐射的影响及放置传感器带来的误差；发送器与接收器之间距离可达 100 m 以上，因此可测量飞机跑道及田野上的平均气温。实际应用时，根据使用目的的不同有脉冲传播时间法、相位差法、谐振法及急变温度测量法四种。

超声波温度计不仅可用于测量气体温度，还可用于测量液体和固体温度。图 3-45 所示为液体温度测量实例。图中标出三种方式：

① 根据反射面的反射时间滞后差，求出声速。

② 根据 1，2 号接收器接收信号的滞后时间，求出声速。

③ 根据反射面的距离差与反射波的时间差求出声速。

对于液体，与收发元件的阻抗匹配较容易，但存在电气隔离、耐蚀性、泡沫等引起的干扰等问题。多数熔化金属的温度系数为 -0.6～-0.2 $\text{K}^{-1}\cdot\text{m/s}$。

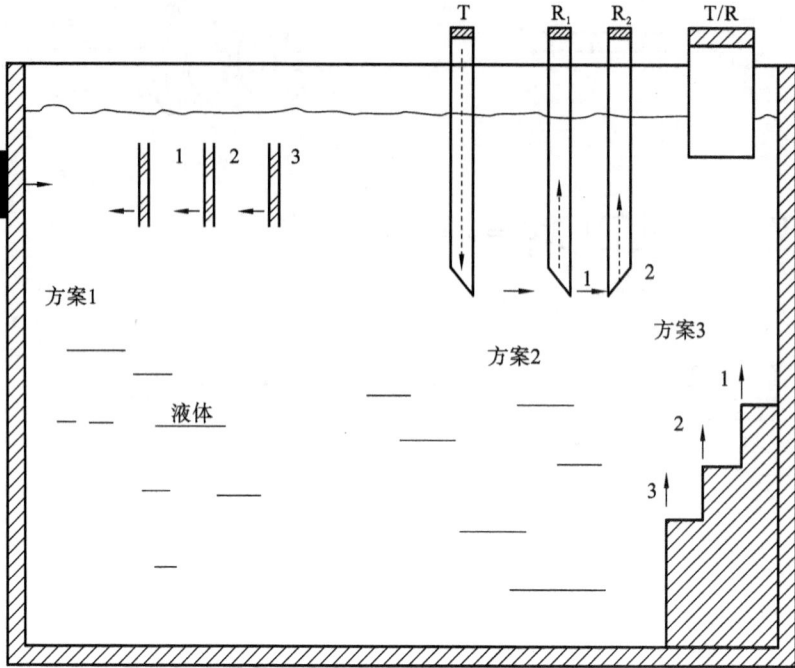

图 3-45　超声波温度测量液体温度实例

3.4.4.6　变色示温温度传感器

（1）热敏涂料

有一种在特定温度条件下起物理或化学变化并变色的热敏涂料。利用它可制成温度传感器，物理变化时是可逆的色调变化，化学变化时则是非可逆的。

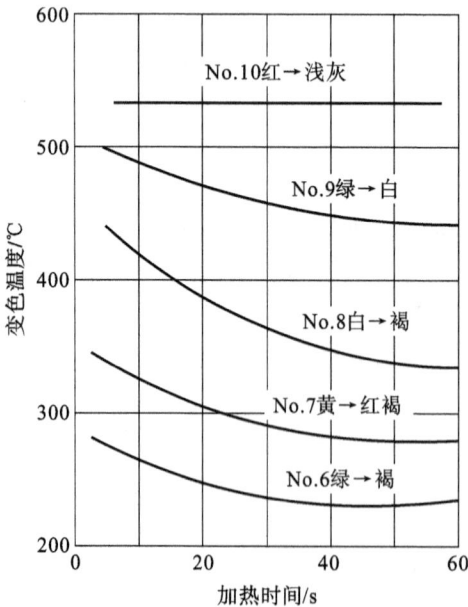

图 3-46　热敏涂料的加热时间
与变色温度之间的关系

热敏涂料应是变色鲜明逼真、方便涂敷或者粘贴、不损伤被测物体、无毒、价廉的，可分为可逆性热敏涂料与准可逆性热敏涂料。可逆性热敏涂料冷却后能立刻恢复原来的颜色；而准可逆性热敏涂料吸湿后才能恢复原来的颜色，这种热敏涂料不能用于 170 ℃ 以上的高温场合，低温用时使用汞化合物，因此使用时要注意。

不可逆性热敏涂料的变色温度与色调变化之间存在一定关系。1 级变色热度有很宽的温度范围，为 40～1350 ℃，很方便知道其表面大致的温度。应当注意的是，还要增加变色需要的时间因素，如图 3-46 所示。若长时间加热，像 50 ℃ 那样低的温度也会变色，因此重要的是使用时要根据厂家提供的数据确认其性质。

对于 2～4 级变色温度，用一种热敏涂料就可知道 2～4 级的温度,方便用于实验室与工厂等处温度上升速度的检测及异常过热的监视。

热敏涂料已制品化,有加工为片状的,也有加工成能方便地贴在被测物体上的产品。若温度升高,则能呈现花样图案,因此将它贴在家用电水壶或加热器具上,从远处就能观察到温度升高的情况,使用价值非常大。

在工作现场,将牛皮纸(绝缘纸)等浸泡在熔化的焊锡中,根据其变色的程度就能知道焊锡的温度。这种测温方法简便,而且可靠性高,费用少,是一种非常方便的测温方式。若纸内含有 $FeCl_3$ 或 K_2CO_3,则根据其浓度可改变炭化温度或着火温度,如图 3-47 所示。利用它可知道大致的温度。

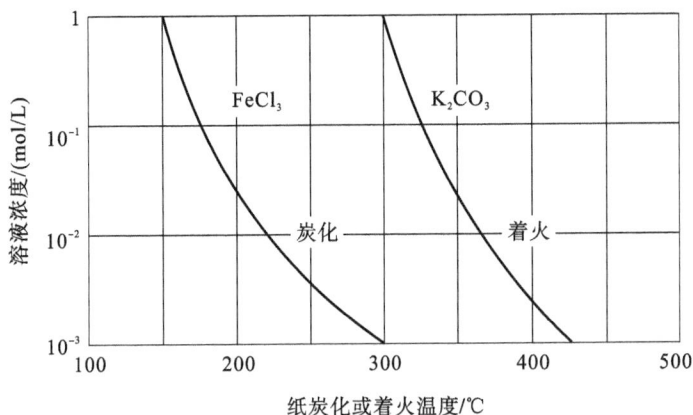

图 3-47 含有无机盐纸的炭化或着火温度

示温热敏涂料测温范围大,经济方便,特别适用于大面积和连续运转零件的测温,但精度低(约 1%),人为误差大。

(2)熔点温度传感器

可利用有机与无机化合物或金属在熔化温度时透明度的变化、软化现象、断线现象及陶瓷高温时的软化现象制成温度传感器。由于这主要是利用物质的相变现象,因此这种传感器能高精度地进行温度检测。将在特定温度时熔化的化学物质涂敷在着色的标签上,若达到熔化温度,则熔化变为透明物质,根据标签露出颜色就可判断温度的高低。即使温度下降也不能恢复原来的颜色,因此具有不可逆性。

这种温度传感器与热敏涂料一样,可目视瞬间温度或异常温度的变化情况,用于移动设备的过热检测。标签里面有黏着材料,因此可以很方便地将它贴在被测物体上,但被测物体与标签间必须有足够的热接触。对于特高速移动的物体,因为其表面被强制风冷,被测物体与标签间的很小热阻会产生较大的温度梯度,所以不能正确地对温度进行检测。

将标签与其他的可熔化合物加工成粉笔状产品,将它擦在被测物体上,根据熔化后发出的亮点也可判断温度的高低。

3.4.4.7 法拉第效应温度传感器

很多晶体遇到磁场时偏振面发生旋转,这种现象称为法拉第效应。图 3-48 所示为使用铽

铁石(TbFe)测量温度的原理图及偏振光特性。这种晶体对于可见光是不透明的,对于 $1.1\sim$
$4.5~\mu m$ 的红外线是透明的,因此可以用氦氖激光光源作为偏振光。在被测物体上顺序粘贴永
久磁铁、反射板、铽铁石晶体($\phi 2~mm$),用光检测器检测出偏振激光与反射板的偏振角。其测
温范围为 $-20\sim200~℃$,利用价值很高,适用于移动物体、加有高电压物体等的温度测量。晶
体与被测物体之间有一层永久磁铁,因此其间会形成温度梯度。这种方式不能用于外磁场对
永久磁铁的磁场有影响的场所。

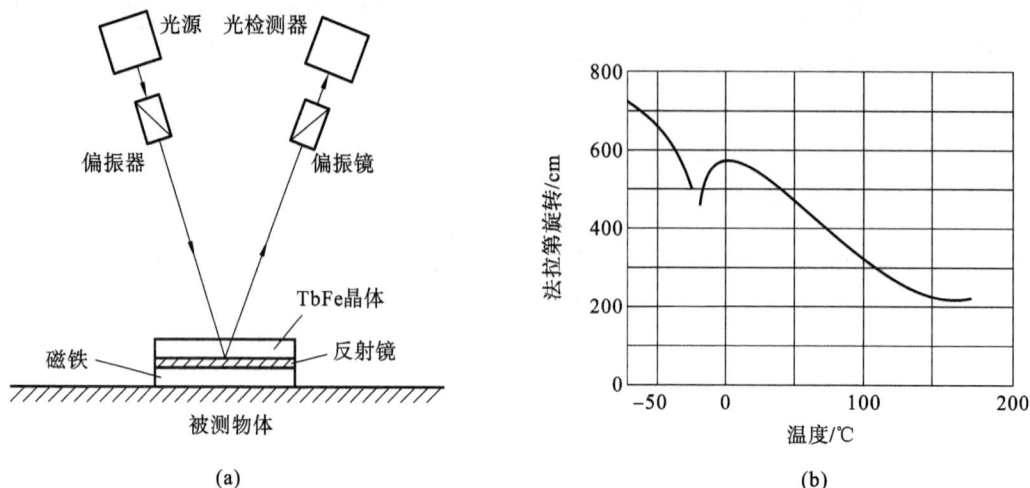

(a) (b)

图 3-48　使用铽铁石测量温度的原理图及偏振光特性

3.4.4.8　电容温度传感器

(BaSr)TiO$_3$ 系列陶瓷电容器的电容量随温度变化而变化,温度越高,电容量越小。利
用此特性可制成电容温度传感器。图 3-49 所示为(BaSr)TiO$_3$ 系列及 BaTiO$_3$ 系列陶瓷电
容器的容量与温度特性。由图可知,(BaSr)TiO$_3$ 系列在 $15\sim60~℃$ 温度范围内,BaTiO$_3$ 系
列在 $135\sim220~℃$ 温度范围内,温度与电容量倒数成线性关系。改变 Ba 与 Sr 的配比就可
方便地改变温度范围,该温度范围内的温度系数 $\mathrm{d}\ln C/\mathrm{d}t$ 是负温度系数热敏电阻的一半
量级。

电容温度传感器可作为 LC 或 RC 谐振回路中的电容 C。它能将温度变换为频率,可高分
辨力地测量温度,但电容 C 还随湿度变化而变化,因此需要严格地进行防湿处理。另外,分布
电容的影响也会增大温度测量误差。图 3-50 所示为电容温度传感器应用实例,它用耦合线圈
测量旋转体的温度。图中,C$_s$ 为温敏电容。

图 3-51 所示为 SrTiO$_3$ 系列陶瓷电容器的温度特性。图 3-51(a)所示电容器的居里温度
t_c 在 70 K 附近,可用作 $100\sim300$ K 温度传感器;图 3-51(b)所示的电容器用作 60 K 以下的温
度传感器;图 3-51(c)是在 $2\sim7$ K 温度范围内放大的图形,可用作非常低温度范围内的温度传
感器。

图 3-52 所示为 KCl 晶体电容温度传感器的特性,在强磁场下特性也不变,因此适用于强
磁场情况下的温度测量。

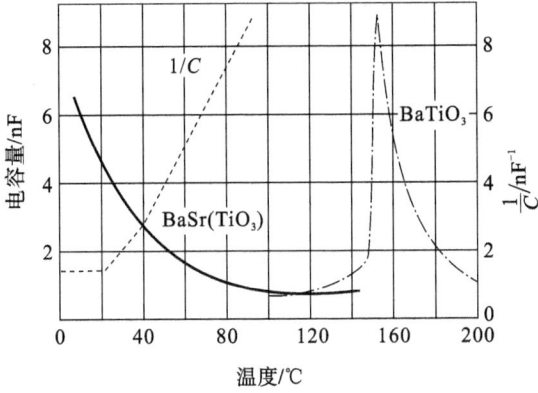

图 3-49 （BaSr）TiO₃ 系列及 BaTiO₃ 系列
陶瓷电容器温度特征

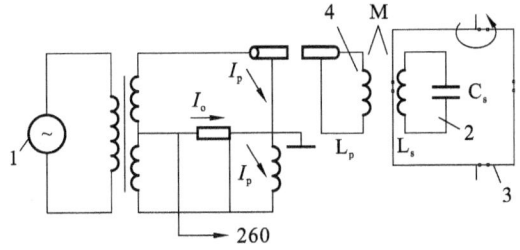

图 3-50 电容器温度传感器应用实例
1—可变频率振荡器；2—感温谐振回路；
3—旋转体；4—耦合线圈

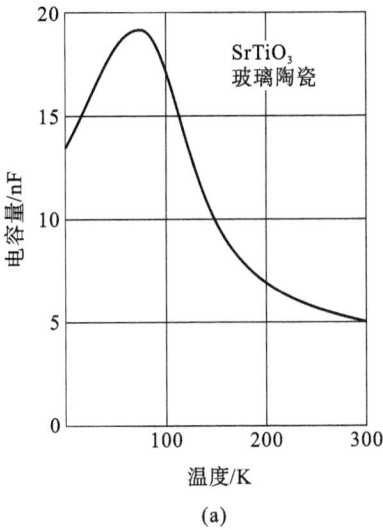

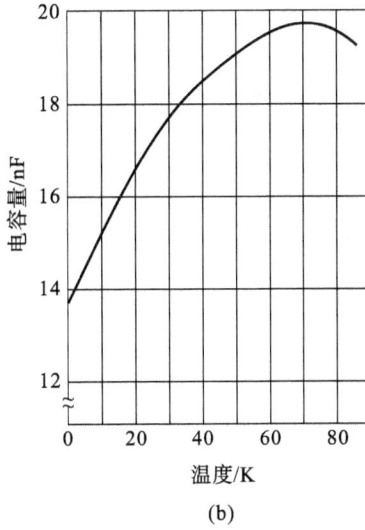

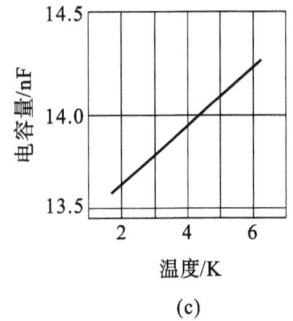

(a)

(b)

(c)

图 3-51 SrTiO₃ 系列陶瓷电容器的温度特性

3.4.5 非接触法测温

前述测温方法均属于接触法检测,因为感温元件直接与被测介质接触,不受被测对象温度系数等因素的影响,所以测温精度高,使用也方便,但在恶劣条件(高温、腐蚀)下,以及对于运动物体、微小目标及热容量小的对象,将由于元件本身的材质或对温度场的破坏而导致接触法无法使用,这就引出了非接触法测温。目前最常用的非接触法测温是辐射测温法。就其可行性来说,只要热辐射能量引起感温元件任意参数的改变并找出这一参数与辐射体温度的函数关系,就可以达到测温目的,因而理论上测温上限可以不受限制。

3.4.5.1 热辐射的理论基础

任何物体只要它及周围的温度不是绝对零度,就必然处于相互辐射热交换中。物体本身

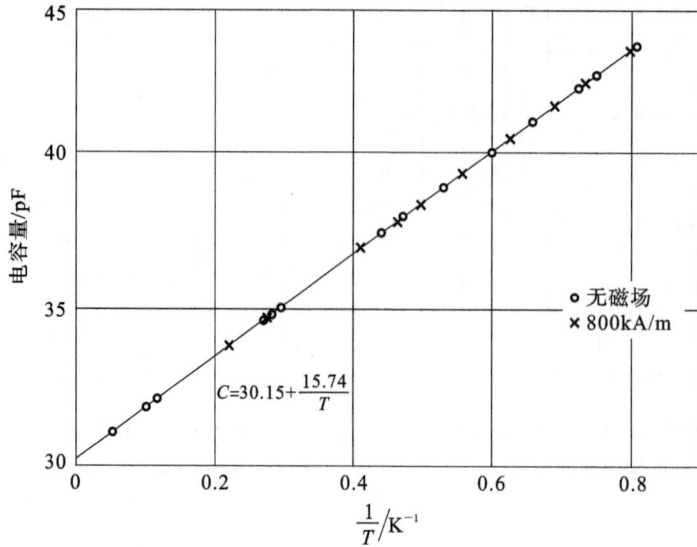

图 3-52　KCl 晶体电容温度传感器的特性图

向周围辐射能量（热量），周围也向它辐射热量。当它与周围的温度相等时，辐射热过程处于动平衡状态。不同的温度范围辐射波段不同，物体随温度的升高而被激励的带电离子波长（运动规律）遵从于电磁波谱，如图 3-53 所示。

　　可见光光谱段很窄，为 $0.3\sim0.72~\mu m$；红外光谱一般定义为 $0.72~\mu m$ 到大约 $1000~\mu m$ 范围。热辐射温度探测器所能接受的热辐射波段为 $0.3\sim40~\mu m$。因此热辐射温度探测器大多工作在可见光和红外光的某波段或波长下。

　　绝对黑体的单色辐射强度 $E_{0\lambda}$ 随波长的变化规律由普朗克定律确定：

$$E_{0\lambda} = C_1\lambda^{-5}(e^{\frac{C_2}{\lambda T}} - 1)^{-1}$$

式中　C_1——普朗克第一辐射常数，$C_1 = 37413~W \cdot \mu m^4/cm^2$；

　　　　C_2——普朗克第二辐射常数，$C_2 = 14388~W \cdot \mu m^4/K$；

　　　　λ——辐射波长，μm；

　　　　T——黑体绝对温度，K。

采用上述单位后，$E_{0\lambda}$ 的单位为 $W/(cm^2 \cdot \mu m)$。

温度在 3000 K 以下时，普朗克公式可用维恩公式代替，误差在 0.3 K 以内。维恩公式为：

$$E_{0\lambda} = C_1\lambda^{-5}e^{-\frac{C_2}{\lambda T}} \tag{3-13}$$

　　对于普朗克公式的函数曲线，可见温度增高时，单色辐射强度随之增长，曲线的峰值随温度升高向波长较短的方向移动。单色辐射强度峰值处的波长 λ_m 和温度 T 之间的关系用维恩偏移定律表示为：

$$\lambda_m = 2879~\mu m \cdot K$$

　　普朗克公式只给出了绝对黑体上单辐射强度随温度变化的规律。若要得到波长 $\lambda = 0\sim\infty$ 的全部辐射能量总和 E_0，则需作如下积分：

$$E_0 = \int_0^\infty E_{0\lambda}\mathrm{d}\lambda = \int_0^\infty C_1\lambda^{-5}(e^{\frac{C_2}{\lambda T}} - 1)^{-1}\mathrm{d}\lambda = \sigma_0 T^4 \tag{3-14}$$

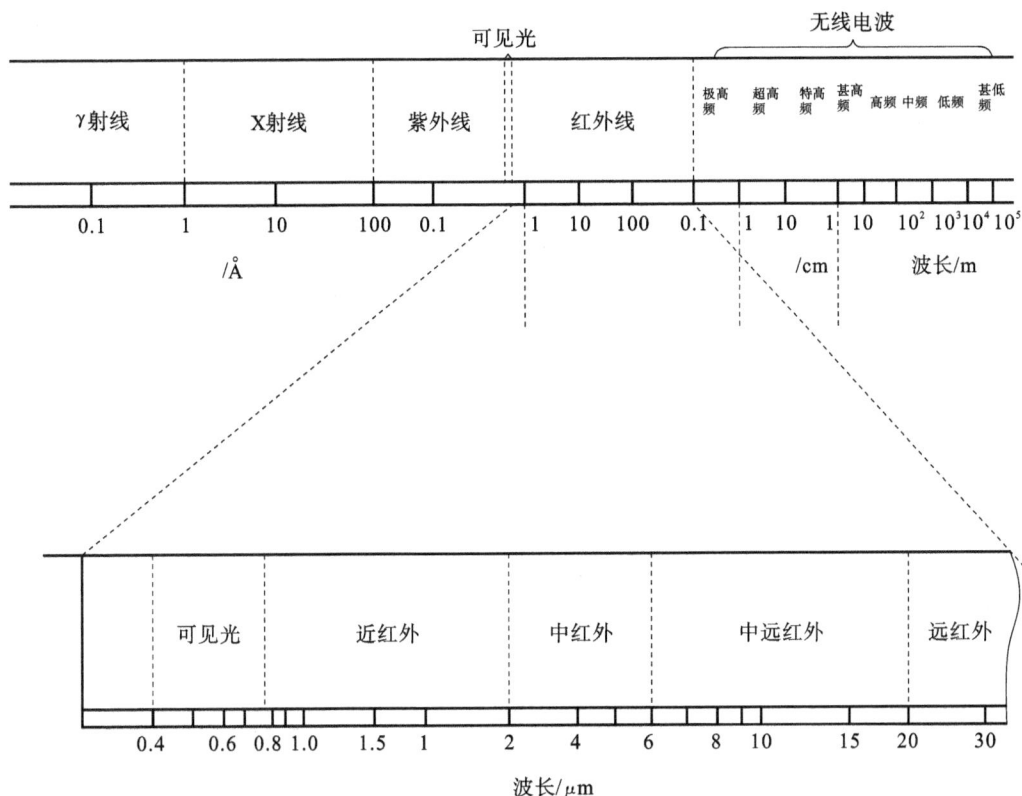

图 3-53　电磁波谱

式中　σ_0——斯蒂芬-波尔兹曼常数，$E_\lambda/E_{0\lambda}=\varepsilon\sigma_0=5.67\times10^{-12}$ W/(cm⁴·K⁴)。

式(3-14)称为绝对黑体的全辐射定律。如果物体的辐射光谱是连续的，而且它的单色辐射强度 $E_\lambda=f(\lambda)$ 和同温度下的绝对黑体的相应曲线相似，即在所有波长下都有 $E_\lambda/E_{0\lambda}=\varepsilon$（$\varepsilon$ 为小于 1 的常数），则称该物体为灰体。该灰体的全部辐射能为 $E=\int_0^\infty E_\lambda \mathrm{d}\lambda$，同样有 $E/E_0=\varepsilon$（称该物体的特征参数 ε 为"相对辐射能力""黑度"）。自然界实际存在的物体大多不是绝对黑体，而属灰体，物体的 ε 与温度和表面特性有关。

图 3-54 所示为辐射强度与波长和温度间的关系。图 3-55 所示为 $E_{0\lambda}$ 与 E_λ 随温度变化的关系，图中虚线为 $\lambda=0.65$ μm 时 $E_{0\lambda}$ 随温度变化的曲线，实线为全辐射能 E_0 随温度变化的曲线。由图可知，当温度升高时，单色辐射强度比全辐射强度增长快得多。所以单色辐射光学高温计的灵敏度比全辐射高温计高。

3.4.5.2　全辐射测温

按斯蒂芬-波尔兹曼定律，可知 $E=\sigma T^4$，通过测量辐射体全波辐射能量就可得出物体温度。热辐射温度传感器的测温范围为 $-50\sim3500$ ℃，测量灵敏度为 $0.01\sim1$ K，精度为 $\pm(0.5\%\sim2\%)$。

被测物体波长 $\lambda=0\sim\infty$ 的全辐射能量由物镜聚焦，经光栏投射到热辐射接收器上。热辐射接收器多为热电堆结构，热电堆由 $4\sim8$ 支微型热电偶串联而成，以得到较大的热电动势。

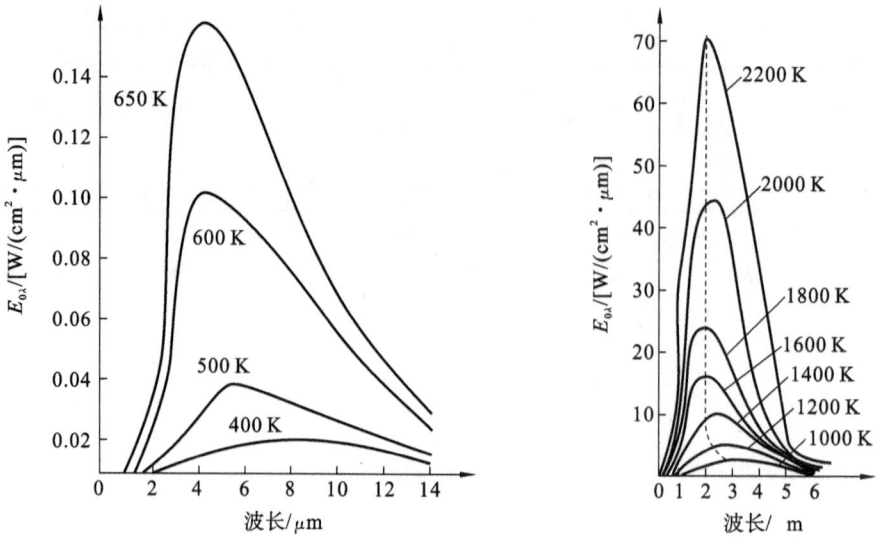

图 3-54　辐射强度与波长和温度的关系曲线

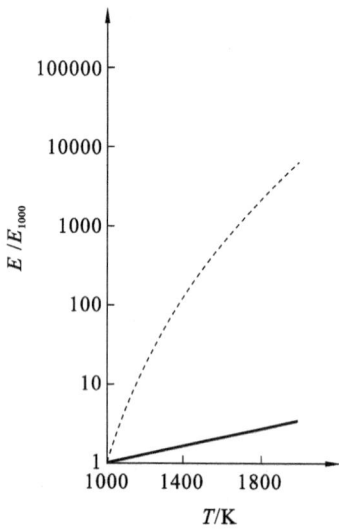

图 3-55　波长 $\lambda = 0.65\ \mu m$ 时单色
辐射强度和全辐射能量与
温度的关系曲线

热电堆的输出热电动势接到显示仪表或记录仪器上。

热电堆的测量端贴在类十字形的铂箔上。铂箔涂成黑色,以增加热吸收系数。

整个高温计机壳内壁面涂成黑色,以减少杂光干扰,尽量造成黑体条件。

全辐射高温计是按绝对黑体进行分度的。测量辐射率为 ε 的实际物体温度时,其示值并非真实温度,而是被测物体的辐射温度。当温度为 T 的物体全辐射能量 E 等于温度为 T_p 的绝对黑体全辐射能量 E_0 时,则温度 T_p 称为被测物体的辐射温度。按 ε 的定义,$\varepsilon = E/E_0$,则有:

$$T = T_p \sqrt[4]{\frac{1}{\varepsilon}} \tag{3-15}$$

由于 ε 总小于 1,故测到的温度总是低于实际物体的真实温度。

国产 WFT 型全辐射高温计为透镜式,热辐射接收器采用热电堆,灵敏度较高,适用性较广,其测温范围为 $400\sim 1200\ ℃$ 与 $700\sim 3000\ ℃$;测量距离 $L = 20D$,即距离系数 $L/D = 20$,正常测量距离为 $1\sim 2\ m$;对于仪表的基本误差,小于或等于1000 ℃时为±16 ℃,在 $1000\sim 2000\ ℃$ 时为±20 ℃;其响应较快,一般情况下响应时间小于6 s。另一种 WFF 型辐射高温计为反射式,它不用透镜,热能的热收率较高,可以用于较低范围的温度检测。其在 $100\sim 1100\ ℃$ 范围内使用时基本误差为 8 ℃,在 $400\sim 800\ ℃$ 范围内使用时基本误差为 12 ℃。其距离系数 $L/D = 8$,适用于较小目标的温度检测,正常检测范围为 $0.5\sim 1.5\ m$。另外,其采用透过较长波长的石英透镜的全辐射温度计,工作温度可在 400 ℃左右。

全辐射高温计的特点是自动检测温度。其输出量为电量,适用于远传和自动控制,是在线温度检测中常用的仪表。

3.4.5.3　单色辐射式光学测温

物体在高温状态下会发光,当温度高于 700 ℃时就会明显地发出可见光,具有一定的亮度。物体在波长 λ 下的亮度 B_λ 和 E_λ 成正比,即:

$$B_\lambda = CE_\lambda$$

式中　C——比例常数。

根据维恩公式,绝对黑体在波长 λ 条件下的亮度 $B_{0\lambda}$ 与温度 T_s 间的关系为:

$$B_{0\lambda} = CC_1\lambda^{-5}\mathrm{e}^{-\frac{C_2}{\lambda T_s}} \tag{3-16}$$

实际物体在波长 λ 条件下的亮度 B_λ 与温度 T 间的关系为:

$$B_\lambda = C\varepsilon_\lambda C_1\lambda^{-5}\mathrm{e}^{-\frac{C_2}{\lambda T}} \tag{3-17}$$

式中　ε_λ——黑度系数。

单色辐射式光学高温计的刻度按绝对黑体($\varepsilon_\lambda = 1$)进行定义。用这种刻度的高温计去测量实际物体($\varepsilon_\lambda \neq 1$)的温度时,所得到的温度示值叫作被测物体的亮度温度。亮度温度的定义是:在波长为 λ 的单色辐射中,若物体在温度 T 时的亮度 B_λ 和绝对黑体温度在 T_s 时的亮度 $B_{0\lambda}$ 相等,则把绝对黑体温度 T_s 称为被测物体在波长 λ 时的亮度温度。按此定义,根据式(3-16)、式(3-17)可推导出被测物体实际温度 T 和亮度温度 T_s 之间的关系:

$$\frac{1}{T_s} - \frac{1}{T} = \frac{\lambda}{T} = \frac{\lambda}{C_2}\ln\frac{1}{\varepsilon_\lambda} \tag{3-18}$$

由此可见,使用一支波长为 λ 的单色辐射式光学高温计测得物体的亮度温度后,必须同时知道物体在该波长下的黑度系数 ε_λ,才可知道实际温度。可用式(3-18)计算,也可由曲线查得修正值,修正值只适用于 $\lambda = 0.65\ \mu\mathrm{m}$ 的特定波长条件。

由式(3-18)可以看出,因为 ε_λ 总小于1,所以测到的亮度温度总是低于物体的真实温度。

灯丝掐灭式光学高温计是一种典型的单色辐射式光学高温计,在所有的辐射式温度计中精度最高,因此很多国家用其作为基准仪器,复现金或银凝固点温度以上的国际温标。我国常用的 WWG 型灯丝掐灭式光学高温计的结构如图 3-56 所示。它是由光学望远镜系统、光度灯泡(又称标准灯泡)及检测线路组成,以已标定辐射温度的灯丝(改变加热电源以调节标准灯泡的灯丝亮度)为比较标准。利用光学显微镜,将被测物体的辐射平面移到灯泡的灯丝平面上进行互相比较,改变滑动电阻以增减灯丝的加热电流,灯丝的亮度就会发生变化。当灯丝亮度与被测物的亮度相当时,灯丝影像分辨不出,这时灯丝的亮度即为被测物体的亮度。灯丝的亮度与温度关系已知,指针在标尺上的指示就是被测物体亮度对应的温度。亮度相当也称为亮度匹配,它应在 $\lambda = 0.65\ \mu\mathrm{m}$ 的条件下进行。红色滤光片切入光路时,人眼所看到并进行比较的就是红色光;如红色滤光片未切入光路,比较的则不是红色光,其结果就是错误的,这点应特别注意。

光学高温计所用标准灯泡的安全加热温度为 1450 ℃。为了扩大量程,通常采用灰玻璃吸收法将被测物体的辐射能量减弱。只要吸收玻璃的减弱系数已知,例如减弱系数为 0.5,则接入此吸收玻璃后高温计的量程扩大一倍;若接入更大减弱系数的吸收玻璃,则量程更加扩大。由于光学高温计具有望远镜系统,被测物体与灯丝在同一观察面上进行比较,不受距离影响,因此理论上光学高温计不受距离限制。实际上,空气中的灰尘、水汽、烟气等对辐射强度减弱

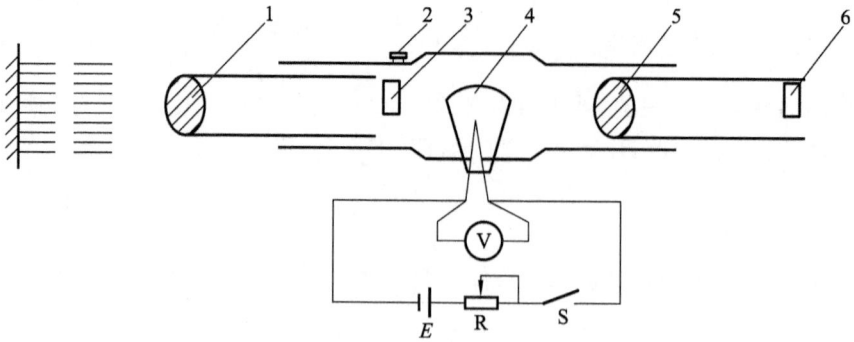

图 3-56　光学高温计示意图

1—物镜；2—旋钮；3—吸收玻璃；4—光度灯；5—目镜；6—红色滤光片

较大,故一般在 8 m 距离以内使用为宜。

　　光学高温计是手动操作,有经验的操作人员比较亮度带来的误差为 2 ℃,一般操作水平至少有 4 ℃的误差,稍不注意误差可能更大。

　　光学高温计灵敏度高,只要操作得法,测温精度就会较高,是目前用于技术监督领域的测温仪表。

　　国产 WWG2 型光学高温计的基本技术特性见表 3-2。

表 3-2　　　　　　　　　　　　　WWG2 型光学高温计的基本技术特性

产品型号	测量范围/℃	量程号	量程/℃	误差/℃
WWG2-20	700~2000	1	700~800 800~1500	±33 ±22
		2	1200~2000	±30

　　光电高温计也是测量亮度温度的,但它是采用光电元件进行亮度比较,可实现自动测量。

　　目前采用的光电高温计样式很多,有利用可见光谱的亮度高温计,也有红外亮度高温计。光电高温计的结构大致可分为瞄准光学系统、光调制系统、单色器、光敏元件、电子放大器及显示仪等几部分。由光学系统接收被测物体辐射能,经光调制系统把光线调制成交变光信号,光信号由光敏元件接收并变成相应的应变电信号,送入放大器后再由显示仪表指示出相应的温度。

　　WDL 型光电高温计采用具有外光电效应的 GW-3 型真空锑铯光电管作为接收元件。在光电管前放一块红色滤光片,以获得 0.65 μm 的光谱带。

　　光学高温计的结构如图 3-57 所示。光电高温计的工作原理如下:被测物体的表面发出的辐射能量由物镜经孔径光栏汇聚于遮光板的孔"3"上,再经遮光板内的红色滤光片射在光电管上。孔"3"必须由被测表面发出的辐射光束盖满,它使仪表只接收一定大小的被测表面发出的辐射能量,从瞄准镜和反射镜中可以清楚地看到遮光板上的光束截面盖住了孔"3"的情况。另一路反馈灯发出的光束,由遮光板上的孔"5"经同样一块红色的滤光片投射在光电管上。在遮光板前放着以 50 周/s 振动的光调制片,交替地遮住孔"3"和"5",被测表面和反馈灯发出的光束轮流投射在光电管上。于是,在光电管上产生频率为 50 Hz 的脉冲光电流,在光电管的负载电阻上产生压降,并由前置放大器和主放大器加以放大。主放大器由倒相级、差动放大器和功率放大器组成。功率放大器输出的直流电流又供给反馈灯,这就实现了光的反馈。它可以减少光电元件光谱灵敏度的变化和放大器放大倍数变化时对温度指示值的影响。流经反馈灯的电流大小正比于被测物体光通量的大小,即正比于被测物体表面温度的高低。反馈灯串联一个锰钢丝绕制的电阻,电流在此电阻上产生压降,经自动电阻电位差计能测量和记录被测对象的温度。

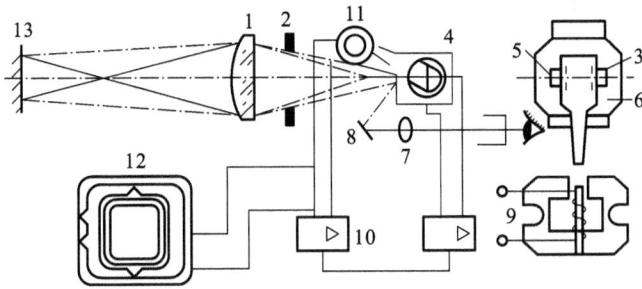

图 3-57 光电高温计

1—物镜;2—孔径光栏;3,5—孔;4—光电管;6—遮光板;7—孔瞄准镜;

8—反射镜;9—前置放大器;10—主放大器;11—反馈灯;12—电位差计;13—被测物体

国产 WDL-2 型光电高温计的测量范围为 $200 \sim 2000$ ℃,允许误差随测量范围不同而不同,一般为 ± 15 ℃或 ± 20 ℃。将标准光度灯泡改为光电元件做成的光电高温计量程较宽,精度较高,可进行自动检测,但因光电元件互换性差,测量电路较复杂,使用仍受限制。

3.4.5.4 比色辐射法测温

根据维恩偏移定律,当温度升高时,绝对黑体的最大单色辐射强度向波长减小的方向移动,使两个固定波长 λ_1 和 λ_2 的亮度比随温度变化而变化。因此,测量其亮度比值即可知道其相应温度。若绝对黑体的温度为 T_c,则相应波长 λ_1 和 λ_2 的亮度为:

$$B_{0\lambda 1} = CC_1 \lambda_1^{-5} e^{-\frac{C_2}{\lambda_1 T_c}}$$

$$B_{0\lambda 2} = CC_1 \lambda_2^{-5} e^{-\frac{C_2}{\lambda_2 T_c}}$$

两式相比后,可求得:

$$T_c = \frac{C_2 \left(\frac{1}{\lambda_2} - \frac{1}{\lambda_1} \right)}{\ln \frac{B_{0\lambda 1}}{B_{0\lambda 2}} - 5 \ln \frac{\lambda_2}{\lambda_1}} \tag{3-19}$$

如果波长 λ_1 和 λ_2 是确定的,那么测量两波长下的亮度比 $B_{0\lambda 1}/B_{0\lambda 2}$,根据式(3-19)就可求出 T_c。若温度为 T 的实物物体在两个不同波长下的亮度比值与温度为 T_c 的绝对黑体在同样两波长下的亮度比值相等,则把 T_c 称为实际物体的比色温度。根据比色温度的定义,再应用维恩公式,就可推导出物体实际温度 T 和比色温度 T_c 的关系:

$$\frac{1}{T} - \frac{1}{T_c} = \frac{\ln \frac{\varepsilon_{\lambda 1}}{\varepsilon_{\lambda 2}}}{C_2 \left(\frac{1}{\lambda_1} - \frac{1}{\lambda_2} \right)} \tag{3-20}$$

式中 $\varepsilon_{\lambda 1}, \varepsilon_{\lambda 2}$ ——实际物体在辐射波长为 λ_1 和 λ_2 时的单色辐射率。

由上式可知,真实温度 T 与比色温度 T_c 的关系取决于波长 λ_1 和 λ_2 及黑度系数 ε_1 和 ε_2。对于灰体来说,其黑度系数不随波长变化,即 $\varepsilon_1 \approx \varepsilon_2$,于是真实温度等于比色温度,无须利用黑度系数进行修正,这是比色高温计的主要优点。比色高温计的单色光谱强度采用光电元件、光敏元件或热敏元件来进行测量比较,测量范围为 1000~2000 ℃,精度可达 1%。

使用比色高温计时,被测对象经物镜成像于光栏,通过光导棒混合均匀后投射在分光镜上。分光镜使长波部分通过,将短波部分反射,透过分光镜的辐射能再经 HKC₃ 滤光片将其短波部分滤掉,被作为红外接收元件的硅光电池接收,转化为电信号,输入经改装的电子电位差计。反射出来的短波部分再经滤光片滤光部分将长波部分滤掉,被作为可见光接收元件的硅光电池接收,转换成电信号同样输入电子电位差计。在光栏前置有一平行面玻璃片,将一部分光线反射至瞄准镜上,再经圆柱反射镜、目镜、多夫棱镜,从观察系统中便能清晰地看到瞄准的被测对象。

3.4.5.5 红外辐射测温

前面介绍的几种辐射式测温仪表适用于测 700 ℃ 以上的高温。随着光学材料及光敏检测元件材料的发展,辐射式测温仪的测温范围已扩展到较低的温度。红外测温仪是一种测温上限较低的仪表,可测 0~400 ℃ 范围的温度。

红外测温仪依据的是光谱辐射原理。根据光谱辐射维恩定律,当物体温度较低时,光谱辐射出射度最高点向波长较长的红外线波长区迁移,红外测温仪就工作在这个红外线波长区,因此可测较低的温度。它的原理和结构与辐射高温计、光电高温计相似。

红外测温仪由光学系统、红外探测器、信号处理放大部分及显示仪表等组成。其中,光学系统与红外探测器是整个仪表的关键部件,它们具有特殊的性质。红外光学材料又是光学系统中的关键器件,它是对红外辐射透过率很高而不易透过其他波长辐射的材料。红外探测器的作用是把接收到的红外辐射强度转换成电信号,它有光电型和热敏型两种类型。光电型红外探测器是利用光敏元件吸收红外辐射后其电子改变运动状况而使电器性质改变的原理工作的,常用的光电型红外探测器有光电导型和光生伏型两种。热敏型红外探测器是利用物体接受红外辐射后温度升高的性质测其温度的。根据测温元件的不同,其又有热敏电阻型、热电偶型及热释电型等几种。在光电型和热敏型探测器中,前者用得较多。

此处以图 3-58 所示的红外测温仪为例介绍其工作原理及结构。被测物体的辐射线由窗口进入光学系统,首先到达分光片。分光片由能透过红外线的专门光学材料制成,中间沉积了某种反射材料。红外线能透过分光片,而其他波长的辐射被反射出去,不能透过。透过分光片的红外线经过聚光镜、调制盘被调制成脉冲红外光波,它投射到置于黑体腔中的红外探测器上,最终转换成交变的电信号输出。使用黑体腔是为了提高红外探测器的吸收能力和灵敏度,因为探测器输出的交变电信号与被测温度及黑体腔温度均有关,所以黑体腔的温度必须恒定,以消除背景温度的影响,黑体腔的温度由温度控制器控制在 40 ℃。输出的电信号经运放 A₁ 和 A₂ 整形、放大后送入相敏功率放大器,经解调、整形后的直流电流由显示仪表指示被测温度。由分光片反射出来的其他波长的光波反射到反光片,经目镜系统可以观察到被测目标及透镜 12 上的十字交叉线,以对准被测目标。

分光片应采用能透过相应波段辐射的材料。测量 700 ℃ 以上高温时,工作波段主要在 0.76~3.0 μm 的近红外区,可采用一般光学玻璃或石英透镜;测中温(100~700 ℃)时的波段主要在 3~5 μm 的中红外区,多采用氟化镁、氧化镁等热压光学透镜;测低温(不大于 100 ℃)时的波段主要在 5~14 μm 的中远红外区,多采用锗、硅、热压硫化锌等材料制成的透镜。

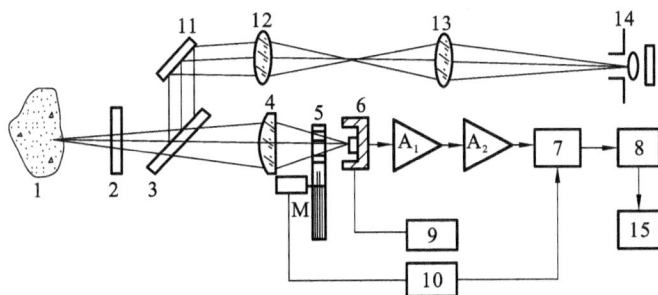

图 3-58 红外辐射温度计

1—被测物体;2—窗口;3—分光片;4—聚光镜;5—调制盘;6—红外探测器;7—相敏功率放大器;

8—解调、整形部分;9—温度控制器;10—信号发生器;11—反光片;12,13—透镜;14—目镜;15—显示仪表

目前,国产的红外测温仪的量程范围有 $0 \sim 400 \ ℃$ 和 $0 \sim 200 \ ℃$ 两种,精确度为 $±(1\% +1 \ ℃)$。与其他辐射式仪表一样,用红外测温仪测非辐射体温度时,对读数也需要按发射率进行修正。一般在仪表中带有黑度修正装置,修正范围为 $\varepsilon_\lambda = 0.1 \sim 1.0$。

红外测温仪具有精密、快速、非接触等优点,广泛用于非破坏性检测,还可以用于对运动物体进行快速测温。

3.4.5.6 光导纤维测温

光导纤维(简称光纤)可以作为数据传输的介质,也可以做成各种传感器。在电磁噪声大、不宜采用电信号的场合下,光纤传感器显得格外有效。

光纤温度传感器是一个带光纤的测温探头,光纤的长度从几米到几百米不等。根据光纤在传感器中的作用,光纤温度传感器可分为功能型、非功能型及拾光型三大类。对于功能型(全光纤型)传感器,光纤不仅作为导光物质,还是敏感元件,光在光纤内受被测量调制。这类传感器的特点是:光纤既为感温元件,又通过光纤将温度信号以光的形式传输到仪表部分,转为电信号,从而实现温度测量。非功能型(传光型)传感器的感温功能由非光纤型敏感元件完成,光纤仅起导光作用,将光信号传输到仪表后再转换成电信号,实现温度测量。目前,实用化的光纤温度传感器大都属于非功能型。拾光型温度传感器是用光纤做探头,接收由被测对象辐射的光或被其反射、散射的光的辐射型光纤传感器。

光纤温度传感器根据光受被测对象调制的形式可分为强度调制、偏振调制、频率调制和相位调制 4 种,根据使用方法可分为接触式光纤温度传感器和非接触式光纤温度传感器。

目前,光纤温度传感器具体可分为晶体光纤温度传感器、半导体吸收光纤温度传感器、双折射光纤温度传感器、光路遮断式光纤温度传感器、荧光光纤温度传感器、Fabry-Rerot 标准器光纤温度传感器、辐射式光纤温度传感器和分布参数式光纤温度传感器 8 种。其中,后 4 种传感器已经使用,其余处于研究阶段。

半导体吸收光纤温度传感器的基本结构如图 3-59 所示。这种探头的结构简单,制作容易,但因光纤从传感器的两端导出,使用与安装不方便。

此外,还有三种单端式探头结构。这几种结构都利用了反射使光返回,在光路中放入对温度敏感的半导体薄片。这种结构的探头可以做得很小,使用灵活方便。

半导体材料采用厚度为 $0.2 \ mm$ 的半绝缘 GaAs 材料,光源采用 AlGaAsLED。其发光中

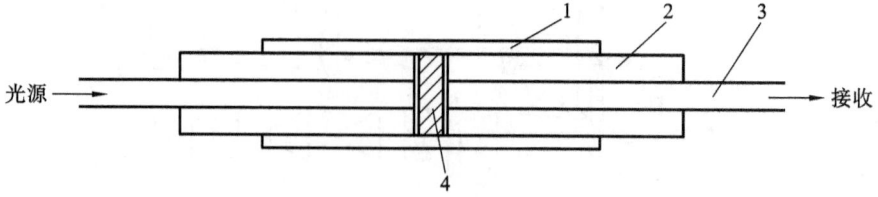

图 3-59　半导体吸收光纤温度传感器的基本结构

1—固定外套；2—加强管；3—光纤；4—半导体薄片

心波长为 880 nm，光谱宽度为 80 nm。在 $-200\sim-50$ ℃范围内，该传感器的测量精度为 ±3 ℃，响应时间为 2 s。

采用光纤输出的红外辐射温度计系统用一个前置探头接近高频或中频加热的小型热处理工件。前置探头可为石英光导棒或光纤透镜组，如果红外辐射波长选在可以避免水汽与油气的吸收范围内，则前置探头可以不要吹气与水冷外套。前置探头起辐射光的接收与转送的作用，用光纤传输到红外辐射温度计，经红外保护窗口进入光学系统。分光片将光线分成两束，一束经凹面镜聚光于红外探测器上，这束光已被调制器交替遮断，探测器输出的则是比例于光强度的交变信号。探测器安装在黑体内，它由黑体温度控制 BTC 控制，保持其温度稳定在 40 ℃。这样就消除了背景温度的影响，提高了温度计的测温精度。探测器输出的微弱交变信号经放大器 A_1 和 A_2 两级放大后，将相敏功率放大 DMO 与低通滤波器 LP 后得到直流输出 mV 或 mA 信号，即可由快速自动平衡仪表或动圈表显示出温度。

分光片分出的另一束可见光，经反光片反射到目镜系统 L_1、L_2 与 L_3，在 L_3 的胶面上形成像，便于目测，以对准被测对象。

红外辐射温度计带有标准黑体，但并不起黑体参考源的作用，只是避免了背景辐射的影响，提高了温度计的稳定性和测温精度。

这种辐射温度计的测温范围取决于窗口材料、探测器特性，光纤及光导棒的光学特性。其一般有两个量程：$0\sim200$ ℃与 $200\sim400$ ℃。其灵敏限为 0.5 ℃（40 ℃时）、0.25 ℃（100 ℃时）。温度计的视角较小，只有 10 mrad，当测量距离只有 20 cm 时，测量面积可小到 6.25 mm^2。因此，如果被测温的对象没有水汽、油气和腐蚀性气体，它可以用来直接瞄准被测物体进行小面积的温度测量。仪器有黑度修正系数旋钮，可在 $\varepsilon=0.1\sim1.0$ 之间进行修正。波长范围为 $2\sim5.3~\mu m$，测量距离为 20 cm$\sim\infty$，适用于高、中频热处理工件在生产线上的检测。

3.5　超声波测量及传感器

超声波传感器（图 3-60）是利用超声波的特性研制而成的传感器。超声波是一种振动频率高于声波的机械波，是由换能晶片在电压的激励下发生振动产生的，具有频率高、波长短、绕射现象小，特别是方向性好、能够成为射线而定向传播等特点。超声波对液体、固体的穿透能力很强，尤其是在不透光的固体中，它可穿透几十米的深度。超声波碰到杂质或分界面会产生显著反射形成反射回波，碰到活动物体能产生多普勒效应。因此，超声波检测广泛应用在工业、国防、生物医学等方面。以超声波作为检测手段时，必须产生超声波和接收超声波。完成这种功能的装置就是超声波传感器，习惯上称为超声换能器或者超声探头。

3.5.1 工作原理

3.5.1.1 主要结构

超声波探头主要由压电晶片组成,既可以发射超声波,又可以接收超声波。小功率超声波探头多作探测使用。它有许多不同的结构,可分直探头(纵波)、斜探头(横波)、表面波探头(表面

图 3-60 超声波传感器

波)、兰姆波探头(兰姆波)、双探头(一个探头反射,一个探头接收)等。

当电压作用于压电陶瓷时,就会随电压和频率的变化产生机械变形。另一方面,当振动压电陶瓷时,就会产生一个电荷。利用这一原理,当对由两片压电陶瓷或一片压电陶瓷和一个金属片构成的振动器,即所谓双压电晶片元件,施加一个电信号时,就会因弯曲振动发射出超声波。相反,当向双压电晶片元件施加超声振动时,就会产生一个电信号。基于以上作用,便可以将压电陶瓷用作超声波传感器。

超声波传感器可采用复合式振动器。该复合式振动器是谐振器以及由一个金属片和一个压电陶瓷片组成的双压电晶片元件振动器的结合体。谐振器呈喇叭形,目的是有效地辐射由于振动而产生的超声波,并且可以有效地使超声波聚集在振动器的中央部位。

室外用途的超声波传感器必须具有良好的密封性,以防止露水、雨水和灰尘的侵入。压电陶瓷被固定在金属盒体的顶部内侧。底座固定在盒体的开口端,并且使用树脂进行覆盖。对应用于工业机器人的超声波传感器而言,要求其精确度达到 1 mm,并且具有较强的超声波辐射。

利用常规双压电晶片元件振动器的弯曲振动,在频率高于 70 kHz 的情况下,是不可能达到此目的的。所以,在高频率探测中,必须使用垂直厚度振动模式的压电陶瓷。在这种情况下,压电陶瓷的声阻抗与空气的匹配就变得十分重要。压电陶瓷的声阻抗为 2.6×10^7 kg/(m² · s),而空气的声阻抗为 4.3×10^2 kg/(m² · s)。这种差异会导致在压电陶瓷振动辐射表面上的能量大量损失。将一种特殊材料黏附在压电陶瓷上作为声匹配层,可实现与空气的声阻抗相匹配。这种结构可以使超声波传感器在高达数十万赫兹频率的情况下,仍然能够正常工作。

3.5.1.2 主要性能指标

超声波探头的核心是其塑料外套或者金属外套中的一块压电晶片。构成晶片的材料可以有许多种。晶片的大小,如直径和厚度各不相同,因此每个探头的性能是不同的。超声波传感器的主要性能指标包括:

① 工作频率。工作频率就是压电晶片的共振频率。当加到它两端的交流电压的频率和晶片的共振频率相等时,输出的能量最大,灵敏度也最高。

② 工作温度。由于压电材料的居里点一般比较高,特别是诊断用超声波探头使用功率较小,故工作温度比较低,可以长时间地工作而不失效。医疗用的超声波探头的温度比较高,需要单独的制冷设备。

③ 灵敏度。其主要取决于晶片本身。机电耦合系数大,灵敏度高;反之,灵敏度低。

3.5.2 超声波传感器的应用

3.5.2.1 超声波流量传感器

超声波流量传感器的测定方法是多样的,如传播速度变化法、波速移动法、多普勒效应法、流动听声法等。目前应用较广的是超声波传播时间差法。

超声波在流体中传播时,在静止流体和流动流体中的传播速度是不同的,利用这一特点可以求出流体的速度,再根据管道流体的截面积,便可知道流体的流量。

如果在流体中设置两个超声波传感器,它们既可以发射超声波又可以接收超声波,一个装在上游,一个装在下游,其距离为 L,如图 3-61 所示。

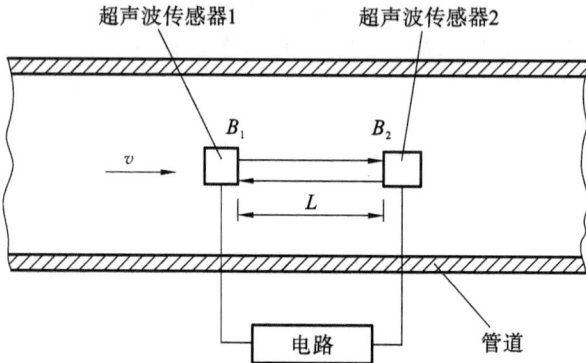

图 3-61　超声波测流示意图

一般来说,流体的流速远小于超声波在流体中的传播速度,因此超声波传播时间差为:

$$\Delta t = t_2 - t_1 = \frac{2Lv}{c^2 - v^2}$$

由于 $c \gg v$,故由上式便可得到流体的流速,即:

$$v = \frac{c^2}{2L} \Delta t$$

此时超声波的传输时间将由下式确定:

$$t_1 = \frac{\dfrac{D}{\cos\theta}}{c + v\sin\theta}$$

$$t_2 = \frac{\dfrac{D}{\cos\theta}}{c - v\sin\theta}$$

超声波流量传感器具有不阻碍流体流动的特点,可测的流体种类很多,不论是非导电的流体、高黏度的流体,还是浆状流体,只要能传输超声波的流体都可以进行测量。超声波流量计可用来对自来水、工业用水、农业用水等进行测量,还适用于下水道、农业灌渠、河流等流速的测量。

多普勒效应法是利用声学多普勒原理,通过测量不均匀流体中散射体散射的超声波多普勒频移来确定流体流量的,适用于含悬浮颗粒、气泡等流体的流量测量。相关法是利用相关技术测量流量,原理上此法的测量准确度与流体中的声速无关,因而与流体温度、浓度等无关,因而测量准确度高,适用范围广。但相关器件价格贵,线路比较复杂。在微处理机普及应用后,这个缺点可以得到克服。噪声法(听音法)是利用管道内流体流动时产生的噪声与流体流速有关的原理,通过检测噪声来获得流速或流量值。其方法简单,设备便宜,但准确度低。

3.5.2.2　超声波探伤

高频超声波的波长短,不易产生绕射,碰到杂质或分界面会有明显的反射;方向性好,能成为射线而定向传播;在液体、固体中衰减小,穿透本领强。这些特性使得超声波成为无损探伤方面的重要工具。

(1) 穿透法探伤

穿透法探伤是根据超声波穿透工件后的能量变化状况来判别工件内部质量的方法。应用穿透法时,将两个探头置于工件相对面,一个发射超声波,一个接收超声波。发射波可以是连续波,也可以是脉冲。在探测中,当工件内无缺陷时,接收能量大,仪表指示值大;当工件内有缺陷时,因部分能量被反射,接收能量小,仪表指示值小。根据这种变化,就可以把工件内部缺陷检测出来。穿透法探伤示意图见图 3-62。

(2) 反射法探伤

反射法探伤是依超声波在工件中反射情况的不同来探测缺陷的方法。反射法探伤示意图见图 3-63。下面以纵波一次脉冲反射为例来说明检测原理。

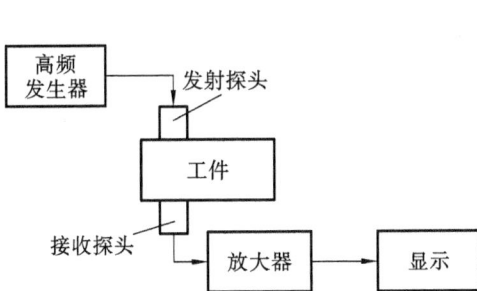

图 3-62　穿透法探伤示意图

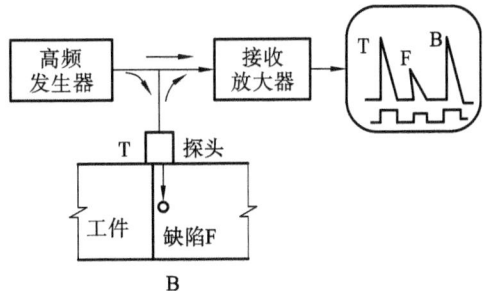

图 3-63　反射法探伤示意图

高频发生器产生的脉冲(发射波)加在探头上,激励压电晶体振荡,使之产生超声波。超声波以一定的速度向工件内部传播。一部分超声波遇到缺陷 F 被反射回来;另一部分超声波继续传至工件底面 B,也被反射回来。由缺陷及底面反射回来的超声波被探头接收,又变为电脉冲。发射波 T、缺陷波 F 及底波 B 经放大后,在显示器荧光屏上显示出来。荧光屏上的水平亮线为扫描线(时间基准),其长度与时间成正比。由发射波、缺陷波及底波在扫描线的位置,可求出缺陷的位置。由缺陷波的幅度,可判断缺陷大小;由缺陷波的形状,可分析缺陷的性质。当缺陷面积大于声束截面时,声波全部由缺陷处反射回来,荧光屏上只有 T、F 波,没有 B 波。当工件无缺陷时,荧光屏上只有 T、B 波,没有 F 波。

超声波探伤的优点是检测厚度大、灵敏度高、速度快、成本低、对人体无害,能对缺陷进行定位和定量。然而,超声波探伤对缺陷的显示不直观,探伤技术难度大,容易受到主、客观因素的影响,探伤结果不便保存。

总的来说,这些问题主要是由于超声波传感器多采用压电陶瓷材料,其他材料或结构的超声波传感器目前在国内几乎见不到。

超声波,一般适用于 12 m 以内的测距(极限 25 m)。对于材料加工领域中常见的厚度、探伤等,都能满足要求,精度也很高。但是超过 12 m,例如 1 km 的测距,超声波就很难做到了。

3.6　视觉传感器及机器视觉

机器视觉一般指与之配合操作的工业视觉系统。把视觉系统引入机器人以后,可以大大地扩展机器人的使用性能,使机器人在完成指定任务的过程中具有更强的适应性。机器人视觉除要求价格经济外,还有对目标辨别能力、实时性、可靠性、通用性等方面的要求。近年来,对机器人视觉的研究成为国内外机器人领域的研究热点之一,陆续地提出了许多不同提高视觉系统性能的方案。视觉传感器是视觉系统的核心,是提取环境特征最多的信息源。它既要容纳进行轮廓测量的光学、机械、电子、敏感器等各方面的元器件,又要体积小、重量轻。视觉传感器包括激光器、扫描电动机及扫描机构、角度传感器、线性 CCD 敏感器及其驱动板和各种光学组件。

3.6.1　基本概念

视觉传感器(图 3-64)是 20 世纪 50 年代后期出现的,发展十分迅速,是机器人中最重要的传感器之一。机器人视觉的研究是从 20 世纪 60 年代中期美国学者 L. R. 罗伯兹关于理解多面体组成的积木世界的研究开始的,后来发展到处理桌子、椅子、台灯等室内景物,进而处理室外的现实世界。20 世纪 70 年代后,有些实用性的视觉系统出现了,如应用于集成电路生产、精密电子产品装配、饮料罐装箱场合的检验、定位等。另外,随着这门学科的发展,一些先进的思想在人工智能、心理学、计算机图形学、图形处理等领域产生出来。

机器人视觉的作用是从三维环境图像中获得所需的信息并构造出观察对象的明确而有意义的描述。视觉包括三个过程:图像获取、图像处理和图像理解。图像获取通过视觉传感器将三维环境图像转换为电信号;图像处理是指图像到图像的一种变换,如特征提取;图像理解则是在处理的基础上给出环境描述。视觉传感器的核心器件是摄像管或 CCD。摄像管是早期产品。目前的 CCD 已能做到自动聚焦。

图 3-64　视觉传感器

3.6.2　工作原理

视觉传感器是非接触型的。它是电视摄像机等技术的综合,是机器人众多传感器中最稳定的传感器。机器人的视觉传感器有下述三种测量方式:

① 直接按照摄像机所拍摄的图像亮度的深浅划分为 6 个不同亮度等级的处理方式。把亮度信息数字化,通常为 4~10 bit 左右,作为 64×64~1024×1024 个像素输出处理部分。然后,利用种种已知算法对线条进行解释,识别被加工物。这种图像处理法的困难之处在于需要处理庞大的输出数据,费时太多。

② 把图像按照亮度深浅进行双值化处理的方式。

③ 根据距离信息测量物体的开关和位置的方式,包括三角测量法和利用两台电视摄像机的立体视觉法等多种方案。

下面以三角测量法为例进行介绍,其结构如图 3-65 所示。将激光束投射到物体上,跟踪源敏感器件检测其漫反射光。如果线阵敏感器件(如线阵 CCD)放置的位置合适,物体上的激光点能清晰地在敏感器件上成像,那么横向的分辨率就只取决于激光束的宽度(亦即粗细),而激光束的宽度可通过适当的光学方法调整得较细。方法是将光束扩展成一个光面投射到物体上,用一面阵数字敏感器件进行接收。为了快速测量距离,使通过垂直狭缝得到的条形光束投到被加工物体上,再利用电视摄像机检测狭缝的像。

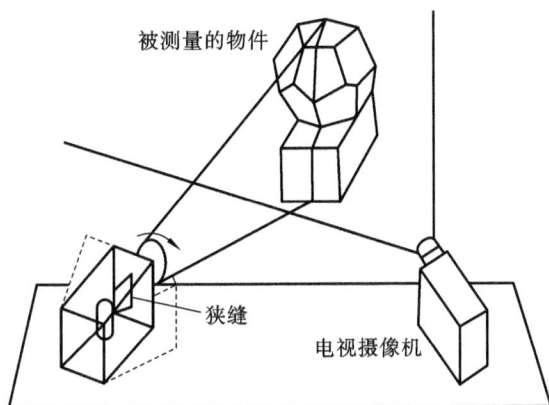

图 3-65　三角测量法

3.6.3　机器视觉技术应用的过程

机器视觉技术用计算机来分析一个图像,并根据分析得出结论。图像的获取实际上是将被测物体的可视化图像和内在特征转换成能被计算机处理的数据,它直接影响系统的稳定性及可靠性。一般利用光源、光学系统、相机、图像处理单元(图像采集卡)获取被测物体的图像。机器视觉主要包括以下几个过程。

(1) 图像采集

其指光学系统采集图像,图像转换成模拟格式并传入计算机存储器。

(2) 图像处理

其指处理器运用不同的算法来提高对结论有重要影响的图像要素。

(3) 特性提取

其指处理器识别并量化图像的关键特性,例如印刷电路板上洞的位置或者连接器上引脚的个数,然后将这些数据传送到控制程序。

(4) 判决和控制

处理器的控制程序根据收到的数据做出结论,例如印刷电路板上的洞是否为要求规格。

3.6.4　视觉系统的组成

典型的视觉系统一般包括光源、光学系统,相机、图像处理单元(图像采集卡)、图像分析处理软件等,如图 3-66 所示。

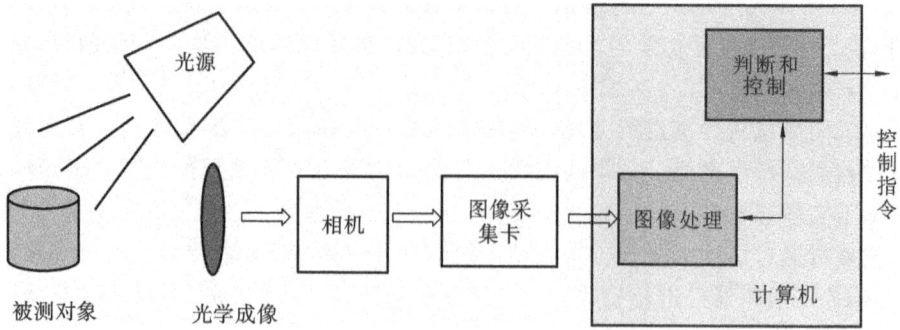

图 3-66 机器视觉系统的构成

（1）光源

光源是影响机器视觉系统输入的重要因素，因为它直接影响输入数据的质量和至少 30%的应用效果。由于没有通用的机器视觉照明设备，故针对每个特定的应用实例要选择相应的照明装置，以达到最佳效果。许多工业用的机器视觉系统用可见光作为光源，这主要是因为可见光容易获得，价格低，并且便于操作。常用的几种可见光源是白炽灯、日光灯、水银灯和钠光灯。环境光将改变这些光源照射到物体上的总光能，使输出的图像数据存在噪声，一般采用加防护屏的方法来减少环境光的影响。由于存在上述问题，在现今的工业应用中，某些要求高的检测任务常采用 X 射线、超声波等不可见光作为光源。

（2）光学系统

对于机器视觉系统来说，图像是唯一的信息来源，而图像的质量由光学系统的恰当选择来决定。通常，由图像质量差引起的误差不能用软件纠正。机器视觉技术把光学部件和成像电子结合在一起，通过计算机控制系统来分辨、测量、分类和探测正在通过自动处理系统的部件。

光学系统的主要参数与图像传感器光敏面的格式有关，一般包括光圈、视场、焦距、F 数等。

（3）相机

相机实际上是一个光电转换装置，即将图像传感器所接收到的光学图像转化为计算机所能处理的电信号。光电转换器件是相机的核心器件。目前，典型的光电转换器件为真空摄像管、CCD、CMOS 图像传感器等。

CCD 是目前机器视觉最为常用的图像传感器。它集光电转换及电荷存储、电荷转移、信号读取于一体，是典型的固体成像器件。CCD 的突出特点是以电荷为信号，不同于其器件以电流或者电压为信号。这类成像器件通过光电转换形成电荷包，而后在驱动脉冲的作用下转移、放大、输出图像信号。典型的 CCD 相机由光学镜头、时序及同步信号发生器、垂直驱动器、模拟/数字信号处理电路组成。CCD 作为一种功能器件，与真空摄像管相比，具有无灼伤、无滞后、低电压工作、低功耗等优点。

CMOS(Complementary Metal Oxide Semiconductor)图像传感器的开发最早发生在 20世纪 70 年代初。20 世纪 90 年代初期，随着超大规模集成电路（VLSI）制造工艺技术的发展，CMOS 图像传感器得到迅速发展。CMOS 图像传感器将光敏元阵列、图像信号放大器、信号读取电路、模数转换电路、图像信号处理器及控制器集成在一块芯片上，具有局部像素的编程随机访问的优点。目前，CMOS 图像传感器以其良好的集成性、低功耗、宽动态范围和输出图像几乎无拖影等特点而得到广泛应用。

（4）图像处理单元（图像采集卡）

在机器视觉系统中，相机的主要功能光敏元所接收到的光信号转换为电压的幅值信号输出。若要得到被计算机处理与识别的数字信号，还需对视频信息进行量化处理。图像采集卡是进行视频信息量化处理的重要工具。

图像采集卡主要完成对模拟视频信号的数字化过程。视频信号首先经低通滤波器滤波，转换为在时间上连续的模拟信号；按照应用系统对图像分辨率的要求，采样/保持电路对模拟的视频信号在时间上进行间隔采样，把视频信号转换为离散的模拟信号，然后由 A/D 转换器转变为数字信号输出。图像采集卡在具有模数转换功能的同时，还具有对视频图像分析、处理功能，并可对相机进行有效的控制。

（5）图像分析处理软件

机器视觉系统中，视觉信息的处理技术主要依赖于图像处理方法，它包括图像增强、数据编码和传输、平滑、边缘锐化、分割、特征抽取、图像识别与理解等内容。经过这些处理后，输出图像的质量得到相当程度的改善，既改善了图像的视觉效果，又便于计算机对图像进行分析、处理和识别。

4 材料成形过程控制的方法

4.1 焊接自动化中常用的控制算法

控制算法是焊接自动化系统中控制技术的核心。不同的控制算法具有不同的控制器结构。焊接自动化中常用的控制算法包括 PID 控制、串级控制、自适应控制、变结构控制等。

4.1.1 PID 控制

4.1.1.1 PID 控制原理

在焊接自动控制系统中,一般采用调节器对输入和反馈进行偏差控制。调节器的输入信号是自控系统中比较器输出的偏差信号 $E(s)$,调节器的输出是控制执行机构动作的控制信号 $U(s)$,如图 4-1 所示。

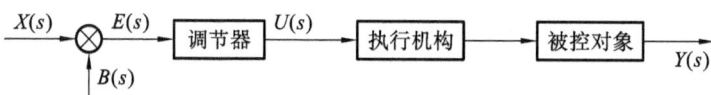

图 4-1 自动控制系统调节器环节

自动控制系统中的调节器对系统的性能有着极其重要的影响。为了满足各种自动调节系统的不同性能要求,调节器有很多种。每种调节器的输出与输入之间都具有一个确定的关系,即确定的控制规律。

调节器的控制规律主要有双位控制、比例控制、积分控制、微分控制、比例积分控制、比例微分控制、比例积分微分控制等。

按照偏差的比例、积分和微分进行控制的调节器(简称 PID 调节器),是连续系统中技术成熟、应用最广泛的一种常规调节器。它的结构简单,参数易于调整,在长期应用中已积累了丰富的经验。特别是材料成形设备控制中,由于控制对象的精确数学模型难以建立,系统的参数又要经常发生变化,运用现代控制理论分析、综合要耗费很大代价进行模型辨识,故人们常采用 PID 调节器,并进行在线整定。整定即采用实验和分析的方法来确定 PID 调节器的参数。随着计算机特别是微机技术的发展,PID 算法不断得到修正从而更加完善。

简单调节器环节由基本的电阻、电容等元器件网络构成。由于构成的网络本身没有供电电源,所以称为无源网络。无源网络没有增益,只有衰减,且输入阻抗较低、输出阻抗较高。因此,连接到系统中时,常常还应设置放大器或隔离用的缓冲器。无源网络只适用于一般电子线路或简单伺服系统中。

假若对系统控制要求较高,并希望调节器环节的参数可随意整定,则一般采用电子有源网络组成的调节器。在控制系统中,几乎都采用由运算放大器构成的调节器。

调节器种类很多,按所用的能源划分有气动、电动、液动等。这里要讨论的是电动调节器,严格地说是电子有源网络组成的调节器。

如果按调节器所实现的调节规律来分,则有比例(简写成 P)、积分(简写成 I)和微分(简写成 D)以及这三者的各种组合,诸如 PI 调节器、PD 调节器、PID 调节器等。

一般的电子调节器是利用运算放大器加适当的反馈和输入串联一定的元件来实现的。

4.1.1.2　运算放大器的传递函数

由电阻、电容、电感等元件网络传递函数的阻抗变换法和框图变换法,可方便地求出运算放大器组成的各类环节的传递函数。

图 4-2(a)所示为一个具有高放大倍数 K 且输入阻抗很高的运算放大器 N。它有同相(＋)和反相(－)两个输入端,一般在组成反馈线路时常用反相输入。这是因为与同相输入相比,反相输入具有较高的输入阻抗,从而具有连接多个输入信号的能力。一般线路形式运算放大器的传递函数可按如下方法求得。

在运算放大器的负输入端有下式成立:

$$I_I(s) = I_F(s) + I_E(s)$$

式中　$I_I(s)$——流入 $Z_I(s)$ 的电流;

　　　$I_F(s)$——流入 $Z_F(s)$ 的电流;

　　　$I_E(s)$——流入运算放大器的电流。

由于运算放大器的高输入阻抗,所以有:

$$I_E(s) \approx 0$$

则

$$I_I(s) \approx I_F(s) \tag{4-1}$$

根据电路的欧姆定律,可列出如下电路方程:

$$i_I(t) = \frac{x_I(t) - x_E(t)}{Z_I(t)}$$

$$i_F(t) = \frac{x_E(t) - x_O(t)}{Z_F(t)}$$

对以上两式进行拉普拉斯变换,可得:

$$\left. \begin{array}{l} I_I(s) = \dfrac{X_I(s) - X_E(s)}{Z_I(s)} \\[3mm] I_F(s) = \dfrac{X_E(s) - X_O(s)}{Z_F(s)} \end{array} \right\} \tag{4-2}$$

考虑放大器的增益为 K,于是:

$$X_O(s) = -KX_E(s) \tag{4-3}$$

由式(4-1)、式(4-2)、式(4-3),消去中间变量 $X_E(s)$,可得:

$$W(s) = \frac{X_O(s)}{X_I(s)} = -\frac{K \dfrac{Z_F(s)}{Z_I(s) + Z_F(s)}}{1 + K \dfrac{Z_I(s)}{Z_I(s) + Z_F(s)}} \tag{4-4}$$

由上式可以画出运算放大器的传递函数框图如图 4-2(b)所示。

当放大器的放大倍数 K 趋于无穷大时,式(4-4)分母中的 1 可忽略。于是得:

$$W(s) = -\frac{Z_F(s)}{Z_I(s)} \tag{4-5}$$

式(4-5)说明:直接用框图转换所得运算放大器的传递函数等于反馈阻抗 $Z_F(s)$ 与输入回路阻抗 $Z_I(s)$ 之比,且其符号为负。因此,只要改变不同的阻抗形式 $Z_F(s)$ 和 $Z_I(s)$ 就可得到不同的传递函数,从而用运算放大器可组成各种类型的调节器或典型环节。

式(4-5)中,输入回路阻抗和反馈阻抗都是电工学中所指的复阻抗形式。而对简单电路元件来说,其复阻抗形式分别为(证明略):① 纯电阻,$Z(s)=R$;② 纯电感,$Z(s)=L$;③ 纯电容,$Z(s)=1/C$。

引入复阻抗形式后,在求(含有电感、电容等元件的)复杂元件串、并联电路的复阻抗时,就可将电感、电容元件看成电阻元件,从而使求复杂元件串、并联电路的复阻抗大为简化。

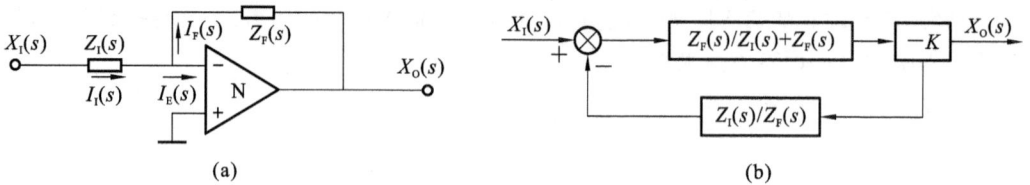

图 4-2 运算放大器的传递函数结构图

(a) 运算放大器的结构原理图;(b) 运算放大器的传递函数结构图

4.1.1.3 控制器应用电路

自动调节系统中常采用集成运放构成系统的调节器,其主要优点是:

① 开环电压放大倍数高,加入电压深度负反馈后,可获得高稳定度的电压放大倍数。

② 运放输入端的各种信号是并联输入进行电流叠加的,调整方便,易于组成各种类型的调节器。

③ 运放输入阻抗高,故其外部输入电路的电阻对运放工作影响小。

④ 运放输入端各输入信号共地,干扰小。

⑤ 运放输出端可采用钳位限幅或接地保护,可使系统工作安全可靠。

(1) 比例调节器及比例控制

比例调节器简称 P 调节器,也可称为比例放大器,如图 4-3 所示。

图 4-3(a)中的 R_1 为输入电阻,R_f 为反馈电阻。

由于放大器的开环放大倍数很大,其输入电压一般在十几伏以下,因而可认为 A 点处的电位近似为零。

此时:

$$I_1 = I_f = U_i/R_1, \quad I_f = -U_o/R_f$$

所以:

$$U_o = (R_f/R_1)U_i$$

式中,负号表示输出电压 U_o 与输入电压 U_i 是反相关系,放大倍数 K_P 为:

$$K_P = R_f/R_1$$

由上式可知,改变 R_f 和 R_1 的大小可以方便地改变放大倍数 K_P。比例调节器的输出与输入特性如图 4-3(b)所示。

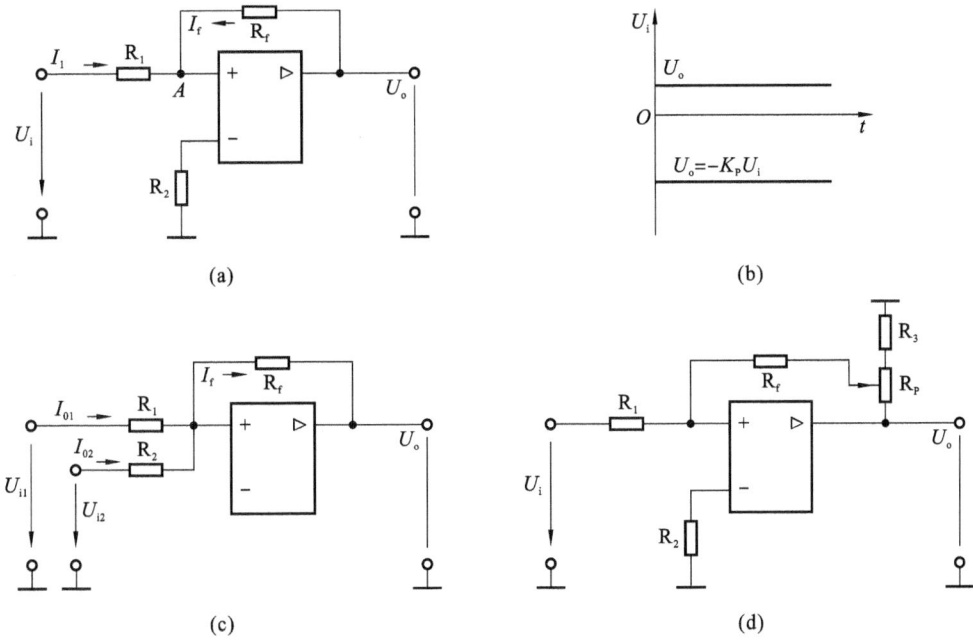

图 4-3　P 调节器

实际上,比例控制正是依据输入偏差(即给定量与反馈量之差)来进行控制的。如果输入偏差为零,P 调节器的输出将为零。这说明系统没有比例控制,故系统不能正常运行。因此,当系统出现扰动时,通过适当的比例控制,系统被控量虽然能达到新的稳定,但是永远回不到原值。

在调速系统中,调节器经常需要对多个信号(如给定信号和反馈信号)进行综合运算(相加、相减)。图 4-3(c)中,输入信号与输出信号(U_{i1} 与 U_{i2})两者极性相反。

由图 4-3(c)可见,该电路实际上是一个反相加法运算电路。由于自动控制系统中常用负反馈方式,因此将 U_{i2} 表示为 $-U_{i2}$,以表示 U_{i1} 与 U_{i2} 极性相反。

由于

$$K_P = R_f / R_1$$

故

$$U_o = -K_P[U_{i1} - (R_1/R_2)U_{i2}] = -K_P \Delta U_i$$

上式说明,当反馈电阻 R_f 一定时,比例系数 K_P 由给定信号输入回路的电阻 R_1 确定,反馈信号及其他信号则可按其各自输入回路的电阻倍比值(如 R_1/R_2)与给定信号叠加,共同作为比例调节器的输入信号,即偏差信号 ΔU_i。

在运放的并联输入方式中,由于每个信号输入回路电阻的倍比值相互独立,故调整十分方便。

当 $R_1 = R_2$ 时,则有:

$$U_o = -K_P(U_{i1} - U_{i2}) = -K_P \Delta U_i$$

显然,这表明了当各输入回路电阻均相等时,调节器的输入偏差信号 ΔU_i 便是这些输入信号的直接叠加(代数和)。

在采用 P 调节器(放大器)进行比例控制的自动控制系统中,一旦被控量因扰动而发生变化,反馈信号 U_{i2} 就会变化,P 调节器的输入偏差信号 ΔU_i 随之变化,其输出信号 U_o 将发生与偏差信号 ΔU_i 成比例的变化,从而形成很强的纠正偏差的作用,使系统的被控量基本稳定。

在实际应用中,为了调整方便,常采用图 4-3(d)所示的线路。

图 4-3(d)中,输入端接一个分压电路,它从电位器 R_P 中间滑动端取出反馈电压,比例系数 K_P 为:

$$K_P = R_f / (\alpha R_1)$$

式中,α 为 R_P 和 R_3 串联后输出的分压系数,$\alpha = (R_3 + R_4)/(R_3 + R_4 + R_5)$,$R_4 + R_5 = R_P$。

由上式可知,调节分压电路的分压系数 α 即可方便地改变比例系数 K_P。α 越小,负反馈电压越小,负反馈越弱,放大倍数 K_P 越大。

图 4-3(d)中的电阻 R_3 不能取消,否则当电位器 R_P 的中间滑动端调至接地端(即 $\alpha = 0$)时,放大器将开环。

该电路虽然能方便地调节放大倍数 K_P,但也存在一个问题:当电位器 R_P 中间滑动端接触不良断开时,造成反馈回路断路,将使放大器开环,严重影响系统工作。在实际应用中必须给予高度重视。

在比例控制的自动控制系统中,系统的控制和调节作用几乎与被控量的变化同步进行,在时间上没有任何延迟。这说明比例控制作用及时、快速,控制作用强,而且 K_P 值越大,系统的静特性越好,静差越小。

但是,K_P 值过大将有可能造成系统的不稳定,故实际应用中系统只能选择适当的 K_P 值。因此,比例控制存在静差。

(2)积分调节器与积分控制

当自动控制系统不允许静差存在时,比例控制的 P 调节器就不能满足使用要求,这时必须引入积分控制。

积分控制是指系统的输出量与输入量对时间的积分成正比的控制,简称 I 控制,如图 4-4 所示。

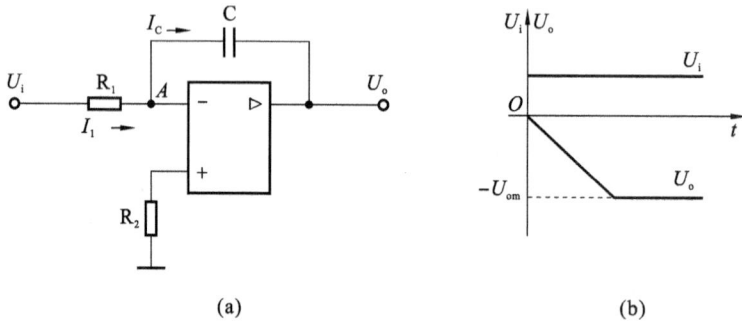

(a)　　　　　　　　　　　　　　(b)

图 4-4　I 控制

由图 4-4(a)可看出,积分调节器就是将比例调节器中的反馈电阻 R_f 换成电容 C,同样 A 点为"虚地"。

那么有:

$$I_1 = I_C$$

$$U_o = U_C = -\frac{1}{C}\int I_C \, dt = -\frac{1}{C}\int \frac{U_i}{R_1} \, dt = -\frac{1}{R_1 C}\int U_i \, dt = -\frac{1}{\tau}\int U_i \, dt$$

式中,τ 为积分调节器的积分时间常数,$\tau = R_1 C$;"$-$"表示输出电压 U_o 与输入电压 U_i 反向。

当输入电压 U_i 为一阶跃突加电压时,在突加瞬间,由于电容 C 的电压不能突变,这时相当于 C 处于短路状态,使放大器输出全部反馈到输入端,调节放大器一开始输出电压 U_o 为零,然后以一定的电流对电容 C 充电,负反馈作用逐渐减弱,输出电压 U_o 和输入电压 U_i 对时间的积分成正比,输出电压 U_o 随时间呈线性增加。

此时,输出电压 $U_o = (1/\tau) U_i t$,只要输入电压 U_i 存在,输出电压 U_o 就一直积分到饱和值(限幅值) U_{om},此后一直保持为饱和值(限幅值)不变。

换句话来说,如果 $U_i = 0$,积分过程就会终止。只要 $U_i \neq 0$,积分过程将持续到积分饱和为止。

电容 C 完成了积分过程后,其两端电压等于积分终值电压而保持不变。由于 $U_i = 0$,故可以认为此时运放的放大倍数极大。I 调节器便利用这种极大开环电压放大能力使系统实现稳态无静差。

由于 I 调节器的积分时间常数 $\tau = R_1 C$,改变 R_1 或改变 C 均可改变 τ。τ 越小,图 4-4(b) 中的斜线越陡,表明 $-U_o$ 上升得越快,积分作用越强;反之,τ 越大,则积分作用越弱。

积分控制的优点有:

① 在采用 I 调节器进行积分控制的自动控制系统中,由于系统的输出量不仅与输入量有关,还与其作用时间有关,因此只要输入量存在,系统的输出量就不断地随时间而积累,调节器的积分控制就起作用。

② 正是这种积分控制作用,使系统输出量逐渐趋向期望值,而使偏差逐渐减小,直到输入量为零(即给定信号与反馈信号相等),系统进入稳态为止。

③ 稳态时,I 调节器保持积分终止电压不变,系统输出量就等于其期望值。因此,积分控制可以消除输出量的稳态误差,能实现无静差控制。这是积分控制的最大优点。

积分控制的缺点有:

① 由于积分作用是随时间的积累而逐渐增强的,因此积分控制的调节过程是缓慢的。

② 由于积分作用在时间上总是落后于输入偏差信号的变化,因此积分控制的调节过程是不及时的。

③ 积分作用通常作为一种辅助的调节作用,系统不单独使用 I 调节器。

(3) 比例积分调节器与比例积分控制

虽然比例控制速度快,但有静差。积分控制虽能消除静差,但调节过程时间较长。因此,在实际应用中总是将这两种控制作用结合起来,形成比例积分控制。

比例积分控制简称 PI 控制,它既具有稳态精度高的优点,又具有动态响应快的优点。因此,它可以满足大多数自动控制系统对控制性能的要求。

比例积分(PI)调节器是以比例控制为主,以积分控制为辅的调节器。其积分作用用来最终消除静差,故比例积分(PI)调节器又称为再调调节器。

比例积分调节的电路图和输出特性图如图 4-5 所示。

A 点为"虚地",则有:

$$I_1 = I_f = U_i / R_1$$

$$U_o = -\left[R_f I_f + (1/C) \int I_f dt \right] = -\left[(R_f/R_1) U_i + \frac{1}{R_1 C} \int U_i dt \right] = -\left[K_P U_i + (1/\tau) \int U_i dt \right]$$

式中,"$-$"表示输出电压 U_o 与输入电压 U_i 反相;K_P 为 PI 调节器的比例系数,$K_P =$

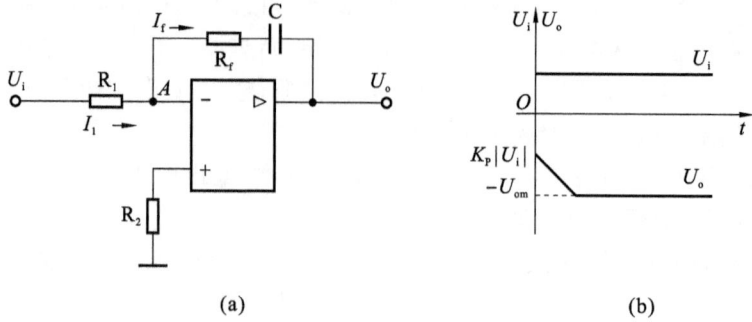

图 4-5　PI 控制

R_f/R_1；τ 为 PI 调节器的积分时间常数，$\tau=R_1C$。

由上式可见，PI 调节器的输出电压 U_o 由两部分组成：

① "$K_P U_i$"是比例部分。

② "$(1/\tau)\displaystyle\int U_i \mathrm{d}t$"是积分部分。

当输出电压 U_o 为零的初始状态和阶跃输入电压 U_i 时，PI 调节器的输入、输出特性如图 4-5(b)所示。

在 $t=0$ 突加 U_i 瞬间，电容 C 相当于短路。反馈回路只有电阻 R_f，此时相当于 P 调节器，输出电压 $U_o=-K_P U_i$。

随着电容 C 被充电开始积分，输出电压 U_o 线性增加。只要输入电压 U_i 继续存在，U_o 就一直增加到饱和值（限幅值）为止。

换言之，当突加输入信号 U_i 时，由于电容 C 两端电压不能突变，故电容 C 在此瞬间相当于短路，而运放的反馈回路中只存在电阻 R_f，此时调节器相当于比例系数 $K_P=R_f/R_1$（此时 K_P 值一般较小）的 P 调节器。调节器的输出量为 $-K_P U_i$，因此 PI 调节器立即发挥比例控制作用。

紧接着，电容 C 被充电，输出电压 U_o 随之线性增大，PI 调节器的积分控制也发挥作用，直到 $U_i=0$ 时进入稳态为止。

因此，PI 调节器与 I 调节器一样，利用广稳态时运放极大的电压放大能力，使系统实现了稳态无静差。

由以上分析可知，PI 调节器也是利用时间的积累保持其特性，才消除了静差。

实际应用中，比例积分(PI)调节器常采用图 4-6(a)所示的线路，其输入与输出电压的相应关系如图 4-6(b)所示。

在 U_i 发生突变的瞬间(t_0、t_1、t_2、t_3)，U_o 也发生 $-K_P U_i$ 的跳变，而当 U_i 保持某一正值时($t_0\sim t_1$、$t_2\sim t_3$)，U_o 负向线性变化；U_i 保持某一负值时(t_4)，U_o 正向线性变化；U_i 稳定为零时($t_1\sim t_2$、$t_3\sim t_4$)，U_o 保持某一值不变。

该调节器的积分时间常数为 $\tau=R_fC$，τ 可以反映积分控制作用的强弱。τ 值越小，积分作用越强，消除静差的速度越快，但也越容易产生振荡。

比例积分控制的特点为：

① 比例积分控制的比例作用使得系统动态响应速度快，而其积分作用又使得系统基本无静差。

② PI 调节器的两个可供调节的参数为 K_P 和 τ。减小 K_P 或增大 τ，都会减小超调量，有

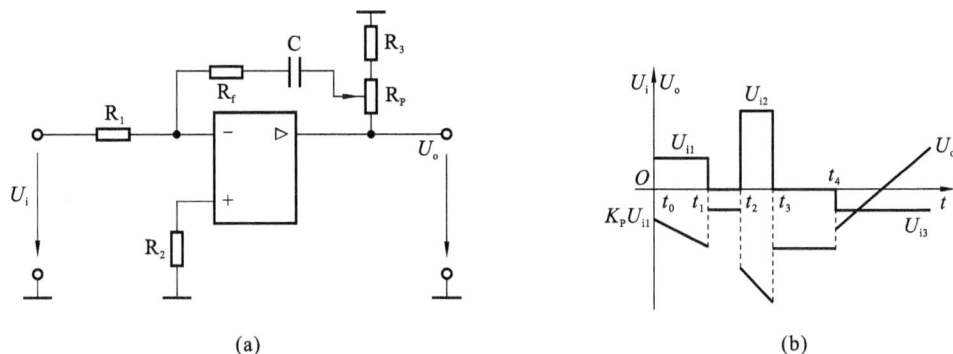

图 4-6　实际 PI 控制

利于系统的稳定,但同时也将降低系统的动态响应速度。

(4) 比例积分微分调节器与比例积分微分控制

一般情况下,采用 PI 调节器已能满足基本的控制要求。但对于某些大延迟对象,为了满足各项控制性能指标要求,还需加入微分控制。

所谓微分控制,是指系统输出量与输入量的变化速度成正比例的控制,简称 D 控制。

采用微分控制后,系统就可根据输入偏差的变化速度来提前进行控制,而不需等到输入偏差已经较大以后才进行控制。因此,它的作用较比例控制还要快。

但是,当输出量已稳定而输入偏差没有变化时,即使系统存在较大偏差,微分控制也不起作用。此外,由于微分控制对输入信号极其敏感,故其抗干扰性能较差。

因此,通常把比例、积分、微分三种控制规律结合起来,形成比例积分微分控制,以得到更为满意的控制效果。比例积分微分控制通常简称为 PID 控制。

① 比例积分微分(PID)调节器。

理想的 PID 调节器的比例积分微分调节规律的一般表达式为:

$$U_o = U_{oP} + U_{oI} + U_{oD} = K_P \Delta U_i + K_I \int \Delta U_i \mathrm{d}t + K_D (\mathrm{d}\Delta U_i / \mathrm{d}t)$$

$$= K_P \left[\Delta U_i + (1/T) \int \Delta U_i \mathrm{d}t + T_D (\mathrm{d}\Delta U_i / \mathrm{d}t) \right]$$

式中　U_{oP}——比例控制输出;

　　　　U_{oI}——积分控制输出;

　　　　U_{oD}——微分控制输出;

　　　　$\mathrm{d}\Delta U_i / \mathrm{d}t$——输入量的变化速度;

　　　　K_D——微分控制的比例常数;

　　　　K_I——积分控制的比例常数;

　　　　K_P——比例控制的比例常数;

　　　　T_D——微分控制的微分时间,$T_D = K_D / K_P$。

由运算放大器组成的 PID 调节器的原理图以及在阶跃信号输入时的输出特性曲线如图 4-7所示。

在 PID 调节器输入端出现突变扰动信号时,PID 调节器的比例控制和微分控制同时发挥作用,在比例控制作用基础上的微分控制作用使 PID 调节器产生很强的调节作用,PID 调节器

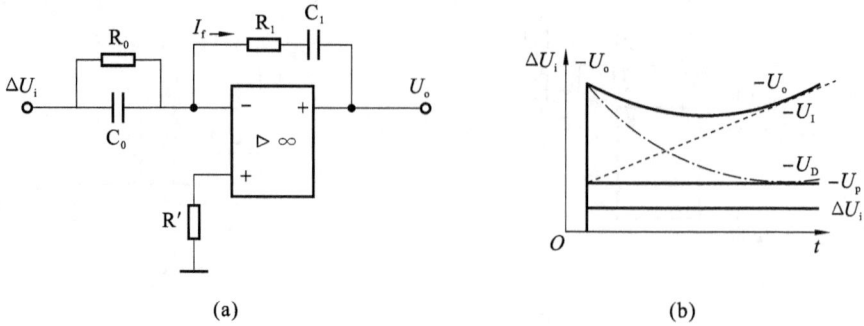

图 4-7 PID 控制

的输出立即产生大幅度的突变。

此后,PID 调节器的微分控制作用逐渐减弱,而比例控制一直发挥作用。与此同时,积分控制作用随时间的积累逐渐增强,直到消除系统静差为止。

由图 4-7(b)可见,PID 调节器的输出信号为 P、I、D 三部分的输出信号之和。由于图 4-7(a)所示的调节器不是理想的 PID 调节器,故其输出信号 U_o 的表达式与以上理想的 PID 控制规律表达式略有区别。

该 PID 调节器的积分时间 $T_1 = R_1 C_1$,微分时间 $T_D = R_0 C_0$,微分时间 T_D 越大,表明微分控制作用越强;反之,则微分控制作用越弱。PID 调节器在用于大惯性被控对象时,可以明显改善控制质量。

② 比例积分微分(PID)控制的特点。

a. PID 控制不但可以实现控制系统无静差,而且具有比 PI 控制更快的动态响应速度。

b. PID 调节器是一种较完善的调节器,其参数主要有比例系数 K_P、积分时间 T_1 和微分时间 T_D,三者必须根据被控对象的特性来正确配合,才能充分发挥各自的优点,满足控制系统的要求。

4.1.2 串级控制

在焊接自动化系统中,大多采用单回路闭环控制。对于高质量的焊接要求,由于焊接过程的复杂性,单回路闭环控制已经不能满足要求,因此需要在单回路闭环控制的基础上采取多回路闭环控制策略。多回路闭环控制系统一般为由多个传感器、多个调节器,或者多个传感器、一个调节器、一个补偿器等组成的多回路控制系统。这种多回路闭环控制系统称为串级可控制系统,其控制系统如图 4-8 所示。

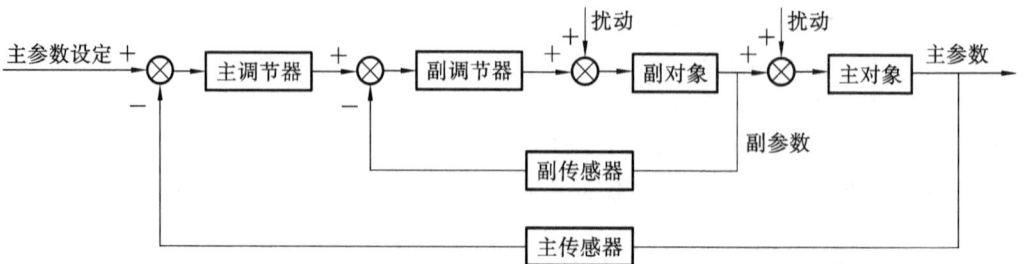

图 4-8 串级控制系统框图

与单回路闭环控制系统相比,串级控制系统中至少有两个闭环,一个闭环在里面,称为副环或副回路,在控制调节过程中起到粗调的作用;一个闭环在外面,称为主环或主回路,用来完成细调的任务,最终满足系统的控制要求。主环和副环各有自的控制对象、传感器和调节器。

串级控制系统的优点有:对干扰有很强的克服能力;改善了对象的动态特性,提高了系统的工作频率;对负载或操作条件的变化有一定的自适应能力。

4.1.3　变结构控制

变结构控制系统的本质是一类特殊的非线性控制,主要表现为控制的不连续性。这种控制策略与其他控制的不同之处在于系统的"结构"并不固定,而是可以在动态过程中,根据系统当时的状态(如偏差及各阶导数等),以跃变的方式有目的地不断变化,迫使系统按预定的控制规律运行。其系统框图如图 4-9 所示。

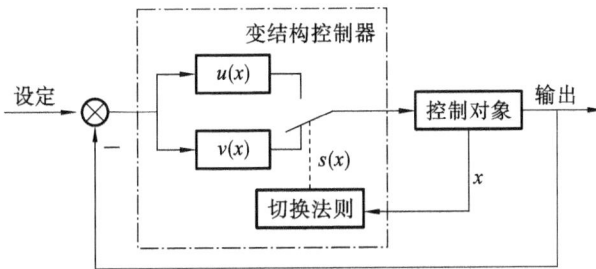

图 4-9　变结构控制系统框图

在焊接自动化控制中,利用变结构控制的理念,可以设计出物理结构变化的变结构控制器,也可以利用软件设计出控制规则与参数变化的变结构控制器。目前,变结构控制在弧焊电源特性控制、焊接电流波形控制、引弧与熄弧控制等方面得到了广泛的应用。

4.1.4　自适应控制

在反馈控制和最优控制中都假定被控对象或过程的数学模型是已知的,并且具有线性定常的特性。实际上,在许多工程中,被控对象或过程的数学模型事先是难以确定的,即使在某一条件下被确定了的数学模型,在工况和条件改变以后,其动态参数乃至于模型的结构仍然经常发生变化。

自适应控制的研究对象是具有一定程度不确定性的系统。"不确定性"是指描述被控对象及其环境的数学模型不是完全确定的,其中包含一些未知因素和随机因素。此时,常规控制器不可能得到很好的控制品质。为此,需要设计一种特殊的控制系统,能够自动调整控制器参数,自动地补偿在模型阶次、参数和输入信号方面非预知的变化。

自适应控制是指在系统工作过程中,系统本身能不断地检测系统参数(模型参数),根据参数的变化改变控制参数或改变控制作用,使系统运行于最优或接近于最优工作状态。

为了完成以上任务,自适应控制必须首先在工作过程中不断地在线辨识系统模型(结构及参数)或性能,作为形成及修正最优控制的依据。这就是所谓的自适应能力,它是自适应控制的主要特点。

自适应控制系统主要由控制器、被控对象、自适应器及反馈控制回路和自适应回路组成,见图 4-10。

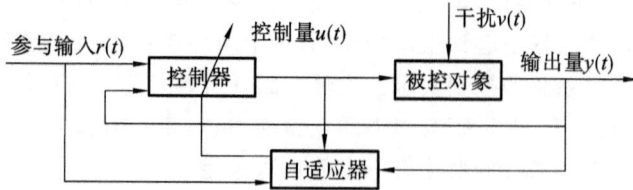

图 4-10　自适应控制系统框架

与常规反馈控制系统相比,自适应控制系统有三个显著特点:

(1) 控制器可调

相比于常规反馈控制器固定的结构和参数,自适应控制系统的控制器在控制过程中一般根据一定的自适应规则不断更改或变动。

(2) 增加了自适应回路

自适应控制系统在常规反馈控制系统的基础上增加了自适应回路(或称自适应外环),它的主要作用就是根据系统运行情况自动调整控制器,以适应被控对象特性的变化。

(3) 适用对象广泛

自适应控制适用于被控对象特性未知或扰动特性变化范围很大,同时要求经常保持高性能指标的一类系统,设计时不需要完全知道被控对象的数学模型。

4.2　专　家　系　统

专家系统(Expert Systems,ES)也称为基于知识的系统、专家咨询系统,是人工智能的一个最为重要的应用领域。专家系统产生于 20 世纪 60 年代中期,目前已被成功运用工业、农业、军事、医疗、教育等众多领域,并已产生了巨大的社会效益和经济效益。

专家系统能够以人类专家的水平完成特别困难的某一专业领域的任务。在设计专家系统时,知识工程师的任务是使计算机尽可能模拟人类专家解决某些实际问题时的决策和工作过程,即模仿人类专家运用他们的知识和经验来解决所面临问题的方法、技巧和步骤。

材料成形过程控制是个复杂的工艺过程。该过程难以量化,更多地需要专家的经验来做出决定,被认为是应用 ES 技术最为理想的领域之一。由于种种原因,目前我国 ES 技术在焊接领域的研究和应用同国外相比还存在较大的差距。

4.2.1　专家系统的定义与分类

(1) 定义

专家系统是一种智能计算机(软件)系统。顾名思义,专家系统就是能像人类专家一样解决困难、复杂的实际问题的计算机(软件)系统。专家系统应该具备以下四个要素:

① 应用于某一个专门领域。

② 拥有专家级知识。

③ 能模拟专家的思维。

④ 能达到专家的水平。

准确地讲,专家系统就应该是应用于某一专门领域,拥有该领域相当数量的专家级知识,能模拟专家的思维,能达到专家级水平,能像专家一样解决困难和复杂实际问题的计算机(软件)系统。这里需要指出的是,所谓的专家级知识、专家的思维,是指专家根据自己独特的实践经验,所具有的独特的分析问题和解决问题的方法和策略,并且这些经验、方法和策略经过长期的实践证明是行之有效的。

(2) 专家系统的分类

通常,专家系统是针对某一应用领域建立的。不同应用领域的专家系统,其功能、设计方法及实现技术各不相同。为了明确各类专家系统的特点及其所需要的技术和系统组织方法,本节讨论专家系统的分类问题。

专家系统的类型可以有多种不同的划分方法,如可以按求解问题的性质分类,也可以按求解问题的要求分类,还可以按系统的体系结构分类等。

海叶斯-罗斯(F. Heyes-roth)等人按照求解问题的性质,将专家系统分为以下 10 种类型。

① 解释型专家系统。

解释型专家系统的任务是通过对已知信息和数据的分析与解释,确定它们的含义。其主要特点有:第一,系统处理的数据量很大,而且往往是不准确的、错误的或不完全的;第二,系统能够从不完全的信息中得出解释,并能对数据做出某些假设;第三,系统的推理过程可能很复杂和很长,因而要求系统具有对自身推理过程做出解释的能力。

解释型专家系统的例子有语音理解、图像分析、系统监视、化学结构分析和信号解释等,如卫星图像分析、集成电路分析、石油测井数据分析、染色体分类等。

② 预测型专家系统。

预测型专家系统的任务是通过对过去或现在知识状况的分析,推断未来可能发生的情况。其主要特点有:第一,系统处理的数据随时间变化,而且可能是不准确或不完备的;第二,系统需要有适应时间变化的动态模型,能够从不完全和不准确的信息中得出预报,并达到快速响应的要求。

预测专家系统的例子主要有气象预报、军事预测、人口预测、交通预测、经济预测和作物产量预测等。

③ 诊断型专家系统。

诊断型专家系统的任务是根据观察到的情况来推断出某个对象机能失常的原因。其主要特点有:第一,能够了解被诊断对象和客体各组成部分的特性,以及它们之间的联系;第二,能够区分一种现象及其所掩盖的另一种现象,能够向用户提出测量的数据,并从不确切信息中得出尽可能正确的诊断。

诊断型专家系统的例子特别多,有医疗诊断、电子或机械故障诊断及材料失效诊断等。著名的血液病诊断专家系统 MYCIN、青光眼治疗专家系统 CASNET 等都属于这类专家系统。

④ 设计型专家系统。

设计型专家系统的任务是根据设计要求,求出满足设计问题约束的目标配置。其主要特点有:第一,善于从多方面的约束中得到符合要求的设计结果;第二,系统需要检索较大的可能解空间;第三,善于分析各种子问题,并处理好子问题间的相互作用;第四,能够试验性地构造出可能设计,并易于对所得设计方案进行修改;第五,能够使用已被证明是正确的设计来解释当前的设计。

设计型专家系统的例子主要有电路设计、土木建筑工程设计、机械产品设计、生产工艺设计等。

⑤ 规划型专家系统。

规划型专家系统的任务是寻找出某个能够达到目标的动作序列或步骤。其主要特点有：第一，所要规划的目标可能是动态的或静止的；第二，所涉及的问题可能很复杂，要求系统能抓住重点，处理好各子目标间的关系和不确定的信息，并通过试验性动作得出可行的规划。

规划型专家系统可用于机器人规划、交通运输调度、工程项目论证、通信与军事指挥及农作物施肥方案规划等。

⑥ 监视型专家系统。

监视型专家系统的任务在于对系统、对象或过程的行为进行不断观察，并把观察到的行为与其应当具有的行为进行比较，以发现异常情况，发出警报。监视型专家系统的主要特点有：第一，系统应具有快速反应能力，在造成事故之前及时发出警报；第二，系统发出的警报要有很高的精确性；第三，系统能够随时间和条件的变化而动态地处理输入信息。

监视型专家系统可用于核电站的安全监视、防空监视与报警、国家财政的监控及农作物病虫害的监视与报警等。

⑦ 控制型专家系统。

控制型专家系统的任务是自适应地管理一个受控对象或客体的全面行为，使其满足预期要求。这类专家系统的主要特点是能够解释当前情况，预测未来可能发生的情况，诊断可能发生的问题及其原因，不断修正计划，并控制计划的执行。也就是说，控制型专家系统具有解释、预报、诊断、规划和执行等多种功能。

控制型专家系统可用于空中交通管制、商业管理、自主机器人控制、作战管理、生产过程控制和生产质量控制等许多方面。

⑧ 调试型专家系统(汽车公司)。

调试型专家系统的任务是对失灵的对象给出处理意见和方法。它要求专家系统具有规划、设计、预报和诊断等功能。

调试型专家系统可用于新产品或新系统的调试，也可用于被维修设备的调整、测试与试验。

⑨ 教学型专家系统。

教学型专家系统的任务是根据学生的特点和基础知识，以最适当的教学方案和教学方法对学生进行教学和辅导。这类专家系统的主要特点有：第一，同时具有诊断和调试功能；第二，具有良好的人机界面。

⑩ 修理型专家系统。

修理型专家系统的任务是对发生故障的对象(系统或设备)进行处理，使其恢复正常工作。这类专家系统的主要特点是同时具有诊断、调试、计划和执行等功能。

除了上述 10 种专家系统外，还有如决策型和管理型的专家系统。决策型专家系统是对各种可能的决策方案进行综合评判和优选的一类专家系统。它同时具有解释、诊断、预测、规划等功能，并能对相应领域中的问题做出辅助决策和对决策做出解释。管理型专家系统是在管理信息系统和办公自动化系统的基础上发展起来的一类专家系统。

4.2.2 专家系统的功能与结构

从概念上讲，一个专家系统应具有图 4-11 所示的一般结构模式。其中，知识库和推理机是两个最基本的模块。

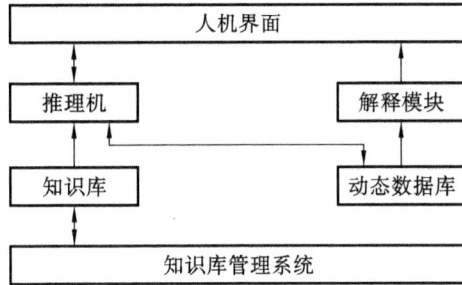

图 4-11　专家系统的结构

① 知识库。

所谓知识库，就是以某种表示形式存储在计算机中的知识的集合。知识库通常是以一个个文件的形式存放在外部介质上，专家系统运行时将被调入内存。知识库中的知识一般包括专家知识、领域知识和元知识。元知识是关于调度和管理知识的知识。知识库中的知识通常就是按照知识的表示形式、性质、层次、内容来组织的，构成了知识结构。

② 推理机。

所谓推理机，就是实现（机器）推理的程序。这里的推理是一个广义的概念，它既包括了通常的逻辑推理，又包括了基于产生式的操作。推理机是使用知识库中的知识进行推理而解决问题的，所以推理机也就是专家的思维机制，即专家分析问题、解决问题的一种算法表示和机器实现。

③ 动态数据库。

动态数据库也称为全局数据库、综合数据库、工作存储器、黑板等，它是存放初始证据事实、推理结果和控制信息的场所，或者说它是上述数据构成的集合。动态数据库只在系统运行期间产生、变化和撤销。需要说明的是，动态数据库虽然也叫作数据库，但它并不是通常所说的数据库，这两者有本质的区别。

④ 人机界面。

人机界面指的是最终用户与专家系统的交互界面。一方面，用户通过这个界面向系统提出或者回答问题，或向系统提供原始数据和事实等；另一方面，系统通过这个界面向用户提出或者回答问题，并输出结果以及对系统的行为和最终结果做出适当的解释。

⑤ 解释模块。

解释模块专门向用户解释专家系统的行为和结果。推理过程中它可向用户解释系统的行为，回答用户"why"的问题；推理结束后它可向用户解释推理的结果是怎样得来的，回答"how"之类的问题。

⑥ 知识库管理系统。

知识库管理系统是知识库的支撑软件。知识库管理系统对知识库的作用类似于数据库管理系统对于数据库的作用，其功能包括知识库的建立、删除、重组，知识的获取（主要指录入和编辑）、维护、查询、更新，以及对知识的检查，包括一致性、冗余性和完整性检查等。

知识库管理系统主要在专家系统的开发阶段使用，在专家系统运行阶段也经常用来对知识库进行增、删、改、查等各种管理工作。所以，它的生命周期事实上和相应的专家系统是一样的。知识库管理系统的用户一般是系统的开发者，包括领域专家和计算机人员（一般称为知识工程师),而成品专家系统的用户一般是领域专业人员。

如果在原来专家系统的结构上添加自学习模块,就成为更为理想的一种专家系统结构。这里的自学习功能,主要是指在系统的运行过程中能不断地自动化地完善、丰富知识库中的知识。

4.2.3 知识获取与知识库管理

知识表示一直是人工智能的重要核心问题,它是知识获取的基础,又是推理的前提。目前在人工智能中信息和知识的表示方法种类繁多,虽然每种方法都有各自的特点,但是它们存在的共同问题是缺乏严格的理论体系。与其他应用领域相比,知识表示在智能设计中遇到了更大的困难,原因在于现有的知识表示方法都缺少对设计过程创造性思维的支持。知识表示是概括智能行为的模型,特点是:

① 智能行为所特有的灵活性问题("常识问题")不能概括为一类简洁的理论,它是大量小理论的集合;

② Al 的任务受到计算装置的约束。这就导致所采用的"表示"必须同时满足"刻画智能现象"与"计算装置可接受"这两个有时矛盾的条件。正是对这两个条件的不同侧重导致了对"表示"的不同认识,并由此产生 Al 研究的不同方法论。

在 Al 中,常见的知识获取知识表示的方法几乎都是来源于研究者对智能行为在微观与宏观不同科学层次的观察与分析而抽象出的模型。根据这些表示方法的原理,可以将它们分成三类。

① 局部表示类:逻辑,产生式系统,语义网络,框架,脚本,过程等。

② 分布表示类:基因,连接机制。

③ 直接表示类:各种图形、图像、声音及人造环境等。

由此,一种知识表示方法的体系树可以被总结为图 4-12 所示的形式。

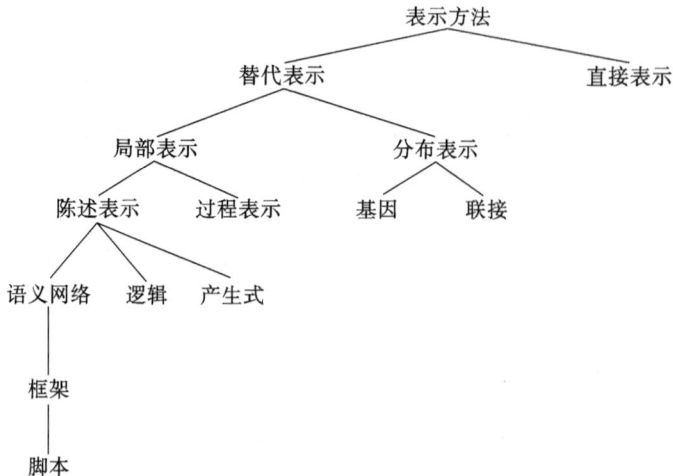

图 4-12 常见知识表示方法的树结构图

而这些方法各有局限性,且新的方法不断出现,如利用可拓学发展的知识表示方法,在知识获取和知识库建立过程中,应根据自己特殊目的的专家系统选用适合的方法,把专有领域的知识表示为计算机可识别、可计算处理的表示形式,同时应构建这种表示形式完整的语义系统,以支撑推理机"常识推理"等的智能模拟活动。

另有大量文献提出将人工神经网络和融合到专家系统里到设计,这种系统利用人工神经网络结合特定的知识表示方法体系可完成专家系统的知识的获取与更新、知识库的建立。

4.2.4　推理控制机制

推理是由已知的知识推出蕴含着的知识,或归纳和发现新知识的重要方法。所有推理方法都要涉及前提与结论之间的关系。按前提到结论置信度传递方式的不同,推理被区分为主观的充分置信推理与主观的不充分置信推理两大类。前者统称为演绎推理,后者统称为归纳推理。严格地说,所谓推理,即按某种特定的策略从已知知识中推出新内容的过程,也是专家系统工作的核心(即模拟专家进行问题求解的过程)。在人工智能专家系统中,推理是由计算机程序实现的,这一程序就叫作推理机。

专家系统在构造推理机时可采用的推理方法很多,常见的可用于计算机算法设计的有以下三种:

① 数据驱动的正向链推理。

② 目标驱动的反向链推理。

③ 两者结合的混合推理。

正向推理过程是一个根据事实推导出结论的过程,这个过程又被称为基于数据驱动的控制策略,也叫作正向链推理。其实现的基本思想是:用户首先要提供一组初始证据,并将初始证据存入综合数据库中;开始推理后,推理机将根据数据库中的事实查询知识库,寻找当前可用的知识,将这些知识组成一个当前可用知识集合;再按照冲突消解的策略,从集合中选择一条可用知识进行推理;最后把推理出的新事实追加到综合数据库中,反复重复这个推理过程,直到求出所需解决问题的解,或是知识库中没有可用知识为止。

与正向推理不同,逆向推理是以目标作为推理出发点的方法,所以又被称为目标驱动的推理,也叫反向链推理等。逆向推理的基本思想是:首先选定一个假设的目标,然后开始寻找支持该目标的证据,如果所需的数据找到,反过来说明原来的假设目标是成立的;如果找不到所需要的证据,那么说明原来假设的目标是不成立的,此时可以重新选定新的假设条件进行新的推理。

混合驱动推理结合了数据正向驱动和目标反向驱动的各自优点,用数据驱动实现初始目标选择,再用目标驱动对目标求解,交替使用两种驱动。推理的目的性不强是正向推理的主要缺点,推理过程中可能完成了一些无关的操作。而选择目标盲目则是反向推理的主要缺点,特别是对初始目标的选择。混合推理将正向推理和逆向推理结合起来,发挥各自的优点,取长补短。混合推理控制策略的思想是:首先通过正向推理实现初始目标的选择,也就是从已知事实中演绎出部分结果,根据这个结果选择一个初始目标;然后使用反向推理对该目标进行求解,在求解过程中,又能得到用户提供的更多信息;再进行正向推理,演绎出更接近的目标,接着再使用反向推理;反复使用正向和反向推理,直到问题被求解。

除了采用这几种常规的推理方法外,在设计具体的专家系统时可根据自己相应的知识表示体系进行改进。

4.2.5 基于模型的专家系统

（1）基于模型的专家系统的概念

基于模型的专家系统采用基于模型的推理方法。基于模型的推理方法是根据反映事物内部规律的客观世界的模型进行推理。有多种模型是可以利用的,如表示系统各部件的部分/整体关系的结构模型,表示各部件几何关系的几何模型,表示各部件的功能和性能的功能模型,表示各部件因果关系的因果模型等。当然,基于模型的推理只能用于有模型可供利用的领域。有的人工智能研究者提出,运用启发式规则的推理为浅层推理,基于模型的推理为深层推理。浅层推理运用专家的经验,推理效率高,但解决问题的能力较差;深层推理由于接触了事物的本质内容,因此解决问题的能力强,但推理效率较低。因此,又发展出了把浅层推理和深层推理结合起来的系统,称为第二代专家系统。本节以因果系统为例,说明基于模型的推理如何用于故障诊断。因果模型由各部件有因果关系的特性组成,其中一个特性的值由另一个或多个其他特性的值决定。

这些特性有些是可以观察到的,有些则是观察不到或是很难观察的。因果模型可以用网络表示,其中结点表示特性,结点之间的连线表示因果关系。如图4-13所示,电路由开关、继电器和灯泡组成。如果接地良好,电源接通且开关闭合,则灯泡就会亮。图4-14所示为这个电路的一个因果模型。如果电路发生故障,则有两种可能:一是操作错误,错误地设置了外部的开关或其他的控制;二是部件故障,某些部件已不能正常工作。专家系统应能识别这些错误并提出解决方法。

在上面的例子中,如果电源接通,接地良好,开关和接点都是闭合的,但有一个灯泡不亮,则从图中可看出有三种故障的可能:灯泡损坏,相应的接点故障以致未接通电源,或该接点没有接到电。

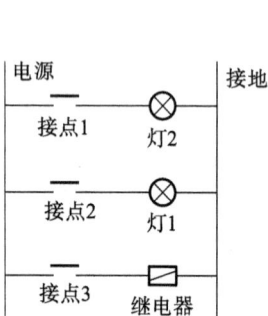

图 4-13　一个简单的电路

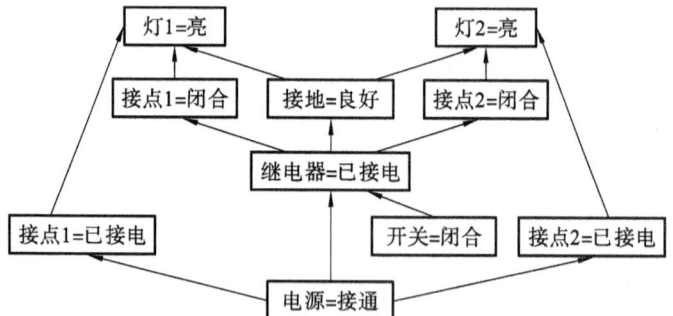

图 4-14　电路的因果模型

利用因果模型完成诊断任务的基本过程可归纳如下:把技术装置用表明各部件特性之间因果关系的网络表示;给定装置的状态和一个故障特性,即观察值与期望值不同的特性;寻找对这种故障的解释,即找出发生故障的部件或错误的外部控制。

（2）基于模型的专家系统举例

下面介绍一个利用启发式规则和因果模型的专家系统,也就是浅层推理与深层推理相结合的系统。系统采用框架结构表示模型;用规则形式表示启发性知识;用元规则表示控制知识,决定何时利用哪些规则进行规则推理,或何时和如何触发基于模型的推理。

图 4-15 所示为汽车启动部分的因果网络。在这里,汽车启动有三个条件:启动器必须使马达旋转,两个火花塞必须打火,启动器的传输必须正常。启动器的旋转要求接电,从而要求电池已充电且接点闭合;火花塞的打火要求电缆正常,且点火圈供电等。

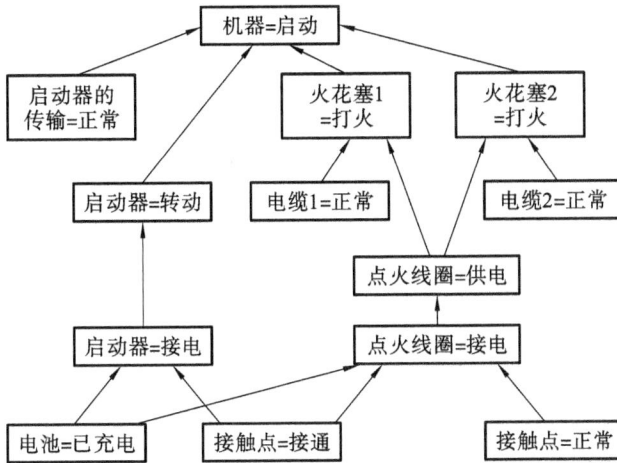

图 4-15 汽车启动部分的因果网络

汽车启动的其他一些要求,如要有汽油,已经由启发式规则描述了。在本例中,下面的规则触发后开始进入因果模型的推理。

关于启动器不旋转的规则如下。

检验规则

症状: 灯＝能亮

启动器＝转动

网络: 启动器

触发器: 启动器＝转动

这时,假设其他一些特性具有下列状态:

启动器＝转动　异常

电池＝已充电　正常

接点＝接通　异常

深度推理从假定的症状开始:启动器＝转动。检查它的原因,查到启动器＝接电,由于这个特性是不可观察的,因此再查找它的起因。启动器＝接电的起因是电池＝已充电和接触点＝接通。由于电池＝已充电是正常的,因此不能提供故障的解释。另一方面,由于接点＝接通是异常的,因此这就是故障的解释。

现在可以看出浅层推理和深度推理的区别。启发式规则可以提供捷径,它可以跳过中间步骤,把问题与结果联系起来。深度推理可以得到和浅层推理相同的结论,但它需要检查很多内部的关系,有些情况在外部很难测试。因此,专家系统把两种推理结合起来,若有启发式规则可用浅层推理,否则进行深度推理。深度推理的结果不仅产生了问题的解,也产生了一条新的启发式规则。该规则尽可能直接地建立了症状与解答之间的联系,因此深度推理也可以作为一种启发式规则的学习机制。

4.2.6 专家系统的设计与开发

（1）专家系统的建造步骤

成功地建立专家系统的关键在于尽可能早地着手建立系统，从一个比较小的系统开始，逐步扩充为一个具有相当规模和日臻完善的试验系统。

建立系统的一般步骤如下：

① 设计初始知识库。

知识库的设计是建立专家系统最重要和最艰巨的任务。初始知识库的设计包括：

a. 问题知识化，即辨别所研究问题的实质，如要解决的任务是什么，它是如何定义的，可否把它分解为子问题或子任务，它包含哪些典型数据等。

b. 知识概念化，即概括知识表示所需要的关键概念及其关系，如数据类型、已知条件（状态）和目标（状态）、提出的假设以及控制策略等。

c. 概念形式化，即确定用来组织知识的数据结构形式，应用人工智能中的各种知识表示方法，把与概念化过程有关的关键概念、子问题及信息流特性等变换为比较正式的表达，它包括假设空间、过程模型和数据特性等。

d. 形式规则化，即编制规则，把形式化了的知识变换为用编程语言表示的可供计算机执行的语句和程序。

e. 规则合法化，即确认规则化知识的合理性，检验规则的有效性。

② 原型机（prototype）的开发与试验。

在选定知识表达方法之后，即可着手建立整个系统所需要的实验子集，它包括整个模型的典型知识，而且只涉及与试验有关的足够简单的任务和推理过程。

③ 知识库的改进与归纳。

反复对知识库及推理规则进行改进试验，归纳出更完善的结果。经过相当长时间（如数月至二三年）的努力，使系统在一定范围内达到人类专家的水平。

（2）专家系统的设计技巧

对专家系统设计者的唯一重要建议是尽早地建立专家系统的原型，即实验样机系统。因为专家的推理规则往往规定得不够完善和不够妥当，所以人们总是希望有可能看见或可以接触到一些具体的东西，使专家尽早看到系统已可实际工作，尽管还不令人满意。一个初始的实验系统很粗糙，很不完善，而且可能包含不准确性，但是至少可以提供一个出发点，让专家可以提出建议，使系统得到改进。

设计系统的许多工作是由知识工程师来负担的，知识工程师要抽取专家的知识，把它表示成适合计算机储存的形式。虽然这个问题始终是一个技巧，但也有一些对建立初始实验系统有用的准则。这些准则有：

① 设计系统时，首先集中精力研究一小部分假设以及下述的观测或观察。也就是说，在设计实验系统时，先不要考虑那些不十分确定的事物。使用一部分结论，只取那些确实可信的观察和肯定的规则。

② 挑选那些最有利于区别各个假设的观测。也就是说，应用这些观测可以把各种假设完全区分开来。

③ 在许多情况下，为得到所需的许多结论，可以用许多方式来组合观测。在决定规则时，

首先从确认或区分各种假设所需的数量最少的观测组合开始。

④ 把那些并不具有很强预测或区别能力的观测组合起来,以便通过观测或结论之间的依赖关系来改善这些观测的区别能力。

⑤ 建立中间假设。引入中间假设的目的是减少规则数量和简化推理过程。例如,由观测的组合可以产生中间假设组合 H1、H2 和 H3。利用这些中间假设的组合合取(H1 ∧ H2 ∧ H3)可以减少产生式规则组合的增长率。同时,还可以采取以下的做法:先独立地确定中间假设 H,然后在进一步的推理中,利用 H 的肯定或否定,而不是始终以事实来推理。

⑥ 以各种事例来试验所设计的系统。研究那些产生不准确结论的事例,并且确定系统可以做些什么修改以校正错误。修改系统后要检验系统对这些事例产生的影响以及系统的这些修改对其他事例的影响。

各类专家系统之间具有一些共同的问题。对于一些任务相似的专家系统,由于问题特征不同而具有不同的求解方法;而另一些任务不同的专家系统,由于问题性质相近而具有类似的求解方法。显然,从问题的一般特征出发来考虑建立模型的方法,更易于抓住问题的本质。

从求解问题的规模来看,有小求解空间和大求解空间两种情况;从求解问题的数据性质来看,有可靠和静态数据及可靠知识、不可靠的数据或知识以及时变数据等情况。根据这些特征来选择求解方法,更具一般性和普遍性,下面略加介绍。

① 具有可靠知识与数据的小搜索空间问题。这种情况比较简单。数据可靠(无噪声、无错误、不丢失、不多余)和知识可靠(不出现假的、近似的或推测性的结论),决定了系统具有单调性并可采用单路推理路线。而小搜索空间的问题一般允许采用穷举搜索策略。

② 不可靠的数据或知识。这种情况下应采用概率推理、模糊推理、不可靠数据的精确推理方法或专门的不确定性推理技术。

③ 时变数据。这种情况下一般要涉及时间推理技术,推理过程要求较复杂的表示法,目前还在发展中。

④ 大搜索空间的问题。这种情况下一般要引入启发式搜索策略或采用分层体系结构,来降低求解过程的复杂程度。对大搜索空间的问题,通常还要根据具体问题的特征采取相应的对策。

(3) 专家系统的评价

一个专家系统在建立之后,必须经过相当长时间的运行检验,不断对知识库等进行改进,使系统日臻完善。专家系统的性能与效益如何,则通过对专家系统的评价做出结论。下面讨论专家系统的评价问题。

① 为什么要评价专家系统?

有人不重视对专家系统的评价,认为它只是表示发展系统的工作要继续进行,而发展系统的工作反正是要做的。此外,他们还认为评价一个系统最好的方法是建立一个专家系统后把系统交给乐于使用者,征求使用者的意见并对他们反映的情况作出回答。但是,这种看法忽略了一个重要的事实:无论是否意识到,从建立专家系统开始,系统的设计者始终都在对系统进行评价。设计和建立一个专家系统是一个通过考虑下述问题,对系统不断地进行评价的过程:

a. 所用的知识表达方法是否合适,或它是否需要扩展或修改?

b. 这个系统能否提供正确的答案和进行正确的推理?

c. 存入系统的知识是否和专家的知识一致?

d. 使用者和系统间进行相互联系是否方便?

e. 使用者需要系统提供什么方便？要求系统具有什么能力？

专家系统是逐渐生成的。很少有只做一个初始的设计一次建成系统的情况。从使用者、合作专家以及系统建造者本身来的反馈信息提供了改进意见，这些意见将被结合到以后改进了的系统中去。对系统的评价渗透到整个系统的建立过程，并且对改进系统设计和性能起关键作用。每当改变、增加、删除知识库中的规则时，每当修改或扩展推理程序的规则时，或每当改进知识表达方法时，所采取的措施都来源于对系统的非正式的评价。对专家系统进行评价的另一个原因是，在系统的评价和改进过程中进行的各种试验，将得到可靠的数据，这将有助于提高人工智能作为一门科学的信誉。

评价专家系统是一个连续的过程。一旦完成了系统原型的建造，就需着手进行某些系统评价，然后利用所得到的结果去改进系统。每当系统上升到一个所企望的台阶时，都要进行评价。当然，开始阶段所进行的评价是非正式的，以后随着系统的发展越来越正式。当系统完成准备投入实际使用前，要对系统作最后的试验和评价。

② 评价专家系统的方法。

从本质上说，试验和评价专家系统与试验和评价专家是相同的。这是一个非常困难的问题，基本有两种方法。

a. 简单地启发式地利用一组例子说明系统的性能，描述在哪些情况下系统工作良好。这和人们常常靠一些医生成功地治愈的疑难病症来说明医生的医术非常相像。这种方法有时被称为"轶事"的方法。

b. 试验的方法。这种方法强调用试验的方法来评价系统在处理各种储存在数据库中的问题事例时的性能。为此必须规定某种严格的试验过程，以便把系统产生的解释与独立得到的对相同问题事例已确认的解释进行比较。虽然试验的方法显然要比轶事的方法优越，但在具体地实现这种方法和得到有代表性的事例方面，常常会遇到严重的困难。在某些领域，如医学，对一些常见病有可能收集比较多的事例，但对一些不常见的疾病，为进行有充分根据的评价，要收集足够多的和有代表性的事例就很困难。在其他一些领域，如地质勘探，得到样本事例的成本很高，而且仅有很少几种矿物形态容易得到。例如，在 PROSPECTOR 系统中，发展了专门的敏感分析过程来比较由系统产生的解释结果与由勘测得到证实的结果。这样做是为了部分地克服得到试验事例数量有限的困难。

纯粹试验的方法还有更为基本的困难。为使分析准确和有用，分析必须有肯定的结束点。这就是说，对每个存放在数据库中的事例，我们必须知道正确的结论，然后我们才能在绝对的尺度上判断系统的性能——正确决定与错误决定的比例。把系统的决定进行分类，并按类分析结果。以这种方式对上述问题进行更详细的分析是很有价值的。例如，在医学方面，每种疾病正确诊断的病例百分比例，以及由于各种可能的错误造成的误诊的病例百分比例，对评价专家系统的性能来说是很有必要的。

从概念上说，所有这些评价都转化为二元的决定：正确或不正确。然而，并非所有的问题都可以很容易地按这种方式来分类。虽然用于分类的专家系统是以这种方式分类的，但在这种类型的专家系统中，还有许多描述系统性能的方法，而这些方法没有明确的终点。例如，如果我们应用一个系统，这个系统根据若干串联的、用作事例结论的陈述作为系统解释输出的说明词，那么我们可能会得到一个令使用者相当满意的总的结论，但这个总的结论很难有确定的终点。在这种情况下，很难要求专家独立地评价这些事例，然后去比较结果。因为专家们不加限制的说明词可能与由系统产生的说明词非常不同。即使要求专家从系统关于事例的结论表中进行选择,也仍然会在把这些句子组合成总的解释方面碰到问题。要专家达到准确的匹配是很困难的。在这种情况下,通常的做法是把系统产生的结果给专家看,询问他们是否同意这些结论。虽然这样的做法会引入在采用隐蔽的方法(即不让其知道这些结论是由谁产生的方法)时可以避免的偏见,但出于实际的理由,这是最常用的评价方法。我们可能请几位相互独立的专家来评价系统,我们情愿他们都来评判系统产生的结果,而不是去独立地提供决定性的结论以进行比较。

③ 评价专家系统的内容。

当专家系统完成时,应对系统的各个方面都作出正式的评价,其中包括:

a. 系统所做的决定和建议的质量。

至今所发展的专家系统,包括 MYCIN 和 PROSPECTOR,在对它们做评价研究时,倾向于把重点放在评价这些系统完成决策任务时的程序性能。因为可靠而准确的建议是专家咨询系统的一个关键成分,通常这是一个不但有重大研究价值而且有重大实用价值的领域,从而理所当然地成为要着重评价的领域。但是,要定义或论证一个系统的建议是否合适或充分的机理可能是困难的。专家系统往往确实是为这样的领域建立的,在这些领域里专家的决定起裁判作用,是非标准化的。但是,有一点是很清楚的,这就是专家系统如果不能说服别人相信系统所做的决定和所给的建议是恰当的和可靠的,那么预定的使用者就不会接受这个系统。通常某些进行校核的方法是强制性的。

b. 所用推理技术的正确性。

并非所有的专家系统设计者都关心他们的程序是否以和人类思维类似的方法得出正确结论的。对 MYCIN 系统和 PROSPECTOR 系统的评价都不考虑系统用来得到结论的推理方法是否和专家所用的可相比较的方法相等价。但是,现在人们日益认识到,要达到专家水平的性能,可能要更加重视专家用来解决那些通常要求专家系统去解决的问题时所应用的推理机理。

c. 人和计算机之间对话的质量。

虽然专家系统推理过程的可靠性对系统能否最后成功使用是起到根本作用的,但现在知识工程师通常承认其他因素也会影响系统是否被预定的使用者所接受。这些因素中,专家系统和使用者之间能很自然地对话尤其重要。与此相关的问题如下:

(a) 在提问和由程序来产生解答时用词的选择。

(b) 专家系统解释它如何做出决策的基本能力以及使系统的解释适合使用者知识水平的能力。

(c) 当使用者对系统要求他们做的事情疑惑不解时,或在使用程序时因为某种原因需要帮助时,专家系统为使用者提供帮助的能力。

(d) 专家系统以容易理解的方式或以使用者熟悉的术语来提出建议或向使用者进行解释的能力。

因为上述问题中的每一点对于一个专家系统的最后成功使用来说,与系统提供建议的质量同样重要,所以这些方面也有必要进行正式评价。现在许多专家系统已经作了很多努力来发展这方面的能力,但是评价这些能力效果的技术以及在研究设计中把一个因素和其他因素分开的技术都还很不成熟。因为在一个专家系统被实际使用之前,上述这些问题通常不宜进行正式研究,所以至今在对系统进行评定时,往往忽视对上述这些方面的评价。

d. 效率。

在评价系统过程中，必须分析在实际使用环境下专家系统对决策过程的影响。例如，一个系统如果要求使用者花费过多时间，即使它在完成所有上面提到的任务方面是很出色的，也难以被使用者接受。类似地，系统运行的技术分析一般也是必要的。例如，CPU 的能力没有充分发挥或磁盘寻找过程设计不善，可能会造成系统效率不高，这就会严重地限制系统的反应时间或成本效果。

e. 成本效果（或工程经济分析）。

最后，如果希望一个专家系统成为市场上的产品，对系统的成本效果作某些详细的评价是必要的。当然，最后要由市场来对产品的成本效果做出判断。在市场上第一个作为商品出售的用于建立专家系统的工具是 AL/X。因为这个系统是用于建立专家系统的，所以它本身并不包含专家知识。AL/X 预先并没有经过正式的评价，因此市场将确定程序所提供的方法是否成功。

4.3　模　糊　控　制

4.3.1　模糊控制的概念和发展

美国加利福尼亚大学控制论专家 L. A. Zadeh 教授在 1965 年提出的 Fuzzy Set 开创了模糊数学的历史，吸引了众多的学者对其进行研究，使其理论和方法日益完善，并且广泛地应用到了自然科学和社会科学的各个领域。尤其在第五代计算机的研制和知识工程开发等领域占有特殊重要的地位。把模糊逻辑应用于控制领域则始于 1973 年。1974 年，英国的 E. H. Mamdani 成功地将模糊控制应用于锅炉和蒸汽机的控制。此后，模糊控制不断发展并在许多领域中得到了成功应用。由于模糊逻辑本身提供了由专家构造语言信息结构并将其转化为控制策略的一种体系理论方法，因而能够解决许多复杂而无法建立精确数学模型系统的控制问题。它是处理推理系统和控制系统中不精确和不确定性的一种有效方法。从广义上讲，模糊控制是基于模糊推理，模仿人的思维方式，对难以建立精确数学模型的对象实施的一种控制策略。它是模糊数学同控制理论相结合的产物，也是智能控制的重要组成部分。模糊控制的突出特点在于：

① 控制系统的设计不要求知道被控对象的精确数学模型，只需要提供现场操作人员的经验知识及操作数据。

② 控制系统的鲁棒性强，适用于解决常规控制难以解决的非线性、时变及大滞后等问题。

③ 以语言变量代替常规的数学变量，易于形成专家的"知识"。

④ 控制系统采用"不精确推理"，推理过程模仿人的思维过程。由于介入了人的经验，因而能够处理复杂甚至"病态"系统。

传统的控制理论（包括经典控制理论和现代控制理论）利用受控对象的数学模型（即传递函数模型或状态空间模型）对系统进行定量分析，而后设计控制策略。这种方法由于其本质的不容性，当系统变得复杂时，难以对其工作特性进行精确描述。而且，这样的数学模型结构也不利于表达和处理有关受控对象的一些不确定信息，更不利于人的经验、知识、技巧和直觉推理，所以难以对复杂系统进行有效控制。

经典的模糊控制器利用模糊集合理论将专家知识或操作人员经验形成的语言规则直接转

化为自动控制策略(通常是通过模糊规则表查询),其设计不依靠对象精确的数学模型,而是利用其语言知识模型进行设计和修正控制算法。

20世纪90年代以来,模糊控制系统的研究取得了一些比较突出的进展,如模糊系统的万能逼近特性,模糊状态方程及稳定性分析,软计算技术等。这些研究逐步丰富和发展了模糊系统的理论体系。模糊控制在理论上突飞猛进的同时,也越来越多地成功应用于现实世界中。

模糊控制的发展基本上可分为两个阶段:初期的模糊控制器是按一定的语言控制规则进行工作的,而这些控制规则建立在总结操作者对过程进行控制的经验基础上,或设计者对某个过程认识的模糊信息的归纳基础上,因而它适用于控制不易获得精确数学模型和数学模型不确定或多变的对象;后期的模糊控制器则是基于控制规则难以描述,即过程控制还总结不出什么成熟的经验,或者过程有较大的非线性以及时滞等特征,试图吸取人脑对复杂对象进行随机识别和判决的特点,用模糊集理论设计的自适应、自组织、自学习的模糊控制器。模糊控制现正从以下几个方面加以研究:

① 研究模糊控制器非线性本质的框架结构及其同常规控制策略的联系,揭示模糊控制器工作的实质和机理。它可提供系统的分析和设计方法,解决一些先前被认为困难但却非常重要的问题,如稳定性、鲁棒性等。

② 在模糊控制已取得良好实践效果的同时,从理论分析和数学推导角度揭示和证明模糊控制系统的鲁棒性优于常规控制策略。

③ 研究模糊控制器的优化设计问题,尤其是在线优化问题。模糊控制器源于启发式直觉推理,其本身的推理方式难以保证控制效果的最优。解决模糊控制器的优化问题也是进一步将其推向工业应用的有效手段。

④ 在理论研究中规则本身非线性问题及实际应用中模糊控制器的规则自学习和自动获取问题。前者之所以成为难点,是因为具有线性规则的模糊控制器本身已属非线性控制,非线性规则则更使问题的系统化研究方法困难;后者构成智能控制中专家系统的核心问题。

⑤ 将模糊控制同其他领域的理论研究方法相结合,利用模糊控制的优势解决该领域中过去用常规方法难以解决的问题。

4.3.2 模糊逻辑系统原理

(1)非模糊化方法

非模糊化处理是模糊系统中的一个关键环节,它是将模糊推理中产生的模糊量转化为精确量。常见的非模糊化方法有以下几种:① 最大隶属度值法(MC,maximum criterion);② 最大隶属度平均值法(MOM,mean of maximum method);③ 面积平均法(COA,center of area);④ 重心法(COG,center of gravity)。

这些非模糊化方法在不同程度上都具有一定的局限性,Filev 和 Yager 采用学习机制提出了一种基本非模糊化分布函数法(BADD,basic defuzzification distribution),对 COG 中的加权因子进行了修正。在此基础上,后来又提出了半线性非模糊化方法(SLIDE,semilinear defuzzification)、改进半线性非模糊化方法(MSLIDE,modified semilinear defuzzification)。BADD、SLIDE 及 MSLIDE 注意到了 MOM 及 COG 的优缺点,但结果仍不是很理想。Jiang 和 Li 对常见非模糊化方法进行了总结,提出了基于广义传递函数的非模糊化方法(generalized transformation-based defuzzification),具有以下形式:

$$d = \frac{\sum u_i T_i x_i}{\sum u_i T_i}$$

式中 u_i——隶属度；

T_i——广义传递函数；

x_i——论域值。

选取不同的传递函数 T 可求得不同的非模糊化方法，以上各种非模糊化方法都是这种方法的特例。同其他方法相比，Jiang 和 Li 的方法适用面要广一些，但他们的方法中广义传递函数的选取很关键，同时一些参数通过自学习机制来确定，计算比较复杂。

（2）常见模糊逻辑系统

模糊化处理、模糊推理、非模糊化处理各自有不同的选取方法，因此构成了很多种模糊系统。常见的模糊系统有以下几种：

① 基本模糊系统。

基本模糊系统指的是最基本意义上的模糊系统，具有标准的模糊化处理、模糊推理、非模糊化处理三个环节。其规则具有以下形式：

R^i: If x_1 is A_1^i, x_2 is $A_2^i \cdots$ and x_n is A_n^i, then y is B^i.

其中，A_i^i 和 B^i 均为模糊量。模糊推理一般采用常见的 sup- $*$ 合成。

② 基于 TS 模型的模糊系统。

TS 模型最早是由 Takagi 和 Sugeno 提出的，规则输出段采用线性集结方法：

R^i: If x_1 is A_1^i, x_2 is $A_2^i \cdots$ and x_n is A_n^i, then $y^i = c_1^i x_1 + c_2^i x_2 + \cdots + c_n^i x_n$.

这类模糊系统采用局部线性环节整体实现非线性，形式简单，易于工程应用。

③ 基于模糊基函数 FBF 的模糊系统。

模糊基函数（FBF，fuzzy basic function）是 Wang 首先提出的。这类模糊系统具有重心平均非模糊化机制、乘积推理规则及单值模糊化机制，表示为以下形式：

$$f(x) = \frac{\sum_i y^i \left[\prod_k \mu_{A_k}^i (x_k) \right]}{\sum_i \left[\prod_k \mu_{A_k}^i (x_k) \right]} = \sum_i \left\{ \frac{\prod_k \mu_{A_k}^i (x_k)}{\sum_i \left[\prod_k \mu_{A_k}^i (x_k) \right]} y^i \right\}$$

Wang 最初的模糊系统采用 Gaussian 型隶属度函数。Zeng 基于梯形隶属度函数提出了另外一种 FBF，具有一些比较特殊的性质，但模糊系统结构与 Wang 相同。基于 FBF 模糊系统从函数基展开的角度去研究模糊系统，在理论上具有很重要的价值。

④ SAM 模糊系统。

标准加型（SAM，standard additive model）模糊系统是通过对一般模糊系统映射关系的分析，基于椭圆体规则映射关系。从映射角度，论域空间与输出空间局部是一种椭圆体映射关系，而全局上采用加权平均的方式，形成一种模糊系统。这类模糊系统结构类似于上述基于模糊基函数的模糊系统，但它从映射的角度去研究模糊系统，同时它的应用范围要更广泛一些。

4.3.3　模糊控制器的设计

（1）一般模糊控制器的设计与结构分析

模糊控制器一般采用反馈控制结构，从结构上分析，常见模糊控制器一般可分为二维、三维模糊控制器。类似于 PID 控制器,二维模糊控制器一般也称 PD 或 PI 型模糊控制器,三维模糊控制器称为 PID 型模糊控制器。这最早是由 Tang 明确提出的,通过对常规模糊控制器的机理进行分析,他指出了一般模糊控制器同 PI 控制器的相似性。随后,Abdelnour 从 PID 控制角度出发,提出了 FZ-PI、FZ-PD、FZ-PID 三种形式的模糊控制器。刘向杰等采用各种方式得出了模糊控制器中量化因子、比例因子同 PID 控制器的因子 K_P、K_I、K_D 之间的关系式。此外,胡包钢对模糊控制器的维数作了分析,提出四项系统功能评价指标——控制量合成,耦合影响,增益相关,规则指数增长,并提出一维模糊控制器在规则数目处理上相对较优。将模糊控制与其他控制方法综合起来进行新的控制器设计也是一种新的研究方法。Palm 将模糊规则应用于滑模控制,提出了模糊滑模控制(FSMC),用以解决滑模控制中的高频颤动问题。将模糊模型应用于预测控制,张化光等提出了模糊预测控制。类似的研究还有模糊变结构控制(FVSC),模型参考自适应控制器,最优模糊控制器,分层递阶模糊控制器,自适应模糊控制器等等。

(2) 基于模糊自适应 PID 控制器的设计

以模糊 PID 控制器为例,PID 控制具有结构简单、稳定性能好、可靠性高等优点,尤其适用于可建立精确数学模型的确定性控制系统。但是在实际应用中,大多数工业过程都不同程度地存在非线性、参数时变性和模型不确定性,因而一般的 PID 控制无法实现对这样过程的精确控制。模糊控制对数学模型的依赖性弱,不需要建立过程的精确数学模型。模糊自适应 PID 控制器与常规 PID 控制器相比,明显地改善了控制系统的动态性能,抗干扰能力更强,且易于实现,便于工程应用。

① 模糊自适应 PID 控制器的原理。

模糊自适应 PID 控制器是应用模糊数学的基本理论和方法,把规则的条件、操作等用模糊集表示,并把这些模糊控制规则及有关信息作为知识存进计算机的知识库中,然后计算机根据控制系统的实际响应情况运用模糊推即可自动实现对 PID 参数的调整,这就是模糊自适应 PID 控制。

② 模糊自适应 PID 控制器的结构。

在实际应用中,一般是以误差 e 和误差的变化率 $de/dt(e_c)$ 作为控制器的输入,可以满足不同时刻的误差和误差变化率对 PID 参数自整定的要求。利用模糊控制规则对 PID 参数进行修改,便构成了自适应模糊 PID 控制器,结构图如图 4-16 所示。

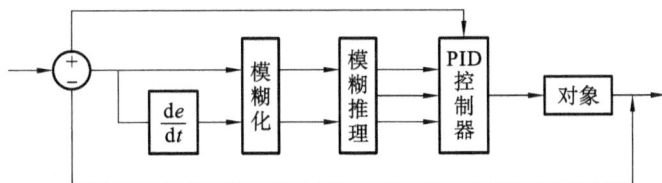

图 4-16　自适应调整模糊控制器结构图

③ 模糊自适应 PID 控制器的设计。

a. 参数自整定原则。

PID 参数模糊自整定是找出 PID 三个参数与误差 e、误差的变化率之间的模糊关系,在运行中通过不断检测误差和误差变化率,根据模糊控制原理对三个参数进行在线修改,以满足不同要求,而使被控对象有良好的动、静态性能根据参数 K_P、K_I 及 K_D 的作用,在不同的误差和误差变化率条件下,对 PID 控制器参数整定要求如下:

(a) 当偏差较大时,应取较大的 K_P、较小的 K_D,并对积分作用加以限制,通常取 $K_I=0$。

(b) 当偏差处于中等大小时,为使系统响应具有较小的超调,K_D 应取得小些。这时的取值对系统影响较大,要大小适中,以保证系统的响应速度。

(c) 当偏差较小即接近设定值时,应增加 K_D 和减小 K_I 的取值。当偏差变化量较小时,可取值大些;当偏差变化量较大时,K_D 应取值小些。PID 参数的整定必须考虑在不同时刻三个参数的作用以及相互之间的互联关系。

b. 模糊控制器的变量定义。

二维模糊控制器的两个输入语言变量(偏差 e 和偏差变化率 e_c)以及 3 个输出语言变量(K_P、K_I 和 K_D 的修正值 AK_P、AK_I、AK_D)的模糊集及其论域定义如下:误差 e 及误差的变化率 e_c 的模糊子集均为 $\{N_B,N_M,N_S,Z_O,P_S,P_M,P_B\}$,子集中各个元素分别代表负大、负中、负小、零、正小、正中、正大。

c. 变量隶属度函数的确定。

模糊控制器以 e 和 e_c 为输入语言变量,K_P、K_I、K_D 为输出语言变量。输入语言变量的语言值均取为"负大"(N_B)、"负中"(N_M)、"负小"(N_S)、"零"(Z_O)、"正小"(P_S)、"正中"(P_M)、"正大"(P_B)7 种;输出语言变量的语言值均取为"负大"(N_B)、"负中"(N_M)、"负小"(N_S)、"零"(Z_O)、"正小"(P_S)、"正中"(P_M)、"正大"(P_B)7 种。将误差 e 及误差的变化率 e_c 的变化范围定义为模糊集上的论域:$e,e_c=\{-5,-4,-3,-2,-1,0,+1,+2,+3,+4,+5\}$。

d. 建立模糊控制规则表。

模糊控制设计的核心是总结已有的技术知识和操作经验,建立合适的模糊规则。按照上述的参数整定原则,得到针对 K_P、K_I、K_D 三个参数分别整定的模糊控制表。

e. 去模糊化。

依照模糊规则表得到的结果是一个模糊矢量,不能直接用来作为控制量,因此要进行去模糊化(defuzzification),或称为模糊判决。本书采用工业控制中广泛使用的去模糊化方法——加权平均法,求得控制量的实际值。

$$x_0 = \frac{\sum\limits_{i=1}^{n} x_i u_i}{\sum\limits_{i=1}^{n} u_i}$$

(3) 基于模糊状态方程的模糊控制器设计

基于模糊状态方程的模糊控制器设计采用了一种新的方法。它基于现代控制理论,将相应的结果应用于模糊控制器设计及稳定性分析。模糊状态方程(模糊动态模型)的离散模型一般采用如下形式:

$$R^i: \text{If } x_1 \text{ is } A_1^i, x_2 \text{ is } A_2^i \cdots \text{ and } x_n \text{ is } A_n^i, \text{then } \begin{cases} x(k+1)=F_i x(k)+G_i u(k) \\ y(k+1)=C_i x(k)+D_i u(k) \end{cases}.$$

模糊状态方程是对最初 TS 模型的进一步推广。最初是基于一种稳定模糊控制器的设计,对于所有子模型,其结果是要找到一个公共的正定矩阵,但这一要求在实际中很难满足。后来这一方面的研究人员将这一条件进行弱化,提出只要找到一组正定矩阵就可以满足稳定性要求,并做了相应的控制器设计。针对模糊状态方程的连续模型,给出了一种状态反馈控制器的设计方法,同时提出了模糊状态观测器的设计方法。类似的研究还有采用极点配置的模糊控制器设计,基于 LMI 的模糊控制器设计等。

(4) 基于自适应模糊控制器的研究

初始控制规则一般比较粗糙,很难达到控制要求,于是就出现了自适应模糊控制器。对自适应模糊控制器的研究最早是由 Procyk & Mamdani 于 1979 年提出的,称作语言自组织模糊控制器(SOC)。自适应模糊控制的思想在于在线或离线调节模糊控制规则的结构或参数,使之趋近于最优状态。根据所采用的结构和参数调节方法的不同,关于自适应模糊控制的研究可以大致分为以下几类。

① 一般自适应模糊控制器研究。

为了提高模糊控制器的适应能力,采用一种带有修正因子的控制算法,可描述为 $u = -(\alpha \cdot e + (1-\alpha) \cdot EC), \alpha \in (0,1)$,其中 α 称作修正因子。调整修正因子 α,相当于改变了控制规则的特性。Procyk & Mamdani 提出的语言自组织模糊控制器(SOC)直接对模糊规则进行修正,这是一种规则自组织模糊控制器。Raju 对控制规则进行分级管理,提出自适应分层模糊控制器。此外,Linkens 等学者提出了规则自组织自学习算法,可对规则的参数以及规则数目进行自动修正。这方面的研究重点是针对学习算法的,常见算法有梯度下降法、变尺度法、奖罚因子学习法等,近年来也出现了采用遗传算法学习。但是,对于规则自组织模糊控制器,一个重要的难题在于如何采取合理的规则表示法。随着对神经网络的深入研究,采用神经网络来解决这类模糊控制器的规则表示及学习算法问题已成为新的研究方向。

② 基于神经网络的模糊控制器研究。

就在模糊控制迅猛发展的同时,神经网络理论也在不断完善、成熟。神经网络理论是随着智能计算机的发展而发展的。它是一门以人脑的功能为研究对象,以人体神经细胞的信息处理方法为背景,涉及生物、电子、计算机、数学和物理等学科的交叉学科。神经网络是由简单的、反映非线性本质特征的处理单元(神经元、处理元件、电子元件、光电元件等)广泛连接而构成的复杂网络系统。它是在现代神经科学研究的基础上提出的,反映了人脑功能的基本特征。但它并不是人脑神经系统的真实写照,而只是对其作某种简化、抽象和模拟。神经网络是一个具有高度非线性的超大规模连续时间动力系,其主要特征在于信息的分布存储和信息的并行协同处理。虽然单个神经元的结构极其简单,功能有限,但神经元构成的网络系统可实现的行为却是丰富多采的。神经网络并行处理能力是通过分布式结构来体现的,即由不同个数的神经元以及它们之间不同的连接形式和方法来表现处理过程。神经网络的运行是从输入到输出的值的传递过程,在值传递的同时完成了信息的存储和计算,从而将信息的存储和计算完善地结合在一起。值的传递过程和电流在电阻网络中的传递过程是类似的,神经网络中各个神经元的工作是并行的。这种本质上的并行性与现在所研究的并行计算机的并行性在概念和实现方法上均有差异。和数字计算机相比,神经网络系统具有集体运算和自适应学习的能力。此外,它还有很强的容错性和鲁棒性,善于联想、综合和推广。近年来,神经网络的应用所带来的经济和社会效益已逐渐为人们所重视。美国军方在海湾战争中采用了神经网络来进行决策控制,美国能源部利用它来预报世界原油价格,联邦航空管理局利用它进行机场行李炸弹的自动检验。美国联邦政府的许多其他部门也提出了发展神经网络应用的课题。此外,波音、德士古、福特等大公司以及一些银行和保险公司也都纷纷应用神经网络系统进行控制和决策。可以说,神经网络的应用领域达到了前所未有的广度,并且有着极其广阔的前景。

为了解决模糊控制的适应性能,结合神经网络的特点,出现了模糊神经网络控制。1990年,日本著名的神经网络专家甘利俊一发表了他对神经网络与模糊技术相结合的看法。1992年,他提出了利用神经网络实现模糊逻辑推理的方法,同年提出了利用神经网络实现模糊控制的方法。目前,模糊理论与神经网络的融合模式大致分以下三种:a. 在模糊推理控制中引入神经网络技术,解决隶属度最优设计、知识自动获取等问题;b. 在神经网络设计中引入模糊技术,改善神经网络结构的可修正性;c. 模糊推理与神经网络各自独立工作,分别完成系统不同的功能。利用神经网络的结构映射模糊控制器的输入与输出,也就形成了各种不同模糊神经网络。在万能逼近理论的基础上,将模糊逻辑系统表示成一个前馈网络系统,采用反向传播学习算法(BP 算法)对网络进行训练。但采用 BP 算法不可避免地存在着局部极小等问题。在一定的约束条件下,Jang 等证明了模糊系统与 RBF 网络存在着函数等价性,提出了基于 RBF网络的自适应模糊系统。在此基础上,Cho 研究了 RBF 网络在模糊系统中的应用,用 RBF 网络成功地构造了自适应模糊系统,并进一步用扩展的 RBF 网络实现了模糊系统的三种不同结构。由于 RBF 网络在结构上具有输出-权值线性关系,因而基于 RBF 网络的自适应模糊系统具有训练方法快速易行、不存在局部最优问题等优点。基于自适应网络的模糊推理系统是Jang 提出的,通过调整自适应节点的参数改变模糊规则,其模糊规则的前件和后件的参数都能得到调整。类似的研究还有基于神经网络的模糊逻辑控制和决策系统、模糊 ART 映射、Kohonen 分组网络、模糊小脑模型控制等。

神经网络为模糊控制提供了一种比较好的结构体系。采用神经网络解决模糊控制中的结构与参数调节问题,以及实现模糊控制的自适应能力是一种很好的方法。

③ 基于遗传算法的模糊控制器研究。

遗传算法作为一种新的搜索算法,具有并行搜索、全局收敛等特性。将遗传算法应用于模糊控制中,可以解决一般模糊控制器中隶属度函数及规则的参数调节问题。这方面的研究主要在两方面开展:其一是采用遗传算法对隶属度函数参数进行调节;其二是对规则数目进行调整,规则数目的调整一般比较困难,这方面的工作主要是 Ishibuchi 提出的。遗传算法、神经网络与模糊技术是软计算技术的三大支柱,三者的结合促进了软计算技术的进一步发展。

5 时间测量与控制系统

5.1 概　　述

5.1.1　时间测量与控制系统的基本概念

在材料成形与控制系统中,对时间变量的测量与控制无处不在。在任何一个热加工成形过程的热加工设备程序动作中,都要求对动作时间的长短,也就是动作的延时进行控制。

要对程序动作的延时进行控制,就要求对事件的计量有一个计时基准。秒、分钟、小时就是任何周围事件的通用计时(计量)基准。

在材料成形时间测量与控制系统中,以秒为计时基准太不精确,通常希望以 1/1000 s,也就是 1 ms,甚至 $1/10^6$ s,亦即 1 μs 为计量基准。

材料成形与控制系统中,产生程序动作是由程序动作控制信号驱动相关的执行机构完成的。正如电子机械表中,秒针的移动动作是由秒控制信号驱动电子表的步进电动机这一执行机构完成的;在液晶显示电子表中,执行机构则是液晶显示板。而在材料成形与控制系统中,执行机构的种类千差万别,它们可能是各种电动、液压或气动装置。

为了产生程序动作信号,要有程序动作信号的发生装置。由于电信号的发生与转换在所有物理系统中是最简单易行的,因此在材料成形与控制系统中,毫不例外地均采用电路形式产生程序动作信号,这个电路就称为程序控制电路。

程序控制电路给出的程序动作控制信号一般是电平控制信号。电平控制信号有所谓"1"电平信号和"0"电平信号。"1"电平信号是指程序控制电路输出端输出的有效信号电位高于"0"电位,而"0"电平信号则是输出端输出的有效信号电位等于线路的电位,如图 5-1 所示。

由电工学的理论得知,工业电网正弦波形交流电压的频率为 50 Hz,而且基本上是稳定不变的,因此可以利用这个特点作为程序控制电路的时间基准。

图 5-1(b)所示为电网的正弦交流电压波形。如果将正弦波的一个完整波形,即一个周期波形(也称周波)的过零点检测出,并形成具有标志性的脉冲,那么这个脉冲就可以当作基本准确的计时标准,因此成为时基脉冲。各个时基脉冲的间隔就是电网正弦波形的一个周期 T,即 $T=1/50\ \text{Hz}=20\ \text{ms}$。

5.1.2　程序控制电路的基本结构

程序控制电路的基本组成部分如下。

① 同步变压器(T_S)。它实际上就是一个普通的降压用变压器。一般的电网电压为 380 V 或 220 V,为安全起见,必须将其降低到一般控制电路所使用的安全电压(一般为 6~24 V)。

② 50 Hz 时基脉冲发生器。该电路的作用是将一个完整周波的过零点检测出,并形成一系列的过零点脉冲,即时基脉冲。

③ 时基脉冲计数器。有了时基脉冲后,对其进行计数,那么脉冲周期($T = 20$ ms)与计数个数的乘积就是一段时间延迟。这正是程序控制电路产生延时的方法,简称计数延时法。计数延时法不仅在一般程序控制电路中使用,也是计算机中产生延时普遍采用的方法。

计数器的输入信号为时基脉冲,输出信号为"计数到"脉冲信号。从计数开始的第一个时基脉冲进入计数器,到计数器输出"计数到"脉冲信号为止,这段时间就是程序控制信号的延时。

④ 置数装置。因为需要灵活地控制程序电平控制信号的延时时间,所以时基脉冲的计数个数需要预先设置。因此,需要一个置数装置。在一般的电路中,置数装置为拨码器,在计算机控制设备中,则可用键盘输入计数个数。

⑤ 程序转换电路。一般计数器的输出"计数到"脉冲信号是宽度很窄的脉冲信号,用"计数到"脉冲信号无法直接推动执行机构。因此,必须将由开始计数到"计数到"脉冲产生这段延时变成一个电平控制信号,如图 5-1(d)所示。完成这个工作的电路就称为程序转换电路,它实际上是一种脉冲变换电路,程序转换电路最终输出程序电平控制信号。

本章通过具体应用实例,阐明控制电路各个组成部分的电路结构和工作原理。

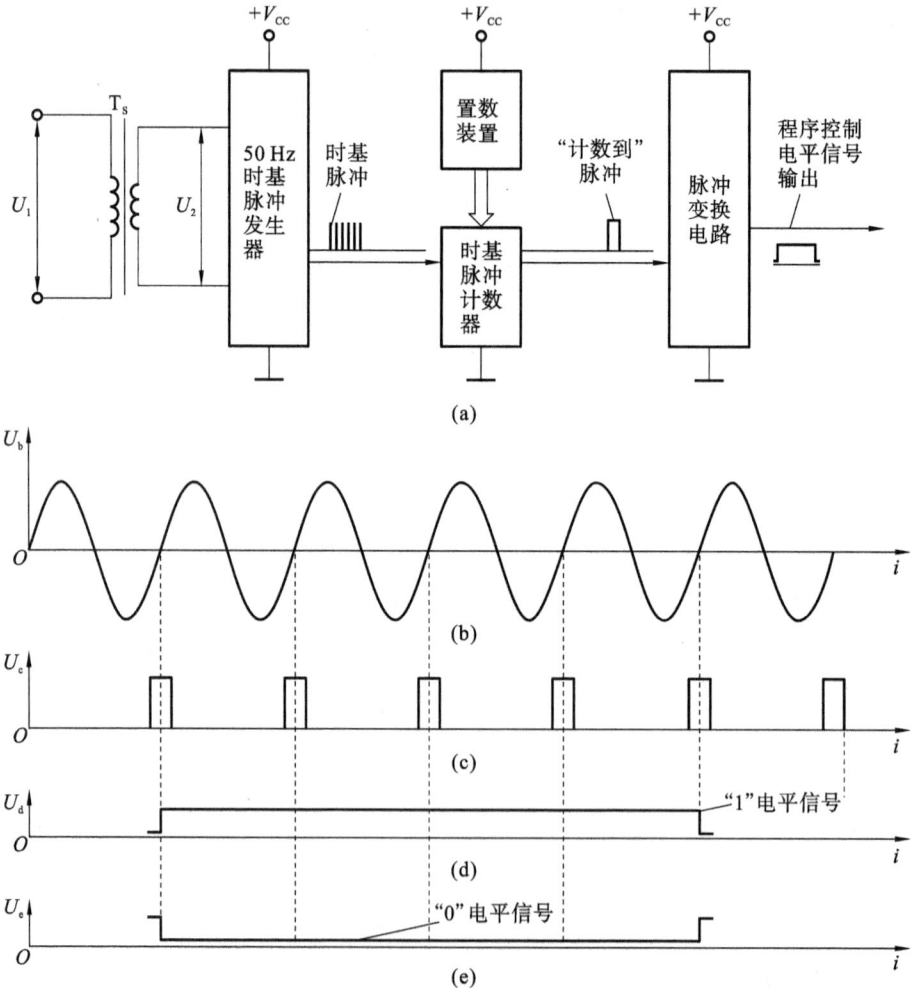

图 5-1 程序控制信号电路的结构框图与波形

(a) 电路结构框图;(b) 电网电压正弦波形;(c) 50 Hz 时基脉冲波形;(d) "1"电平信号;(e) "0"电平信号

5.1.3　程序信号 RC 延时法

时基脉冲计数延时法可产生比较准确的延时时间,在材料成形与控制系统中,有时并不需要很准确的延时。当对延时精度要求不高时,最简单的就是 RC 延时法。

RC 延时电路如图 5-2(a)所示。由电工学理论知,一个直流电源在开关 K 合上后,经过电阻 R_1、R_2,电源正电压＋V_{cc} 就向电容 C 充电,充电曲线如图 5-2(d)所示。电容达到某一电压(如图 5-2 中的 V_c)需要一段时间。而固定 C,调节电阻 R_1 的数值,就可调节达到 V_c 的时间。这就是 RC 延时法产生延时时间的基本思路。

这种产生延时的电路非常简单,但最大缺点是:一般电阻器件的电阻值和电容器件的电容量的精度不可能很高(精度很高的电阻器件和电容器件的制作成本很高),造成延时不精确。

虽然一般的 RC 延时电路本身延时不精确,但在实际运用时,希望 RC 延时"时间到"的时刻是与某个时基脉冲同步的(如与 50 Hz 时基脉冲同步)。

集成电路"与非门"DN_2、DN_3 组成一个 RS 触发器,触发器置 S 端受"与非门"DN_1 输出控制。

当电路中的继电器常开触点 K 闭合后,＋V_{cc} 控制电源电压就通过电位器 R_1 和电阻 R_2 向电容 C 充电,其上的电压由零将沿一条指数曲线上升,但在相对较短的时间段内,这条指数上升曲线就近似于直线,如图 5-2(d)所示。

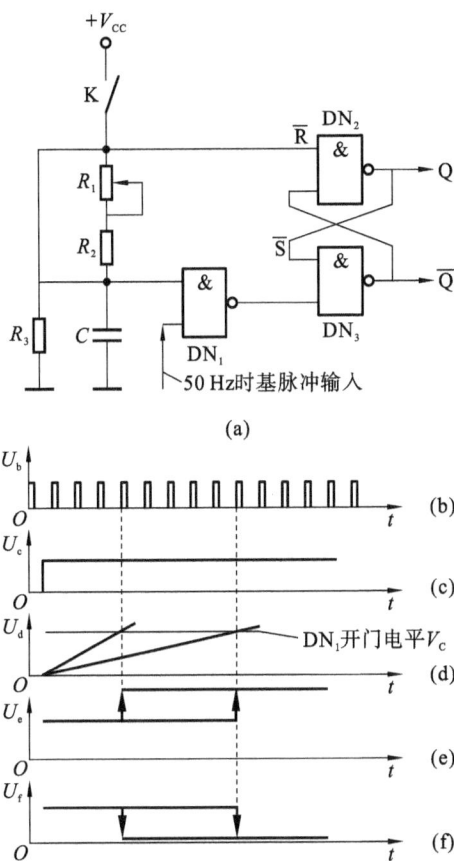

图 5-2　RC 延时与 RS 触发器 50 Hz 时基脉冲同步电路

当电容 C 上的电压达到"与非门"DN_1 的开门电平后,并且在最近一个 50 Hz 时基脉冲到达"与非门"DN_1 的另一输入脚时,DN_1 的输出脚由"1"变为"0"。这一"0"电平使 RS 触发器翻转,从而使其输出端 Q 的电平发生跳变。显然,RS 触发器输出端 Q 的跳变时刻取决于时基脉冲的前沿时刻。于是,可利用 Q 的电平跳变信号去控制后续电路。这样,不管每次 RC 延时时间是否一致,RC 延时"时间到"的时刻都是与 50 Hz 时基脉冲同步的。

图 5-2(a)所示的电路用在需要经过一段延时再启动某个功能电路的场合。

5.2　时间控制系统实例分析 1——数字式点焊程序控制电路分析

5.2.1　电阻点焊设备中的时间控制系统

在任何材料热加工设备中,设备的程序动作是完成加工任务必不可少的。程序动作是由程序控制电路给出的程序动作(电平)信号驱动相应的执行机构完成的。程序控制电路属于典型的时间控制系统,电阻点焊机中的程序控制电路则是典型的数字式程序控制电路。本节通过用 CMOS 集成电路器件构成的电阻点焊机中的程序控制电路实例,分析数字式程序控制电路的一般构成方法与工作原理。

(1) 点焊机的主要程序动作

点焊机完成一个焊点的焊接过程中,主要包括加压、焊接、维持和休止四个基本程序动作。

加压是指焊机的电极(在一般的点焊机中都是上电极)压下的程序动作。在这一动作中,工件被压在上、下电极之间。

焊接是指焊接通电的程序,也就是向工件通电,以使工件在焊点处产生电阻热并形成熔核。

维持是焊接程序后对刚断电的工件继续保持电极的压力。这实际上是对工件焊点处因通电而变成塑性状态的熔核进行加压。维持这一程序动作对保证焊点的质量是十分必要的。

一个工作多数情况下不会只有一个焊点,因此在生产操作上多个焊点是连续进行焊接的,于是焊机对多个焊点的连续焊接就安排了焊点间的"休止"程序动作时间。在这段时间内,上电极抬起,以使操作人员将工作移向下一焊点位置。

这样,完成一个焊点的程序动作循环就如图 5-3 所示。图中,F 表示电极加压程序动作,I 表示"焊接"通电程序动作,实线正弦曲线表示焊接电流的波形。

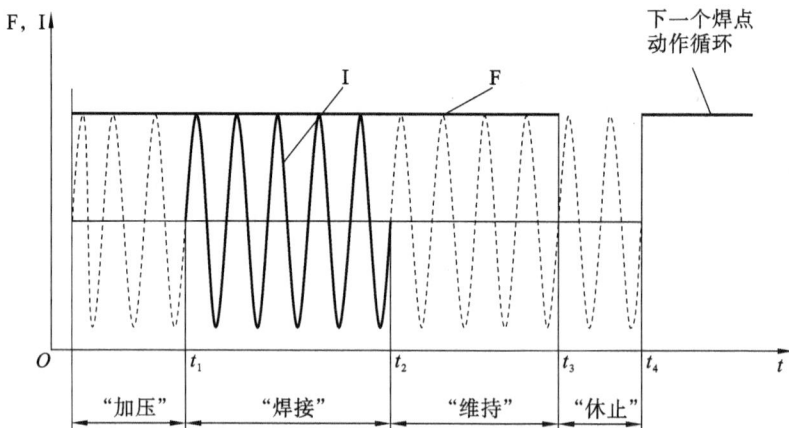

图 5-3　点焊的程序动作循环

(2) 点焊对程序动作信号的要求

上述点焊程序的动作时间均要求为 50 Hz 电网电压正弦波周期的整数倍。电网电压周期 $T=1/50$ s$=20$ ms,因此点焊中各程序动作的时间就是 20 ms 的整数倍。这样,对点焊程序动作信号的主要要求就是其延时时间可进行电网周期整数倍控制,简称周波数控制。

如图 5-3 中,"加压"程序动作的延时时间为 3 个周波,"焊接"程序动作的延时时间为 5 个周波,"维持"程序动作的延时时间为 4 个周波,"休止"程序动作的延时时间为 2 个周波。

在实际的点焊机中,加压、焊接、维持、休止的程序周波数可在 0~99 之间随意调节。

5.2.2　集成电路点焊程序控制电路

点焊程序控制电路的功能是产生上述 4 个延时时间可进行周波数控制的程序动作(电平)信号。构成控制电路的方法基于本章前述的时基脉冲计数法。由于程序动作(电平)信号延时时间要求以 50 Hz 电网电压正弦波的周期为计时基准,因此点焊程序控制电路中的时基脉冲点焊程序控制电路中的时基脉冲是 50 Hz 的,并与电网电压正弦波形同步(同步的概念是 50 Hz 的时基脉冲总是产生在电网电压正弦波形的过零点)。

本例中,点焊程序控制电路采用 CMOS-4000 系列集成电路。虽然技术上集成电路点焊程序控制电路不算先进,但对学习和掌握程序控制电路的构成和工作原理很有帮助。

(1) 时基脉冲发生器电路

时基脉冲是与 50 Hz 的电网正弦波形电压同频率,并发生在电网正弦波形电压过零点的脉冲。时基脉冲发生器电路有很多种形式,图 5-4 所示为其中一种。该电路的工作原理如下。

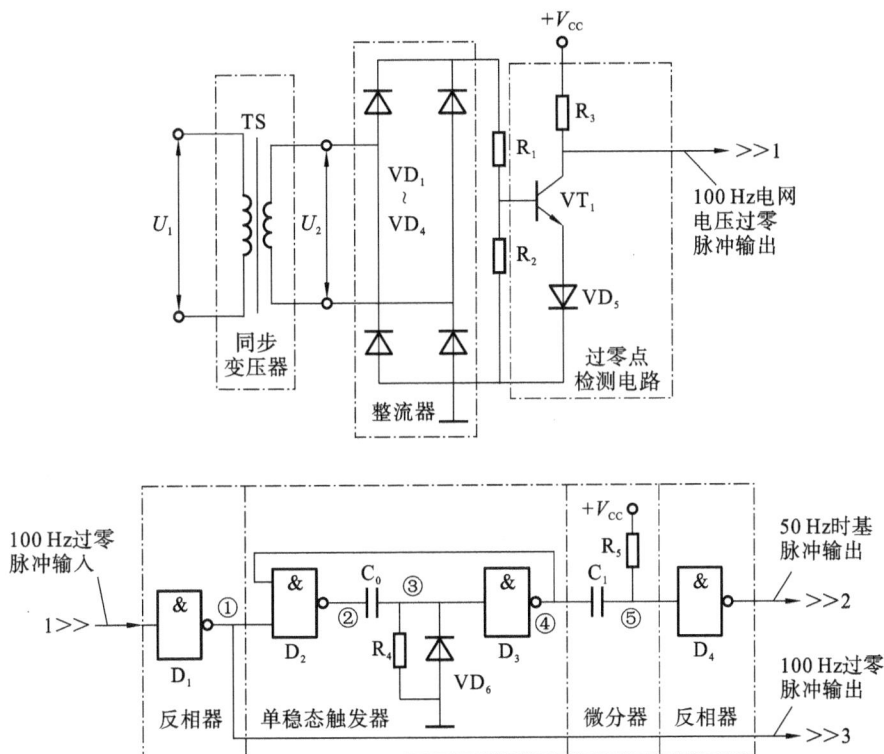

图 5-4　50 Hz 时基脉冲发生器电路

正弦波形的电网同步信号电压 U_2 输入到二极管 $VD_1 \sim VD_4$ 组成的整流桥的交流输入端,在其输出端得到如图 5-5(b)所示的直流脉动电压波形。这个直流脉动电压通过 R_1、R_2 分压到开关晶体管 VT_1 的基极。由于开关晶体管 VT_1 在基极电压为零时截止,因此其基极上作用的直流脉动波形电压每当过零时,晶体管 VT_1 均截止。而晶体管 VT_1 截止时,其集电极的输出为"1"电平,因此在集电极上得到图 5-5(c)所示的与直流脉动波形电压同步的 100 Hz 过零脉冲,由 >>1 号线输出。

由 >>1 号线输出的 100 Hz 正脉冲经"与非"门 D_1 反相[波形如图 5-5(d)所示]后,成为微分型单稳态触发器(由"与非"门 D_2、D_3,电容 C_0,电阻 R_4 构成)的触发脉冲,于是在单稳态触发器的输出端(图 5-4 中的④点)得到图 5-5(g)所示的脉冲波形。

单稳态触发器内(图 5-4 中的②点、③点)的电压波形则分别对应图 5-5(e)、(f)。注意单稳态触发器输出脉冲的频率已是 50 Hz。图 5-4 中的 R_5、C_1 组成负脉冲微分电路,可将输入

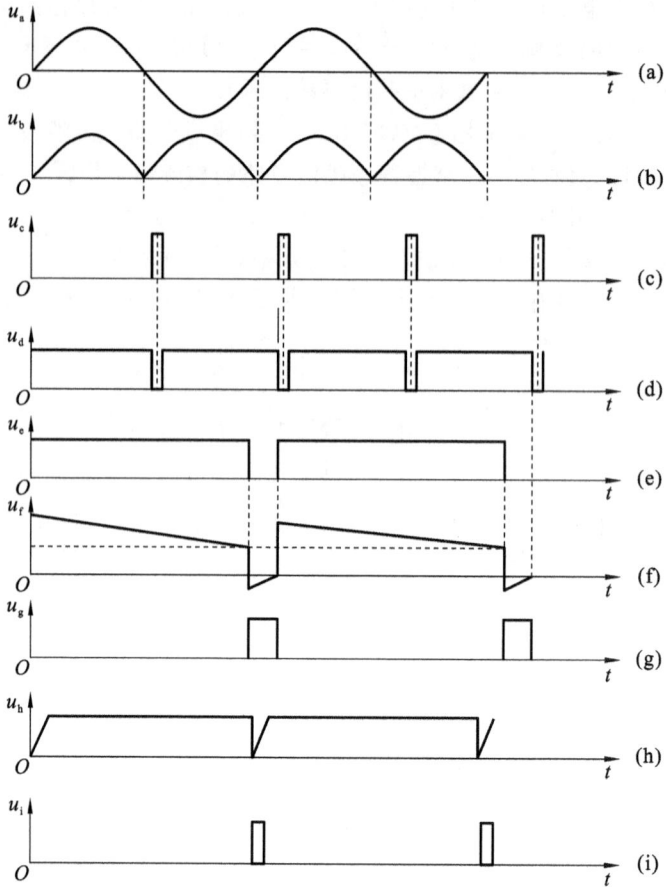

图 5-5　50 Hz 时基脉冲发生器电路波形

的图 5-5(g)所示脉冲波形的下降沿检出,得到图 5-5(h)所示的负脉冲。负脉冲再经"与非"门 D_4 的反相,最后由 D_4 输出的电压波形为图 5-5(i)所示的 50 Hz 正脉冲,这个脉冲就是与电网电压同步的时基脉冲。

有了同步时基脉冲,用计数器对时基脉冲计数就可得到较精确的时间延时。因为 50 Hz 同步脉冲的周期是 20 ms,计数个数与同步脉冲周期的乘积就是延时时间(20 ms 的倍数)。

(2) 计数器电路

图 5-6 所示为一时基脉冲计数器实用电路。图中,集成电路 P_{11} 和 P_{12} 是 CMOS-4000 系列集成电路芯片,型号为 4518,芯片内集成了二个 8421 码十进制计数器。P_{11} 组成十进制计数器的个位,P_{12} 组成十位。计数同步脉冲可由正脉冲输入端(CP 端)或负脉冲输入端(CPE 端)输入,本电路中是由 CPE 端输入,这时是脉冲下降沿触发。计数器的 Q_4、Q_3、Q_2、Q_1 输出端分别对应于二进制的 8、4、2、1 码位,"1"电平有效。

图 5-6 中,K11、K12 是拨码器,它是一种机械式开关,用于将 $A_{1\text{-}2}$ 点对应的十进制数与 8、4、2、1 码位的点连接起来。因此,拨码器本身就是一个机械式的译码器,将 8421 二进制码译成十进制数。如图 5-6 所示,拨码器 K11 上 A_1 点指示的十进制拨码数是 6,拨码器内部就将 A_1 点与二进制码的 4、2 相连;如果 K12 上 A_2 点指示的十进制拨码数是 3,则拨码器内部就将 A_2 点与二进制码的 2、1 相连。

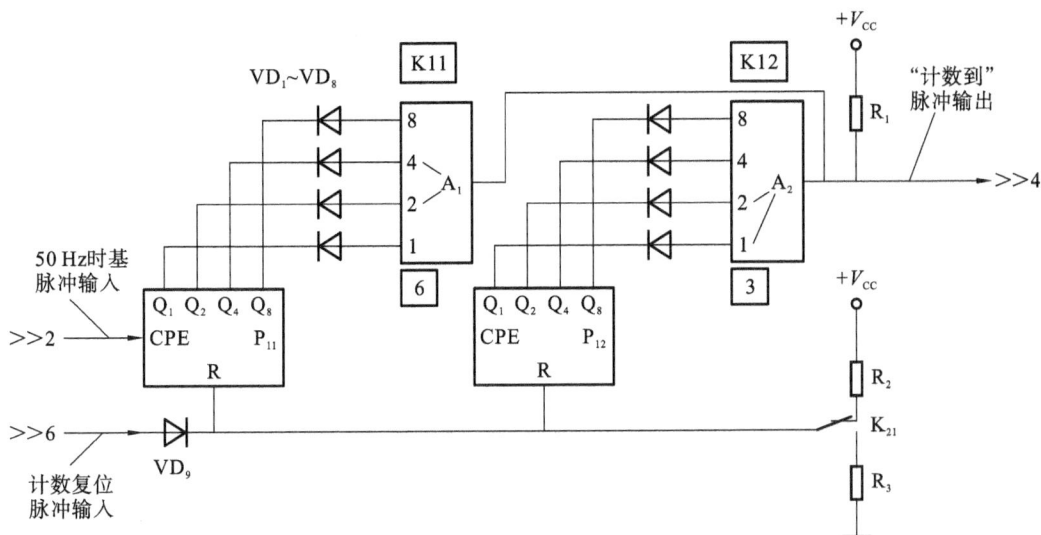

图 5-6　计数器电路

拨码器与二极管 $VD_1 \sim VD_8$ 一起组成置数器,用来事先设置需要计数的十进制数。图 5-6 中的拨码器二位十进制置数是 36,则计数器只有在计数到 36 时,其输出端>>4 号点才有一正脉冲输出。由图中的电路可看出,计数器的输出端>>4 号点是通过一个电阻 R_1 接到控制电源$+V_{cc}$上的,除了计数到达置数 36 时外,由于其他数时相应的二极管都处于正向偏置,>>4 号点就输出"0"电平;只在置数是 36 时,相应的二极管是反相偏置,>>4 号点才输出"1"电平,这个"1"正脉冲就是计数器的"计数到"脉冲。

计数器的>>2 号输入点接到启动电路。一经启动,>>2 号输入点就是"0"电平,将 50 Hz 的时基脉冲送进计数器的 CPE 端。

在二极管 VD_9 上作用着复位脉冲信号,加到计数器的清零端 R,以使计数器计完一个程序时间脉冲后自动清零。复位脉冲来自后续电路。

(3) 四程序时间计数器电路

为了对点焊的四个程序动作时间分别计数,就须构成四程序时间计数器电路,如图 5-7 所示。图中,四程序时间计数器与图 5-6 中的计数器是完全相同的,不同的是置数器用拨码器有四套,以分别对四个程序时间的时基脉冲计数,如对点焊的四个程序(加压、焊接、维持和休止)动作分别计数。每个程序动作的延时时间由各自的拨码器设置。当四个程序的计数时间到时,就会在电路的输出点 A_1、A_2、A_3、A_4 处分别输出计数时间到脉冲,即"加压"时间到脉冲 PD_1、"焊接"时间到脉冲 PD_2、"维持"时间到脉冲 PD_3、"休止"时间到脉冲 PD_4。这四个时间到脉冲是后续数字式程序转换电路所需要的。

(4) 程序转换电路

程序转换电路的设置与功能是将四个"计数到"脉冲信号 PD,即程序时间到脉冲信号,转换为四个程序电平信号 P,如图 5-8 所示。这四个程序电平信号 $P_1 \sim P_4$ 在时间上按 $P_1 \rightarrow P_2 \rightarrow P_3 \rightarrow P_4 \rightarrow P_1$ 顺序无间隔地产生。而四个程序电平信号 $P_1 \sim P_4$ 的延时时间即信号脉冲的宽度,是由时间计数器电路中的拨码器预先设置的。

程序转换电路的结构如图 5-9 所示。程序转换电路又包括以下几部分电路。

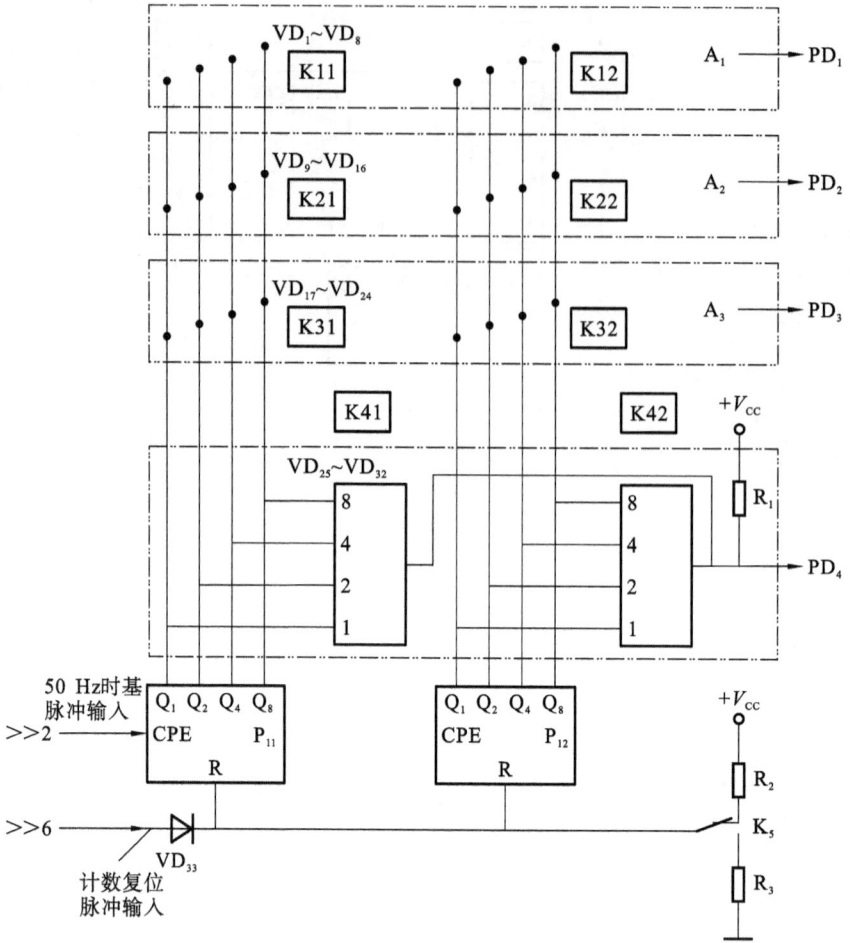

图 5-7　四程序时间计数器电路

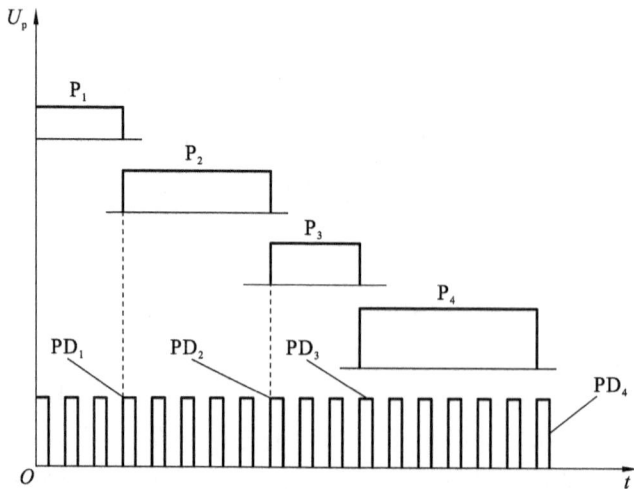

图 5-8　程序转换电路的输入信号 PD 与输出信号 P

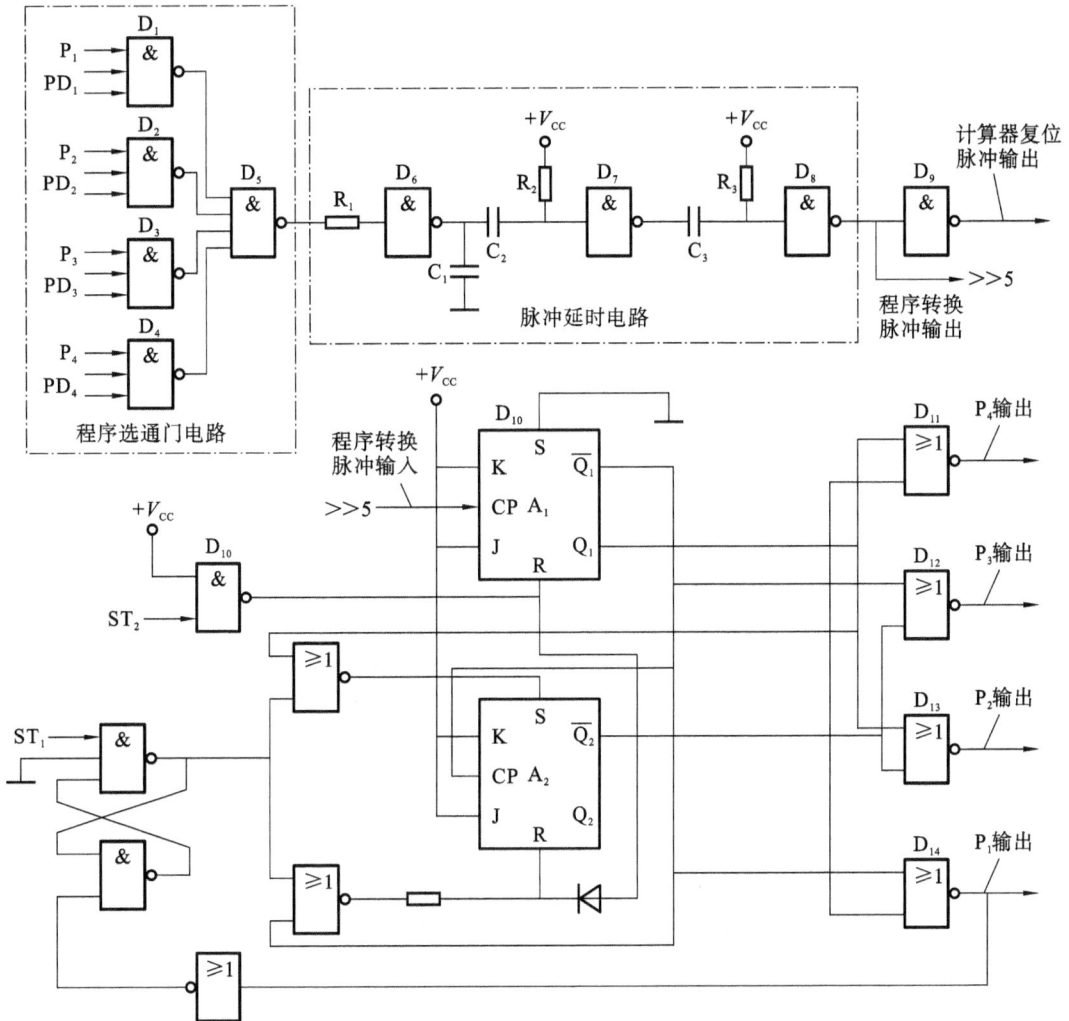

图 5-9　程序转换电路

① 程序选通门电路。程序选通门电路由五个"与非"门 D_1、D_2、D_3、D_4 和 D_5 组成。在该电路输入端作用的 $PD_1 \sim PD_4$ 对应加压、焊接、维持和休止四个程序"计数到"正脉冲信号；$P_1 \sim P_4$ 是上述四个程序电平信号，是由程序控制电路最后输出的四个程序电平信号反馈回来的。

"计数到"正脉冲信号 $PD_1 \sim PD_4$ 中，哪个被选中就由 $P_1 \sim P_4$ 电平信号控制。由于 $P_1 \sim P_4$ 在时间上是按 $P_1 \rightarrow P_2 \rightarrow P_3 \rightarrow P_4$ 的顺序出现的（图 5-8），因此 $PD_1 \sim PD_4$ 按 $PD_1 \rightarrow PD_2 \rightarrow PD_3 \rightarrow PD_4$ 顺序被选中并排序。在每个程序结束时，"计数到"正脉冲信号 $PD_1 \sim PD_4$ 经过相应的"与非"门反相，再经"与非"门 D_5 的反相，就在其输出端输出排好顺序的程序转换脉冲信号。

② 程序转换脉冲延时电路。由于程序转换电路的输出信号是 $P_1 \sim P_4$，而输入信号也包括 $P_1 \sim P_4$，故这是一种有反馈作用的数字电路。由数字电路的竞态理论得知，这种情况下必须对输出信号进行延时处理后才能使电路正常工作。因此，程序选通门电路输出的程序转换脉冲

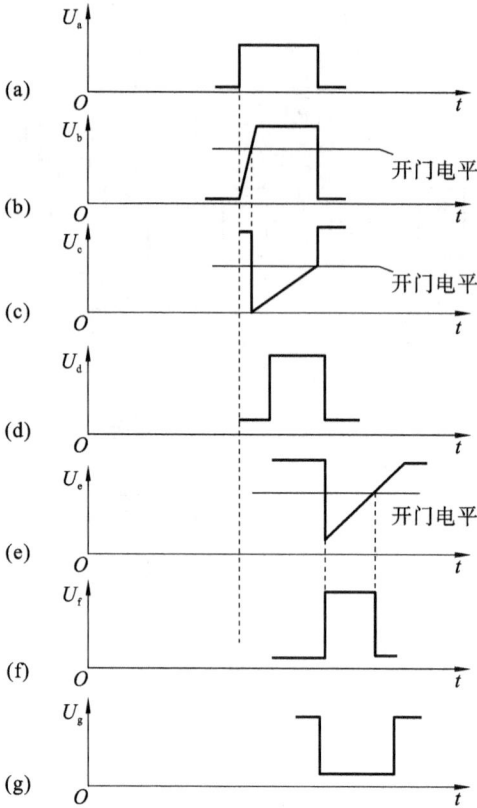

图 5-10 程序转换脉冲延时电路的波形

先要经延时处理。

程序转换脉冲延时电路由图 5-9 中的"与非门"$D_6 \sim D_8$ 及相关电阻、电容元件组成。

D_5 输出的波形[图 5-10(a)]经由 R_1C_1 积分电路的积分，变为图 5-10(b)所示波形，经 D_6 的反相，再经负脉冲微分电路 R_2C_2，在 D_7 的输入端得到图 5-10(c)所示的输入波形，于是在 D_7 的输出端得到图 5-10(d)所示的正脉冲。这个脉冲又送到负脉冲微分电路 R_3C_3，检出正脉冲的负沿，得到图 5-10(e)所示的波形，再经 D_8 的倒相，在其输出端就得到后续电路所需的程序转换延时脉冲，如图 5-10(f)所示。这一程序转换延时脉冲再经 D_9 倒相，就成为脉冲计数器电路的复位脉冲，如图 5-10(g)所示。

图 5-10(a)、(f)所示脉冲的前沿时间差就是程序转换脉冲的延时时间。

③ 程序计数器和译码器。

程序计数器和译码器的作用是将已按 $PD_1 \rightarrow PD_2 \rightarrow PD_3 \rightarrow PD_4$ 的时间顺序排列好，并且经过延时的程序转换脉冲信号变成 P_1、P_2、P_3、P_4 四个程序电平信号。

程序计数器是由两个 JK 触发器 A_1 和 A_2 组成的二位二进制串行计数器。计数脉冲，也就是程序转换脉冲信号，由计数器的"2^0"位，即 JK 触发器 A_1 的 CP 端输入。计数前，"与非门"D_{10} 输出"1"电平，从而使 JK 触发器 A_1 和 A_2 清零；当控制器启动后，D_{10} 的输出由"1"→"0"，计数器开始在程序转换脉冲的作用下，按二进制数"01"→"10"→"11"→"00"的顺序依次转换。

四个"或非门"$D_{11} \sim D_{14}$ 组成译码器。根据译码器与程序计数器的连接，可得出 P_1、P_2、P_3、P_4 各程序的逻辑表达式为：

$$P_1 = \overline{\overline{Q_1} + Q_2} = Q_1 \, \overline{Q_2}$$

$$P_2 = \overline{Q_1 + \overline{Q_2}} = \overline{Q_1} \, Q_2$$

$$P_3 = \overline{\overline{Q_1} + \overline{Q_2}} = Q_1 \, Q_2$$

$$P_4 = \overline{Q_1 + Q_2} = \overline{Q_1} \, \overline{Q_2}$$

将"01""10""11""00"四个二进制数分别代入上述表达式中，就有：

$$P_1 = Q_1 \, \overline{Q_2} = 1 * \overline{0} = 1$$

$$P_2 = \overline{Q_1} \, Q_2 = \overline{0} * 1 = 1$$

$$P_3 = Q_1 \, Q_2 = 1 * 1 = 1$$

$$P_4 = \overline{Q_1} \, \overline{Q_2} = \overline{0} * \overline{0} = 1$$

这就表明,随着程序转换脉冲依次输入程序计数器,译码器输出的是对应 $P_1 \sim P_4$ 的四个为"1"的电平信号。有了这四个程序电平信号后,就可控制相关执行机构电路了。

本节中所述的产生延时的时基脉冲计数法本质上属于延时时间的数字控制,而所用集成电路时间程序转换电路则是典型的数字控制电路。

5.3 时间控制系统实例分析 2
——微型计算机在时间控制系统中的应用

5.3.1 微型计算机的控制任务

微型计算机的控制任务是要求控制微机(一般指单板机、单片机,本例采用 Z80 单板机)的接口电路产生三路"0"电平有效的电位控制信号。对这三路电位控制信号的要求是:

① 宽度要求。"0"电平有效电位控制信号的延时,严格地确定为 50 Hz 工频电网一个周波时间(20 ms)的整数倍[图 5-11(c)、(e)、(g)中,控制信号的宽度均为 3 个周波宽度]。周波数由控制计算机键盘设定,置数范围为 1～100。

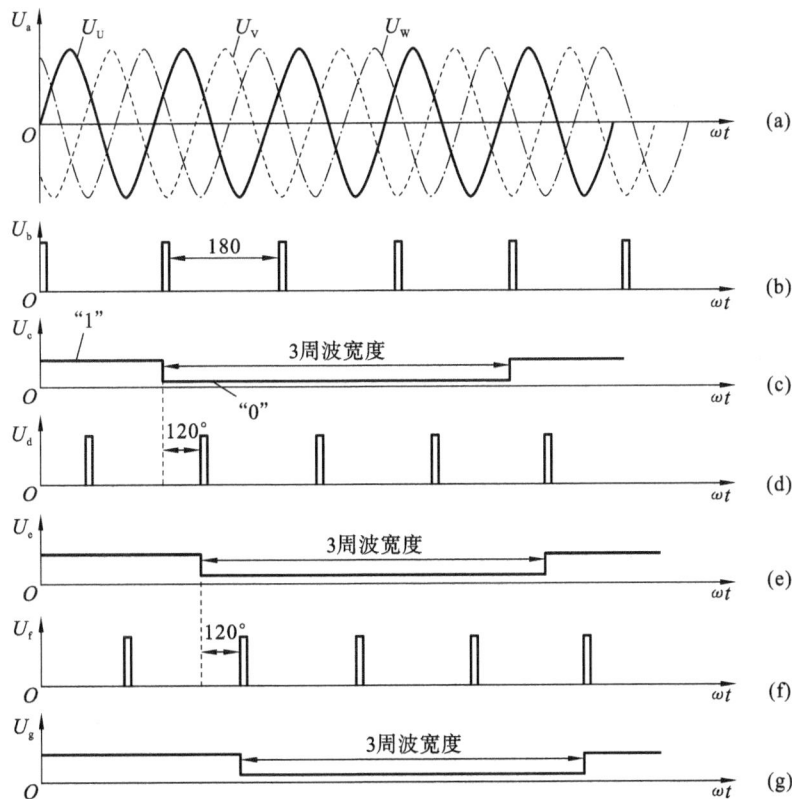

图 5-11 接口电路输出的控制信号

(a) 三相电网电压 U_U、U_V、U_W;(b)、(d)、(f) 三路同步脉冲 U_b、U_d、U_f;(c)、(e)、(g) 控制信号

② 三路电位控制信号分别与三相工频电网正弦波形电压"同步"("同步"的概念是计算机输出的每个控制电平信号 U_c 的前沿和后沿都产生在 50 Hz 过零脉冲电压 U_b 的时刻，图 5-12)，而三路电平控制信号彼此之间的相位差与三相工频电网三相线电压的相位差相同，即 120°。

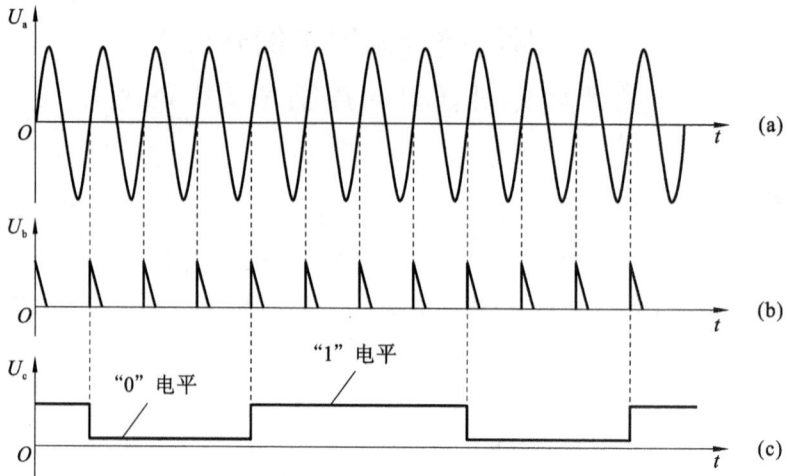

图 5-12 控制电压 U_c 与电网电压的同步关系
(a) 电网电压波形；(b) 电网电压(周波)过零脉冲波形；(c) 控制电压波形

5.3.2 微型计算机接口电路分析

可实现上述控制任务的一个微机接口电路如图 5-13 所示。该接口电路中，主要采用了计时-计数器接口芯片 Z80-CTC 和并行接口芯片 Z80-PIO。Z80-PIO 的四个通道均工作于计数器方式。不同的是 0、1 和 2 三个通道各对三相电网的同步脉冲[即图 5-12(b)所示的电网电压过零脉冲]计数；而 3 通道是对这三路计数器的满量(须先用键盘设定)输出脉冲计数。它们的通道控制字 D_7 位的设置不同：CH_0、CH_1 和 CH_2 为关中断，而 CH_3 为开中断。因此，仅当 CH_3 通道计满数额时，向 CPU 申请中断。

在开机或系统复位后，图 5-13 中所有 D 触发器的复位端加有正脉冲，所以输出(Q 端)均为"0"；而并行接口芯片 Z80-PIO 的 PB_5 为"1"，计数器的工作由 PB_5 控制，PB_5 的"1"电平经"或门"门电路 DO_4、DO_5、DO_6 使"三态门"DN_0、DN_1、DN_2 关闭。

当 PB_5 由"1"变为"0"时(PB_5 电平的转换受控于 CTC 的 0、1 和 2 三个通道输入，计数开始。

进入三态门的第一个脉冲使三个 D 触发器(AD_1、AD_2、AD_3)的 Q 端由"1"变为"0"，从而使"或门"门电路 1、2、3 由"1"变为"0"，开始出现三路控制信号的"0"电平。

当 0、1 和 2 三个通道分别计满设置的周波数时，在各自的 ZC/TO 引脚输出一个正跳变的脉冲信号。该脉冲信号的作用有：一是作为 3 通道的输入脉冲；二是使另三个 D 触发器(AD_4、AD_5、AD_6)的 Q 端由"0"变为"1"，从而使"或门"门电路 $DO_1 \sim DO_3$ 由"0"变为"1"，三路控制信号的有效"0"电平结束。与此同时，0、1 和 2 三个通道的输出使 $C/T_{(3)}$ 通道计数满额，3 通道向 CPU 申请中断，进入中断服务程序。中断服务程序的任务是把 PB_5 输出由"0"改为"1"，使

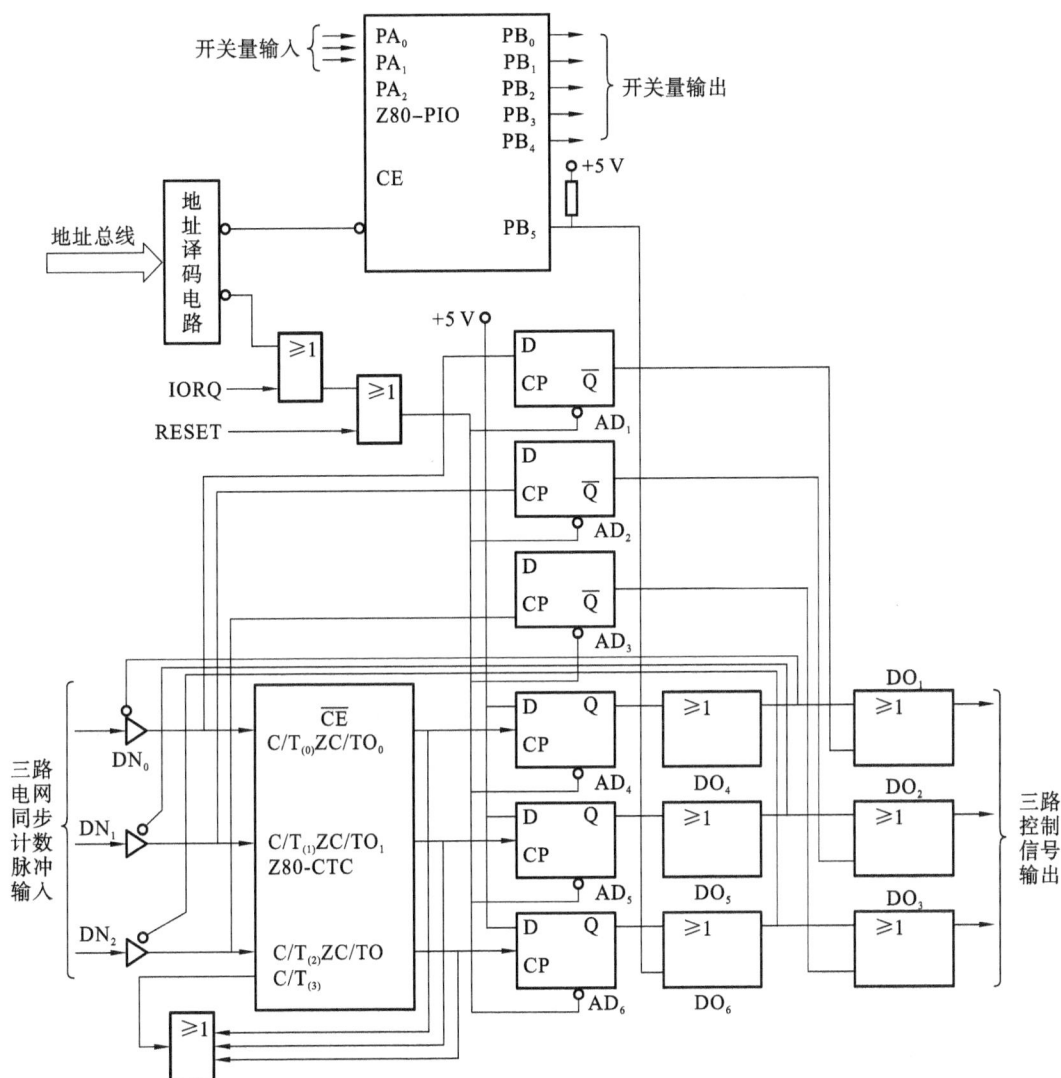

图 5-13　三路控制信号的微机接口电路

6个 D 触发器复位,以便为下一次产生三路控制信号做好准备。

综上所述,从 CTC 的三个计数输入通道 C/T$_{(0)}$、C/T$_{(1)}$、C/T$_{(2)}$ 分别对输入的三路同步脉冲计数开始,到 CTC 的三个输出通道 C/T$_{(0)}$、C/T$_{(1)}$、C/T$_{(2)}$ 分别输出正跳变的"时间到"脉冲信号为止,就是三路控制信号(由"或门"门电路 DO$_1$～DO$_3$ 输出的"0"电平)要求的延时时间。

为进一步理解图 5-13 所示接口电路的工作原理,将其中一路画出,并标出该路输出一次控制信号过程中各个门电路、D 触发器的输入输出电平转换状态,如图 5-14(a)所示,"1"t_0、"0"t_1 等表示信号电平及其出现的时刻;图 5-14(b)中则给出了接口电路一路的时序。结合图 5-14,不难理解图 5-13 所示接口电路的工作原理。

本例中,微机所给出的三路控制信号具有延时精确地与电网周波同步,且"周波数"可方

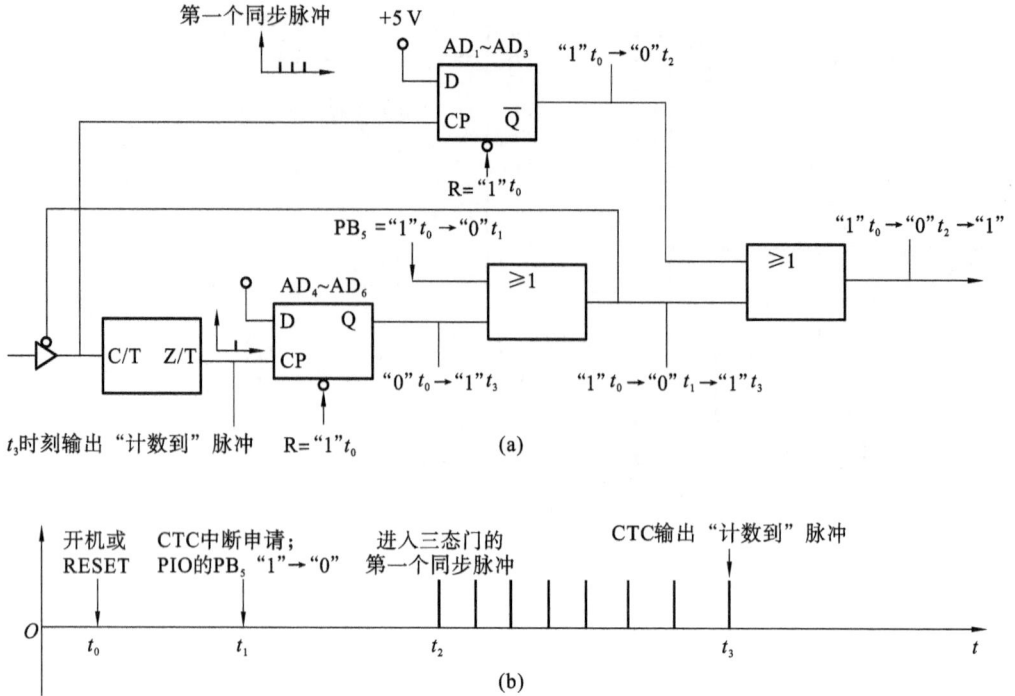

图 5-14　产生控制信号的接口电路（一路）的状态转换与时序

（a）接口电路（一路）的状态转换；（b）接口电路（一路）的时序

便地由计算机键盘设定的优点，所以在材料成形工艺与自动化设备中有很多应用。

　　本例中的单板机 Z80 属于淘汰机型，近年来多被单片控制计算机取代，但二者在工作原理及在时间控制系统中的应用结构并没有本质上的改变。

5.4　时间控制系统实例分析 3
——可编程控制器（PLC）在时间控制系统中的应用

5.4.1　PLC 时间控制任务

　　本例中，作为时间控制用的计算机采用可编程控制器（PLC）。PLC 是一种定型的通用工业控制计算机，对使用者来说，由于既不需要了解可编程控制器的内部详细结构，又不需要进行烦琐的软件开发，只要具有一般的继电器逻辑接点电路的设计知识，就能很快地掌握用 PLC 进行具体自动控制任务的开发和设计。当然，如何用活、用好 PLC，还需要在使用过程中积累经验和使用技巧。

　　本实例中，PLC 的控制任务是：

　　① 输出三路"1"电平有效的电平控制信号。这三路电平信号的延时均相应地与三相工频电网正弦波形"同步"，且延时"周波数"可调。

　　② 因为用拨码器设置控制信号延时"周波数"具有置数直观、方便简捷的优点，所以本例中也要求用"8421 码二-十进制拨码器"设置"周波数"。

5.4.2 PLC 时间控制接口电路分析

为使输出的三路"1"电平有效的电平控制信号相应地与三相工频电网正弦波形"同步",且延时"周波数"可调,首先要产生三路分别与三相 50 Hz 工频电网电压同步的"同步脉冲",然后将三路"同步脉冲"送至 PLC,作为"周波数"控制的"时基脉冲"。

产生三路"1"电平有效电平控制信号的接口电路完全相同,图 5-15 中只画出了一路。图中的 T_S 为同步变压器,它将工频电网的电压 U_1 检出并降压成 U_2。正弦波形的 U_2 送入时基脉冲发生器电路,并由它产生与本相 50 Hz 工频电网电压同步的 50 Hz 时基脉冲。

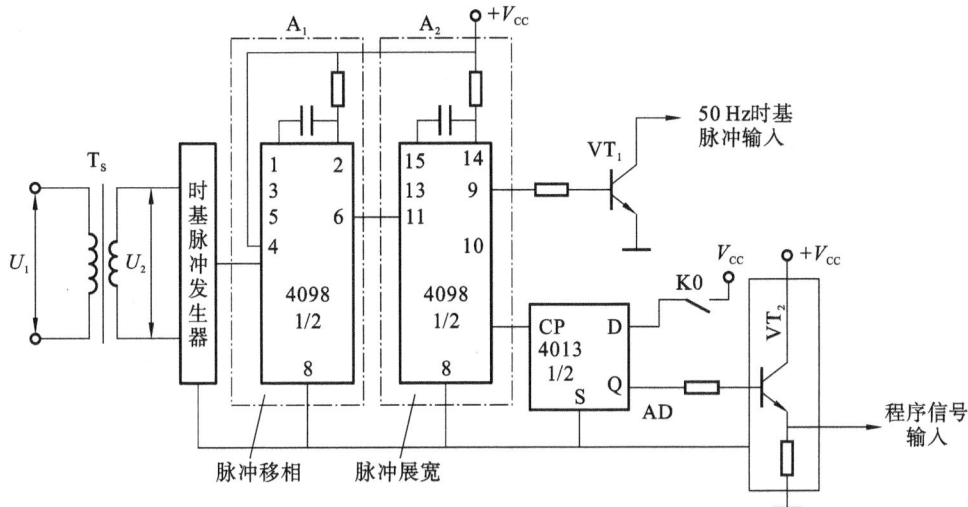

图 5-15 程序控制接口电路

PLC 内部一般设置了脉冲计数器,本系统使用的是三菱公司 F1 型 PLC,其 X400 输入端为一高速技术端,该端口可对外部时基脉冲计数。

由于 PLC 的 X400 端要求输入的计数脉冲必须具有一定的宽度,因此设计了图 5-15 所示的脉冲整形电路。时基脉冲经集成电路 CMLS4000 系列的 4098 单稳态触发器 A_1、A_2 的脉冲移相、脉冲展宽后,再经晶体管 VT_1 的反相,才送往 PLC 的 X400 端口。

当第一个时基脉冲输入 X400 端口后,在 PLC 的输出端口 Y531、Y532、Y533 就开始送出三路"1"电平有效电平控制信号,直到 PLC 内部脉冲计数器计完预先设置的计数值为止。

如果直接由 PLC 的输出端口 Y531、Y532、Y533 输出三路"1"电平控制信号,则会产生电平控制信号与电网正弦波形不能严格同步的缺点。为此,将 Y531、Y532、Y533 输出三路"1"电平控制信号分别送往 CMOS 集成电路 D 触发器 AD 的数据端(D 端),而 D 触发器 AD 的脉冲输入端(CP)接 50Hz 时基脉冲,这样 D 触发器 AD 的输出端 Q 输出的"1"电平信号可就精确控制在同步脉冲的到来时刻。

"1"电平控制信号经射随器 VT_2 功放后,再驱动后续电路。

图 5-16 所示为使用 8421 码二-十进制拨码器与 PLC 的接口方法。实际上是用了 PLC 的八个输入端口,监视 8421 码的 8、4、2、1 位。由于采用两位十进制拨码器,因此用了八个端口。

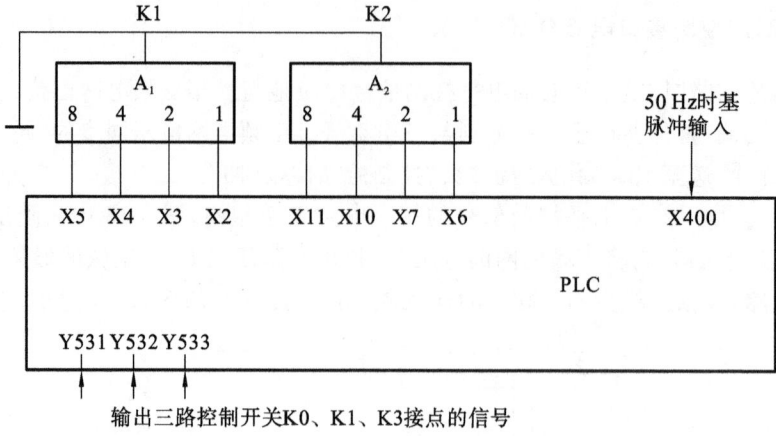

图 5-16　PLC 的输入、输出端子接线

6 位移测量与控制系统

6.1 位移测量与控制系统概述

在材料成形的四大主干工艺(液态成形、塑性成形、焊接成形和轧制成形)中,随处可见被加工物料或工件在三维空间中的几何位移(位置)测量与控制问题。

通常加工时被加工物料或工件往往先被安装固定于载物台或工作台上,然后在三维空间中,通过某种机电传动方式,移动到与加工机构(各类加工头)有特定相对位置要求的待加工位置。

由于被加工物料或工件与加工机构间有特定的相对位置关系,因此被加工物料或工件被安装固定于载物台或工作台上后,也可能是加工机构在三维空间中通过某种机电传动方式,移动到与载物台或工作台有特定相对位置要求的加工位置。

上述两种情况,无论是工作台移动还是加工机构移动,都涉及位移的测量与控制问题。

6.1.1 位移控制系统中常见的机电传动结构类型

在材料成形热加工位移控制系统中,机电传动结构的功能主要是将电动机的角位移转换为工作台或加工头的线位移。常见机电传动结构有以下几种类型。

(1) 螺杆-螺母副传动结构

图 6-1 所示的工作台,就是由两个螺杆-螺母副构成的典型 xOy 平面(二维)位移伺服机构。工作台由 y 方向滑板、x 方向滑板及相应方向滑板的驱动电动机和固定基板组成。

两个滑板相当于螺母,当电动机带动螺杆转动时,滑板就在相应坐标方向上平移。

当两个滑板同时移动时,y 轴方向滑板上的任一点就相当于在 xOy 平面上的一个动点。按不

图 6-1 二维位移伺服的典型机构

同方式分别控制两个滑板的平移运动,就可实现 y 轴方向滑板上的点在 xOy 平面上的位移。

显然,如果将被加工物料或工件固定于 y 轴方向滑板上,也就实现了被加工物料或工件在 xOy 平面上的位移伺服,亦即位移控制。

图 6-1 所示的 xOy 平面(二维)位移伺服的典型机构广泛应用于材料热加工设备中,如各种电火花数控切割机的工作台,数控激光焊接机、激光切割机、激光造型机的工作台等。

当被加工物料或工件体积和重量较大时,采用上述的螺杆-螺母副传动结构就不合适了,这时往往采用下述机械传动副。

(2) 齿轮-齿条副传动结构

图 6-2 所示为一种龙门架式 xOy 平面二维位移伺服机构。门架在 y 轴方向整体平移;门架上安放加工机头,而机头可在 x 轴方向平移;当 x、y 两个方向的移动同时发生时,加工机头上的任意一点可实现 xOy 平面上的位置伺服。与螺杆-螺母副传动结构不同的是,x、y 两个

方向的机械传动副都是齿轮-齿条副(图 6-3)。

图 6-2　龙门架式二维位移伺服机构

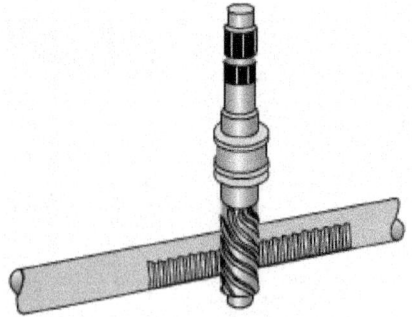

图 6-3　齿轮-齿条副

图 6-2 所示的 xOy 平面二维位移伺服机构广泛应用于各种板材的大型数控气体火焰切割机、数控等离子焰切割机、大型数控激光焊接机、激光切割机中。

（3）凸轮-顶杆副传动结构

凸轮-顶杆副传动结构简称凸轮机构。在图 6-4 所示的凸轮-顶杆副位移伺服控制机构中，电动机与减速器带动凸轮转动；凸轮转动后，使顶轮与顶杆沿轴向平移。由于工件被安装在上、下夹头之间，并通过两横架、两滑杆与顶轮顶杆连成一体，因此工件沿轴向的位置平移伺服控制与顶轮顶杆沿轴向的位置平移伺服控制完全一致。

由于凸轮的轮廓形状可按要求预先精细设计，因此凸轮-顶杆副位移伺服控制机构的位移伺服控制精度和位移伺服控制重复精度相对较高。

凸轮-顶杆副往往用于位移伺服控制相对较复杂的场合，如电阻闪光对焊机中被焊工件的位移伺服控制。

（4）磁性轮-靠模副传动结构

为实现平面钢板给定形状曲线的热加工（如切割、焊接等），可预先制作与给定形状曲线相同的刚靠模，然后用一个磁性滚轮紧贴刚靠摸转动。

将相应加工头与磁性滚轮转动轴同轴连接。当磁性滚轮匀速转动时，磁性滚轮转动轴匀速沿给定形状靠模曲线移动；与磁性滚轮转动轴同轴连接的加工头也就匀速在工件上方移动。

磁性轮-靠模副传动结构在诸如大型储油罐、储气罐及船体的自动焊机和焊接机器人中有大量应用。这时，靠模往往就是大型钢结构构件本身，磁性轮则作为自动焊机焊接小车的驱动轮（图 6-5）。

图 6-4　凸轮-顶杆副

图 6-5　使用磁性轮靠模的罐体焊接小车

6.1.2　位移控制系统的类型

（1）按位移控制的维数分类

根据工件（或加工头）上的几何动点在空间沿不同参照坐标轴（既可能是直角坐标轴，又可能是极坐标轴）可运动的维数，位移控制系统可分为一维、二维、三维和多维系统。

例如，图 6-1 所示的 xOy 平面位移伺服控制系统、图 6-2 所示的 xOy 平面龙门架式位移伺服控制系统都属于二维位移伺服控制系统，而图 6-4 所示的凸轮-顶杆副构成的闪光对焊机工件位移伺服控制机构属于一维控制系统。

图 6-6 所示的特厚钢板的窄间隙电弧焊设备是三维位移伺服控制机构的应用实例。窄间隙电弧焊设备的焊头在焊接过程中，在 xyz 三个直角坐标轴方向都有位移伺服控制要求。

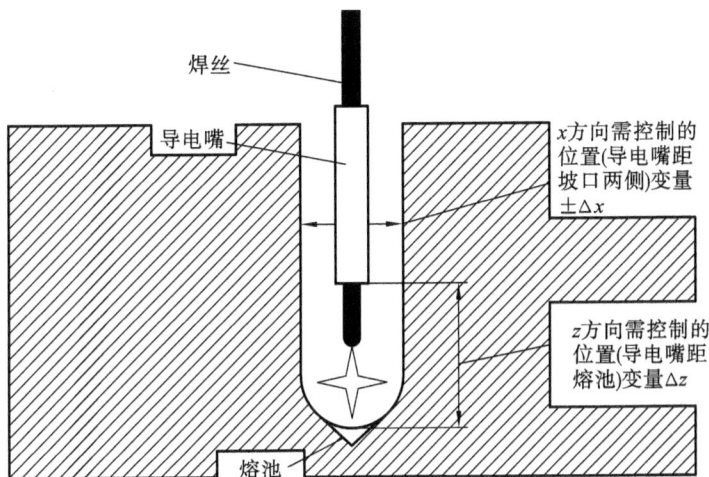

图 6-6　窄间隙电弧焊位移伺服控制机构的位置变量

① 焊头在 y 轴方向的位移沿焊缝的长度方向，也就是焊接速度方向。而焊头在 y 轴方向的移动是由横梁的移动实现的。

② 在 x 轴方向，也就是焊缝的宽度方向，焊接过程中需使焊头上的导电嘴一直处于居中位置。也就是一旦产生坡口两侧的位置偏差变量 $\pm\Delta x$，x 轴方向的位移伺服控制系统要能及时纠正。焊头在 x 轴方向的移动是由水平滑板的横向移动实现的。

③ 在 z 轴方向，需控制焊头的导电嘴距熔池的位置变量 Δz 在焊接过程中保持不变。导电嘴距熔池的位置变量 Δz 是由垂直滑板的纵向移动实现的。

（2）按位置给定量的性质分类

位移伺服控制系统中，工件（或加工头）上的动点移动轨迹，是动点在不同时刻所处位置的点的连线。

动点移动轨迹如果是预先由程序给出的，则称该位移伺服控制系统为位移程序控制系统。例如，使用凸轮-靠模副传动结构和磁性轮-靠模副传动结构的位移伺服控制系统就属于位移程序控制系统。显然，这些系统中的动点移动轨迹都是预先由程序设计给出的。

在大多数材料热加工的数控加工设备中，如数控线切割机、数控气体火焰切割机、数控等离子焰切割机、数控激光焊接机、激光切割机等，由于这些系统中的加工头动点移动轨迹，即下料的图形，都是预先由程序设计给出的，因此这些位移伺服控制系统都属于位移程序控制系统。

如果动点的移动轨迹是在动点移动过程中,根据随机的位置给定,及时驱动位移伺服系统跟随位置给定实现的,则称该位移伺服系统为位移随动控制系统,简称随动控制系统。

图 6-7 所示为平面焊缝位移跟踪伺服控制系统的机构示意图。对实际开坡口的焊缝进行焊接时,要求焊枪在 y 轴方向以恒定的速度 v 平移,该速度也就是焊接速度。而焊枪在 y 轴方向的运动,是用以焊接速度 v 在工件上平移的焊接小车实现。

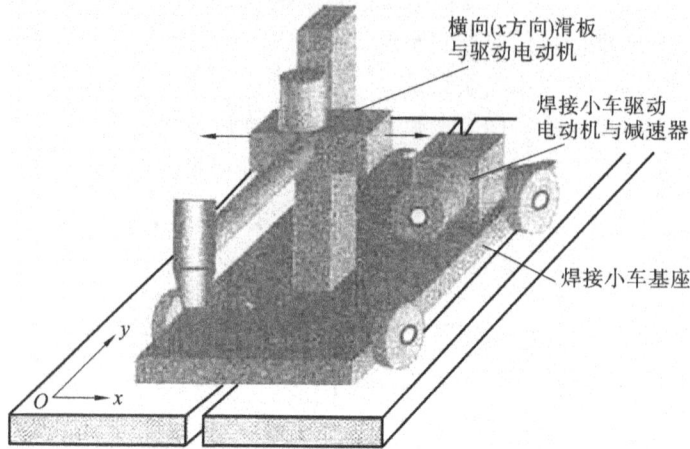

横向(x方向)滑板与驱动电动机

焊接小车驱动电动机与减速器

焊接小车基座

图 6-7 平面焊缝位移伺服跟踪系统

平面焊缝位移跟踪是指焊接电弧的中心点在焊接时始终跟踪焊缝的中心线。

平面上焊缝的轨迹形状既可能是直线,又可能是曲线。即便是直线焊缝,由于受焊缝坡口加工及工件安装定位等实际生产条件的限制,焊缝的中心线也不可能是几何意义上的直线。因此,为确保焊缝的焊接质量,必须使电弧的中心点跟踪焊缝的中心线。

电弧的中心点跟踪焊缝中心线的位移控制思路是:电弧的中心点位移检测装置随时检测电弧的中心点在 x 轴方向上偏离焊缝中心线的偏差 $\pm\Delta x$,然后根据此偏差控制焊枪在 x 轴方向的平移驱动装置(使焊枪横向平移的滑板与驱动电动机),以使焊缝中心线的偏差 $\pm\Delta x$ 趋向于零。

由于焊缝中心线的位置不可能事先预知,而是随机给出的,因此平面焊缝的位移跟踪伺服控制系统属于“随机检测焊缝位移偏差,并及时纠正偏差”的随动控制系统。

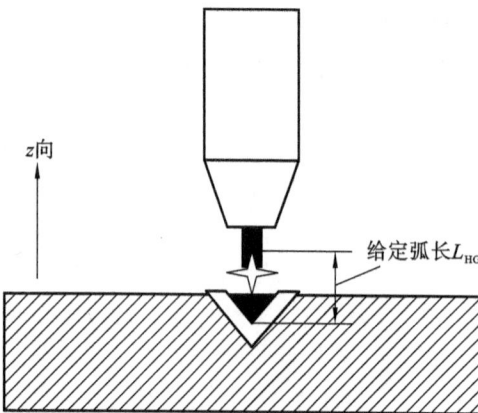

z向

给定弧长L_{HG}

图 6-8 电弧弧长控制

图 6-8 所示的自动电弧焊中的弧长控制也属于位移随动控制系统的典型应用。

在弧长控制系统中,系统要随机检测焊接电弧的弧长偏差。

电弧弧长是指焊条(或焊丝)的端部与熔池底部间的距离(图 6-8),产生的弧长偏差是指焊条(或焊丝)端部与熔池底部的实际距离与给定弧长 L_{HG} 的偏差。

由于电弧弧长控制系统可看作焊条(或焊丝)端部“随机检测其位移偏差,并及时纠正偏差”的系统,因此电弧弧长控制系统属于位移随动控制系统。

6.2 位移测量与控制系统的组成

6.2.1 位移随动控制系统的组成

图 6-9 所示的位移随动控制系统组成结构框图由以下环节构成。

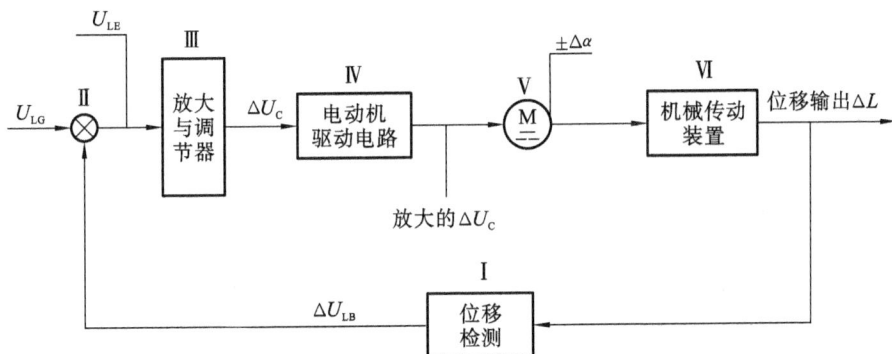

图 6-9 位移随动控制系统的组成结构框图

① 环节Ⅰ(位移检测环节)也称为位移传感器环节。其功能是随时检测位移执行机构的实际位移量 ΔL,也就是位移随动控制系统的被控制量、输出量),然后将实际位移量 ΔL 转换为与其成正比的电压量 ΔU_{LB}。

位移检测环节也是位移随动控制系统的位移反馈环节。ΔU_{LB} 是位移反馈环节的输出,也就是系统的位移反馈量。

② 环节Ⅱ(比较器环节)。所谓比较器,是指将两个输入量进行比较,然后将二者的代数差值(也称为偏差量)输出。对位移随动控制系统来说,比较器的两个输入量中,一个是以正值电压 U_{LG} 形式给出的随机位移给定量;另一个是来自位移反馈环节的位移反馈量 ΔU_{LB}。二者的代数差值,即系统偏差量为:

$$\Delta U_{LE} = U_{LG} - \Delta U_{LB}$$

式中,负号表示对位移反馈量 ΔU_{LB} 先取负值再与位移给定量进行比较。

对反馈量取负值,体现在系统结构图中比较器环节输入反馈量的负号取值上。这样的系统称为负反馈控制系统。

③ 环节Ⅲ(放大与调节器环节)。一般来说,系统偏差量 ΔU_{LE} 电压信号的功率很小。为驱动位移随动控制系统中的后续环节,还必须使用放大与调节器环节进行功率放大。此外,多数自动控制系统还对偏差量电压信号进行微分、积分等控制规律的控制,即 PID 控制,其目的在于改善系统的动态品质。

由放大与调节器环节输出的信号 ΔU_C 一般称为系统的控制信号。

④ 环节Ⅳ(电动机驱动电路)。图 6-9 所示的位移随动控制系统中,控制信号 ΔU_C 要直接控制的对象是电动机 M,即环节Ⅴ的电动机 M 一般需要驱动电路。不同类型的电动机(交流电动机、直流电动机、步进电动机等)驱动电路不同,但都以控制信号 ΔU_C 作为转动方向和转动角位移的控制信号。

⑤ 环节Ⅴ(伺服电动机 M)。在位移随动控制系统中,伺服电动机 M 是控制系统中常用的电动执行机构,其功能是按控制信号的大小、正负对其驱动电路的控制而输出角位移±$\Delta\alpha$。

在某些位移随动控制系统中,执行机构也可能是液压伺服装置或气压伺服装置。

⑥ 环节Ⅵ(机械传动装置)。在位移随动控制系统中,机械传动装置的功能有:一是将电动机的角位移量±$\Delta\alpha$ 变换为最终系统要求输出的线位移量 ΔL;二是出于对输出位移量(包括角位移)的速度与大小的考虑而进行位移量的比例变换。

在自动控制理论中,把环节Ⅳ、环节Ⅴ和环节Ⅵ归为一个环节,即自动控制系统的执行机构环节。

6.2.2 位移程序控制系统的组成

位移程序控制系统的组成结构框图如图 6-10 所示。与图 6-9 所示的位移随动控制系统的组成结构框图相比,区别仅在于位移程序控制系统没有实际位移检测与反馈环节。

在位移程序控制系统中,实际位移输出 ΔL 只取决于位移给定量 U_{LG}。也就是说,系统运行过程中,由于各种干扰因素而导致的位移偏差系统不进行纠正。

由于没有位移检测与反馈环节,位移程序控制系统属于开环控制系统,而位移随动控制系统属于闭环控制系统。

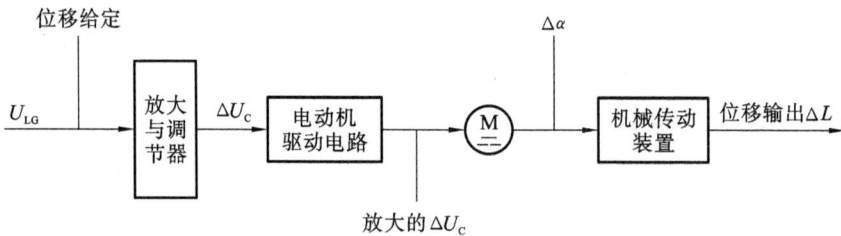

图 6-10 位移程序控制系统的组成结构框图

6.3 位移测量与控制系统实例分析

6.3.1 平面焊缝跟踪系统(一维位移随动系统)的分析

典型的平面焊缝跟踪系统是平板对接焊缝及某些管筒状工件纵向焊缝的自动焊接系统。机械系统的主要构成部分如图 6-7 所示。

(1)焊接行走机构

焊接行走机构是沿焊接方向产生焊接速度的运动机械。按被焊工件的大小、形状等条件,常见的行走机构可能是个行走小车(图 6-7)。

对大型工件,它可能是个可以在焊接方向移动的悬臂梁,如图 6-11 所示的工件纵缝焊接专机的焊头悬臂机构。在自动化焊接设备中还可能碰到很多其他形式的行走机构,其要达到的目的都是在焊缝的焊接方向上产生稳定的焊头行走速度。为此,焊接方向的驱动往往采用调速性能良好的直流电动机驱动系统。晶闸管调速系统、PWM 晶体管调速系统、交流变频调速系统被广泛应用在很多自动焊设备中。

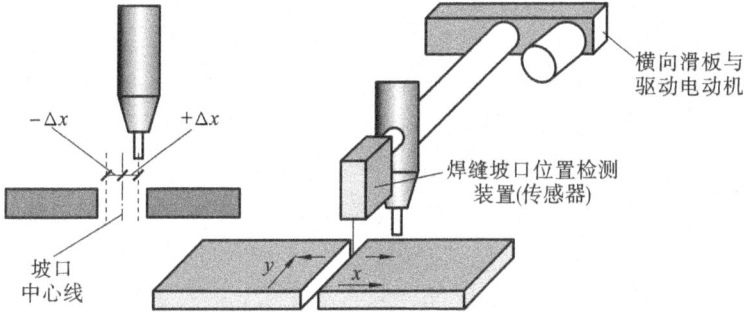

图 6-11　焊缝位移跟踪的位移偏差量及焊头悬臂机构

（2）焊缝跟踪机构

焊缝跟踪机构是指焊缝横向（图 6-11 中的 x 轴方向）上的焊头左右运动机构，主要由以下几个部件构成。

① 焊缝水平位移传感器。它检测焊头实际的横向位移偏差，然后将这一偏差转换成电压量送往焊头跟踪的电气执行机构，并跟随这个偏差量的变化，从而实现焊缝横向（x 轴方向）上的跟踪。位移传感器与焊头刚性连接，然后整个焊头通过机械性联结连接在横梁端部的一个横向滑板上。横向滑板由直流电动机驱动（通过减速和机械变速传动机构），而直流电动机转动方向的控制电压就来自经过放大的焊缝偏差量传感器输出的偏差电压信号。

② 驱动系统。焊缝位移传感器检测到焊头中心线与焊缝坡口的偏差量 Δx（注意 Δx 有正负之分），经偏差放大与一定的规律调节（如 PI 调节）后形成控制信号 V_C。控制信号输入到电动机功放电路及方向（正反转）控制电路，产生使直流电动机正反转的电枢电压 V_a，从而使滑板左右滑动，以跟随焊缝的横向位置变化达到机头跟踪焊缝的目的。

③ 平面焊缝跟踪系统中的关键器件是焊缝位移传感器。位移传感器的种类很多，如机械式、电磁式、光电式，乃至利用红外线和激光技术的传感器。

6.3.2　窄间隙全自动焊机电控制系统（二维位移随动系统）的分析

ESAB 公司（瑞典）窄间隙埋弧焊专用机是一台大型悬臂式埋弧焊机，主要用于大厚度压力容器纵缝与环缝（配备专用轮胎）的窄间隙坡口埋弧焊。整台焊机的自动化水平较高，专用机的所有程序由一台可编程控制器（PLC）进行集中管理控制。

该焊接专用机最具有特色的部分是窄间隙焊缝的跟踪（二维位置随动）系统。该系统体现了在大型特厚工件（压力容器，锅炉，水、火电长重型设备，船舶等）中，窄间隙自动埋弧焊先进关键应用技术的水平。

（1）窄间隙自动埋弧焊的关键技术简述

该焊机可以施焊工件的坡口形状如图 6-12 所示。焊缝坡口的最大深度，即焊缝的厚度，可达 350 mm，而焊缝宽度最大只有 28 mm。采用的焊接工艺方法是埋弧焊。可见，没有一套完善的焊缝跟踪系统和焊头焊前预调整机构是难以保证焊接过程的稳定和焊缝高质量要求的。

对大深度窄间隙埋弧焊来说，渣壳清理是个必须解决的工艺难题。解决这一问题的关键是：焊道必须按图 6-12 所示模式安排，即所谓"鱼鳞状"焊道次序。这种焊道次序安排是由自

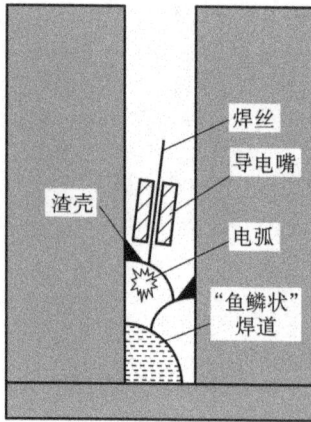

图 6-12　窄间隙焊缝示意图

动埋弧焊多次工艺实验得出的关键技术之一。

"鱼鳞状"焊道次序对焊接设备提出了焊嘴偏摆要求。这也是该焊机的关键技术之一。因为焊丝（直径 4 mm）通过焊嘴并能在一个狭窄空间内左右偏摆并不是容易的，在狭窄的 28 mm 宽度内要完成焊丝送给、焊药送给、焊药回收等工艺动作，并且焊丝的导电与工件间绝缘处理等问题都需要妥善解决才能顺利施焊。

（2）窄间隙自动埋弧焊焊头的结构

窄间隙自动埋弧焊焊头的结构如图 6-13 所示。图中的主要部件为焊嘴，焊嘴的作用是将焊丝送入焊接区，施焊时焊嘴可处于中间位置，也可以围绕偏摆轴左右偏摆。用旋钮可以调节偏摆阻力，也可以锁定焊嘴于中间位置。偏摆的动力来源于偏摆装置（图 6-13 中未画出）。该装置有两个可以往复动作的气缸带动齿轮-齿条副，使一个输出轴产生左右旋转动作。用传动机构将其轴的转动变换为焊嘴的偏摆。

在焊嘴的前面，紧接着的是装有焊剂送进用的导管。

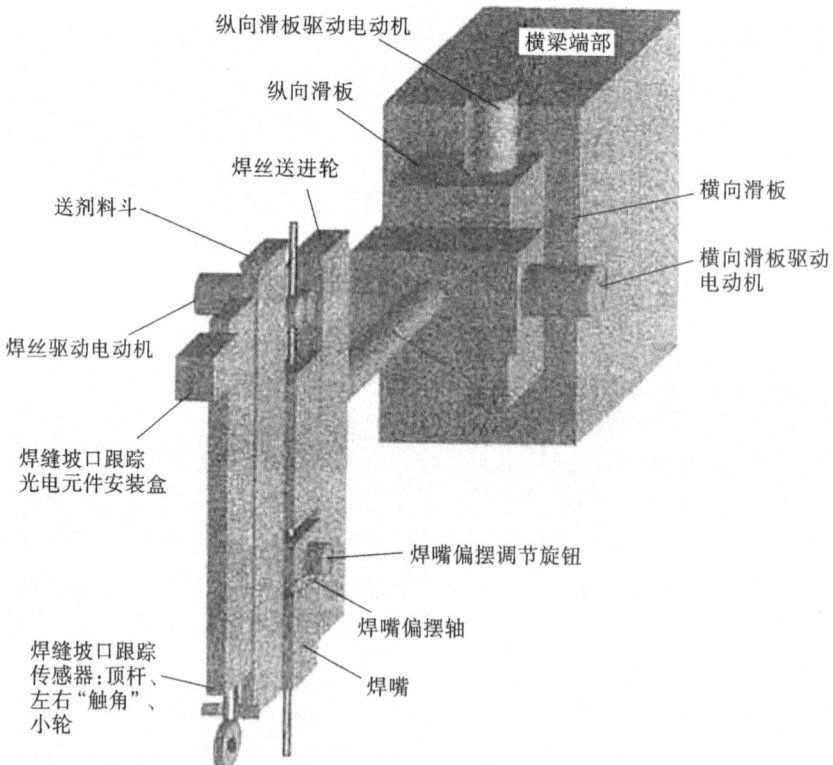

图 6-13　窄间隙自动埋弧焊机的焊头机构

在导管前面安装焊缝坡口位移传感器部分。该部件的详细结构如图 6-14 所示。该位移传感器部件利用机电一体化手段检测焊嘴在焊缝坡口内垂直方向的深度偏差量

$\pm\Delta z$和水平方向距两坡口边缘（侧壁）的横向偏差量$\pm\Delta x$（两偏差量的含义见图 6-15 和图6-16）。

焊头还包括焊丝校直机构与送丝机构、送剂机构、送剂料斗、送剂软管及焊机回收软管。

焊头上述各组成部分通过一个连接杆和托架安装在横向滑板上,而横向滑板又安装于垂直方向滑板上。横向和纵向滑板分别由直流电动机驱动。通过纵向滑板的连接板将整个焊头

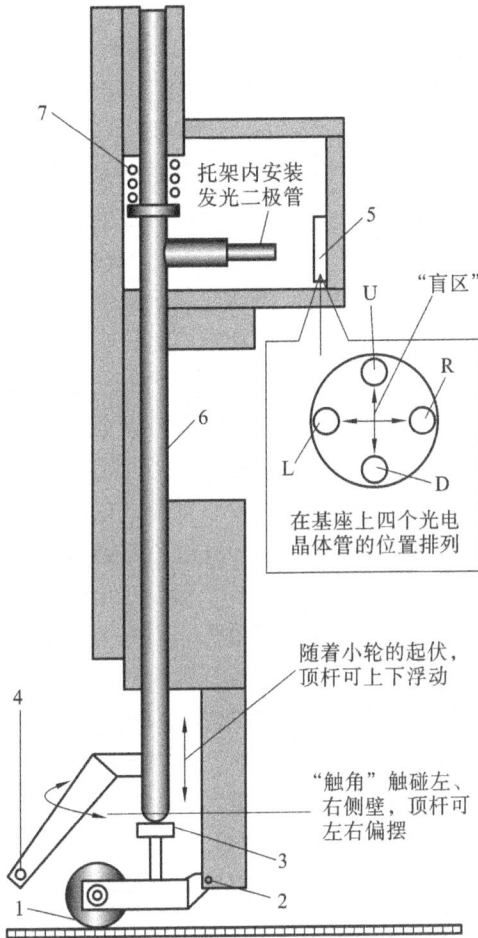

图 6-14　焊缝坡口位移传感器的结构

1—导向小轮;2—小轴;3—支点;4—左、右侧触角;5—光电晶体管安装基座;6—顶杆;7—弹簧

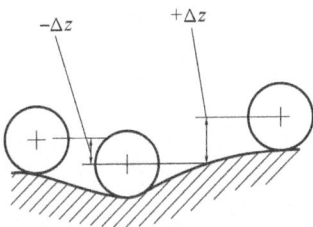

图 6-15　焊道凹凸不平引起小轮轴心
出现高度方向偏差

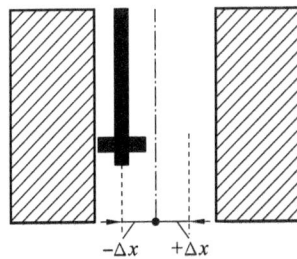

图 6-16　坡口侧壁不平行引起顶杆
中心线出现水平偏差

安装于焊机横梁的端部。

（3）焊头跟踪原理

① 坡口位移传感器。传感器的结构如图 6-14 所示。深度导向小轮与坡口底缘（或焊道）直接接触，并可绕小轴随着坡口底缘的变化而上、下浮动，从而在支点处产生顶杆的上下运动。在顶杆上还同时安装有坡口壁侧向探测导向销（触角），侧向导向销在左右两边均有。这样，当导向销接触坡口两侧壁时，会被壁顶回，从而使安装发光二极管的托架围绕导向杆轴产生如图 6-14 所示的顶杆偏转，使托架随之偏转。

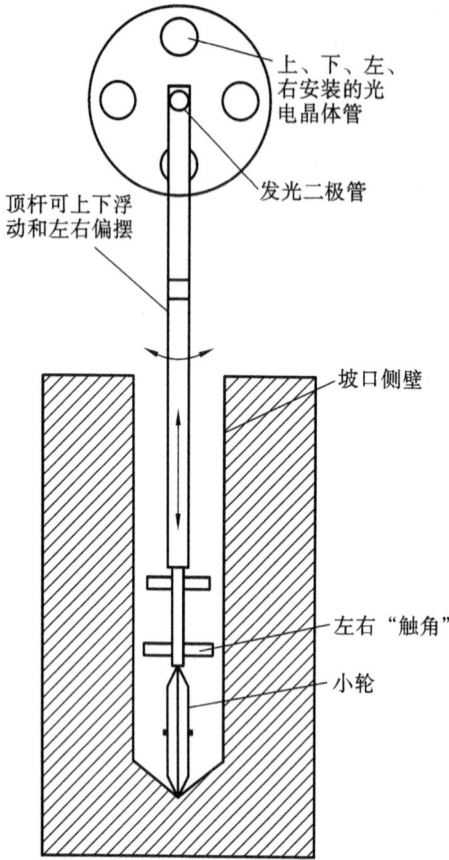

图 6-17 坡口传感器的工作零位

而在固定支座上，在垂直方向和水平方向分别安装有四个光电晶体管。它们都可以接受到由发光二极管发出的光通量。垂直方向的 U 和 D 光电晶体管分别检测机头相对于坡口底部给定深度的升起和下降位移量 $\pm \Delta z$，横向的 L 和 R 光电晶体管则检测机头纵向中心线相对于坡口侧壁的左右偏移量 $\pm \Delta x$。

在进行焊前调整时，可通过传感器上的调节螺钉使发光二极管中心点恰好与四个光电晶体管的中心重合。这就是跟踪的起点。

坡口传感器的工作零位如图 6-17 所示。

② 跟踪执行机构。跟踪执行机构是两台直流电动机分别驱动的水平滑板和纵向滑板。单向跟踪执行机构的控制电路结构如图 6-18 所示。

图 6-18 中，V_U、V_D 表示两只纵向安装的光电晶体管。当其中任一只接收到来自发光二极管光通量 $\pm \Delta z$ 偏差信号后，就立即转变为电压信号 U_U、U_D。U_U 是上限光电晶体管 V_U 输出的，U_D 是下限光电晶体管 V_D 输出的。

对图 6-18 所示的机头纵向滑板位移负反馈电路来说，电压信号 U_U、U_D 就是 $\pm \Delta z$ 位移负反馈信号；而 $\pm \Delta z$ 位移给定电压信号 ΔU_{GU}、ΔU_{GD} 实际上隐含在坡口传感器的结构中，它就是图 6-14 中四只光电晶体管的"盲区"。只有当发光二极管光线扫过光电晶体管的"盲区"后，光电晶体管才有电压信号 U_U、U_D 产生。由于实际坡口传感器中四只光电晶体管的"盲区"区间很小，因此可以满足焊接工艺对控制系统的控制精度要求。

电压信号 U_U、U_D 实际上也就是偏差信号电压 ΔU_U、ΔU_D 经偏差放大器放大，再送入晶闸管功率放大器。作为控制纵向滑板上、下运动的电动机驱动功率信号，即晶闸管功放电路的输出，就是使纵向滑板伺服用电动机 M_V 产生不同旋转方向的电枢电压 $\pm \Delta U_{VA}$。

同理，横向安装的光电晶体管 V_L、V_R，检测到 $\pm \Delta x$ 后，通过偏差放大器、晶闸管功放电路，最后输出使水平滑板伺服电动机 M_H 产生左右两方向旋转的电枢电压 $\pm \Delta U_{HA}$。

上述焊头跟踪系统是一种实用系统。焊前，调整焊头使其潜入坡口底部的到位过程控制，

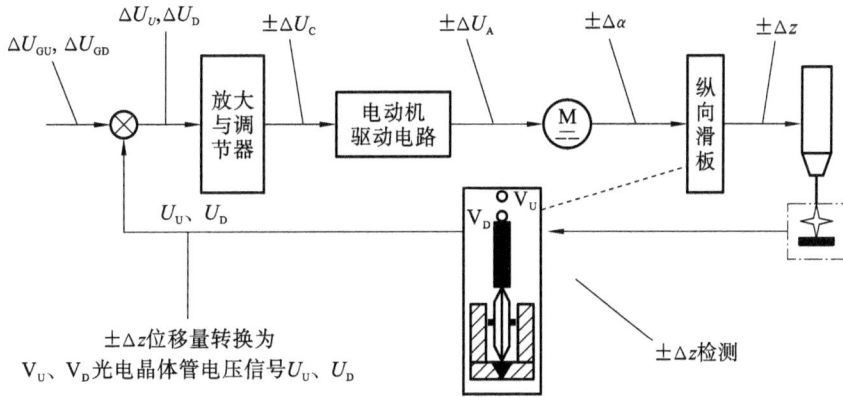

图 6-18 机头纵向滑板跟随机电机构框图

也是通过同一套系统实现的。其原理是焊机启动,首先调整发光二极管的零点位置,然后开启纵向驱动电动机,焊头开始向焊缝坡口底部送进。一旦传感器的导向轮接触到焊缝底部,顶杆被上顶,使发光二极管上移,碰到上限发光晶体管 V_U 后,立即发出到位信号,使电动机停止转动。

同理,焊头向焊缝坡口底部送进过程中,只要顶杆上的左右"触角"一碰到坡口左右壁,就会使横向滑板朝离开坡口壁方向移动,也就是使焊头基本保持在坡口中间位置。

用一台计算机(PLC)管理整个焊机。专用软件分成若干个程序管理模块,对每个焊接子程序进行中断管理。

ESAB 窄间隙焊接专用机计算机控制部分的内容涉及面很广(计算机控制的硬件系统及软件系统),超出了本书内容范围,不再赘述。

6.3.3 椭圆环缝自动焊机电控制系统(三维位移随动系统)的分析

在焊接生产实践中,往往会遇到椭圆形工件的环缝焊接问题。椭圆环缝曲线是一条空间非圆曲线。对于这类焊缝的跟踪问题,首先应考虑如何使系统运动学条件满足焊缝形成工艺要求。图 6-19 所示为角位移检测应用实例。

椭圆形工件的环缝曲线是一条椭圆曲线。设工件的转动中心为 O 点,且工件椭圆曲线以瞬时角速度 $\omega_i(t)$ 逆时针方向转动(图 6-20),则椭圆曲线上任一点 i 的线速度方向为点 i 处瞬时转动半径 ρ_i 的垂线方向,而瞬时线速度的大小应为:

$$v_i = \omega_i(t)\rho_i(t) \tag{6-1}$$

式中,$\rho_i(t)$ 是椭圆曲线上 i 点处的瞬时转动半径。

与 i 点处的线速度 v_i 大小相等而方向相反的线速度,就是焊接速度 v_n 的水平速度分量。焊接速度 v_n 是水平速度分量 v_{hn} 与垂直速度分量 v_{vn} 的矢量合成。

对一般工作来说,由于瞬时转动半径较大,焊接速度的垂直速度分量 v_{vn} 往往可以忽略,因此有理由用瞬时速度 v_i 取代焊接速度 v_n;又由焊接工艺知焊接速度 v_n 在焊接过程中应保持为常数,因此有下式成立:

$$v_n = \omega_i(t)\rho_i(t) = 常数 \tag{6-2}$$

上式就是该椭圆形工件环缝系统应满足的运动学条件之一。

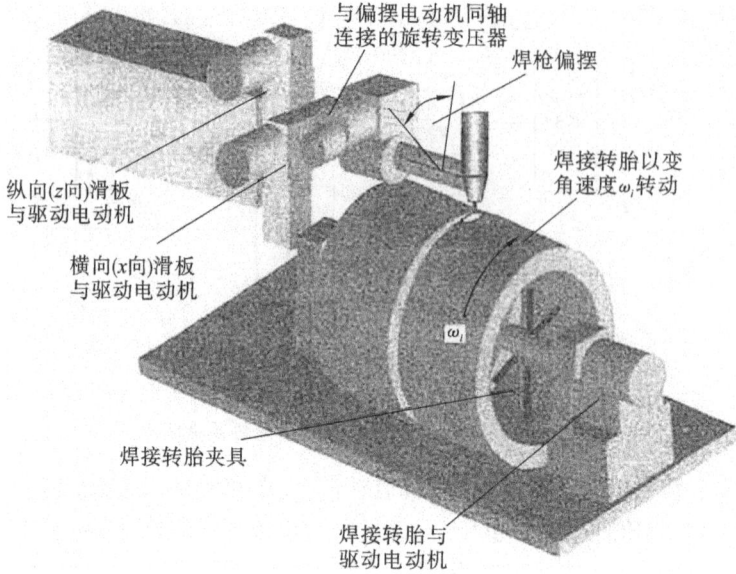

图 6-19　角位移检测应用实例

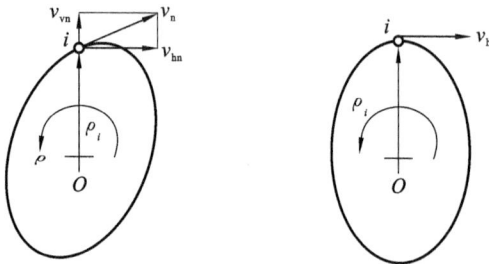

图 6-20　工件以恒角速度 ω 转动，由于瞬时转动半径 ρ 的变化，造成焊接速度 v_h 的变化

当实际焊接速度为某一常数时，由于椭圆形工件瞬时转动半径 $\rho_i(t)$ 的变化，要维持焊接速度为某一常数值，就必须使椭圆工件以变化的瞬时角速度 $\omega_i(t)$ 转动，且跟随瞬间转动半径 $\rho_i(t)$ 的变化，以使乘积 $\rho_i(t)\omega_i(t)$ 保持为给定的焊接速度常数值。

由式(6-2)可得出：

$$\omega_i(t) = \frac{v_n}{\rho_i(t)} \tag{6-3}$$

式(6-3)表明，当实际焊接速度给定后，如果控制系统又检测出工件的瞬时转动半径 $\rho_i(t)$，则瞬时角速度 $\omega_i(t)$ 就是控制系统中所设置除法的输出(图 6-21)。

除法器输入的被除数是与焊接速度 v_n 成正比的焊接速度电压给定量 U_{VG}，输入的除数是与工件的瞬时转动半径 $\rho_i(t)$ 成正比的电压量 U_ρ。为得到 U_ρ，控制系统中必须安装有工件瞬时转动半径 $\rho_i(t)$ 的位移检测装置。

该椭圆形工件的环缝焊接系统必须遵循的运动学条件之二如下：虽然工件的瞬时转动半径是变化的，但在椭圆形工件环缝的整个焊接进程中，电弧的弧长是不能改变的，即要满足弧长 (L_n) 等于给定常数的条件。

在实际的椭圆形工件的环缝焊接控制系统中，引入如图 6-21 所示的电弧弧长负反馈控制系统 I，即可满足弧长 (L_n) 等于给定常数的条件。电弧弧长负反馈控制系统的控制思路是：根据焊接电弧的弧长与电弧电压之间存在的正比线性关系，在电弧弧长负反馈控制系统 I 中一般是用电弧电压检测取代电弧弧长检测。这是因为电弧电压检测相比于弧长检测在技术上要简单得多。

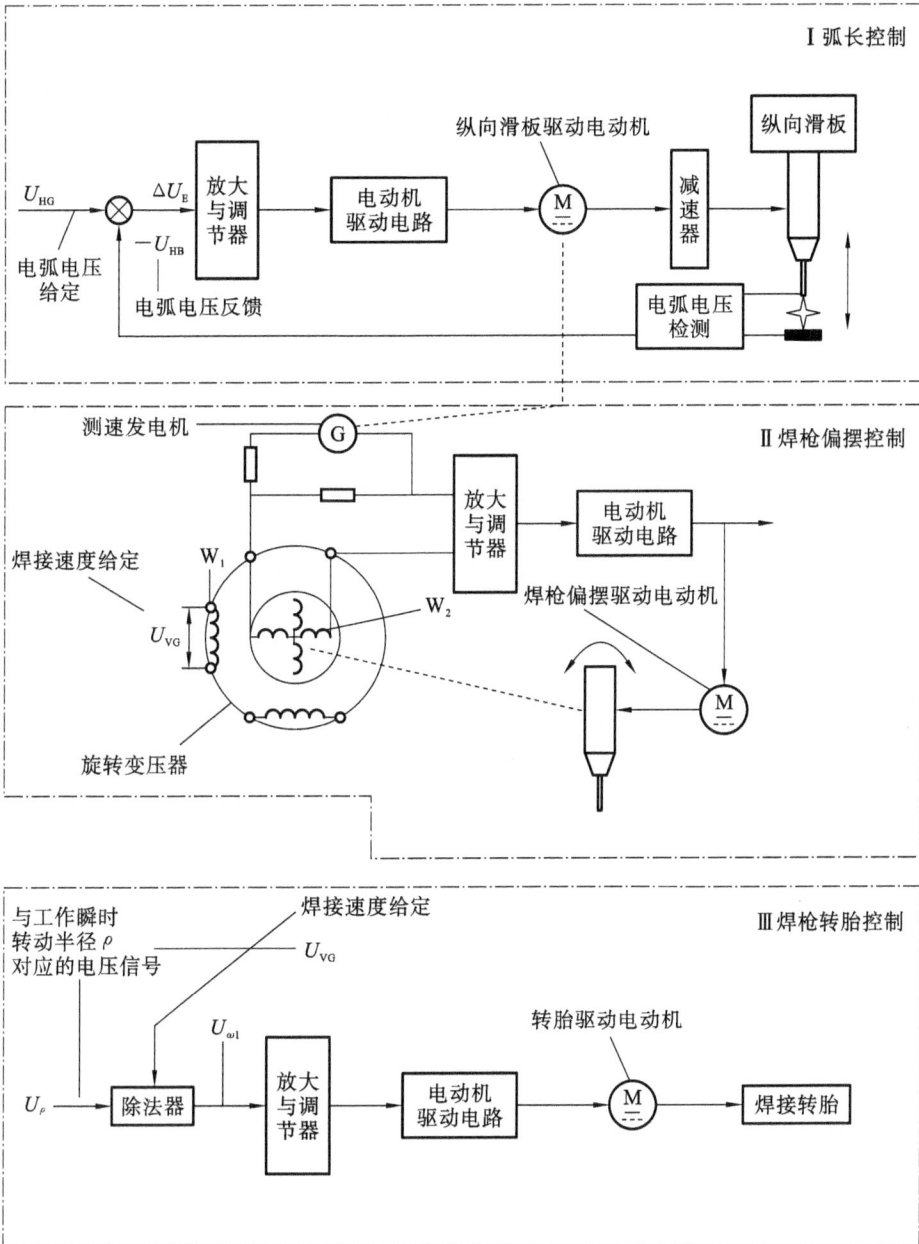

图 6-21 椭圆环形焊缝的恒定焊接速度机电伺服系统的控制结构

引入电弧弧长负反馈控制系统后,就满足了系统弧长(L_n)等于给定常数的条件。弧长(L_n)发生变化的主要原因是椭圆形工件瞬时转动半径 ρ 的变化。从图6-22中可以看出:

$$\frac{\mathrm{d}\rho}{\mathrm{d}t} = v_z$$

即椭圆形工件瞬时转动半径 ρ 对时间的变化率等于焊枪在纵向的位移速度。

弧长(L_n)保持不变,说明焊枪在纵向的位移速度也是常数。这意味着系统要求焊枪在纵向的位移速度为常数的条件,在引入电弧弧长负反馈控制系统后就自然满足了。

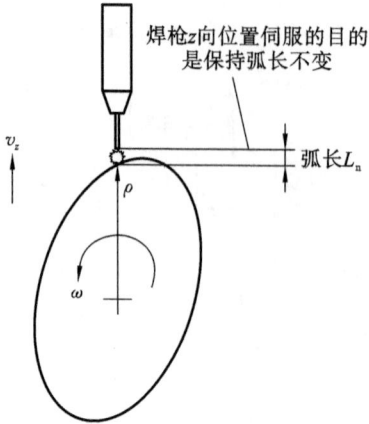

图 6-22　z 向位移伺服的弧长控制

该椭圆形工件的环缝焊接系统遵循的运动学条件之三如下。

根据焊接工艺提出的要求,焊枪的轴线在整个焊接过程中,要与工件椭圆曲线的切线相垂直,如图 6-23 所示。

为此,椭圆形工件的环缝焊接系统必须设置焊枪的偏摆装置。焊枪的偏摆装置要保证在任何给定焊件尺寸、给定焊接速度的条件下都能使焊枪的轴线在整个焊接过程中与工件椭圆曲线的切线相垂直。这就是给椭圆形工件的环缝焊接系统遵循的运动学条件之三。

满足该条件的控制思路是:将焊枪的偏摆装置设置在焊枪的纵向驱动滑板机构上,并注意到焊枪随机偏摆时,焊枪偏摆速度是焊枪在 z 向位移速度的函数。也就是说,焊枪偏摆速度要始终跟随焊枪在 z 向的位移速度。因此,焊枪偏摆装置位移控制系统的本质是焊枪偏摆速度的随动系统。这样,以焊枪纵向驱动滑板机构的速度为给定量,以焊枪偏摆速度为反馈量的焊枪偏摆位移随动系统的构成如图 6-21 中的结构 II 所示。

焊枪在 z 向的位移速度给定量由测速发电机 G 给出;焊枪偏摆速度反馈量由正余弦旋转变压器随机检测,并与测速发电机 G 给出的焊枪 z 向位移速度给定量进行直接串联比较,从而用所得偏差量通过放大与调节器控制焊枪偏摆驱动直流电动机。

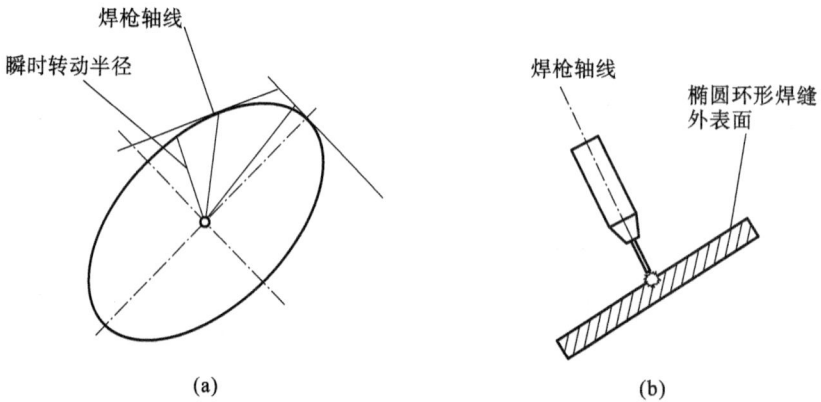

图 6-23　焊枪轴线与椭圆环形焊缝外表面的相对位置示意图

6.3.4　凸轮闪光对焊机的位移程序控制系统分析

凸轮闪光对焊机位移程序控制系统是利用电动机通过一套减速器带动凸轮转动,从而使凸轮顶轮与顶杆在 x 轴方向产生工件所要求的位移。因为工件与凸轮顶杆之间是通过动夹头刚性连成一体的(图 6-24),所以凸轮顶杆的位移就是动夹头与工件的位移。

如果工件所要求的位移曲线如图 6-25 所示,即由零时刻 t_0 开始计时,在 t_1 时刻工件位移到 A_1 点,t_{10} 时刻工件位移到 A_{10} 点,那么 A_i 点($i=1,2,3,\cdots$)所连成的就是曲线在 x 轴方向产生的工件所要求的位移曲线。

将位移曲线作为凸轮的轮廓曲线(图 6-26),并使凸轮以一定的角速度 ω 转动,则总会使

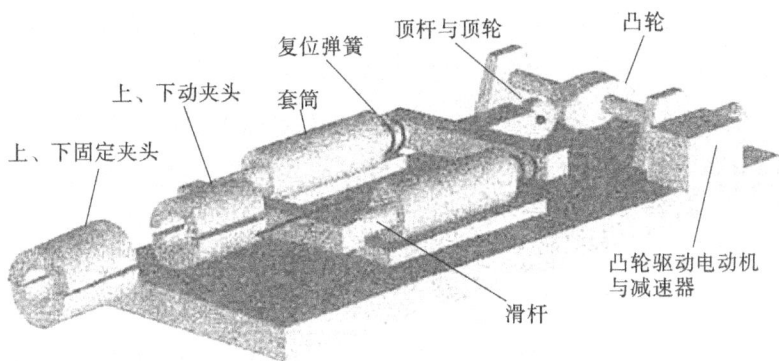

图 6-24　凸轮闪光对焊机

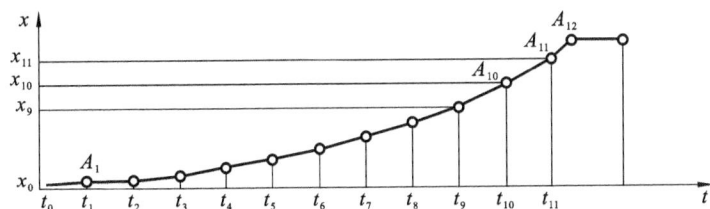

图 6-25　闪光对焊工艺要求的动夹头位移曲线形状

凸轮顶杆在 x 轴方向产生工件所要求的位移曲线。

为了得到合适的角速度 ω,在实际的凸轮闪光对焊机中多采用凸轮转动直流电动机驱动系统。在实际的凸轮闪光对焊机中,凸轮唯一曲线的 $A_1 \sim A_{11}$ 段(位移曲线斜率相对较小的曲线段)称为闪光曲线段;凸轮位移曲线的 $A_{10} \sim A_{11}$ 段(位移曲线斜率相对较大的曲线段)称为顶锻曲线段。

位移曲线斜率相对较小的曲线段(位移曲线相对较平缓的段,也就是闪光曲线段)往往是一条抛物线形状的二次曲线。

在一台实际的闪光对焊机中,实际动夹头抛物线形状的二次曲线是闪光曲线段并非易事。这是因为实际闪光对焊机的动夹头位移伺服控制机构的质量往往很大。

中小功率(50～500 kV·A)闪光对焊机一般可采用凸轮-顶杆副传动,但对大功率闪光对焊机来说,限于凸轮-顶杆副传递的力有限,须改用液压传动实现动夹头抛物线形状的二次闪光曲线。

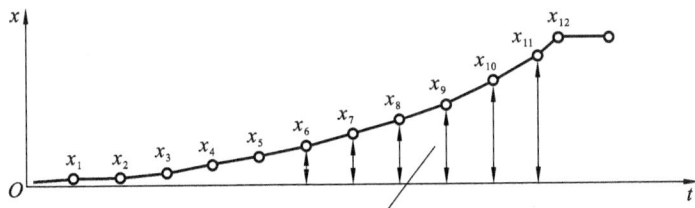

凸轮曲线相对基圆的径向增量与位移曲线相对应

图 6-26　径向增量曲线

7 速度测量与控制系统

7.1 概　述

在材料成形的各种工艺中,几乎无处不使用电力传动装置。材料轧制设备、材料塑性成形设备、材料焊接成形设备及液态成形设备中的机械加工装置都要求采用各种电动机传动。随着对生产工艺、产品质量要求的不断提高,越来越多的材料成形机械中的电动机传动都要求其实现自动调速功能。

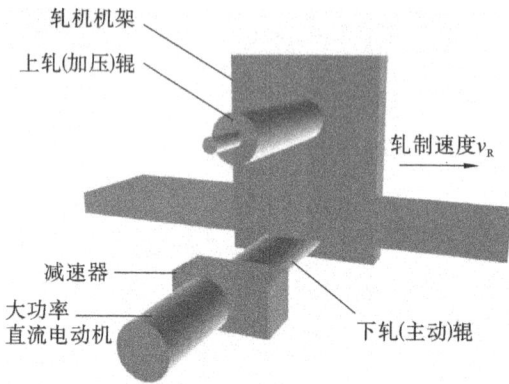

图 7-1　轧钢机的主机电传动示意图

例如,钢材在轧钢机上的轧制成形过程中,对轧钢机的轧制速度 v_R(图 7-1)有很高的调速要求。钢材轧制成形过程的三个工艺阶段中,即初轧、中轧和精轧,轧钢机的轧辊机电驱动系统使用目前容量最大、控制精度最高、制造技术水平也最高的直流电动机自动调速系统。

材料焊接成形最终是完成不同材料、不同尺寸、不同形状构件的焊接。下面以图7-2所示的圆筒形钢结构构件的焊接为例,说明完成一道纵缝和一道环缝所涉及的自动调速系统。

焊接纵缝时,对纵缝的焊接速度 v_{HZ} 的控制,是自动焊机的横梁沿纵缝方向以焊接速度 v_{HZ} 平移实现的。因此,对焊接速度 v_{HZ} 的控制归结为对焊机横梁平移速度的控制。在实际焊机中,对横梁平移速度的控制是由直流电动机自动调速系统完成的。

焊接环缝时,对环缝的焊接速度 v_{HZ} 的控制,是自动焊机的附加设备,即图 7-2 所示的自动可调速的焊接转胎完成的。焊接转胎往往采用高精度直流电动机自动调速系统。

无论是焊接环缝还是焊接纵缝,当自动焊机是一台熔化极自动焊设备时,还必须控制焊丝的送丝速度 v_{SS}。根据焊丝直径和焊机送丝系统的具体结构,熔化极自动焊设备中,使用不同类型、不同容量和型号、不同控制电路形式的直流电动机自动调速系统。

对可调速的传动系统,按传动电动机的类型可分为两大类:直流调速系统和交流调速系统。交流电动机具有结构简单、制造成本低、使用和维修简单等优点,但调速困难。尽管近年来各种类型的交流调速系统相继涌现,特别是交流变频调速系统的出现,使交流电动机的调速实现了技术上的突破,但在材料成形机械传动系统中的应用还远没有直流调速系统广泛。

与交流电动机相比,直流电动机的结构复杂,制造成本高,维修也较麻烦,但是由于它在使用性能上的突出表现,如较大的启动转矩、优良的启动和制动性能、具有较宽的平滑调速范围,使得直流调速系统现阶段仍然是电动机调速系统的主要形式,绝大多数对电动机调速性能要

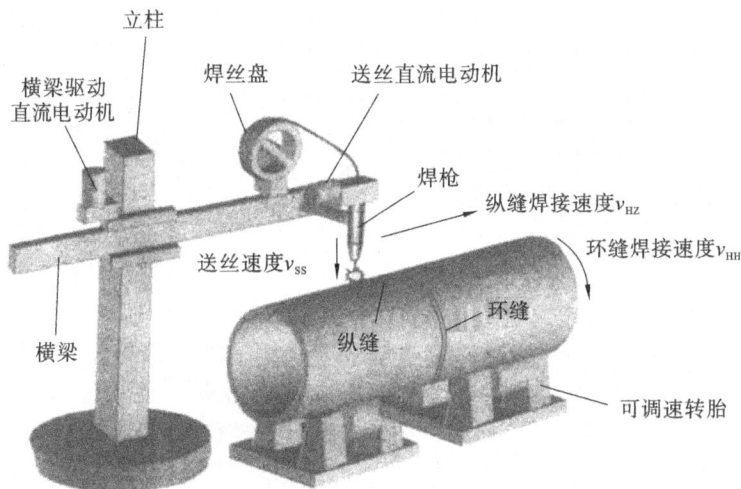

图 7-2 大型自动焊机机电传动示意图

求较高的材料成形加工机械主要采用直流电动机调速系统来驱动。

从调速系统的动态响应特性来看,以晶闸管为调节器件的晶闸管变流调速系统的动态响应时间为毫秒级,因此目前直流电动机调速传动系统绝大部分采用晶闸管变流调速系统供电。随着控制计算机的推广,采用单片机控制器的晶闸管变流调速系统等,由于达到了较高的调速性能指标而在材料成形的各领域中获得了广泛应用。

为此,本章主要以应用最普遍的直流电动机晶闸管变流控制系统为例,阐述直流电动机驱动的材料加工机械中涉及速度控制量的检测与控制方法。

7.1.1 直流调速系统的类型

直流调速系统可分为以下三种类型。

(1) 发电机-电动机调速系统

发电机-电动机调速系统简称 G-M 机组调速系统。该系统早在 20 世纪 30 年代末就已问世并被采用。由于 G-M 机组调速系统有较优良的调速性能指标,故沿用至今。G-M 机组调速系统的主要缺点是:组成系统需要两台与调速电动机容量相当的旋转电动机和一些辅助励磁设备,因而使调速系统重量和体积庞大。

图 7-3 所示为 G-M 机组直流调速系统的基本结构。框 I 部分表示直流发电机 G,圆圈表示发电机的可旋转电枢,W_1 表示发电机的励磁绕组。直流发电机可旋转的电枢要由一原动机驱动才能产生电动势。一般来说,G-M 机组调速系统中的直流发电机由三相交流电动机驱动。图 7-3 所示的交流电动机就是三相笼型感应电动机。

框 II 部分表示直流电动机 M,圆圈表示电动机的可旋转电枢,W_2 表示电动机的励磁绕组。励磁绕组的两端与电枢(绕组)是并联的就称为并励绕组。

图 7-3 中,直流发电机 G 的电压 U_S 由 A、B 两端子(也就是发电机电枢两端)输出,其所发直流电压的方向如图中所示。直流电动机 M 在直流电压 U_S 的作用下开始转动。

G-M 机组调速系统的调速方式有两种:

① 改变电动机电枢回路内的附加电阻 R_F。这种调速方式主要应用于小容量的 G-M 机

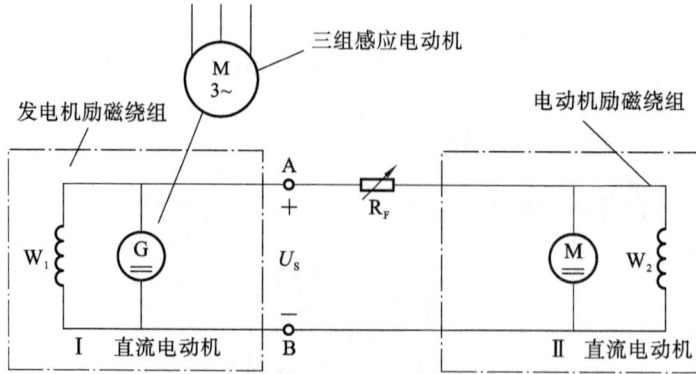

图 7-3 G-M 机组直流调速系统的基本结构

组调速系统中。这时,直流发电机 G 的驱动原动机往往采用不调速的三相交流感应电动机,而直流发电机 G 的电枢电压 U_S 是保持不变的。

② 改变发电机的电枢电压 U_S。这种调速方式主要应用于大容量的 G-M 机组调速系统中。改变发电机的电枢电压 U_S 又有两种方式。

a. 改变发电机的电枢转速。这时,直流发电机 G 的驱动原动机往往采用可调速的三相绕线式转子感应电动机,靠改变感应电动机转速的方式改变发电机的转速,从而间接地改变直流发电机的电枢电压 U_S。由于三相绕线式转子感应电动机的调速范围不大且结构复杂,因此这种调速方式只能当作辅助调速方式使用。

b. 改变发电机励磁绕组中的励磁电流。改变发电机励磁绕组中的励磁电流,实际上是通过改变发电机磁极的磁感应强度来改变发电机的电枢电压 U_S。这种调速方式是大容量 G-M 机组调速系统的常用形式。

若使 G-M 机组调速系统成为可逆调速系统,即电动机可在两个方向上旋转,就必须改变电动机电枢两端所加电压 U_S 的方向。对 G-M 机组调速系统而言,往往通过改变发电机励磁绕组中的励磁电流方向,即改变发电机的励磁电压方向来改变其电枢电压 U_S 的方向。

(2)晶闸管变流器调速系统

晶闸管变流器调速系统是由晶闸管变流器(各种类型不同、容量不同的晶闸管整流装置)向直流电动机负载供电,并自动调节其转速的自控系统。晶闸管整流装置相对 G-M 机组调速系统来说,具有体积小、动态响应快、工作可靠、设计和制造周期短及维修简便等一系列优点。

晶闸管变流器(整流器)直流调速系统的基本结构如图 7-4 所示。该系统由以下环节构成。

① 环节 I——晶闸管整流主电路。其是由功率晶闸管器件及相应功率的硅二极管组成的整流器。按输出容量的大小,整流器最常用的两种整流方式为单相桥式整流与三相桥式整流。每种整流方式又有几种类型。整流器原理是电工通用理论,本章不再赘述。

在晶闸管变流器(整流器)直流调速系统中,晶闸管变流器的功能是将电网交流电能变换为直流电能,然后向直流电动机的电枢提供所要求的电压 U_S。

② 环节 II——晶闸管触发电路。晶闸管触发电路的功能是向晶闸管整流主电路中的晶闸管提供晶闸管触发(又称"点火")电压。主电路中,晶闸管整流器输出电压 U_S 的调压工作原理是交流相控调压,因此触发电路向晶闸管提供的触发电压是与交流电网各相电压同步并

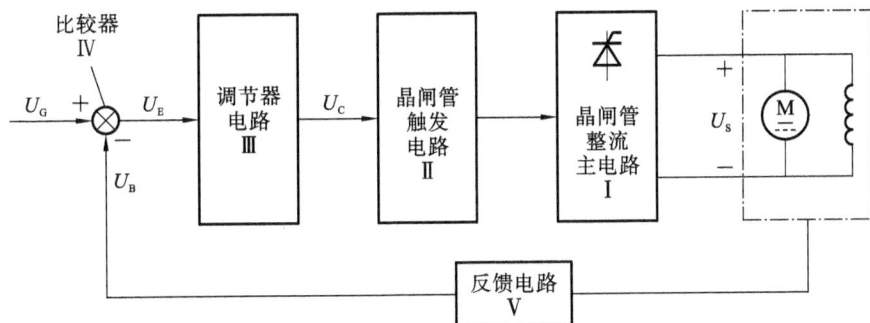

图 7-4 晶闸管变流器(整流器)直流调速系统的基本结构

可移相的脉冲电压 U_T,晶闸管整流器输出电压 U_S 的调节就是靠触发脉冲电压 U_T 的移相完成的。

③ 环节Ⅲ——调节器电路。环节Ⅱ输出的晶闸管触发移相脉冲电压 U_T 能否移相,受控于电平随时变化的控制电平信号电压 U_C。这个起主要控制作用的信号电压 U_C 就是由环节Ⅲ(调节器电路)输出的。

④ 环节Ⅳ、Ⅴ——比较器、反馈电路。对直流电动机的自动调速系统提出的调速功能主要包括:

a. 通过简便的速度给定方式,系统可在较宽的范围内平滑(无级)地变速。而速度给定方式的实际装置,往往就是一个简单的电压给定电位器。

b. 直流电动机的转速一旦设定为某一确定值后,就希望无论外界干扰因素(主要指电动机所带负荷的变化干扰及供电电网电压的波动干扰)如何作用,自动调速系统都能克服这些干扰因素的影响而维持电动机转速于设定值上。能够达到此目的的自动调速系统就是动态特性良好的调速系统。

为使自动调速系统完成上述两项功能,必须设置比较器环节Ⅳ和反馈电路环节Ⅴ,以便使调速系统形成负反馈闭环系统。闭环是指图 7-4 中的系统各环节,以 Ⅰ→Ⅴ→Ⅳ→Ⅲ→Ⅱ→Ⅰ 的顺次形成的闭环。

比较器环节Ⅳ的输入信号有两个。一是用于速度给定的电平信号 U_G。一般地,它一旦用电压给定电位器给定为某一数值后,就应保持不变,直到想得到另一速度时才调节电压给定电位器,以得到与新转速相对应的给定电平信号 U_G。

另一输入信号是反馈电压 U_B。反馈电压 U_B 是反馈电路环节Ⅴ的输出信号电压。反馈电路环节Ⅴ在电动机电路中采集(检测)某种形式的电压或电流信号后,经反馈电路环节本身的滤波和其他变换就形成了反馈电压 U_B。

反馈电压 U_B 与给定的电平信号 U_G 通过比较器环节进行比较。比较的实质,是将反馈电压 U_B 在数值上取负号后,再与给定的电平信号 U_G 进行代数求和。正是因为反馈电压 U_B 取负值,才表明这个自动调速系统是负反馈控制系统。而在系统的组成框图中,负反馈用比较器环节输入反馈电压 U_B 信号前的负号表示(图 7-4)。

比较器环节的输出信号就是 $U_G+(-U_B)=U_G-U_B=U_E$。U_E 称为偏差信号。偏差信号一般经调节器电路的的功率放大[也就是比例(P)运算处理]和积分(I)、微分(D)运算处理后,才能成为系统的控制信号电压 U_C。对偏差信号进行上述三种运算处理的调节器就是控制系统中常见的 PID 调节器。在控制系统中引入 PID 调节器,是为了获得良好的系统动态特性。

（3）晶体管脉宽调制（PWM）调速系统

利用大功率晶体管,如图 7-5 中的四只绝缘栅双极晶体管（IGBT）,组成一桥式电路结构。桥式电路的 A、B 两点之间加有直流电压 U,C、D 两点之间连接一台直流电动机。假设四只 IGBT 要么是以 $VT_1 + VT_3$ 的方式导通,要么是以 $VT_2 + VT_4$ 的方式导通。

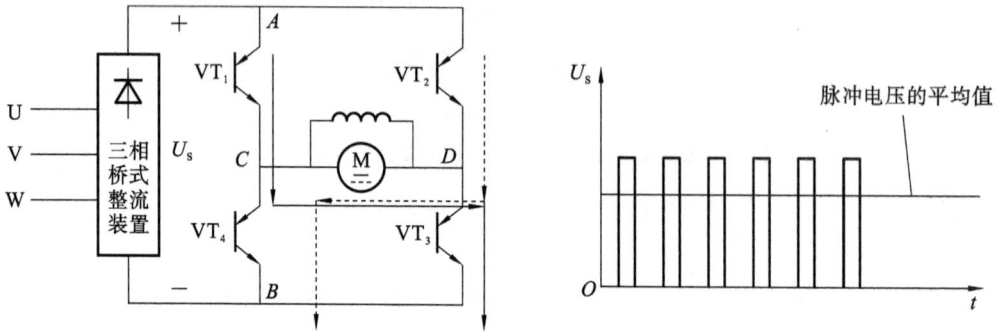

图 7-5 PWM 直流调速系统主电路和脉冲电压波形

在以 $VT_1 + VT_3$ 方式导通时,直流电压 U_s 以 C 点为正、D 点为负的方向加到直流电动机 M 的电枢两端,因此电动机输出轴可以沿时钟的某一方向旋转（这里假定是顺时针方向）。

再假定 $VT_1 + VT_3$ 导通方式是"时通时断"的所谓"开关方式",那么电动机电枢两端所得到的电压就是如图 7-5 所示的脉冲波形电压。由于可控制 IGBT 的"开通"时段与"休止"时段的比例,因此就控制了脉冲电压波形中"开通"时的电压 U_s 在时间坐标轴上的宽度。电压 U_s 的"开通"时段越宽,U_s 脉冲波形电压的平均值越大,而 U_s 的平均值就越大,电动机的转速就越大。显然,调节脉冲波形电压的宽度就能调节电动机的转速,因此把这种调速方式称为脉宽调制（PWM）调速。

如果令 $VT_1 + VT_3$ 关断,而换 $VT_2 + VT_4$ 工作,则与上述不同的地方只是加于直流电动机 M 电枢两端的电压 U_s 改变了方向,现在是直流电压 U_s 以 D 点为正、C 点为负的方向加到直流电动机 M 的电枢两端,因而电动机输出轴可以沿逆时针方向旋转。这样,该晶体管脉宽调制（PWM）调速系统是一可逆调速系统。

7.1.2 材料成形设备中所用直流调速系统的特点

使用功率跨度大与类型多样是直流电动机的显著特点。

由于材料成形加工工艺的复杂性及加工设备对动力的不同功率要求等,在材料成形加工设备中,使用着不同功率的多种类型、多种型号的直流电动机。

小功率的（分数马力）电动机在焊接成形加工设备中应用十分广泛。单台功率达 500 kW 的直流电动机可使用在轧钢设备上。轧钢设备使用的大功率直流电动机与技术性能先进的调速系统涉及复杂的直流电动机拖动系统理论,相关内容已超出本书的范围。

为充分掌握小功率直流电动机调速系统的有关理论与应用,了解直流电动机的结构及其工作特性是十分必要的。

7.1.3 材料成形设备中所用中小功率直流电动机的类型

很多材料成形设备对直流电动机的外形及尺寸大小有严格限制,对电动机的功率还要求足够大。例如,图 7-6 所示为一台 CO_2 气体保护焊机器人。CO_2 气体保护焊机器人就是在通用型机器人的基础上,加装 CO_2 气体保护焊设备后构成的二次开发型焊接自动化设备。由于通用型机器人的"手臂"持握重量有限,"肩关节"负重也有限,因此由机器人负重的 CO_2 气体保护焊的送丝机构及焊枪部件必须尽量减小尺寸和重量。其中,首先要精减直流电动机的尺寸和重量,但同时电动机的功率要足够大。为满足弧焊机器人的上述要求,研制了新型直流伺服电动机。目前,在材料成形加工工艺装备中使用的直流电动机,除了在普通电机学中均有介绍的普通直流伺服电动机外,还有以下几种新型直流伺服电动机。

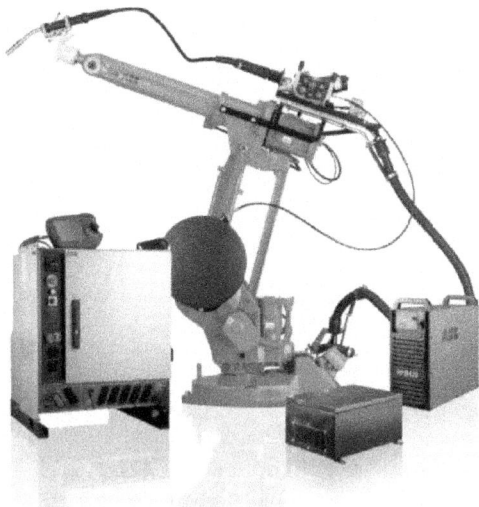

图 7-6 CO_2 气体保护焊机器人

（1）直流力矩电动机

其工作原理与普通直流伺服电动机相同,不同点在于:普通直流伺服电动机为了减小动态响应时间,要减小转子的转动惯量,因此转子大多具有细长的外形;而直流力矩电动机通常做成扁平式结构,如图 7-7 所示,电枢长度与直径的比一般为 0.2 左右,并且具有较多的磁极对数。采用扁平式电枢结构的目的是在相同的体积和电枢电压下,使其得到较大的转矩和较低的转速。而较低的转速恰好适应于 CO_2 气体保护焊设备对焊丝送给速度不高的要求。由于可以省去减速器,因此焊丝送丝机构的尺寸和重量都大为减小。

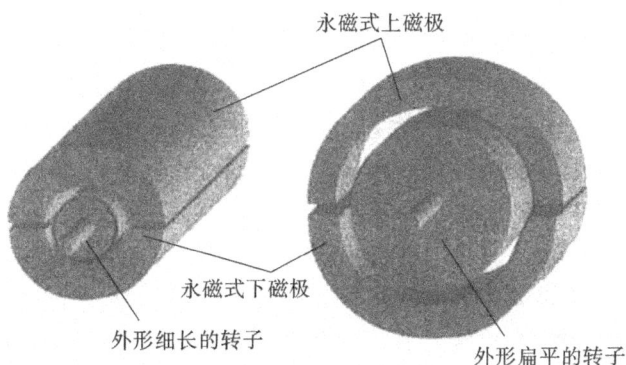

图 7-7 普通直流伺服电动机与力矩电动机外形比较

力矩电动机一般采用高性能永磁磁极材料,并设计成较多的磁极对数,较多的转子槽数、换向片数和串联导体数,这些技术措施可减小转矩和转速的波动。

直流力矩电动机的转子通常是用冷轧硅钢片叠成,电枢绕组采用单波绕组。为了减小轴向尺寸,使结构紧凑,常把槽楔和换向器做成一体式的部件,如图 7-8 所示。

（2）无槽电枢直流伺服电动机

顾名思义,无槽电枢直流伺服电动机的电枢铁心上是不开槽的,电枢绕组直接排列于电枢铁心的表面,再用环氧树脂和玻璃布带将其固定,使其与电枢铁心成为一体,如图 7-9 所示。

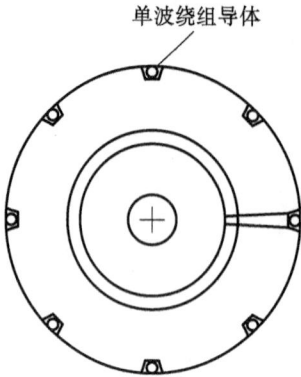

图 7-8　力矩电动机的转子结构示意图　　图 7-9　无槽电枢直流伺服电动机的结构简图

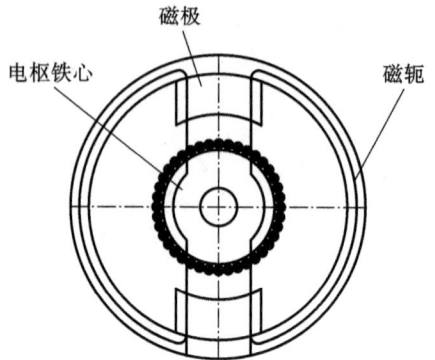

由于绕组直接处于气隙中,因此这种电动机的气隙较大。故与同容量的普通直流伺服电动机相比,定子磁钢的尺寸较大。

无槽电枢直流伺服电动机的主要特点是:

① 动态性能好。

这是由于电枢绕组直接排列于电枢铁心的表面,不存在下线、嵌线等制造工艺上的困难,因此电枢可做得更长。由于省去了电枢铁心上原嵌线用齿部的重量,故电枢的转动惯量大为降低。因此,这类电动机具有较小的机械时间常数（一般为 10 ms 左右）、较宽的动态频率响应范围。

② 过载能力强。

无槽电枢直流伺服电动机追求的是动态性能指标,是为频繁启动、频繁换向的材料成形加工装备（例如各种大中型数控系统、轧机等）而研制开发的。工作时,往往在几秒钟之内,最大转矩可比额定转矩大 10 倍以上,使电枢电流也过载 10 倍以上。增大过载能力的主要措施是采用强迫冷风,对大功率无槽电枢直流伺服电动机还要采用更为先进的制冷技术。先进轧钢机中,很多直流伺服电动机制造专利技术就体现在电动机的制冷技术中。

③ 力矩波动小。

电枢无槽,电枢绕组的电感量就小,从而使其动态性能的力矩波动小,换向性能好。一般无槽电枢直流伺服电动机的力矩波动系数为 1%～3%,而有槽电枢直流伺服电动机的力矩波动系数为 7%～10%。

（3）绕线电枢直流伺服电动机

在无槽电枢直流伺服电动机的基础上,若使无槽的铁心固定不动,仅将电枢绕组和换向器作为可旋转的部件带动机轴旋转,而原电枢的铁心部件仅起导磁作用,就形成了杯形绕线电枢直流伺服电动机。

若将绕线电枢制成盘形,电枢绕组在轴向气隙中旋转,就成为了盘形绕线电枢直流伺服电动机。绕线电枢直流伺服电动机具有以下特点:

① 时间常数小。

直流电动机的时间常数分为电气时间常数 τ_a 和机械时间常数 τ_m。

$$\tau_a = \frac{L_a}{R_a} \tag{7-1}$$

$$\tau_m = \frac{R_a}{K_e K_t} J \tag{7-2}$$

式中　L_a——电枢绕组的电感值;

　　　R_a——电枢绕组的电阻值;

　　　K_e——电枢绕组的电势系数;

　　　K_t——电枢的转矩系数;

　　　J——电枢的转动惯量。

对绕线电枢直流伺服电动机来说,由于绕线电枢不是嵌入铁心的形式,因此 L_a 很小,由式(7-1)得出,其电气时间常数 τ_a 就很小;又由于绕线电枢中的铁心部件仅起导磁作用而不随电枢绕组转动,因而它的转动惯量较传统的伺服电动机要小得多,因而其机械时间常数 τ_m 也很小。在目前的各种交、直流伺服电动机中,杯形绕线电枢直流伺服电动机的机电时间常数最小,仅为 0.3 ms 左右,俗称超低惯量电动机。

② 效率高。电动机效率的高低表现在损耗的大小上。对绕线电枢直流伺服电动机来说,由于铁心与机壳间没有相对运动,因此铁耗极少;由于电枢本身很轻,又没有因齿槽而引起的齿槽效应,因此机械损耗很小。

③ 电气噪声低。由于电枢绕组的电感值小,绕线电枢直流伺服电动机换向产生的换向电势很小,故电动机的换向性能良好,同时电气噪声也很低。因较大的电气噪声对控制系统中的电子设备会造成严重干扰,当电动机的容量很大时干扰尤甚,因此电气噪声也是电动机的一项重要性能指标。

(4) 印制绕组电枢直流伺服电动机

印制绕组电枢直流伺服电动机的名称来源于早期的印刷制作工艺,即应用一般制作印制线路板的工艺,在两面敷有铜箔的基板上腐蚀成形铜箔厚度的绕组。

目前这种工艺只应用于小功率电动机的制造,在制造较大功率、性能优良的电动机时,已改用冲制导体的先进工艺。

7.2　直流电动机晶闸管整流器调速系统

7.2.1　晶闸管整流器调速系统主电路的结构类型

(1) 晶闸管整流器的类型

晶闸管整流器是在直流电动机调速系统的主电路中,向直流电动机提供电枢电流的直流电压供电装置。按晶闸管整流器输入工频交流电网的相数,其分为单相晶闸管整流器和三相晶闸管整流器。这里,将常用晶闸管整流器的电路结构归纳于图 7-10 中。

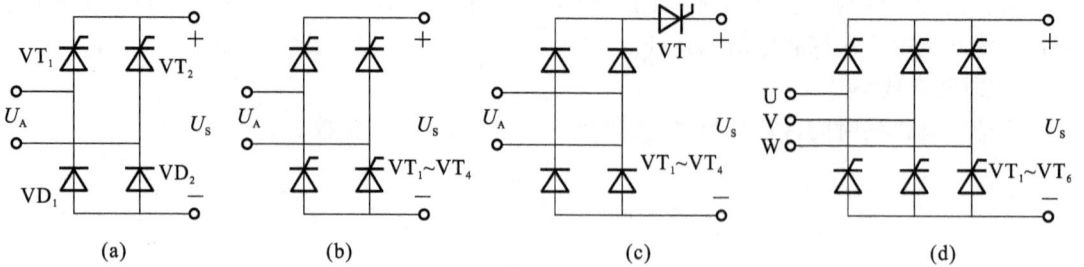

图 7-10　晶闸管整流器的类型

(a) 单相半控桥式；(b) 单相全控桥式；(c) 只用一支晶闸管单相桥式；(d) 三相全控桥式

（2）可逆调速系统主电路的接线形式

材料成形各种工艺加工设备的直流电动机调速系统几乎都是可逆调速系统，即要求直流电动机不仅能调速，还能改变转向。例如，在材料轧制成形工艺中，所有轧机的直流电动机调速系统均是可逆调速系统；在材料焊接成形工艺中，所有的熔化极电弧焊设备的焊接速度控制系统、焊丝送给系统都需要为直流电动机可逆调速系统。

要改变直流电动机的转向，就必须改变电动机电磁转矩的方向，而电磁转矩为：

$$M = K_M \Phi I_a$$

由上式知，改变电动机电磁转矩 M 的方法有两种：一是改变电枢电流 I_a 的方向，即改变电枢供电电压 U_S 的极性；二是改变电动机励磁磁通 Φ 的方向，即改变励磁电流的方向。

因此，根据以上两种改变电磁转矩的方式，将直流电动机可逆调速系统分为电枢可逆电路与磁场可逆电路。

晶闸管是单方向导电的，在只使用一套晶闸管整流器的调速系统中，实现可逆电路常采用如下接线方式。

① 利用接触器进行切换的可逆电路。这是利用两只接触器的两对常开触头 KM_{11}-KM_{12} 和 KM_{21}-KM_{22} 的轮换交叉闭合，切换直流电动机 M 的电枢电流方向，从而达到控制电动机正反转的目的（图 7-11）。

这种可逆电路比较简单，但接触器的使用可靠性差，一般只应用于不频繁换向的中、小容量的可逆调速系统。该系统换向一次的时间为 $0.2 \sim 0.5$ s。

② 利用晶闸管进行切换的可逆电路。如果将图 7-11 中的两对常开触头 KM_{11}-KM_{12} 和 KM_{21}-KM_{22} 换成两对晶闸管 VT_{11}-VT_{12} 和 VT_{21}-VT_{22}（图 7-12），就构成了晶闸管切换的可逆电路。但这种电路与后面介绍的可逆控制电路相比，在性价比上并没有明显优势，因此在实际控制系统中使用并不多。

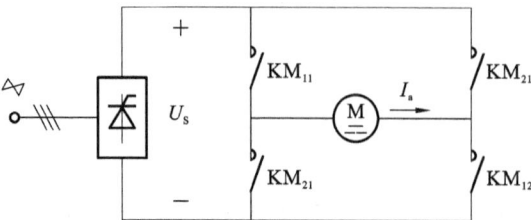

图 7-11　用接触器切换的可逆电路

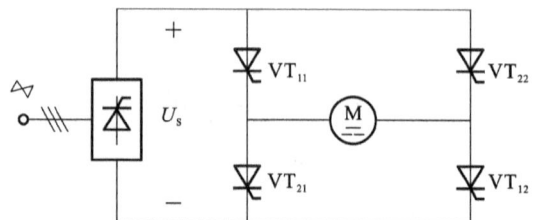

图 7-12　用晶闸管切换的可逆电路

③ 采用两套晶闸管整流器的可逆电路。采用两套晶闸管整流器（又称为变流器）的可逆电路又分为两种接线方式：图 7-13 所示的接线方式称为反并联连接方式，图7-14所示接线方式称为交叉连接方式。前者的特点是一个交流电源同时向两组晶闸管整流器供电，后者的特点是由两个独立的交流电源分别供电。

交叉连接方式可逆电路与反并联连接方式可逆电路相比，均衡电抗器（图 7-13 和图 7-14 中标识为 L 的器件）的数目少一半，因此在有环流的可逆调速系统中首选交叉连接方式，而在无环流的可逆调速系统中则采用反并联连接方式。

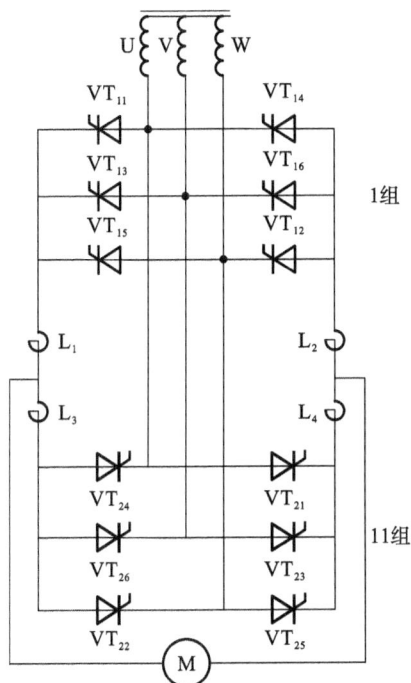

图 7-13　三相桥式反并联连接主电路

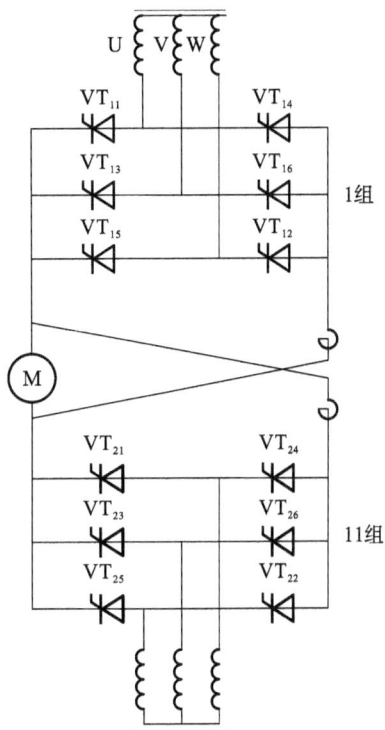

图 7-14　三相桥式交叉连接主电路

7.2.2　直流电动机晶闸管调速系统的控制电路组成

直流电动机晶闸管调速系统的控制电路如图 7-15 所示，由下列环节组成：系统调节器、晶闸管整流器的触发电路、直流电动机被控制量（一般主要指电动机转速、电枢电流、电枢电压）的检测与反馈电路及比较器。

系统调节器也称控制器，直流电动机晶闸管调速系统的各种控制规律，即所谓"比例-积分-微分"（PID）控制功能都是由该环节付诸实施的。

直流电动机晶闸管调速系统调节器既可由常规的 PID 调节器构成，又可用控制计算机组成的所谓软件 PID 调节器构成。

系统调节器的输入信号是比较器输出的偏差信号 U_E，输出信号是经过 PID 处理的控制电压信号 U_C。控制电压信号 U_C 送往触发电路。

触发电路产生晶闸管整流器中晶闸管的触发（又称"点火"）电压。根据晶闸管整流器使用的不同的单相或三相电路形式，触发电路选择相应的结构。但任何触发电路都要包括以下几

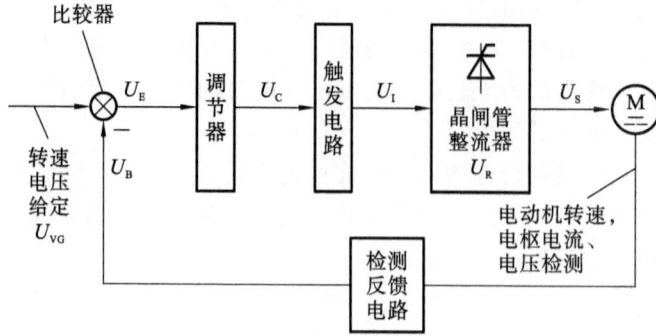

图 7-15　晶闸管调速系统控制电路组成框图

个基本组成部分：与本相电网电压"同步"的"同步电路"，产生某一固定频率和脉冲波形的"脉冲发生器电路"，使触发电压脉冲移相的"移相器电路"。

触发电路的输入信号是系统控制电压信号 U_C，输出信号是带有本相电网电压"同步"信息，且触发脉冲移相的控制电压信号。

为获得直流电动机优良的调速性能，晶闸管调速系统一般是具有不同负反馈的闭环控制系统。负反馈量主要是对直流电动机的输出量进行检测（采样）取得的。经常被检测并成为负反馈量的，有直流电动机的转速、电枢电流和电枢电压。完成上述任务的电路就是检测反馈电路。

检测反馈电路将反映各种反馈特性的物理量变成反馈（电压）量后送入控制系统的比较器环节，如图 7-15 所示。图中反馈（电压）量 U_B 前面的负号表示对 U_B 取负值后再与转速电压给定量 U_{VG} 进行比较，这也表明该系统是负反馈系统。

比较器环节的功能是将输入的信号（一般为电压量）按正负值进行代数相加后给出偏差量 U_E。如果正值量的输入信号大于负值量输入信号的绝对值，则偏差量 U_E 是正值量；如果正值量的输入信号小于负值量输入信号的绝对值，则偏差量 U_E 是负值量。

需要注意的是，在使用运算放大器的调速控制电路中，并没有单独设置比较器环节。这是因为运算放大器的输入电路本身就起到了比较器的作用。

输入比较器的信号电压的正负取值，是信号电压相对控制电路中的"机器地"而言的。例如，如图 7-16 所示，转速给定信号电压 U_{VG} 是在电位器 R_P 上取得的，而电位器 R_P 是用相对"机器地"而言的正控制电源 $+V_{CC}$ 供电的，因此转速给定信号电压 U_{VG} 输送到运算放大器 N

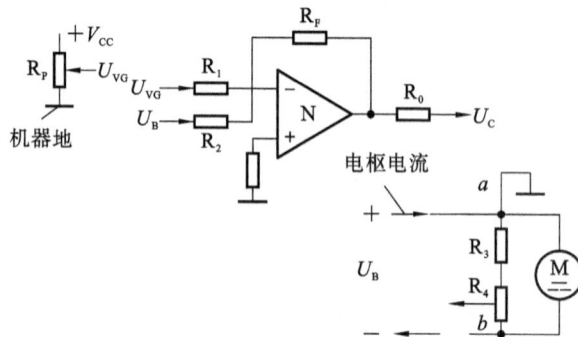

图 7-16　信号电压的正负取值

的输入电阻 R_1 前,应取正(+)号。输送到运算放大器 N 的输入电阻 R_2 的反馈信号电压 U 是在与直流电动机 M 的电枢绕组相并联的分压电阻 R_4 上取得的。在图中所示电枢电流正方向的情况下,分压电阻 R_4 上的 U_B 的正方向就应为图中所标示的方向,也就是图中 a 点的电位高于 b 点的电位。因为 a 点就是"机器地",所以从 b 点取得的反馈信号电压 U_B 输送到运算放大器 N 的输入电阻 R_2 前,应取负(-)号。

7.2.3 检测与反馈环节的类型和控制特性

(1) 转速负反馈调速系统

其为用转速负反馈电路构成的直流电动机调速系统,如图 7-17 所示。本系统用直流测速发电机 TG 作电动机转速 n 的检测元件,它与被控电动机轴硬性连接,可将电动机转速的变化转换为 TG 电压的变化。该电压经分压器 R_{PF} 分压,即得到与转速 n 成正比的转速负反馈电压 U_{VB}。

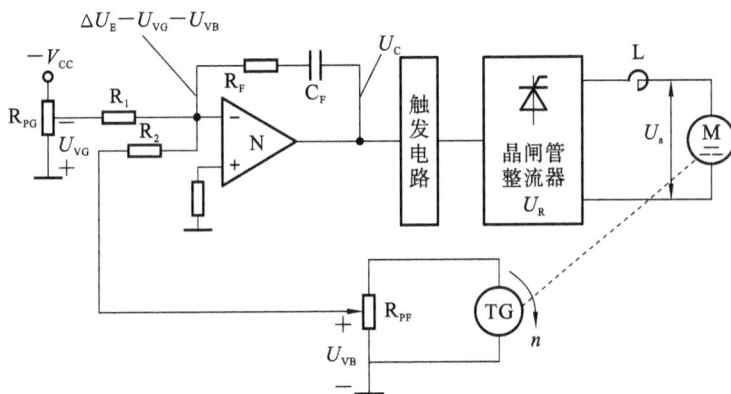

图 7-17 转速负反馈调速系统

电动机转速的给定电压 U_{VG} 是从由负空置电源 $-V_{CC}$ 供电的分压器 R_{PG} 上取得的。考虑信号电压是输入到运算放大器 N 的反相输入端,经其反相,在运算放大器 N 的输出端将得到反相信号电压。

同理,负反馈信号电压 U_{VB} 应是分压器 R_{PF} 上的正向(对机器地而言)分压。

转速反馈电压 U_{VB} 与转速给定电压 U_{VG} 比较后,得到偏差电压 $\Delta U_E = U_{VG} - U_{VB}$。该偏差电压 ΔU_E 经运算放大器 N 放大后,其输出电压就是晶闸管触发器的移相控制电压 U_C。

移相控制电压 U_C 送到晶闸管整流器的触发电路,对整流器进行相控调压,从而调节加到直流电动机 M 上的电枢电压 U_a,并最终调节直流电动机转速。

串联在晶闸管整流器输出电路中的电抗器 L 称为平波电抗器,用以滤除晶闸管整流器脉动输出电流中的交流成分。

转速负反馈调速系统具有以下两个优良特性:

① 在相同的负载扰动条件下,转速负反馈调速系统与开环调速系统相比,其静态转速降指标将减小至开环调速系统静态转速降的 $1/(1+K)$(K 为闭环系统的开环放大系数)。这就表明,引入转速负反馈后提高了直流电动机调速机械特性"硬度"。开环调速系统与闭环调速系统的调速机械特性曲线的比较如图 7-18 所示。由图可看出,在电枢电流由 I_{d1} 变化至 I_{d2} 时,闭环调速系统的转速几乎没有变化(如图 7-18 中曲线 3)。

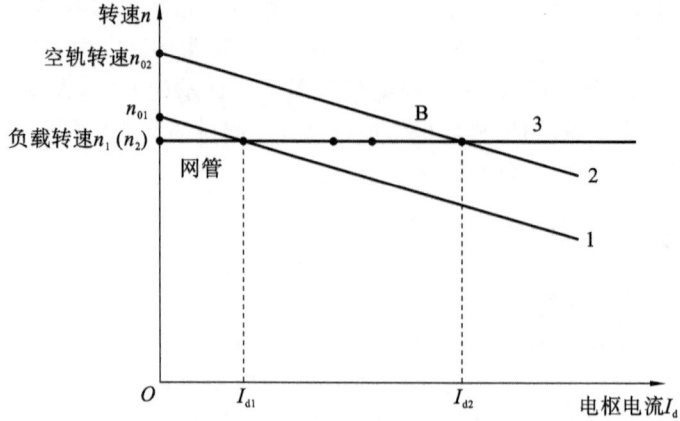

图 7-18　有无电枢电压负反馈时的转速静特性对比

1,2—无电枢电压负反馈时的转速静特性曲线；3—有电枢电压负反馈时的转速静特性曲线

② 在最高转速相同及低转速静差率相同的情况下,转速负反馈构成的直流电动机调速系统的调速范围是开环系统调速范围的$(1+K)$倍。这说明转速负反馈构成的直流电动机调速系统扩大了调速范围。

（2）电枢电压负反馈调节系统

被调量的负反馈是系统最基本的反馈形式,前面所讨论的转速负反馈构成的直流电动机调速系统只是一种基本的闭环调速系统。但要真正实现转速负反馈,需安装一台检测转速的测速发电机,这增加了设备的成本。在有些对调速系统性能指标要求并不高,或有时无法安装测速发电机的场合,可代之以设备更简单的其他类型的反馈。这时可采用电压负反馈来代替测速负反馈,这种调速系统的原理结构如图 7-19 所示。

$$\Delta U_E = U_{VG} - U_{VB}$$

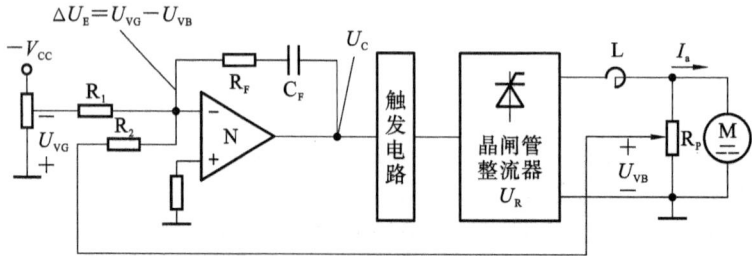

图 7-19　电枢电压负反馈调节系统

图 7-19 所示的电枢电压负反馈调节系统中,用一个跨接于电枢两端的电位器 R_P 作为检测反馈元件。如果忽略电枢电路的电阻压降,则电枢两端的电压近似与转速成正比,因此这种电压负反馈基本上能代替转速负反馈的作用。它所用的反馈装置要比测速反馈简单得多。通过反馈电位器可以把电动机电枢电压的一部分反馈到输入端,与速度给定电压 U_{VG} 相比较,通常两者以反相并联方式送入由运算放大器 N 组成的比例放大器进行放大。使用运算放大器不仅能使电路得到稳定的增益,还能使这两组的输入信号有公共的接地端而减小干扰。放大器的输出端电压 U_C 用来控制晶闸管触发整流装置的输出电压,以达到控制电动机转速的目的。当外界干扰作用于系统时,例如电动机的负载增大使得电枢电流 I_a 增大,此时由于整流

电路内阻所产生的压降增加,从而导致发电机的端电压下降,电枢反馈电压 U_{VB} 减小。由于给定信号 U_{VG} 不变,于是放大器的输入偏差信号增加,使得晶闸管整流电路的输出电压相应增加,从而使得电动机电枢两端电压重新上升到接近原来的数值。这类调速系统中的被调量是电动机的端电压。负载变动所引起的整流电路内阻压降的变化通常是调速系统中最常见的一种扰动。由于它被包括在反馈回路内,因而电压负反馈可对这类扰动起一定的补偿作用。然而励磁或负载变化引起的电枢电流 I_a 在电枢电阻上的压降 R_aI_a 所造成的转速变化,是不能通过电压负反馈予以补偿的。由此可见,电压负反馈调速系统的静差率和调速范围等指标都不如转速负反馈系统,比相同放大系数的转速负反馈系统差得多,它无法补偿电动机电枢电阻压降所造成的转速变化。同理,对于电动机励磁电流的扰动,电压负反馈也无法消除它的影响。

电压负反馈信号必须经过滤波。在主电路已接有平波电抗器 L 的情况下,应使电压负反馈引自电抗器的后面(电枢端),以减小交流分量引入输出端。

(3) 附加电枢电流正反馈的电枢电压负反馈调速系统

为了提高电压负反馈调速系统的静特性硬度,必须设法补偿随负载变动的电枢电阻压降。附加电流正反馈环节正是为解决这一问题所采取的有效措施。

图 7-20 就是附加电流正反馈的电压负反馈调速系统原理框图,电流正反馈信号 U_{IB} 可以从主电路串联的电阻 R_{IB} 两端取出,反送到放大器的输入端。由于它与给定信号 U_{VG} 的作用方向相同,故为电流正反馈。

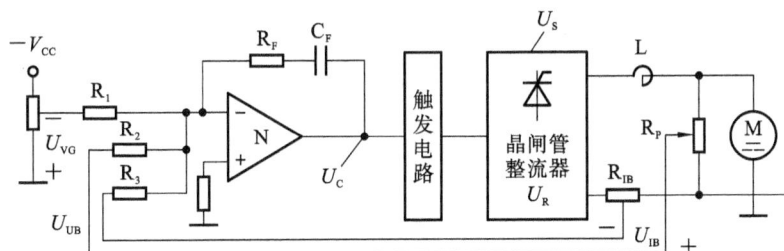

图 7-20　附加电枢电流正反馈的电枢电压负反馈调速系统原理框图

当负载电流增大时,放大器的输入增加。这时晶闸管整流装置的输出整流电压 U_s 也相应地增大,从而补偿了电枢电阻压降及相应的静态转速降落的增大,即提高了静特性硬度,从而使系统的调速范围扩大。

应该强调的是,电流正反馈只能补偿负载扰动。对于其他扰动,如电网电压的波动,电流正反馈反而起了助长输出量波动的作用,在放大系数及电流反馈量较大的情况下还容易引起系统的不稳定。这和其他形式正反馈一样,总是不利于系统动态稳定性,通常的调速系统只是在转速或电压负反馈的基础上把电流正反馈补偿作用作为一种辅助措施来减小静态转速下降。太强的电流正反馈会如上面指出的那样造成系统不稳定,是应该避免的。

在上述晶闸管调速系统中,调节器都是使用由运算放大器 N 组成的比例积分调节器,其目的在于消除调速系统的静态误差。

因为在稳态时,比例积分调节器的积分电容 C_F 的作用相当于把调节器的输出与输入之间的反馈回路断开。此时调节器的放大倍数能达到运算放大器开环放大倍数那样高的数值,因而使系统静态误差极小,在理想情况下运算放大器 N 的开环增益为无限大,因而可实现无差调节。

而在动态过程中,例如当输入阶跃电压 u_i 的瞬间,由于积分电容 C_F 两极板间的电压不能突变,电容 C_F 相当于短路,此刻放大器的输出电压 U_O 全部反馈到输入端,产生强烈的负反馈作用。随着电容 C_F 电压 U_C 的升高,负反馈的相应作用减弱,U_C 和 U_O 便按线性规律逐渐增长。这种积分调节器输出量与输入量之间的关系根据运算放大器的作用原理应为:

$$|U_O| \approx U_C = \frac{1}{R_1 C_F} \int u_i dt = \frac{1}{T_I} \int u_i dt$$

由此可见,调节器的输出量与输入量的积分成正比。式中,$T_I = R_1 C_F$,为积分时间常数。如果调节器输出电压的初始值为零,则在施加阶跃输入时可由上式得:

$$|U_O| = \frac{U_I}{R_1 C_F} t = \frac{U_I}{T_I} t$$

即输出电压 U_O 将随时间线性增大,直到限幅值为止。

积分调节器在输入突变信号后,开始时没有输出电压,随着时间的逐步推移其控制效果才逐渐反映出来,使系统调节时间拉长。所以,积分调节器虽然能使系统在稳态时无静差,但其动态响应慢,输出与输入相比有明显的时间滞后。采用比例调节器系统的情况正好与此相反,虽有静差,但动态响应很快。

如果系统既要求静差小又需响应快,则可采用将两者特点结合起来的比例积分调节器。其比例部分能迅速反映输入的变化并及时产生调节作用,积分部分则迅速消除静态偏差。这种调节器在电动机调速控制系统中获得了广泛应用。

(4)转速(负反馈)电流(负反馈)双闭环调速系统

根据负反馈闭环控制原理,设置一个电流负反馈闭环,可以对电流(一般从向电动机供电的晶闸管整流器三相电网的交流侧进行交流取样)进行控制,如图 7-21 所示。

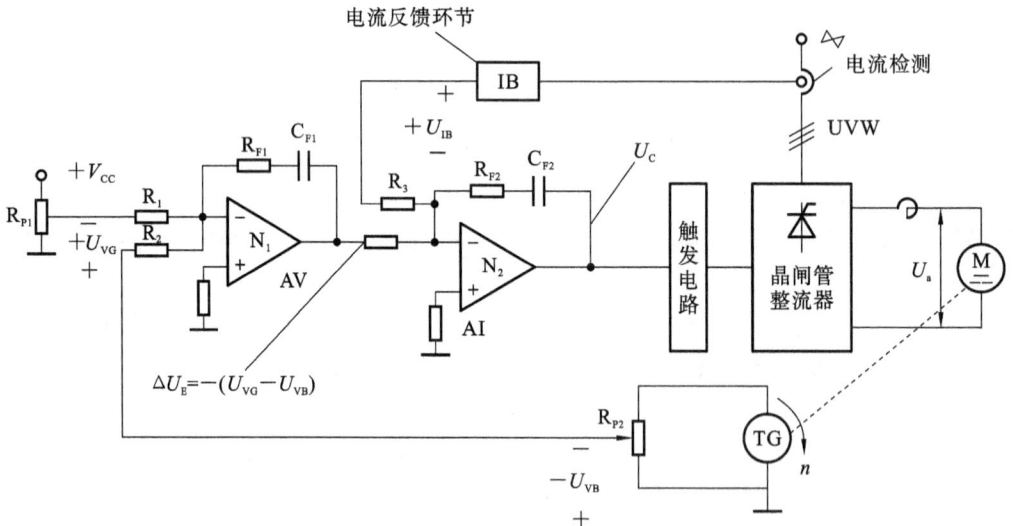

图 7-21 转速(负反馈)电流(负反馈)双闭环调速系统原理框图

对于转速(负反馈)电流(负反馈)双闭环调速系统,由转速负反馈与一个速度调节器(由图 7-21 中的运算放大器 N_1 构成,标记为 AV,即速度调节器之意)组成外环,称为转速环。转速调节器 AV 力图使直流电动机的转速跟踪给定转速。另外,由电流负反馈与一个电流调节器(由图 7-21 中的运算放大器 N_2 构成,标记为 AI,即电流调节器之意)组成内环,称为电流环。由图 7-21 可以看出,电流环位于转速环之内。

电流调节器 AI 既能使直流电动机的启动过程总得到丰满的电流波形,又可在减速制动过程中得到丰满的电流波形,还能在带负载运行时随时按给定电流进行电流调节,以使电枢电流按要求的规律变化。总之,转速(负反馈)电流(负反馈)双闭环调速系统具有优良的静态、动态性能。

下面分析图 7-21 所示的转速(负反馈)电流(负反馈)双闭环调速系统原理框图中两种反馈信号的极性问题。

转速给定信号是在给定电位器 R_{P1} 上取得的,电位器 R_{P1} 由正相控制电源电压 $+V_{CC}$ 供电,因此转速给定信号电压为 $+U_{VG}$。

先看 $+U_{VG}$ 给定信号单独传递的情况:$+U_{VG}$ 信号电压经电阻 R_1 输送到运算放大器 N_1 的反相输入端,在运算放大器 N_1 的输出端变成 $-U_{VG}$,$-U_{VG}$ 再经运算放大器 N_2 的反相,在运算放大器 N_2 的输出端又被反相成 $+U_{VG}$ 信号量。也就是说,$+U_{VG}$ 的给定信号量成分出现在运算放大器 N_2 的输出端时仍然是正极性。

转速负反馈信号 $-U_{VB}$ 是在电位器 R_{P2} 上取得的,在电位器 R_{P2} 上取得的转速负反馈信号电压 $-U_{VB}$ 对系统机器地而言是负值,因此 U_{VB} 前是负号。

再看转速负反馈信号 $-U_{VB}$ 单独传递的情况:转速负反馈信号电压 $-U_{VB}$ 经电阻 R_2 输送到运算放大器 N_1 的反相输入端,在运算放大器 N_1 的输出端变成 $+U_{VB}$,$+U_{VB}$ 经运算放大器 N_2 的反作用,在运算放大器 N_2 的输出端又被反相成 $-U_{VB}$ 信号量。也就是说,$-U_{VB}$ 的转速负反馈信号量成分出现在运算放大器 N_2 的输出端时仍是负极性。

电流反馈信号电压 $+U_{IB}$ 是在电流反馈环节 IB 上取得的,U_{IB} 对系统机器地的极性是正极性,即 U_{IB} 前是正号。因为 $+U_{IB}$ 是由电阻 R_3 输送到运算放大器 N_2 的反相输入端,经运算放大器 N_2 的反相,它出现在运算放大器 N_2 的输出端时变成 $-U_{IB}$,所以是电流负反馈。

8 温度检测与控制技术

8.1 材料加工中测温技术应用示例

材料成形加工过程工序繁多、复杂,涉及面很广,而且条件差异很大。所以材料成形加工过程中的监测和控制,只能根据"标的"选择适当的方法,采取相应的手段来实现。

(1) 表面温度的检测

准确测量物体表面的温度虽很简单,但实际上会遇到很多麻烦。特别是用接触法测量热传导系数小的物质或者较小物体的表面温度时,误差超出预期值很多,因此掌握产生误差的原因非常重要。

图 8-1 所示为将热电偶或热敏电阻粘贴在固体物体的表面测其温度实例。图中,A 方式使用带子仅将热电偶测温端粘贴在物体表面,有 20% 以上的测量误差;B 方式中,使用带子将热电偶粘贴在物体表面上时有较大的接触面,测量误差比 A 方式小,只有 10% 左右;C 方式用保温材料覆盖热电偶,测量误差进一步减小,但若保温过度,妨碍固体表面散热,会出现反方向的测量误差;D 方式是用弹簧压住热敏电阻,测量误差控制在 3% 左右。表 8-1 中列出了几种方式的测量误差。若在固体表面上钻一个小孔,将传感器嵌入小孔内,就能提高测量精度。对于 C 方式,不用油灰或保温材料,而用黏性油,也可提高测量精度。

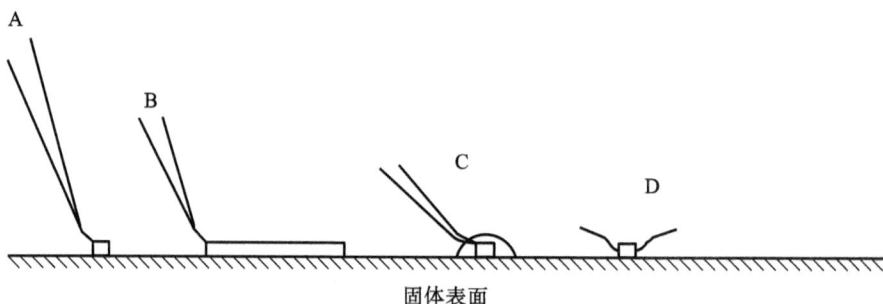

固体表面

图 8-1 传感器安装方法不同引起的测量误差

表 8-1 几种方式的测量误差

方式	表面温度/℃	空气温度/℃	绝对误差/℃	相对误差/%
A	31.0 104.5	17.0 18.7	−3.5 −18.5	−25 21.6
B	66.5 122.0	22.3 22.3	−4.5 −8.5	−10.2 −8.5
C	88.2 144.0	22.5 22.5	−2.0 −5.5	−3.0 −4.5
D	122.1	21.0	−3.0	−3.0

图 8-2 所示为用热电偶测量固体表面温度的实例,被测物体是软木、木材和铜,并将测量的温度进行比较,如表 8-2 所示。采用 A 方式用热电偶对这三种物体进行测量时,因软木的热传导性较差,测出的温度较低;C 方式是使热电偶趴在被测物体上约 10 cm 长,若防止测温节点的热泄露,则测量所得的软木的温度与铜一样。

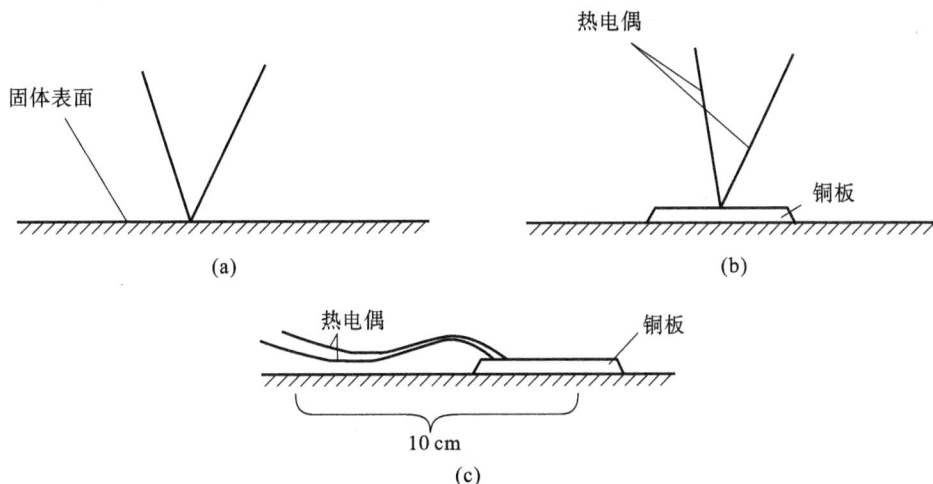

图 8-2 热电偶测量固体表面温度实例
(a) A 方式;(b) B 方式;(c) C 方式

表 8-2 **不同方式对不同物体测量的温度**

测得的温度/℃ 安装方式 被测物体	A	B	C
软木	23.0	32.4	35.4
木材	25.6	34.8	35.4
铜	31.9	34.5	35.5

注:实际温度为 35 ℃,环境温度为 15 ℃。

测量铜管等的表面温度时,若在铜管上焊接铜线 1 与锰白铜线,可准确地测量锰白铜线与铜管接点 B 处的温度,如图 8-3 所示。若铜管中有电流流通,AB 间电位差要产生误差。这时,在 C 点焊接铜线 2,需要弄清 AC 间有无电位差。若确认 AC 间有很小的电位差时,使 AB 与

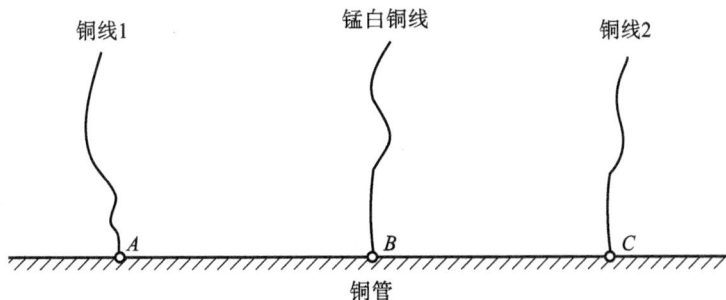

图 8-3 铜表面的温度测量方法

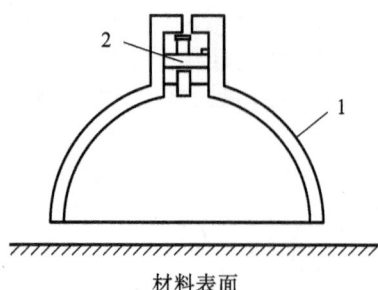

图 8-4 半球形测温罩示意图

1—测温罩;2—辐射高温计

BC 等间隔,测量 AB、BC 间的电动势,取其平均值即可。

工件表面温度检测的困难之一是表面向空间散失热量太大,采用接触法测温时虽然加大接触面积可使测量效果得到改善,但仍难以获得良好的效果。采用如图 8-4 所示的内层镀金、反射率极高的半球形测温罩,将辐射高温计(或其他光电元件)安装在罩顶端,可获得较准确的温度测量结果。半球形罩起集热与屏蔽双重作用。

检测时将测温罩紧扣在被测表面,也可稍留一缝隙,这时罩内形成近似黑体的条件。由于罩内壁的充分反射和吸收,热量向辐射高温计镜头聚集,不但温度响应快,而且不用进行发射率修正,故所测温度较真实。对测温罩内壁并无严格要求,当其紧扣于被测表面时形成半圆形黑体腔,发射率几乎等于 1。测温罩无水冷时只适用于快速、短时测量,否则应采用水冷气幕式测温罩。

(2)加热炉温度检测

测量小型工业炉(如加热炉、热处理炉与盐浴炉、箱式炉等)的炉内温度时,可将类似黑体测温枪管装配在炉顶,或插入炉内,接近熔池表面。

例如,箱式炉是一个密闭空间,当炉门关闭时炉膛近似黑体状态,因此从窥视孔或专门测温孔瞄准炉内工件,用全辐射高温计检测温度是比较准确的。因为窥视孔用云母片隔离,故需要校对好它的吸收系数,或者为了测温将云母片改成可以移去的部件,以便测量时把它移开。

另外,可在炉壁上安装专门的测温管,它是用碳化硅或金属陶瓷做的一端封口的管子,插入炉内的长度 L 为其直径的 8～10 倍,辐射高温计在规定距离内对准管底。测温管是插在炉内的部件,处于与炉膛相同的温度,由管底向管口辐射能量,近似一个黑体辐射源,因此用全辐射高温计对准管底测量的温度无须修正,其结果接近真实温度。

在长期和连续工作时,测温管应有强制水汽幕装置。这一方面可保证高温计不受高温损坏并具有合适的工作温度;另一方面能吹散高温计视场内的烟尘或渣面,保证高温计镜面清洁,所瞄准的是目标的真实表面。这种带保护装置的测温管结构如图 8-5 所示。

(3)熔融金属与熔渣的温度检测

① 定时间段测量温度。熔融钢液、铁液、铜液与熔渣在采用接触法测温时,多采用专门制作的热电偶。因测温热电偶直接与熔融金属或渣液接触,工作条件十分恶劣,不但要承受高温,还要抗渣液的浸湿蚀,故要求热电偶不仅有优良的抗热震性能,还要有快速响应的特性,否

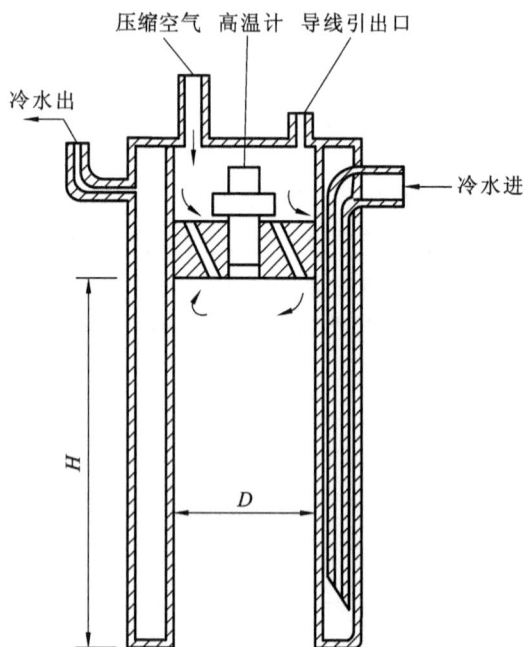

图 8-5 带保护装置的测温管

则就难以满足测温要求。

采用定时间段测温方式的浸入式热电偶结构简单,成本低,使用也较方便,是目前广泛应用的方法。

常用的浸入式热电偶采用 S 型或 B 型热电极,热电极直径为 0.5 mm 左右,采用薄壁石英浸入管,响应时间为 10 s 左右,每只石英管大约可用 10 次或更多。为了便于更换,石英管是插在耐火螺母上的,螺母固定在耐热管上,再用耐火泥密封防止钢液漏入探头。在接线盒内有两个轮架,将备用热电极绕在上面,当热端烧坏后放松轮架,即可由热端向外拉出一些热电极,重新绞焊后即可使用。此种热电偶的测温上限为 1650 ℃。

为提高间断测温的效率,还可采用快速微型热电偶。这种快速热电偶测温元件小,响应速度快,批量制造后使用,几乎不需要维修、保养,每测一次更换一个易损耗件,因无须定期检定,准确度较高,所以国内外许多厂家都用于测量熔融金属液的温度。

② 长期连续测量温度。连续测温是指在冲天炉熔炼过程中连续测量铁液的温度,与间断测温相比,连续测温能更及时地反映炉温的变化,并可用仪表显示和记录,为分析炉内燃烧、熔化情况提供依据,以便对冲天炉熔炼采取措施,保证其正常工作。它还可为铸件质量分析和生产管理提供连续记录数据,以便研究和改进生产工艺。连续测温主要在冲天炉的前炉或过桥中进行,目前应用较成熟的是前炉连续测温。冲天炉连续测温装置如图 8-6 所示。

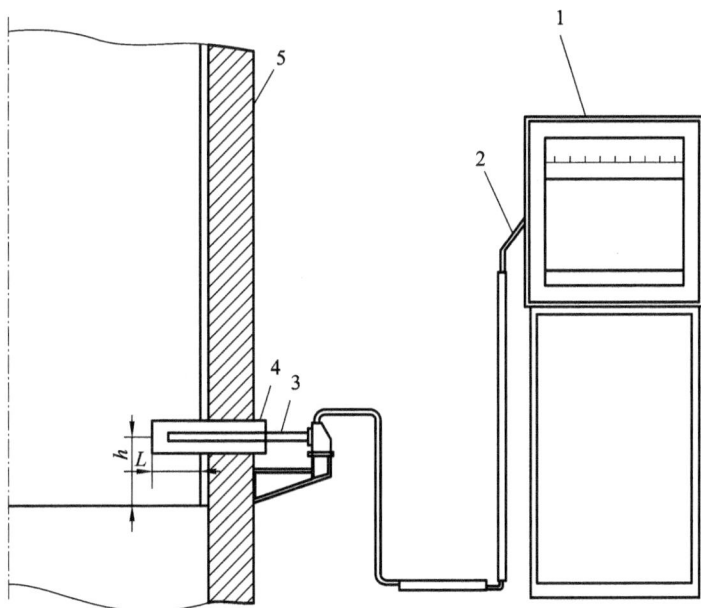

图 8-6 冲天炉连续测温装置
1—大型长图式平衡记录仪;2—导线;3—专用热电偶;4—外保护套管;5—前炉

由于冲天炉前炉内的铁液温度为 1400～1500 ℃,因此一般选择铂铑$_{30}$-铂$_6$作专用热电偶,在 1500 ℃左右工作能累计使用 1000 h。若每天开炉 6～8 h,该热电偶能正常工作半年,但在使用 200 h 时要做校验。显示仪表一般选用大型长图式平衡记录仪,它的精度高,记录清楚,应适当确定测温部位尺寸,注意采取必要措施保护好热电偶。

另外一种非接触式连续测温装置的原理是利用逼近铁液的光耦合器收集被测铁液的辐射能,并经光导纤维传输到光电转换器,因此减少了各种介质对光路的干扰。光电转换器采用硅光电池,形成简单的双色差动结构,将温度信号转换成电信号。再通过电缆将信号传送到仪表室内的信号处理系统。信号处理系统包括两部分:一是模拟信号处理系统,具有数字显示、记录等功能;二是单片机信号处理系统,具有屏幕显示、记录、峰值保持等功能。该系统的准确度较高,稳定可靠,抗干扰能力强。

最简单的浸入式热电偶可用 $\phi4$ mm 的镍镉与镍硅热电极两根,套上绝缘管,插入高炉铁液或炉渣质沟中,以铁液为中间介质,如图 8-7 所示。

热电偶的热电势较大,因而灵敏度较高,这种热电偶应以生产铁液或炉渣熔体进行标定。它的重复性较好,所测的温度也较可靠,响应时间通常为 60 s,测温上限为 1400 ℃。如采用 $\phi4$ mm 的钨铼或钨钼热电极,测温上限可提高到 1800 ℃。采用 $\phi6$ mm 的石墨或碳化硅棒作热电极时,不需要绝缘管。非金属热电偶灵敏度高,但复现性差,响应时间也较长,通常约为 2 min,比较适用于不要求快速响应的场合。

(4) 气体介质温度的测量

气体介质温度的测量是温度测量中比较麻烦的工作,特别是在有热辐射的场合,需要多年的经验,要仔细分析热辐射、热传导、周围介质等各方面的影响和可能的误差。

图 8-8 所示为用铠装热电偶测量加热中烘烤炉内空气温度的实例。若将铠装热电偶表面脏黑时与用砂纸将热电偶表面磨光时进行比较,在 200 ℃ 附近约有 10 ℃ 的温度差。在测量充满热射线的空气温度(或固体表面温度)时,必须写明传感器的种类、形状、光泽度及安装方法。

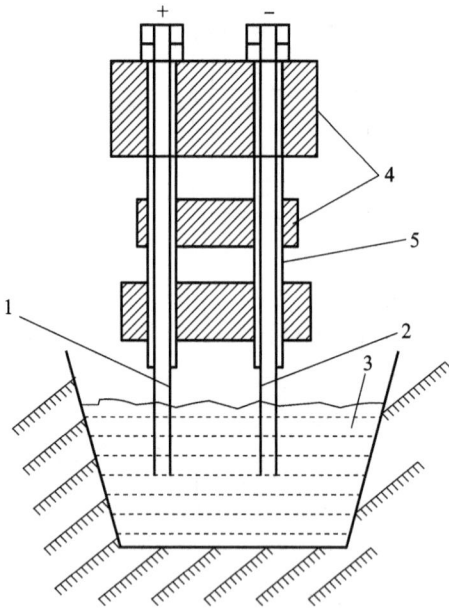

图 8-7　分离式电极浸入式热电偶

1—镍铬热电极;2—镍硅热电极;
3—铁液;4—绝缘管;5—耐火组件

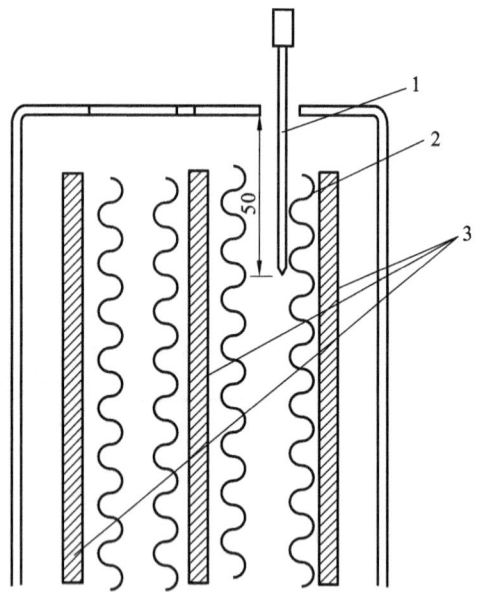

图 8-8　烘炉内的温度测量

1—铠装热电偶;2—隔板;3—加热器

图 8-9 所示为采取防热辐射影响措施的吸取式热电偶。在压缩空气的作用下,吸入口吸取被测空气,并送到测温节点的周围。外管即吸取管,具有隔热辐射作用,因此测温节点常接触被测气体,使其等于气体的温度。

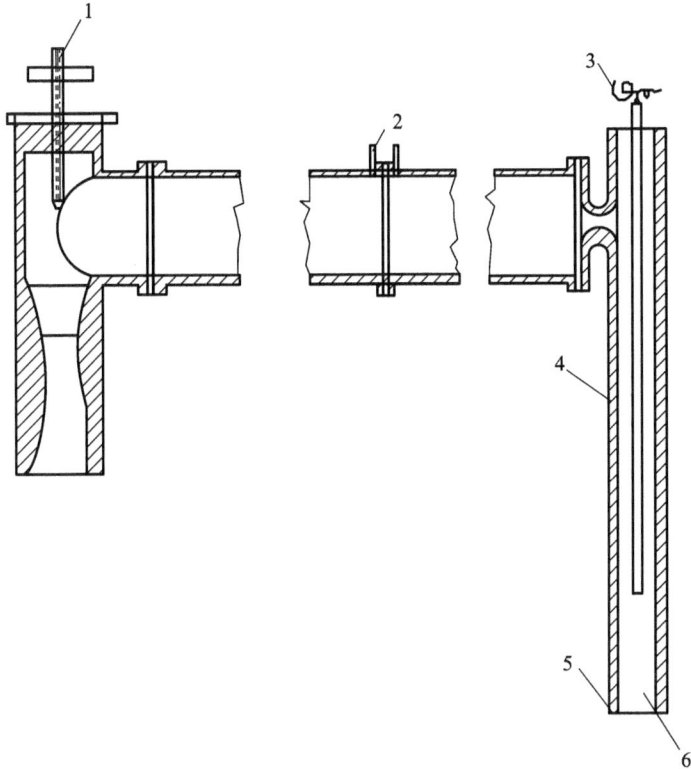

图 8-9 吸取式热电偶

1—压缩空气;2—节流阀;3—热电偶导线;4—吸取管;5—测温结点;6—吸入口

图 8-10 所示为流管内温度测量实例。图中,① 是管的周围没有隔热的情况,而插入较浅时产生较大的误差;② 是最好的方法,即在弯曲部分采用深插入方式,无弯曲部分时也可以采用斜插方式。若工艺管道过细(直径小于 80 mm),应插入弯头处或加装扩大管,如图 8-11 所示。

一般情况下,热电偶线径越小,误差越小,灵敏度越高。

(5) 液体温度的测量

对于液体,被测物体的热量较容易传给传感器,其温度测量一般比较容易,校正使用的液体恒温槽就是这样。但若有黏性液体则难以对流搅拌,内部温度分布不均,因此要弄清黏性及搅拌的状况。测量水和像酒精那样易蒸发液体的温度时,有时是将玻璃温度计插入液体中再抽出读取刻度,但残留在玻璃表面的液体蒸发会使温度下降。严格地说,这不是被测物的真实温度。

图 8-12 所示为横槽中加热器与温度传感器的配置状况。图 8-12(a)所示为最坏的情况,加热器与传感器热远离,并未设搅拌装置;图 8-12(b)和图 8-12(c)所示为较好的情况,加热器与传感器之间热传递好,是一种良好的恒温槽。在这些恒温槽或电炉中使用传感器时,若保护管厚,则由于响应慢,故温度漂移大,因此传感器的保护管厚度要尽量小。

在实验室与化学工业中,被测对象的液体中有很多强酸、强碱类腐蚀性液体,重要的是要弄清楚被测对象的性质,选用耐蚀性好的传感器保护管。

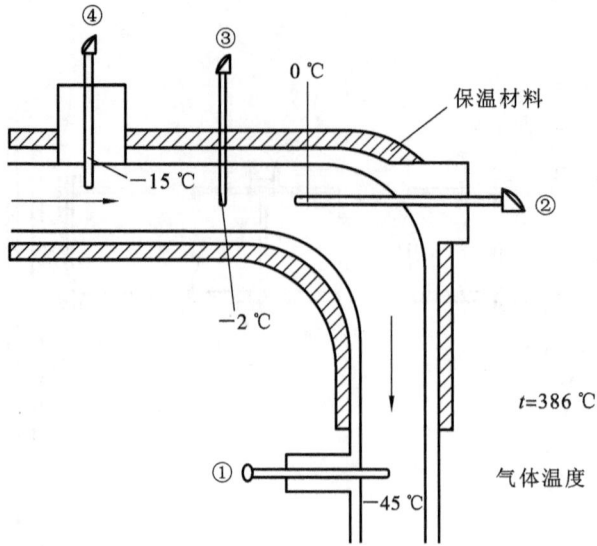

图 8-10　流管内温度测量实例

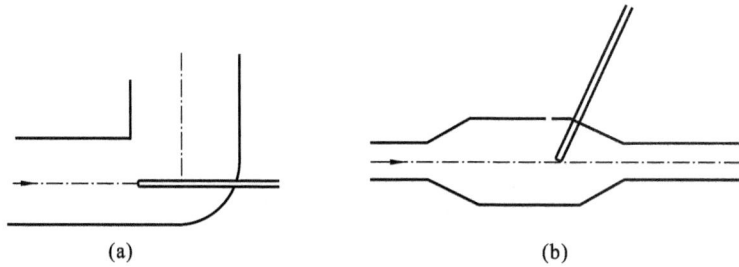

(a)　　　　　　　　　　　　　　　(b)

图 8-11　测温元件安装示意图

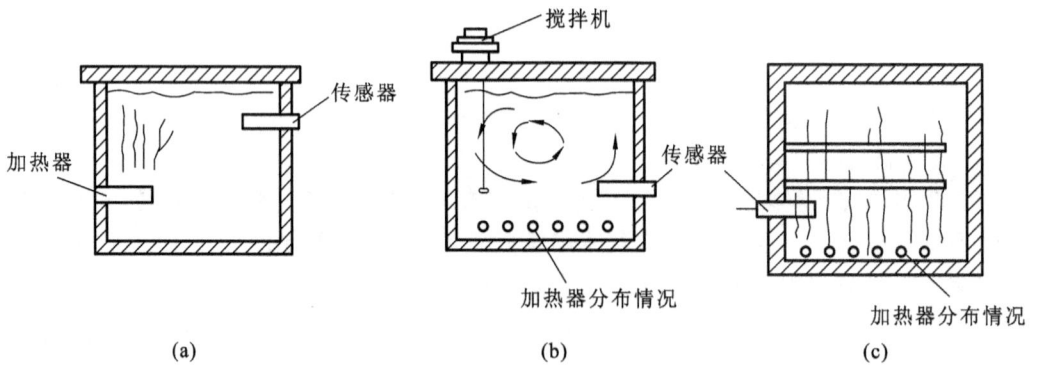

(a)　　　　　　　　　　　(b)　　　　　　　　　　(c)

图 8-12　恒温槽中加热器与温度传感器的配置情况

(a) 差；(b)、(c) 良

8.2　智能化集成温度传感器的原理与应用

随着集成电路半导体技术及计算机技术的飞速发展,智能化集成温度传感器自 20 世纪 90 年代中期问世以来,正在国内迅速推广应用。

集成温度传感器和集成电路融为一体极大地提高了传感器的性能。与传统的热敏电阻、热电阻、热电偶、双金属片等温度传感器相比,它具有测温精度高、复现性好、线性优良、体积小、热容量小、稳定性好、输出电信号大等优点。

集成温度传感器按输出形式可分为电压型和电流型两种。电压型的温度系数为 10 mV/℃,电流型的温度系数为 1 μA/℃。它们还具有绝对零度时输出电量为零的特性。

8.2.1 模拟集成温度传感器/控制器

(1) 模拟集成温度传感器

模拟集成温度传感器是最简单的一种集成化的专门用来测量温度的传感器。其主要特点是功能单一(仅测量温度,芯片内部不含控制电路,也不带微控制器)、性能好、价格低、外围电路简单,它是目前在国内外应用最广泛的集成传感器,现已有多种系列产品问世。按输出方式来划分,这些集成温度传感器可分为 5 种类型:电流输出式集成温度传感器、电压输出式集成温度传感器、周期输出式集成温度传感器、频率输出式集成温度传感器、比率输出式集成温度传感器。它们的共同特点是输出能量与温度呈线性关系,并且能以最简方式构成测温仪表或测温系统。其中,前两种类型的集成温度传感器可以配模拟式电流表、数字电压表,组成温度计;后三种类型的集成温度传感器可以配处理器和单片机,构成智能化测温系统。

现以 AD590 型电流输出式精密集成温度传感器为例进行介绍。

AD590 型温度传感器是由美国哈里斯公司、模拟器件公司(ADI)等生产的恒流源式模拟集成温度传感器。它兼有集成恒流源和集成温度传感器的特点,具有测温误差小、动态阻抗高、响应速度快、传输距离远、体积小、微功耗等优点,适合远距离测温、控温,不需要进行非线性校准。

① 性能特点。

AD590 型温度传感器属于采用激光修正的精密集成温度传感器。该产品有 3 种封装形式:TO-52 封装、陶瓷封装(测温范围为 -55~150 ℃)、TO-92 封装(测温范围为 0~70 ℃)。AD590 系列产品的外形及图形符号如图 8-13 所示。不同公司产品的分档情况及技术指标可能会有差异。

② 工作原理。

AD590 型温度传感器的内部电路如图 8-14 所示。芯

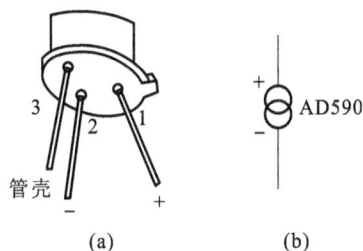

图 8-13 AD590 外形及符号

(a) TO-52 封装的外形;(b) 符号

片中的 R_1 和 R_2 是采用激光修正的校准电阻,它能使 298.2 K(25 ℃)条件下的输出电流恰好为 298.2 μA。首先由晶体管 VT_8 和 VT_{11} 产生与热力学温度(即绝对温度)成正比的电压信号,再通过 R_5、R_6 把电压信号转换成电流信号。为保证良好的温度特征,R_5、R_6 的电阻温度系数应非常小,这里采用激光修正的 SiCr 薄膜电阻,其电阻温度系数低至 $(-50 \sim -30) \times 10^6$ ℃$^{-1}$。VT_{10} 的集电极电流能够跟随 VT_9 和 VT_{11} 集电极电流的变化,使总电流达到额定值。R_5 和 R_6 也应在 25 ℃ 的标准温度下校准。

AD590 型温度传感器等效于一个高阻抗的恒流源,其输出阻抗大于 10 MΩ,能大大减少因电源电压波动而产生的测量误差。例如,当电源电压从 5 V 变化到 10 V 时,所引起的电流最大变化量仅为 1 μA,等价于 1 ℃ 的测温误差。

AD590 型温度传感器的工作电压为 4~30 V,测温范围为 -55~150 ℃,热力学温度 T 每变

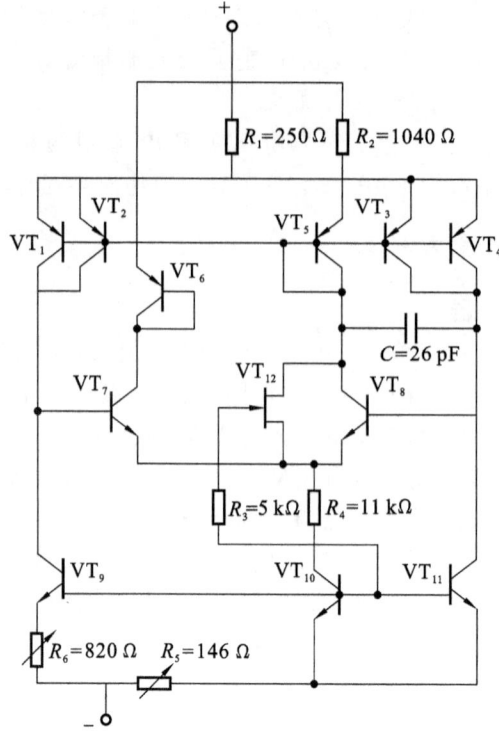

图 8-14　AD590 型温度传感器的内部电路

化 1 K,输出电流就变化 1 μA。这表明其输出电流 I_o(μA)与热力学温度 T(K)严格成正比。

③ AD590 型温度传感器的典型应用。

a. 由 AD590 型温度传感器构成的模拟式温度计。用 AD590 型温度传感器构成的最简单的测温电路如图 8-15 所示。AD590 型温度传感器把被测温度转换成电流,使微安表偏转。在对微安表进行标定之后,即可作为模拟式温度计使用。为防止引入外界的干扰,须采用双股绞合线(以下简称双绞线)作引线,其长度可达几百米。

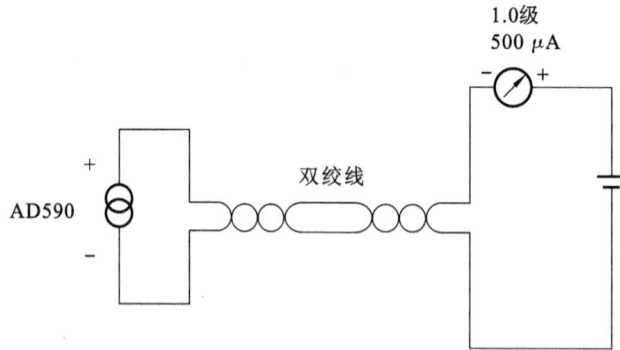

图 8-15　由 AD590 型温度传感器构成的模拟式温度计

b. 由 AD590 型温度传感器构成的数字温度计。AD590 型温度传感器配以 IDL7106 型单片 A/D 转换器,即可构成 $3\frac{1}{2}$ 位液晶显示的数字温度计,电路如图 8-16 所示。AD590 型温度传感器跨接在 IN$_-$ 与 U$_-$ 之间。调整电位器 R_{P1} 使基准电压 U_{REF} = 500.00 mV。

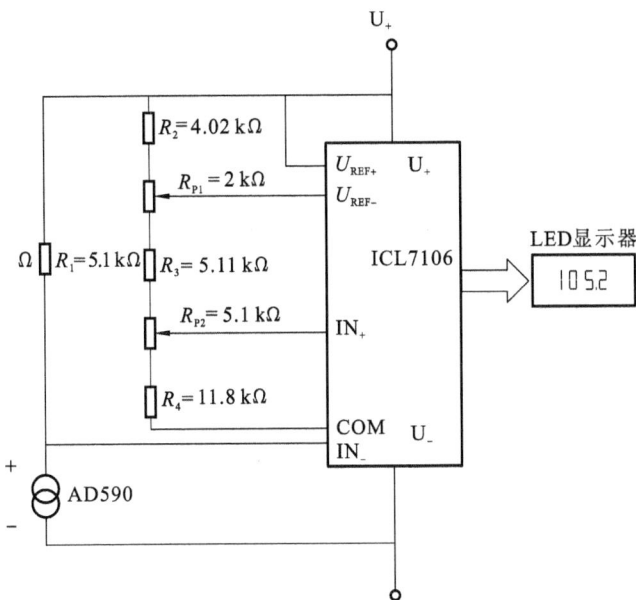

图 8-16 $3\frac{1}{2}$ 位液晶显示的数字温度计

校正时用一只精密水银温度计检测温度,调整电位器 R_{P2} 使仪表显示值与被测温度 $t(℃)$ 相等。测温范围是 $0\sim198.9$ ℃,但受 AD590 的限制,最高温度不得超过 150 ℃。图8-16中,R_2、R_{P1}、R_3、R_{P2} 和 R_4 的总阻值应为 28 kΩ。

c. 由 AD592 型温度传感器构成的热电偶冷端温度补偿电路。AD592 型温度传感器为电流输出式精密集成温度传感器。由 AD592 型温度传感器构成的热电偶冷端温度补偿电路如图 8-17 所示。所谓冷端温度补偿,就是在热电偶的冷端人为地加入一个受同一环境温度控制且与热电偶具有相同电压温度系数的相反极性的补偿电势 e_1,从而使冷端的总热电势不再随

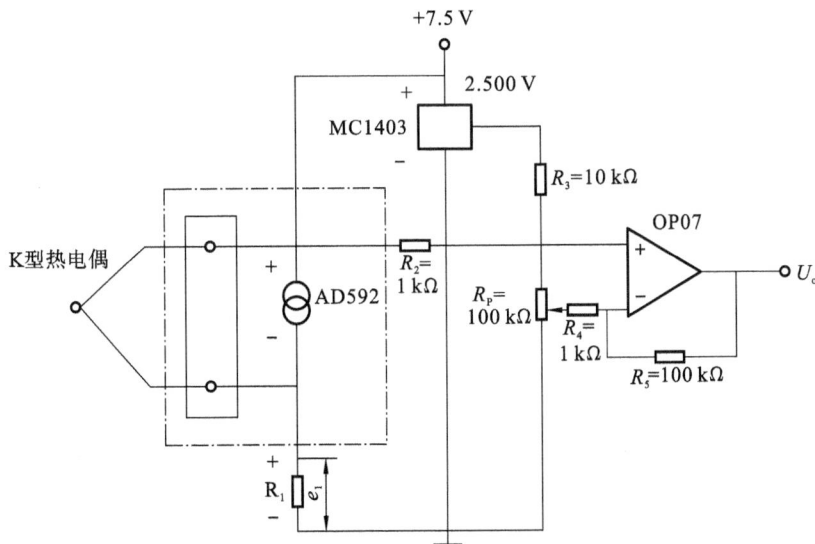

图 8-17 由 AD592 型温度传感器构成的热电偶冷端温度补偿电路

环境温度的变化而变化。图 8-17 中,由 AD592 型温度传感器和电阻 R_1 来提供 e_1,其极性为上端正,下端负,并且 $e_1 = -(1\ \mu A/K)R_1 T = -(1\ \mu A/℃)R_1 t$。

对于 K 型(镍铬-镍硅)热电偶而言,它具有正的电压温度系数,$K_1 = 41.269\ \mu V/℃ \approx 41\ \mu V/℃$。现取 $R_1 = 41\ \Omega$,得到补偿电压 $e_1 = -41\ \mu V/℃$,恰好能实现冷端温度自动全能补偿。需要注意的是,使用其他类型热电偶时,需相应调整 R_1 的阻值。图 8-17 中的电阻 R_4 和 R_5 是用来调节输出电压灵敏度的。

(2)模拟集成温度控制器

模拟集成温度控制器又称可编程集成温度控制器(programmable integrated temperature controller),它是一种带温度控制功能的集成电路。其主要特点是全部实现了单片集成化,内部包含集成温度传感器,采用可编程的位式调节方式或者脉宽调制方式来实现温度控制。由于芯片本身的功耗很低,因此所散发的热量不会对控温精度产生影响。它能以最简方式构成高精度的温控仪或温控系统,对被测温度进行监控或越限报警。模拟集成温度控制器可广泛应用于计算机及其外部设备、电池温度管理系统、电加热器、制冷器、仪器仪表和工业过程控制等领域。

模拟集成温度控制器的典型产品有 LM56B、TMP01、AD22105、MAX6509/6510 和 TC652/653 等型号。上述产品大致可分成两类。第一类产品内部包含模拟式温度传感器,并且是利用外部精密电阻分压器或一只精密金属膜电阻来设定上、下限温度的。有的芯片(如 LM56)中还设置了温度信号电压的传输端,兼有测温和控温两项功能。第二类产品的内部则包含 A/D 转换器及固化好的程序,能将温度传感器输出的模拟量转换成数字量,以便做数据处理,这与新一代的智能化数字温度传感器有些相近。但它不需要利用外部电阻进行编程,也不受位处理器的控制。第二类产品的典型产品有 TC652 和 TC653。

LM56 是低功耗、可编程集成温度控制器,内含温度传感器和基准电压源。它有两个数字信号输出端,专供控制温度用,利用外部电阻可设定上、下限温度;另有一个模拟输出端能输出与摄氏温度呈线性关系的电压信号。

① 性能特点。LM56 模拟集成温度控制器具有如下性能特点。

a. 可编程。给芯片内部基准电压源接上电阻分压器,即可设定下限温度 t_L 和上限温度 t_H。每改变一次分压电阻值,就重新设定了 t_L、t_H 值,这就是"可编程"的含义。带基准电压的典型值 $U_{REF} = 1.250\ V$,最大误差为 1%(折合 12.5 mV/℃)。

b. 内部集成温度传感器的测量温度范围为 $-40 \sim 125\ ℃$,电压温度系数为 6.20 mV/℃,起始电压为 395 mV。它除供内部比较器使用之外,还直接从 U_0 端输出。

c. 它有两个数字输出端(OUT$_1$、OUT$_2$),输出电平能与 CMOS 电路、TTL 电路兼容。两个控温点分别为 t_1 和 t_2。为了叙述方便,下面假定 $t_1 = t_L$,$t_2 = t_H$。当温度超过或低于控温点时,就输出相应的逻辑电平,经过驱动电路可以控制电风扇的执行机构,实现恒温控制。利用比较器的滞后特性,还能有效地避免执行机构在控温点附近过于频繁地运动。滞后电压对应于滞后温度 $t_{HYST} = 5\ ℃$。

d. 控温精度较高。LM56B 在 $25 \sim 85\ ℃$ 范围内的控温误差不超过 $\pm 2\ ℃$,在 $-40 \sim 125$ ℃ 范围内不超过 $\pm 3\ ℃$。

e. 电源电压范围宽(2.7~10 V),功耗低(电源电流的最大值仅为 230 μA)。电源电压的典型值可取 3 V 或 5 V。OUT$_1$ 和 OUT$_2$ 端的输出电压限定在 10 V 以下。

LM56 适用于微型计算机或电池供电系统的温度管理、工业过程控制、降温风扇控制、电器过热保护和仪器仪表邻域。

② LM56 的工作原理。LM56 采用 SO-8 表面封装或者超小型化的 MSOP 封装。SO-8 封装的引脚排列及内部框图如图 8-18 所示,各引脚的功能如下。

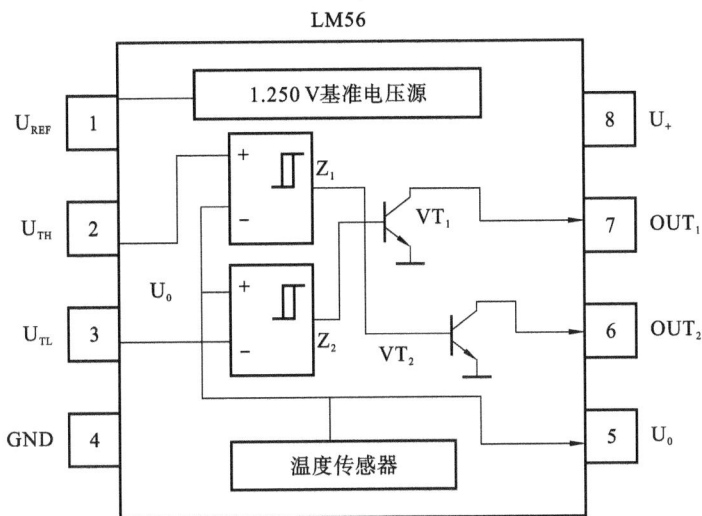

图 8-18 LM56 的引脚排列及内部框图

U_+、GND 分别接电源电压的正端和公共地。为降低外界噪声干扰,应在 U_+ 与 GND 端之间接一只 0.1 μF 电容器。

U_{REF} 为 1.250 V 基准电压引出端,外接电压分压器可分别设定上、下限温度。

U_0 为温度传感器的电压输出端。

OUT_1、OUT_2 为数字输出端,为集电极开路输出,低电平有效。使用时经外部集电极电阻接 U_+。以 OUT_1 端为例,其输出特性为:当被控温度 $t > t_L$ 时,$OUT_1 = 0$(低电平);当 $t < t_L - 5$ ℃时,$OUT_1 = 1$(高电平)。

芯片内部主要包括 4 部分:a. 1.250 V 基准电压源;b. 带滞后(回差)电压的比较器 Z_1、Z_2;c. 温度传感器;d. 晶体管输出级 VT_1、VT_2。输出端 OUT_1、OUT_2 还需分别外接一只上拉电阻接 U_+(图中未画)。

③ LM56 的典型应用。音频功率放大器温度控制电路如图 8-19 所示。LM3886 是一种高性能的音频功率放大器,适配阻抗为 8 Ω(或 4 Ω)的扬声器,连续输出的平均功率可达 68 W。在 $20 \sim 2 \times 10^4$ Hz 音频范围内,总谐波失真(THD)为 0.1%。LM56 与 LM3886 固定在同一散热器上。取 $R_1 = 8.76$ kΩ,$R_2 = 24$ kΩ,则 $t_L = 80$ ℃。当散热器表面温度 $t > 80$ ℃时,OUT_1 端输出低电平,P 沟道功率场效应晶体管 NDS356P 导通,立即开启电风扇给 LM3886 降温,当 $t < 75$ ℃时将电风扇关闭。

8.2.2 智能温度传感器/控制器

智能温度传感器/控制器为智能化的温度集成传感器和控制器。其主要优点是采用数字化技术,能以数字化形式直接输出被测温度值,具有测温误差小,分辨率高,抗干扰能力强,能够远程传输数据,用户可设定上、下限,有越限自动报警功能,自带串行总线接口等优点,适配各种微控制器(MCU),含微处理器和单片机,是研制和开发具有高性能比的新一代温度测控

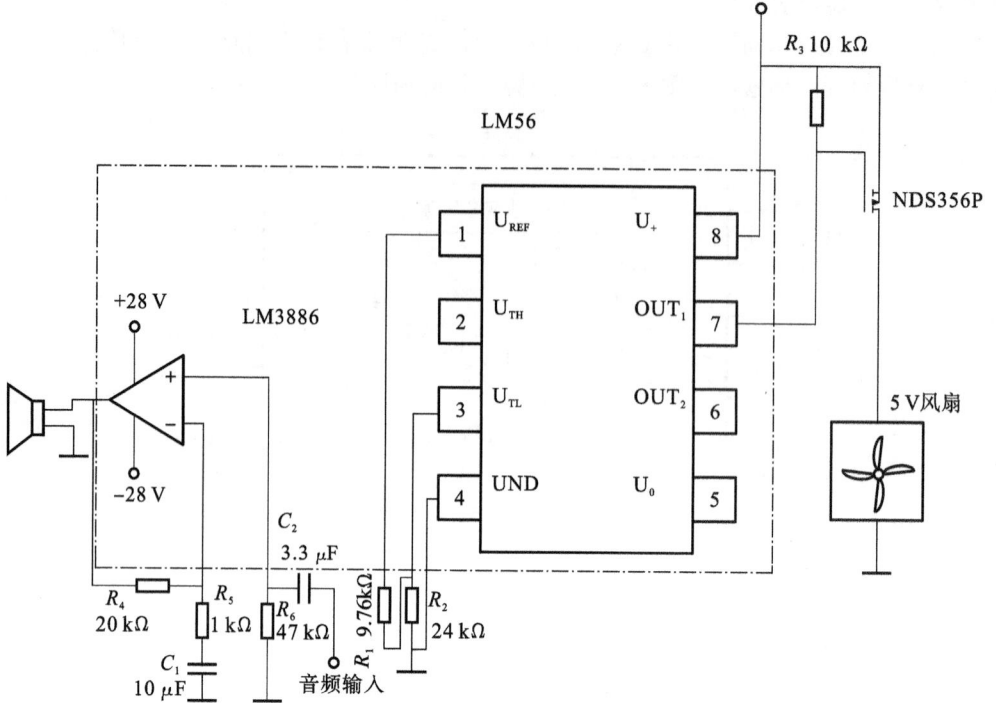

图 8-19　音频功率放大器温度控制电路

系统所必不可少的核心器件。

智能温度传感器的典型产品有 DS1820、DS18S20、DS18B20、DS1821、DS1822、DS1624、DS1629 等型号。根据串行总线来划分,有单线总线、两线总线两种类型,输出 9～12 位的二进制数据。分辨率一般可达 0.0625～0.5 ℃。DS1624 型高分辨力智能温度传感器能够输出 13 位二进制数据,其分辨力高达 0.03125 ℃。某些新型智能温度传感器(如 TMP03/04)采用了高性能的 A/D 转换器。有的产品还增加了存储功能,可用来存储用户的短信息。DS1629 型单线智能温度传感器增加了实时日历时钟,使其更加完善。

智能温度控制器是在智能温度传感器的基础上发展而来的。典型产品有 DS1620、DS1621、DS1623、DS1625 和 TCN75,分二线串行总线、三线串行总线两种类型。它们的输出都具有温度滞后特性,选择待机模式可显著降低芯片的功耗。智能温度控制器可适配各种微控制器,构成智能化温控系统。它们还可以脱离微控制器单独工作,自行构成一个温控仪,既可以工作在连续转换模式,又可以选择单次转换模式。

智能温度传感器/控制器可广泛用于温度测量仪、多路温度测控系统、计算机等现代化办公设备及家用电器中。

(1) 串行单线总线智能温度传感器

DS1820 型单线智能温度传感器属于新一代适配位处理器的智能温度传感器,可广泛用于工业、民用、军事等领域的温度测量及控制仪器、测控系统和大型设备中。

① DS1820 的性能特点。DS1820 型温度传感器具有如下性能特点。

a. DS1820 采用 DALLAS 公司独特的"单线(1-Wire)总线"专有技术,通过串行,通信接口(I/O)直接输入被测温度值(9 位二进制数据,含符号位)。

b. 测温范围为 -55～125 ℃。其分辨力为 0.5 ℃。若采用高分辨力模式,分辨力可达到 0.1 ℃。温度/数字量转换时间的典型值为 200 ms,最大值为 500 ms。

c. 内含 64 位经过激光修正的只读存储器 ROM,扣除 8 位产品系列号和 8 位循环冗余校验码 CRC 之后,产品序号占 48 位。出厂前其作为 DS1820 唯一的产品序号,存入其 ROM 中。在构成大型温控系统时,允许在单线总线上挂接多片 DS1820。

d. 适配各种单片机或系统机。

e. 用户可分别设定各路温度的上、下限,被写入随机存储器 RAM 中。利用报警搜索命令和寻址功能,可迅速识别出产生了温度越限报警的器件。

f. 内含寄生电源。该器件既可由单线总线供电,又可选用外部 +5 V 电源(允许电压范围是 3.4～5.5 V)。进行温度/数字转换时的工作电流约为 1.5 mA,待机电流仅 251 μA,典型功耗为 5 mW。

② DS1820 的结构组成。DS1820 采用 3 脚 PR-35 封装或 8 脚 SOIC 封装,引脚排列如图 8-20 所示。I/O 为数据输入/输出端(即单线总线),它属于漏极开路输出,外接上拉电路后,常态下呈高电平;U_{DD} 是可供选用的外部 +5 V 电源端,不用时需接地。GND 为地,NC 为空脚。其内部电路结构框图如图 8-21 所示,主要包括 7 部分:a. 寄生电源;b. 温度传感器;c. 64 位激光(Laser)ROM 与电线接口;d. 高速暂存器,即便笺式 RAM,用于存放中间数据;e. T_H 触发寄存器和 T_L 触发寄存器,分别用来存储用户设定的温度上、下限值(t_H、t_L);f. 存储与控制逻辑;g. 8 位循环冗余检验码(CRC)发生器。

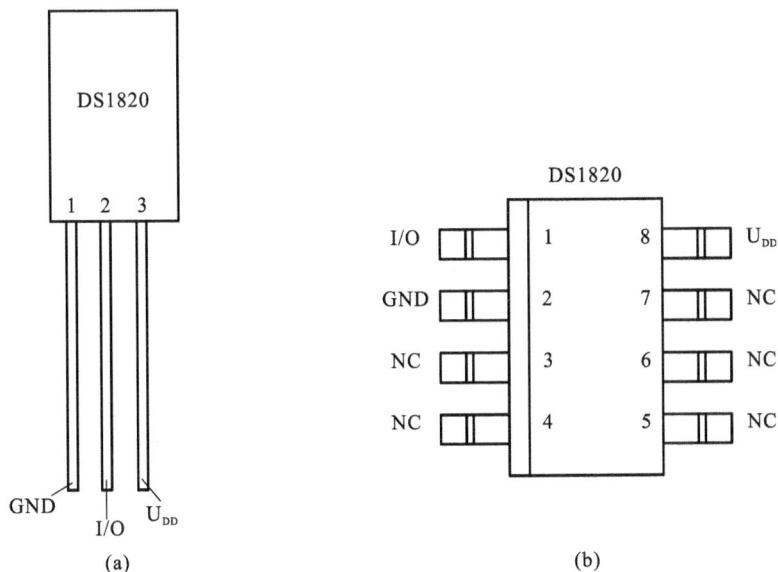

图 8-20 DS1820 的引脚排列

(a) PR-35 排列;(b) SOIC 封装

(2) 内含温度传感器的专用集成电路

目前配置有温度传感器的新型专用集成电路已问世。例如,美国 MAX-IM 公司最新研制的 MAX1298 和 MAX1299 型 5 通道 12 位 ADC 芯片内就集成了精密温度传感器,在 -40～85 ℃ 范围内的测温精度可达到 1 ℃。MAX1298/1299 的内部结构与外部电路如图 8-22 所示。芯片主要包括七部分:内部温度传感器(用于测量本地温度)、远程测温通道(外接 2N3904

型 NPN 晶体管,利用其发射结来测量远程温度)、多路转换开关(即模拟输入转换器)、12 位 ADC、内部基准电压源、时钟电路和 3 线串行接口电路。该串行接口能与 SPI 总线、QSPI 总线及 MICROWIRE 总线兼容。MAX1298 和 MAX1299 具有两种输入方式:差分输入、单端输入。作差分输入时可构成 3 通道温控系统,作单端输入时能够构成 5 通道温控系统(不包括本地测温通道)。当芯片或远程被测温度超过最高允许温度时,经过串行接口可输入端既可接电压信号,又可接温度传感器。此外,它们还具有掉电模式和两种保持模式,在构成便携式数字仪器时可延长电池的使用寿命。

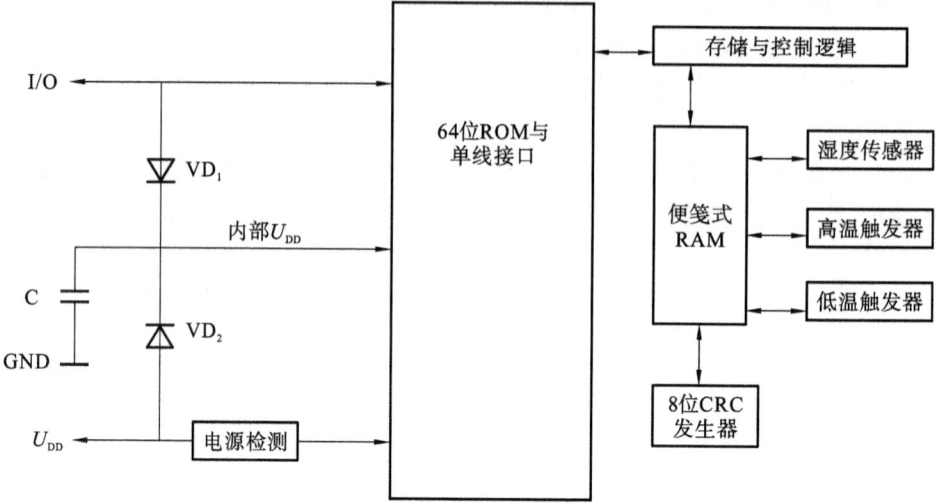

图 8-21　DS1820 内部电路的结构框图

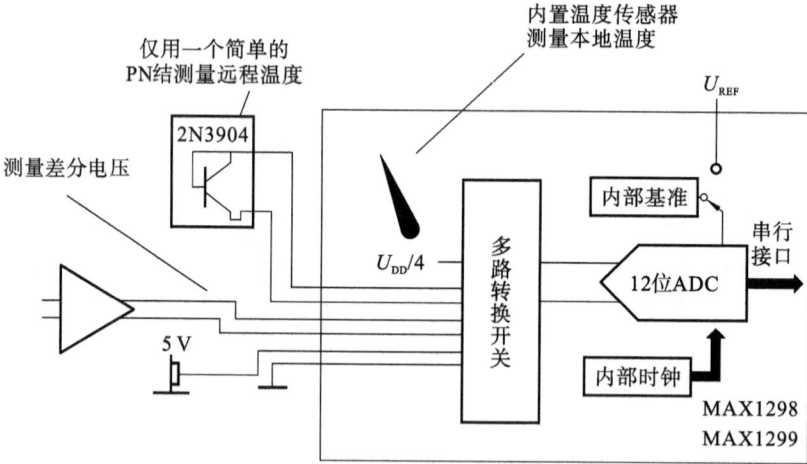

图 8-22　MAX1298/1299 的内部结构与外部电路

8.3　温度检测控制系统

在材料成形加工过程中,温度检测和控制是保证和实施工艺过程的重要一环。工艺过程多种多样,与之相应的温度检测和控制系统也各不相同。现就若干典型的应用实例进行介绍。

8.3.1 设定温度的控制

材料加工中,很多时候需要对某些已设定的温度进行检测和控制,如各种加热炉的炉温控制。常规的炉温自动测量与控制系统如图 8-23 所示。

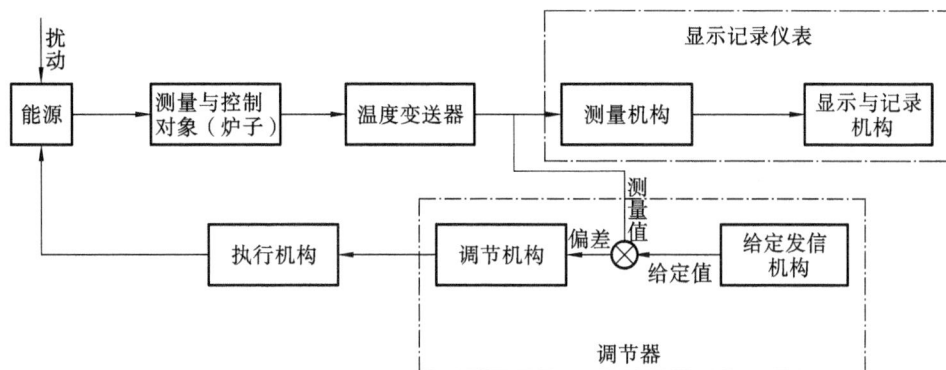

图 8-23 炉温自动测量与控制系统框图

炉温的自动调节就是根据炉子的实际温度与给定温度的偏差,自动接通或断开供给炉子的热源,或者连续改变热源功率的大小,使炉温稳定在给定温度范围之内,以满足生产工艺的需要。该系统工作时,温度变送器将炉温变换成相应的物理信号(如热电偶的热电动势)并送入显示记录仪表的测量机构,由显示记录机构指示炉温的瞬时值并记录炉温的变化情况。与此同时,在调节器内,将测得的炉温与给定值进行比较,将得出的偏差值(或称偏差信号)送入调节机构,由调节机构发出相应的调节信号驱动执行机构动作,从而改变能源(电源或油、气燃料)输送给炉子的能量。偏差不消除,执行机构将一直动作下去,直至偏差消除,炉温被控制在某一给定值时为止。

炉温的调节可分为断续调节和连续调节两大类。断续调节是指在电炉发热体的端电压恒定不变时,通过改变单位时间内通电(或断电)的时间长短来控制供给电路的实际平均功率,以达到调节温度的目的。位式调节、时间比例调节和采用晶闸管调功器作为执行器的比例-积分-微分调节等均属于此类。连续调节是指电炉一旦启动,就始终有电流通过发热体,借改变电流发热体的端电压来控制供给电路的实际平均功率,以达到调节温度的目的,而发热体的端电压在一定范围内是可以连续变化的。采用晶闸管调功器作为执行器的比例-积分-微分调节属于这种类型。

常规的调节规律有:比例(P)调节规律、积分(I)和比例积分(PI)调节规律、微分(D)和比例微分(PD)调节规律、比例-积分-微分(PID)三作用调节规律。

比例调节规律的特点是动作迅速,但不能最终消除调节稳定后残留的偏差。对于积分调节,因积分时的累积过程使动作显得太过迟缓,所以一般不单独使用,但构成比例-积分(PI)调节时,它既具备了 I 作用消除余差的能力,又具备了 P 作用动作快的优点。微分调节可对偏差进行超前调节,但微分调节对恒值偏差无效,一般也不能单独使用,而构成比例-微分调节(PD)规律。

比例-积分-微分(PID)三作用调节规律是 P、I、D 三种独立作用之和,可用理想公式简单地表示为 $\Delta M_V = K_P\left(D_V + \dfrac{1}{T_I}\int D_V \mathrm{d}t + T_D\dfrac{\mathrm{d}D_V}{\mathrm{d}t}\right)$。式中,$K_P$、$T_I$、$T_D$ 分别为比例增益、积分时间

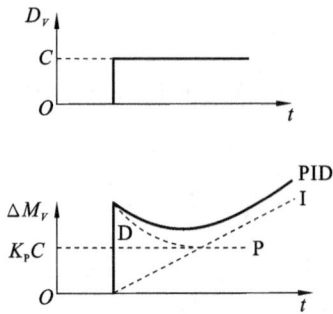

图 8-24　PID 调节规律

和微分时间。

对阶跃偏差,实际的 PID 调节作用如图 8-24 所示。在偏差跳变瞬间,微分作用是主要的;当偏差恒定下来后,微分作用逐渐减弱,随后积分作用逐渐累积加强。此期间比例作用是始终存在的。

比例作用在克服干扰中起主要作用,积分作用用于消除余差,微分作用用于超前调节。三种作用调节规律适用于对象比较复杂、解调精度要求较高的场合。

（1）炉温的位式调节

炉温的位式调节结构简单、成本低、使用维修方便,它分为二位式、超前位式、三位式调节等。

① 二位式调节。根据温度偏差的极性,反复地通电、断电,从而使炉温在给定温度附近波动。其准确度较差,炉温波动范围较大,在 800～1100 ℃时一般波动范围为±(10～25) ℃,现已较少使用。

② 超前位式调节。此种方式可减小调节仪表不灵敏区和炉内温度滞后对调节质量的影响,从而达到较高的调节准确度,但缺点是交流接触器的启闭频率增加,缩短了使用寿命。

③ 三位式调节。上述两种位式温度调节都是使电炉输入功率从"最大"突变到"零",或从"零"突变到"最大",借此来调节电炉温度,这是造成炉温波动大的根本原因。为了减少炉温的波动,提高炉温的调节质量,可采用三位式温度调节系统,这种调节系统能分档次地改变电路的输入功率。

三位式温度调节线路原理如图 8-25 所示。三位式温度显示调节仪有上限与下限两个温度给定值,同时有两组控制触点 SA_2、SA_3。SA_2 与 SA_3 的通断与给定温度的上限与下限有联系。转换开关 SC 有三个位置,当 SC 接至 M(手动)位置时,其工作情况与二位式手动控制完全相同;当 SC 接至 A(自动)位置时,就可实现三位式温度调节。当电炉升温时(低于下限给定值),三位式温度显示调节仪的控制触点 SA_2 与 SA_3 均接通,中间继电器 1KA、2KA 通电动作,交流接触器 1KM 和 2KM 随之通电动作,接触器主触头 $1KM_1$ 和 $2KM_1$ 闭合,三相电炉的加热元件为"△"形接法,使电炉得到最大的输入功率,全速升温。此时,指示灯 HL_1 和 HL_2 亮。当炉温接近给定温度时(处于上、下限给定温度之间),显示调节仪的控制触点 SA_2 继续接通,SA_3 断开,中间继电器 2KA 断电,交流接触器 2KM 也随之断电,而交流接触器 3KM 却通电动作,使电炉的加热元件由"△"形接法改为"Y"形接法,输入电炉的功率降低,指示灯 HL_1 和 HL_3 亮、HL_2 熄灭。当炉温超过给定温度(上限给定值)时,控制触点 SA_2、SA_3 都断开,电炉断电,炉温开始下降,此时指示灯全部熄灭。

从上述过程中可看出,电炉在升温时以最大功率输入,在保温过程中则以较小功率输入,超过给定温度上限时断电,没有功率输入,故称为三位式调节。这种调节方式使炉温波动范围减小,并限制在一定范围内(即仪表给定的上限值与下限值间)。通过调整仪表内的触控点 SA_2 与 SA_3 的位置,可改变给定温度的上限、下限值,调节炉温波动范围的大小。这种位式调节系统适用于总功率较大(一般大于或等于 75 kW)、加热元件可以改变接法的电阻炉。

（2）炉温的连续调节

位式调节温度的方法在其控制温度的过程中,因电路的输入功率不能连续调节,炉温波动

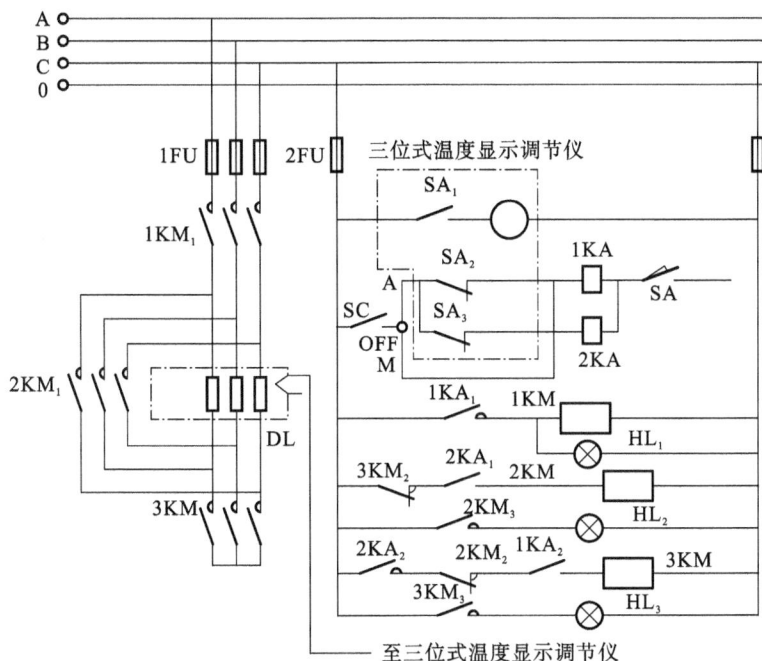

图 8-25 三位式温度调节线路原理图

范围较大,控温质量不高。另外,因交流接触器通断次数频繁会产生很大的噪音和火花,通过交流接触器的触点又是大电流,触头极易熔焊,因此交流接触器经常发生故障或损坏。随着科学技术的进步,对炉温的调节质量也提出了越来越高的要求。应用晶闸管、饱和电抗器、磁性调压器等电器设备(元件)的炉温调节中,既取代了接触器,又可使电路的输入功率变为连续调节,炉温的波动范围小,提高了调节质量。

晶闸管是一种大功率的半导体元件,它具有体积小、重量轻、寿命长、效率高、没有噪声、动作灵敏、使用方便等许多优点。应用了晶闸管后,温度的调节是在无触点的情况下进行的,电炉的输入功率不受通断频率的限制,因而易于实现电炉输入功率的连续调节。晶闸管元件和触发器在温度控制系统中起执行器的作用。例如,对于带 PID 调节器的温度显示仪表,根据测得的电动势大小,一方面显示出炉内温度的高低,另一方面又按 PID 调节规律输出相应的直流信号,其范围为 0~10 mA。它通过晶闸管触发器产生相应的脉冲信号,以调节晶闸管元件的导通角,从而连续调节电炉的功率,如图 8-26 所示。应用晶闸管的设备,按其触发控制电路触发方式的不同,可分为晶闸管调节器及晶闸管调功器。晶闸管调节器一般采用移相触发控制电路,而晶闸管调功器一般采用过零触发控制电路。

8.3.2 温度的实时跟踪检测

将温度作为工艺参数,在材料成形加工中常常可作为质量监控的手段和方法。例如,以温度检测来实施的热分析测试技术就是典型的代表。

在研究金属及合金的金相学中,根据金属及合金在加热或冷却过程中温度的变化来确定其转变温度的方法叫作热分析法。长期以来,热分析法用于研究金属和合金的结晶、制

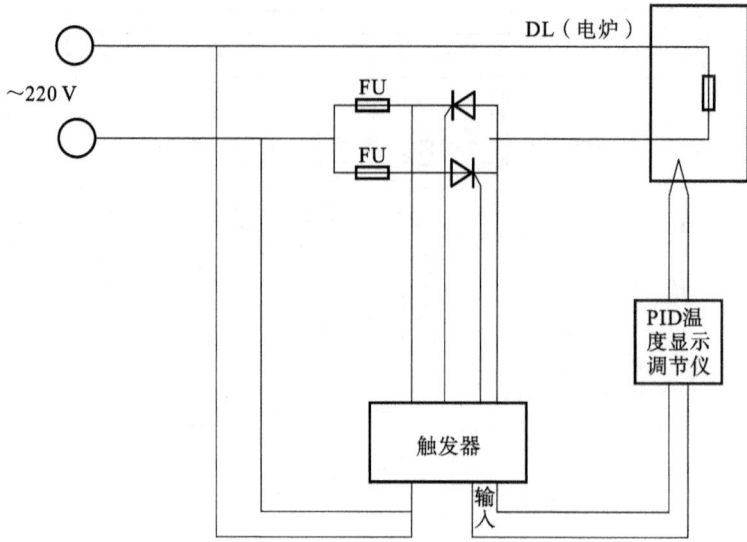

图 8-26 晶闸管控温系统示意图

作相图是非常简便、可靠的,但在铸造生产中用它作为检验和控制合金的手段则在 20 世纪 60 年代才开始。

热分析是研究金属及合金凝固过程的一种检测手段,它可用来直接检验和控制合金的质量,并且具有快速、简便、准确和费用低廉等优点。在现代化的铸造车间里,越来越多地采用这种分析法进行炉前快速检验来控制生产过程。它不仅用于测定合金的主要化学成分(如测定铸铁的碳当量、碳量和硅量),还用来控制合金的共晶团数目,确定灰铸铁的力学性能与化学成分、生核程度及金相组织之间的关系,测定合金的铸造性能(如铸铁的缩陷、铸钢的热裂倾向),测定球墨铸铁的球化及孕育状况等。液态合金的质量影响到铸件的质量,液态金属冷却时会产生体积的变化、固相的析出、固相生长过程中的溶质再分配、气体和非金属夹杂物的析出等。这些变化都与液态金属的结构及性质密切相关。控制液态金属的结构可以控制铸件的结晶过程,晶粒组织,铸件的偏析,气体及非金属夹杂物的数量、形态和分布情况,从而提高铸件的质量。因此,其对液态金属的质量进行快速计算机检测与控制具有极为重要的意义。

在合金中无论发生哪一种变化,如加热时的熔化、冷却时的结晶或是同素异构转变及固态中过剩相的溶解(析出),都伴随有热量的释放和吸收,从而使得合金因加热升温,或因冷却而降温时,温度变化的连续性受到破坏,并显示出奇异的温度特征值。这是由于"热效应"的影响。热效应使加热(或冷却)曲线上形成了"拐点"和"平台"。曲线的斜率会因外界冷却速度、金属容量及热物理性能的不同而有所差异。曲线上出现的拐点或平台将依热效应的大小而变化。如果在冷却过程中没有新的晶体析出,不产生同素异构转变及相变,冷却曲线就不会发生显著的变化。因此,根据冷却(或加热)曲线就可确定其转变温度和转变特点,从而对合金的组织结构和性能质量做出评价。

简单的热分析测试系统如图 8-27 所示。整个测试系统由一次感受元件和二次仪表两部分组成。一次感受元件就是取样装置,它包括取样器、测试样杯和测温热电偶;二次仪表包括模拟记录仪、数据处理、结果显示等装置。两部分由传输导线连接。液态金属浇入样杯后，即由二次仪表描绘凝固过程的温度-时间曲线，通过数据处理，最后显示测试结果。

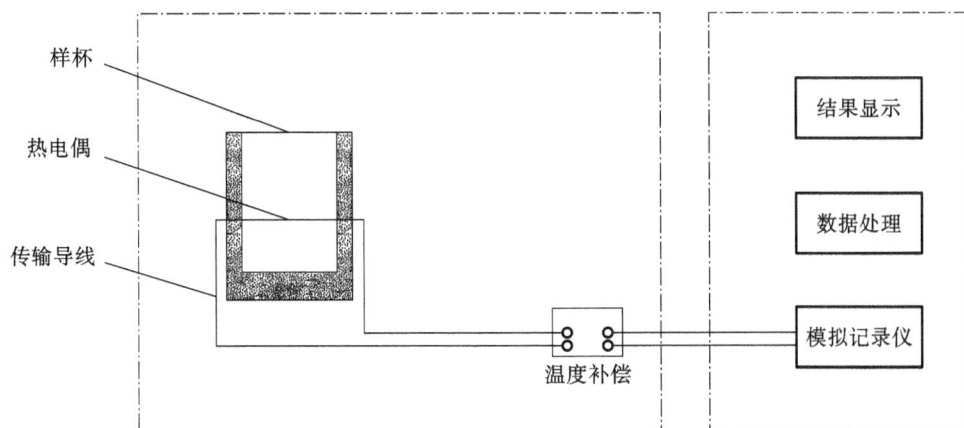

图 8-27 热分析测试系统方框图

① 测温热电偶。测温热电偶是热分析的直接感受元件。常用的热电偶有铂铑-铂及镍铬-镍硅两种，前者大多用于铸钢，后者用于铸铁。在用于铸铁时，对于定型的、一次使用的消耗样杯，为降低费用、节省贵金属，一般多采用镍铬-镍硅测温热电偶，它不但廉价易得，而且有较大的热电势值和一定的精确度。

偶丝直径一般为 0.5～0.8 mm。过粗则热惰性大，灵敏度差；过细则强度差，易断。偶丝的外部用石英玻璃管保护，石英管内径为 1～2 mm，壁厚为 0.5～1 mm。在测试过程中，应防止铁液进入石英管内影响测试结果，以免造成失误。

热分析记录的冷却曲线上作为判据用的温度特征值偏差范围很小。为了提高测试的精度和可靠性，热分析用的偶丝都必须经过严格校验，必须选用精度高的热电偶。热分析用的"镍铬-镍硅"热电偶在 1100 ℃时精度为 ±1.2 ℃。

② 测试样杯。样杯多采用壳型，材料为树脂砂，有时也用合脂砂或油砂。其壁厚应使之具有合适的冷却速度和足够的强度。样杯的内尺寸决定了铁液的容积（即试样的大小）。尺寸小，铁液量过少，冷却速度较快，冷却曲线上的拐点不明显甚至显示不出来；尺寸大，铁液量过多，冷却缓慢，曲线比较清晰，但测试时间较长，不能在 3 min 内获得热分析结果，难以满足炉前快速检测的要求。为了满足检测要求，必须合理选择样杯尺寸。例如，有的样杯内尺寸为 ϕ30 mm×45 mm、ϕ35 mm×50 mm。

样杯的结构如图 8-28(a)所示。测温热电偶的接点位置应在试样的热节中心，使记录的凝固冷却曲线符合试样金属的凝固模式，真实地反映其内部组织结构的特征，尽可能排除外界干扰因素的影响。

图 8-28(b)所示为一种最新结构形式的样杯，偶丝成单股横穿试样，加工制造比较方便，有利于样杯的规格化和大量制造，偶丝回收也容易。

上述类型的样杯，除用作一般的热分析测试外，还可以根据需要涂上含碳（或铋）的涂料，作为专用的测试样杯（如定碳、定硅用）。

现已有多种类型的国内外厂家生产的铸造热分析仪专用仪表投入市场。常见的热分析系

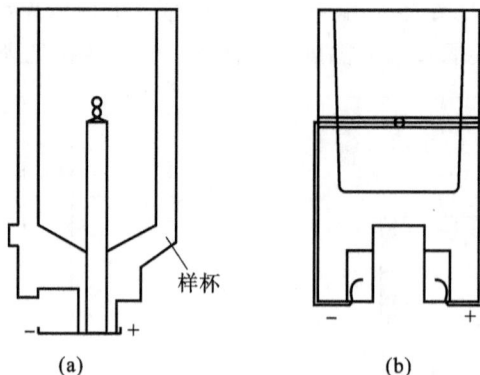

图 8-28　样杯的结构

统主要包括 PC 系列微机、样杯、样杯支架、取样器、夹持器、热电偶、补偿导线及模数转换器等。

铸造热分析系统各部分的功能如下。

① 样杯及支架。样杯是热分析成败的关键部件,因为样杯直接影响着试样与环境之间的传热。样杯的选用应满足:a. 液态合金在其中凝固时应该近似满足牛顿冷却条件;b. 样杯材料在热分析工作温度范围内不与合金元素发生反应。

各厂家在样杯的制作上各有特色,如样杯形状、尺寸、壁厚、制作材料等方面均有所不同。在形状方面主要有圆形杯和方形杯之分,热电偶的位置则有垂直放置和水平放置两种。热电偶通常选用高精度镍铬-镍硅热电偶,外套石英管或陶瓷管保护。

② A/D 转换器。热电偶先将所测温度信号转换成电压模拟量信号,然后经 A/D 转换后变为计算机可以接收的数字信号。

③ 微机。微机是热分析测试系统的心脏,它既可以记录金属液冷却过程的温度变化,又可以快速判断冷却过程的特征参数,还可以显示或打印输出测试结果。其主要功能为:a. 采样处理。热分析测试过程中,最重要的工作就是对金属液冷却时快速变化的温度信号进行连续采样。采用数字滤波的方法来抵抗干扰,可增强采样值的真实性和可靠性。b. 特征参数的判别。快速、准确地识别冷却曲线的某些特征参数(与测试指标相对应),是热分析的关键环节之一。c. 非线性补偿。热电偶输出的热电动势与实际温度间的关系是非线性的,必须对所测温度进行非线性补偿。d. 建立数学模型。数学模型是反映测试目标参数与特征参数之间相关关系的数学经验公式,其具体的函数形式与生产现场的原材料状况、工艺条件、测试系统等因素有关。因此,建立数学模型时应首先根据合金的凝固机理,分析和确定哪些特征参数与目标测试参数有相关关系;然后通过生产现场大量的实例资料,对相关参数进行一定的数学处理,以找出其相应关系。

微机热分析仪用于快速测量铸铁原铁液的碳当量 CE(%)、碳含量 C(%)、硅含量 Si(%),时间不超过 3 min。测量数据精度高,C(%)的误差在 ±0.05% 以内,Si(%)的误差在 ±0.1% 以内。

8.3.3　温度场的检测

焊接生产是现代工业的重要加工环节。随着科学技术的发展,许多工业产品对焊接质量的要求日益提高,并要求保证质量的稳定。解决这些问题的唯一途径就是实现焊接过程的自动化、智能化。要实现焊接过程的自动化、智能化,首要的问题就是检测传感技术,如反映工件状况的参数(坡口间隙、焊缝位置、工件温度场等)的检测,反映焊接质量的参数(焊接熔深、焊缝成形、电弧对中等)的检测等。而其中焊接温度场的检测是很重要的内容。因为焊接温度场及其动态热过程是保证焊接质量的关键因素,它影响和决定了焊接接头的性能、组织、应力变形及是否产生缺陷等。焊接温度场内包含了焊接接头质量及性能的充分信息,因此实时检测和控制焊接温度场及其热过程始终是焊接发展中的基本课题之一。

(1) 焊接温度场检测方法及研究现状

在焊接过程中,焊接热过程贯穿整个焊接过程的始终,一切焊接的物理、化学过程都是在热过程中发生和发展的。焊接温度场决定了焊接应力场和应变场。它还与冶金、结晶、相变过程有着紧密的联系,它的精准测量是焊接冶金分析、焊接应力应变分析和对焊接过程进行控制的前提。基于此,国内外焊接工作者对其一直十分重视,在温度场的研究方面做了大量的工作。对焊接温度场进行研究有两种途径:一是建立在传热学理论基础上的温度场计算;二是实际测量焊接温度场。

① 建立在传热学理论基础上的温度场计算。早在 20 世纪 50 年代,前苏联科学家雷卡林院士,就在 D·罗森塞尔(Rosenthal)研究的基础上对焊接过程的传热问题做了系统的研究,建立了焊接传热学的理论基础。他利用传导微分方程在特定条件下所建立的数学模型来描述焊接温度场的分布特征。

另外,1958 年,C. M. Adams 等在拉氏方程的基础上进行了大量实例研究,积累了不同材料、不同板厚及不同焊接参数下的温度测量数据,再从物理概念出发,整理归纳并建立了一系列传热学计算公式。虽然这种方法比单纯采用数学解析的方法要准确,但工作量很大,可靠性取决于测试手段的精度。

随着计算机的出现和普及,数值计算法有了新进展。由数值计算法求解热传导微分方程又出现了有限差分法和有限单元法。

就总体而言,由于焊接传热过程十分复杂,要求一个非线性解析解十分困难。至今所进行的数学分析,几乎都是在材料热物理形式不随温度变化的假定条件下进行的,也大都假定焊接热源集中在一点上(实际上是一个热能分布不均匀的面积上)。由于这些假定并不符焊接的实际情况,因此使数学分析的各种焊接传热计算不能得到满意的结果,这是数学分析法的重大弊端。

② 焊接温度场检测。

a. 热电偶测温。这是最经典的高温测量方法,有较高的测量精度,目前在很多科研工作中还常常使用,如测量焊件某点的热循环曲线等。这种方法用于测量某点的温度很合适,但用于测量场温有较大困难。因为要测量的点在测量之前必须装焊热电偶,测量的点越多,则需要的热电偶数量越多,从而给实际的操作和记录带来很大的麻烦。同时,这种方法还会影响场温的分布,接近熔点的高温区、近弧区很难测量,因此这种方法很难用于焊接过程的实际控制。

b. 红外辐射测温。这是一种非接触测温方法,靠接收受热物体发出的红外辐射来测量物体的温度,这种方法较之热电偶测温有较大的优越性。红外辐射检测时不需要接触被测物体,不影响被测目标的温度分布,使测得的温度更加客观。再者,它的速度快,不像热电偶需要与被测物体达到热平衡,只需要接受受热物体的红外辐射就可以。而红外辐射与电磁波一样都是以光速传播的,这样红外辐射测温的速度取决于测温仪器自身响应的时间。红外辐射测温的另一个优点是很容易实现温度场的测量,并易于利用其测量结果进行焊接过程的控制。现有的焊接温度场检测方法基本上都采用红外辐射测温。

(2) 红外摄像温度测量系统

其基本配置如图 8-29 所示,可分为四个主要部分,即红外摄像系统、图像 A/D 转换接口、计算机系统及显示系统。

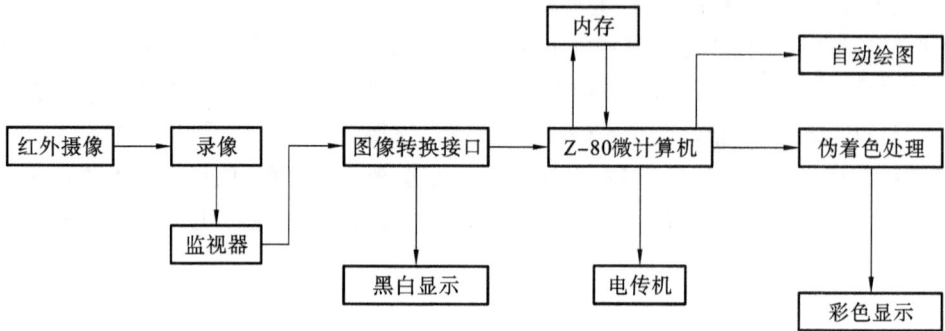

图 8-29 红外摄像温度测量系统框图

红外摄像微机测量温度场的基本过程是:首先红外摄像机摄取热场,红外摄像管的靶面由半导体材料构成;当被测温度场热像通过光学系统在靶面成像后,温度高的点红外辐射强度大,使该点电阻小,电子束扫描到该点时输出电平高,反之则电平低。这样摄像管可以将物体的温度分布及变化过程全记录下来,便于分析全过程或某一瞬时的温度场。

(3) 红外热像传感焊接对缝跟踪控制

电弧焊时,由于电弧对工件的加热,在焊接熔池及周围金属处将形成一定的温度场。此温度场为在熔池和周围金属的表面形成的二维温度场,决定着熔池和周围金属表面的温度分布状态。温度分布对称情况与程度取决于电弧偏离焊接对缝的程度。如果能够通过某种传感装置把熔池及周围金属的温度分布状态检测出来,就可以根据温度场的状态检测出电弧是否偏离焊接对缝,并测出偏离方向和偏离程度。从而可根据检测结果,通过控制器及执行机构调节焊枪位置,使电弧回到焊接对缝位置上。

熔池及周围金属的表面温度分布状态一般用等温线组成的表面温度场来描述,可以采用非接触红外辐射的测温方法实时检测熔池及周围金属的表面温度场。图 8-30 所示为红外扫描摄像装置与计算机图形图像处理系统构成的红外热像采集系统。

为使摄像机避开电弧的直接热辐射,熔池及周围金属的表面温度场是通过一个光学反射镜进入水平放置在焊枪上方的摄像机中的。为了限制焊接电弧光对红外热像拍摄时的干扰,红外热像 CCD 的红外敏感检测器由特殊的光生伏特电池组成。该电池对强弧光谱段不敏感,可显著减少弱弧光的干扰,系统每秒可采集 30 幅热像图供计算机处理分析。

近年来,红外热像技术发展快速,已经出现了可以直接固定在焊枪上,不需要附加反射镜,直接对着熔池进行拍摄的红外热像摄像机。熔池直接拍摄控制系统如图 8-31 所示。镜头附加了适当的滤光系统,可以较好地消除强烈弧光的干扰,获得较清晰的熔池及周围金属的热像图。

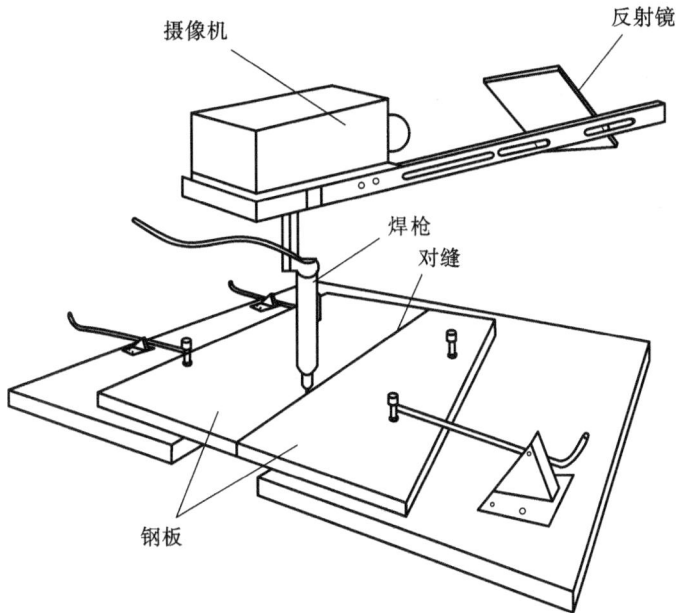

图 8-30   红外摄像机在焊接机头上的安装示意图

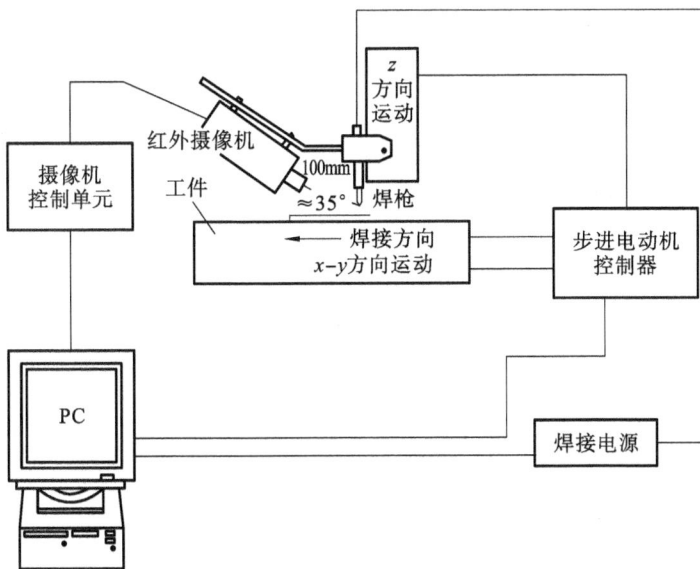

图 8-31   熔池直接拍摄控制系统示意图

9 材料成形控制系统中的数字控制技术

9.1 数字控制技术概述

数字控制技术最早是在各种机械加工机床制造、加工的所谓冷加工工艺领域中,为提高制造、加工精度而着力开发的,并已形成较完善的数字控制系统理论体系,如数控车床、数控镗床、数控铣床、数控磨床、数控加工中心等机械加工设备的成功研制和广泛应用。

早期机械加工机床数字控制系统的形成和发展是建立在步进电动机这一关键机电器件的开发和应用基础上的。数控加工机床就是以步进电动机为电脉冲数字式角位移装置(也包括线位移装置)的数字式位移伺服控制系统。

时至今日,数字控制技术不仅在位移伺服控制系统中得到了广泛应用,在材料热加工成形的测量与控制系统中也已快速、深入推广。按系统中被控物理变量划分,经常用到的数字控制系统还有:

① 时间变量的数字控制系统。

② 温度变量的数字控制系统。

③ 速度变量的数字控制系统。

④ 热加工电源系统中电压、电流变量的数字控制系统。

位置(位移)变量的数字控制就是一般数控加工机床应用的数字控制。一般数控加工机床的理论文献非常多,本章不着力加以阐述,只将其作为数字控制技术的一个应用方面,综述其在材料成形测量与控制系统中的应用概况。

在自控制系统中引入数字控制技术后,主要体现了以下控制优势。

① 由于能精确设定一控制系统的给定值,因此必然会提高被控制量的控制精度。

② 被控制量经数字量化后有了控制的参照值,容易保持被控制量的稳定。

③ 一般数字控制系统都设有反映被控制量给定值或实际工作值数值大小的显示装置。这不仅给操作人员提供了使用上的便利,还可以随时监控系统的工作状态。

④ 数控系统容易与控制计算机结合在一起,形成功能更加全面、完善的控制系统。控制系统的功能主要包括:a. 构成被控制量的直接数字控制;b. 可对系统被控制量进行实时监控;c. 可对系统进行故障监测和报警。

9.2 位移控制系统中的数字控制技术

9.2.1 执行机构为步进电动机的位移数字控制系统的基本结构

步进电动机是数字式位移伺服控制系统中的一种基本角位移执行机构。其功能是将电脉冲信号转换为相应的角位移。通俗地说,就是给一个电脉冲信号,步进电动机的转子就转动一个角度。步进电动机驱动控制的基本电路结构框图如图 9-1 所示。

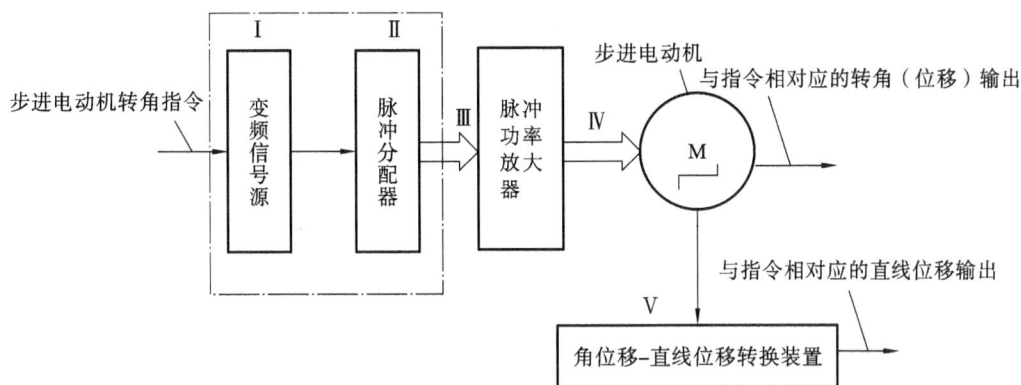

图 9-1　步进电动机驱动控制的基本电路结构框图

图 9-1 中,环节Ⅳ中的图形符号表示一步进电动机。环节Ⅳ的输入是某种形式的电脉冲信号,从其定子绕组内的电流来看,既不是正弦交变电流,又不是恒定的直流电流,而是脉冲式的电流,所以有时也把步进电动机称为脉冲电动机。步进电动机根据转角指令输出转子的角位移量。如果在步进电动机的转子轴上连接环节Ⅴ,即角位移-直线位移转换装置,就可将角位移转换为直线位移。这些角位移-直线位移转换装置往往就是一机械传动装置,如常见的主动机构为齿轮、从动机构为齿条的齿轮-齿条副传动装置,主动机构为螺杆、从动机构为螺母的螺杆-螺母副传动装置等。

环节Ⅰ表示的脉冲信号源是一个脉冲频率可在几赫兹到几万赫兹连续变化的信号发生器(振荡器)。

环节Ⅱ表示的脉冲分配器是由各种门电路和触发器组成的逻辑电路。它根据指令信号把脉冲信号按一定的逻辑关系组成一定方式的时序信号,再送至功率放大电路。

环节Ⅱ输出的一定方式的时序信号,是根据步进电动机的结构类型及确定的运行方式(如"单相单拍"运行方式的单相步进电动机、"三相三拍"运行方式的三相步进电动机、"三相六拍"运行方式的三相步进电动机、"四相八拍"运行方式的四相步进电动机等)决定的。

脉冲分配器除可由电子器件等"硬件"组成外,还可采用控制计算机(如单片机)的步进电动机控制软件构成所谓的"软件脉冲分配器"。

环节Ⅲ表示的脉冲功率放大器的功能,是把脉冲分配器输出的时序信号的功率放大到足以驱动所选用型号的步进电动机。

随着数字式位移检测技术的发展,特别是数字式角位移传感器(如光电式角位移脉冲数字编码器、旋转变压器等)的开发应用,各种类型的直流电动机乃至交流电动机都可像步进电动机一样,担当数字式位移伺服控制系统中的位移伺服执行机构。

由电工学的基础理论知识可知,传统交流电动机和直流电动机原本工作于模拟量电压(电流)状态,但变频技术、脉宽调制(PWM)技术及脉冲编码器技术的进展,使二者成为可进行数字控制的执行机构,如图 9-2 所示。

与步进电动机相比,直流电动机具有调速性能好和功率大的优势,因此在大型的数控加工机床中多使用直流电动机传动系统。

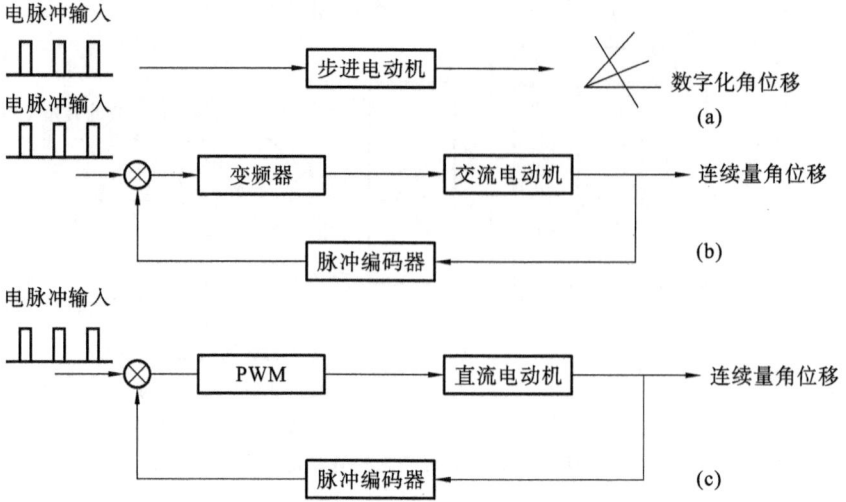

图 9-2　数字式位移伺服控制系统的执行机构结构框图

9.2.2　执行机构为直流电动机的位移数字控制系统的基本结构

　　使用直流电动机传动的数字式位移伺服控制系统的结构框图如图 9-3 所示,图中的环节 Ⅴ即为一直流电动机。直流电动机的电枢绕组只有加直流电压 U_S 才能转动,因此直流电动机一般由可调节直流电压 U_S 大小的可控整流器供电,例如图 9-3 中环节Ⅳ所示的晶闸管整流器。晶闸管整流器的主电路都需要晶闸管触发(也称为"点火")电路,如图 9-3 中的环节Ⅲ所示。触发电路按晶闸管整流器的主电路结构形式输出晶闸管触发脉冲电压 U_T。

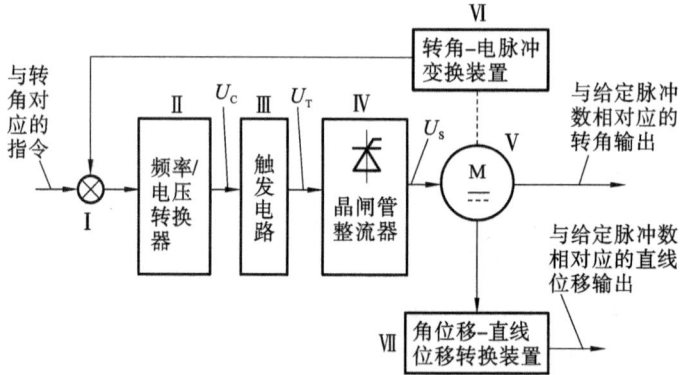

图 9-3　使用直流电动机传动的数字式位移伺服控制系统基本框图

　　触发脉冲是一种相对于电网正弦波形电压(过零点)可移相的脉冲电压,通过脉冲电压的移相来调节晶闸管整流器主电路的输出直流电压。触发脉冲的移相控制受控于触发脉冲电路的输入控制电压 U_C。

　　将转角-电脉冲变换装置(图 9-3 中的环节Ⅵ)与直流电动机(电枢)转子轴直接相连,则转角-电脉冲变换装置的输出就是与直流电动机转子轴的转角相对应的量化电脉冲数。

　　有了直流电动机实际检测出的(以量化电脉冲的个数形式给出的)转角值,经反馈环节(图 9-3中未画出)送至图 9-3 中环节Ⅰ所表示的综合比较器,并与给定的指令电脉冲数进行比较。若实际的转角值没达到指令脉冲数所设定的值,就使图 9-3 中的环节 II,即频率/电压转换器一直有电压输出,从而使直流电动机转到实际转角值达到设定值的位置。

频率/电压转换器中,一般包含频率可调的脉冲发生器。若选定较高的频率,则经频率/电压转换器变换后,输出的控制电压 U_C 也较大,从而使直流电动机的转速增加;反之,直流电动机的转速降低。显然,控制频率/电压转换器的工作频率就可调节直流电动机的转速。至此,使用直流电动机作为位移伺服控制系统中执行机构的主要技术问题在原理上得以解决。

9.2.3 二维平面位移数字控制系统的基本结构

二维平面位移数字控制系统是最常用的位移数字控制系统。它由两个单独的一维位移数字控制系统组合而成,而且两个单轴的机电传动方式一般是直线位移方式。因此,两个单轴的机电传动方式中,均有将电动机角位移变换为直线位移的机械变换装置。

图 9-4 所示的门架式数控气体火焰切割机的两个单轴机电传动方式中,门架在 y 轴方向采用齿轮-齿条副传动,机头在 x 轴方向也采用齿轮-齿条副传动。在有些设备的设计中,x 轴方向的机械传动方式为螺杆-螺母副传动。

图 9-4 数控气体火焰切割机

另外一种常见的两个单轴的机电传动组合方式中,xOy 平面(二维)位移伺服的两个单轴均为螺杆-螺母副传动机构。其中,x 轴方向滑板与 y 轴方向滑板就相当于螺母。

除了数控气体火焰切割机外,采用上述两种机电传动组合方式的数控热加工机床还有数字等离子焰切割机、数控激光切割机、数控激光焊机、数控电火花加工机床、数控线切割加工机床、数控 PVC 塑料造型机等。上述这些数控热加工机床都属于 xOy 平面坐标上的二维数字式位置伺服控制系统。

这些数控热加工机床的不同之处仅在于对工件实施"热加工"的"加热装置"(俗称"加工机头")不同。例如,数控气体火焰切割机的"加工机头"是一氧-乙炔焰割具,将氧-乙炔焰割具换成等离子焰割具后就成为数控等离子焰切割机。也就是说,数控气体火焰切割机与数控等离子焰切割机可共用同一套门架式数控位移伺服机械系统。

数控激光切割机、数控激光焊机的数控位移伺服机械系统,即其加工工作平台往往采用单独结构形式。这是因为数控激光切割机、数控激光焊机激光器的光路部分要求具有高稳定性,因此激光器的光路部分一般设计成固定结构形式,而将数控加工工作平台设计成单独结构,并且数控加工工作平台往往采用二维位移伺服的典型机构形式。

这种数控激光切割机、数控激光焊机的激光器与数控加工工作平台相互独立的形式极大地方便了设计开发新设备产品的工作,减轻了设计量。因为可采购商品化激光器和数控加工工作平台,然后只需做简单的二次开发和产品的试验工作。

值得一提的是,数控 PVC 塑料造型机的基本工作原理如下。可在三维坐标上平移的 PVC 塑料喷嘴喷出黏胶状 PVC 塑料小球,小球喷出后很快固化。利用 PVC 塑料的这一特性,就可在造型基板上堆垒成任意形状"PVC 塑料建筑",就像用简单形式的砖瓦基本建筑材料可以构筑任意宏伟的高楼大厦一样。

数控 PVC 塑料造型机在三维坐标中的平移驱动一般采用高精度步进电动机位移伺服系统。数控 PVC 塑料造型机的最大优点在于用模具 CAD 设计好的图纸软件可直接与数控 PVC 塑料造型机联机造型,而且修改造型十分方便。

数控热加工机床的基本工作原理与一般机械数控加工机床完全相同。数控加工机床的文献很多,有关内容本章不再赘述。

数控加工机床采用数字式位移伺服控制系统后极大地提高了位移伺服控制精度的事实,促使人们思考这样一个问题:在自动控制系统中引入其他被控制量的数字控制,是否也能提高被控制量的数字控制精度?回答是肯定的。这就是在近代热加工机床的控制系统中趋向采用数字控制的主要原因。下面将材料成形工艺与设备中常采用的其他几种数控技术做综合性介绍。

9.3　时间控制系统中的数字控制技术

在任何热加工成形过程或热加工设备的程序动作中,都要求对某个程序动作时间的长短,也就是动作延时时间的长短进行控制。为提高动作延时时间的控制精度,近代控制系统中经常采用程序动作时间数字控制技术。这里,将热加工成形过程和热加工设备中时间控制系统的数字控制方法简单概括如下。

(1) 集成电路构成数字式时间控制电路

用集成电路构成的一种时间延时控制电路也就是程序时间控制电路,如图 9-5 所示。其产生一段时间延时的基本思路是:一个集成电路脉冲计数器对时间基准脉冲(简称时基脉冲)进行计数,时基脉冲本身的脉冲宽度(时间)与计数个数的乘积就是一段时间的延时。

电路中,体现一段时间延时的是"1"或"0"的电平信号(图 9-6)。这些电平信号就是程序时间控制电路的输出信号。

时基脉冲输入时基脉冲计数器。集成电路时基脉冲计数器有多种规格与型号的芯片可供设计时选用。按芯片供电电源(控制电路电源)电压＋V_{cc}的不同,集成电路时基脉冲计数器可在 TTL 电路(5 V 供电电压)、CMOS 电路(12 V 供电电压)、HTL 电路(24 V 供电电压)中选择。

时基脉冲计数器个数用置数装置预置。在一般集成电路构成数字式时间控制电路中,置数装置往往使用拨码器。

形成时基脉冲的主要电路方法如图 9-7 所示。图 9-7(a)中是用分立元器件或专门的脉冲振荡器集成电路芯片构成的固定频率输出的时基脉冲振荡器。其输出的时基脉冲波形多为方形波。

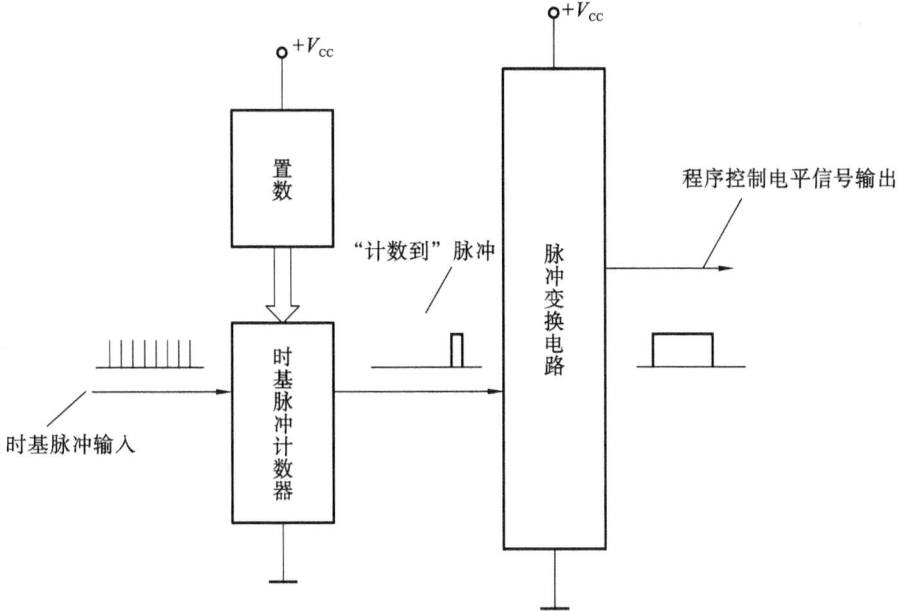

图 9-5 程序时间控制电路

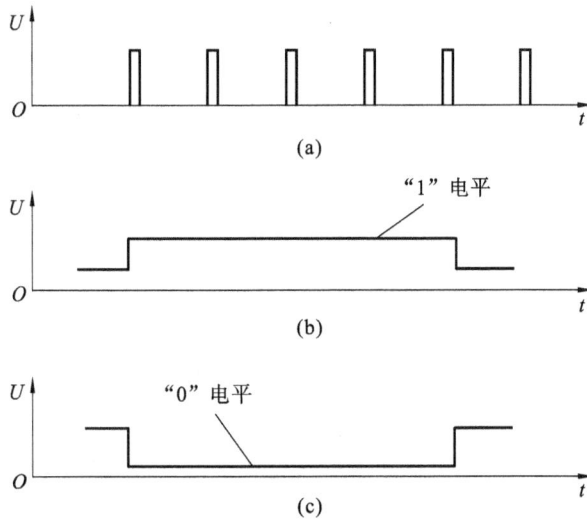

图 9-6 程序时间控制电路中的信号波形

图 9-7(b)中是应用石英晶体的压电效应构成的石英晶体振荡器,简称"晶振"。这是计算机产生主频及各种时基脉冲的方法,也被其他很多仪器、仪表采用。石英晶体振荡器是产生固定频率、正弦波形输出的振荡器。计算机中往往采用分频方式得到其他低于主频的以满足各种需要的时基脉冲。石英晶体振荡器的最大优点是产生固定频率,稳定度高。

图 9-7(c)所示的电路方法是根据 50 Hz 工频交流电网的频率稳定度相对较高,并有正弦波形电压过零点的特征(图 9-8),将其过零点检测出来并形成时基脉冲的方法。正弦波形工频交流电网电压 1 s 内有 100 个过零点,因此形成的工频交流电网过零点时基脉冲的频率必为 100 Hz。

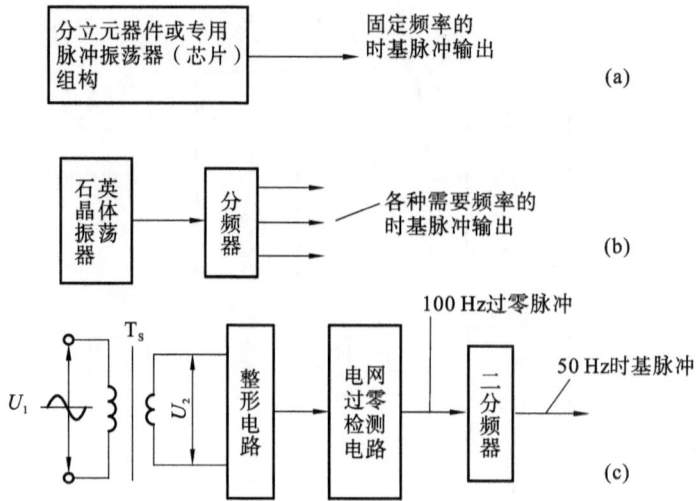

图 9-7　形成时基脉冲的主要电路方法

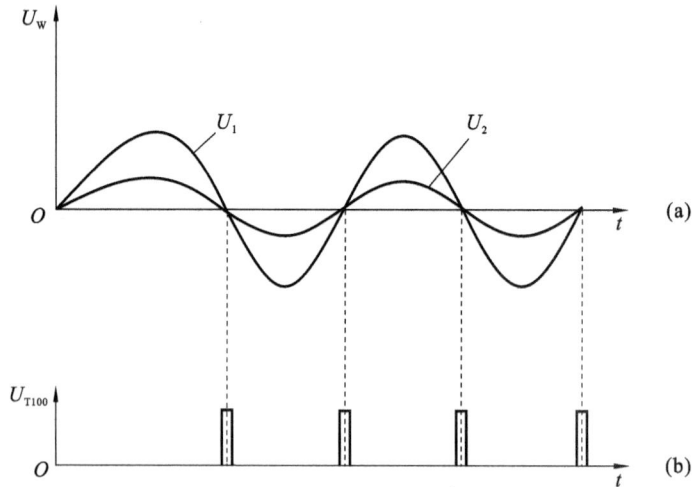

图 9-8　100 Hz 电网电压过零脉冲 U_{T100} 与电网电压 U_W

　　由于工业上一般使用 380 V 电网电压 U_1，而加工设备的控制装置中一般使用低于 36 V 的电压，因而必须将电网电压 U_1 降低到控制装置所需要的安全电压 U_2。降低 U_1 的任务由"同步"降压变压器 T_S 完成，因为既要降低电网电压，又要保持正弦波形工频交流电网的特征（图 9-8 中，低电压 U_2 与高电压 U_1 的"步调"完全一致），因此称 T_S 为同步变压器。

　　将低电压 U_2 100 Hz 过零点检出的任务由整形电路和电网过零检测电路共同完成。整形电路和电网过零检测电路有若干种电路类型，限于篇幅不能一一列举，但其电路功能都是为得到 100 Hz 过零电压 U_{T100}。

　　很多材料热加工设备的供电电源系统中经常需要 50 Hz 的时基脉冲，也就是与正弦波形工频交流电网频率相同的时基脉冲。这时，可在电路中再加一级 100 Hz 时基脉冲的二分频器电路。

　　时基脉冲计数延时法可产生比较准确的延时时间，在材料成形与控制系统中，有时并不需要很精确地延时,当对延时精度要求不高时,电路结构最简单的就是 RC 电路延时法。

RC 电路延时法见 5.1.3 小节。

(2) 控制用微型计算机中程序时间的数字式控制方法

控制用微型计算机中,产生一段程序演示的数字式控制通常是采用可编程定时器(芯片)实现的。用可编程定时器对计算机的系统时钟脉冲或某一固定频率的时钟脉冲(也称为时基脉冲)进行计数,计数多少则由编程确定。当计数到"数字化"的预定脉冲数时,可编程定时器给出定时"时间到"脉冲信号。这样,从发出"计数开始"信号定时到"时间到"信号为止,就是所需的延时时间。

这种方法中的计数多少是由软件编程方式确定的,在不改变硬件的前提下就可满足各种定时要求,使用非常灵活。

9.4　热加工电源控制系统中的数字控制技术

材料热加工电源控制系统是热加工成形工艺设备最关键的组成部分,对材料热加工成形过程的控制及加工件的质量控制起重要作用。其中,不仅大量采用常规电物理量(电源输出电压、输出电流)的数字控制技术,还采用了一些具有专业性的电物理量的数字控制技术,如电源输出电压、输出电流的数字控制技术和脉冲(输出)电源数字控制技术。

热加工用电源输出电压与输出电流的数字控制技术和脉冲(输出)电源的数字控制技术很少有文献阐述,这两种电源数字控制技术将是本节的重点学习内容。

9.4.1　电源输出电流数字控制技术

电源输出电流数字控制技术的核心是图 9-9 所示的电源输出电流数字式给定电路。图中,电阻 $R_1 \sim R_{25}$ 的电阻值事先与反向运算放大器的反馈电阻 R_0 的匹配关系设计如下:数码式拨盘式开关 S_{100} 每一挡的电流变动为 $100\ A$,开关 S_{10} 每一挡的电流变动为 $10\ A$,开关 S_1 每一挡的电流变动为 $1\ A$。

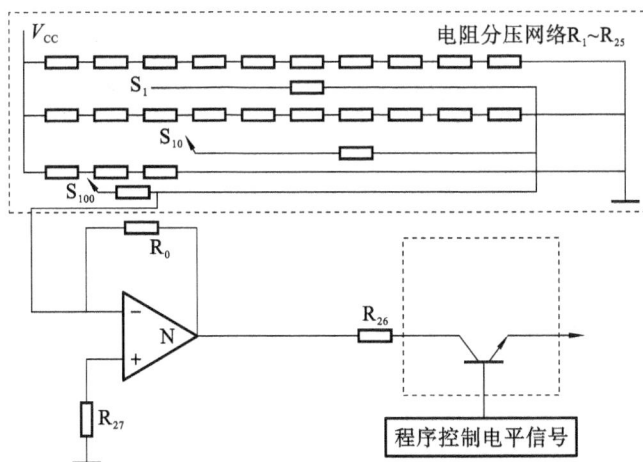

图 9-9　电源输出电流数字式给定电路的结构

也就是说,将电阻分压网络 $R_1 \sim R_{25}$ 看成一个电阻, $R_0/(R_1 \sim R_{25})$ 的比值就是用反向运算放大器 N 构成的反向比例放大器的电流给定放大倍数。电流"数字化"的本质是电流给定放大倍数的"数字化"。

因为是反向比例放大器,考虑放大器的反向作用后,电阻分压网络是用负控制电源 V_{CC} 供电。

已经"数字化"的电流给定由反向比例放大器的输出电阻 R_{26} 输出,送往 NPN 型晶体管 VT 的集电极。晶体管 VT 在此充当电子开关的作用,一旦其基极出现高电平电压信号,晶体管 VT 导通,"数字化"的电流给定电压信号就可输出给后续的电路。例如,使晶体管 VT 的基极受控于与该电源配套的某设备,当需要在设备某程序控制电平信号到来时送出一"数字化"的电流,就可将此程序控制电平信号施加于晶体管 VT 的基极。

如果不同的程序段需要不同的"数字化"电流值,则按程序段的需要,可选定若干套图 9-9 所示的电路组合在一起。

例如,锅炉、船舶、石油化工等制造业中会大量使用管-板接头、管-管接头的全位置焊接成形工艺(图 9-10、图 9-11)。该焊接工艺的难点在于被焊工件本身是不可能移动的,只能使焊枪沿环形焊缝作 360° 旋转。这样,焊枪就可能出于以下四种焊接状态:水平焊接、立向下焊接、仰面焊接和立向上焊接状态。由焊接成形的相关工艺得知,如果不采用特殊工艺技术措施,除水平焊接状态外,其他焊接位置都无法得到合格的焊缝。采用焊接电流数字控制技术和焊接电流的脉冲调制技术后才使管-板接头、管-管接头的全位置自动氩弧焊成形工艺有了技术上的突破。

图 9-10 管-板接头全位置焊接

图 9-11 管-管接头全位置焊接

整个环形焊缝焊接成形过程中,焊接电流要以图 9-12 所示的管件环形焊缝的八个分段以数字化形式输出。环形焊缝的这八个分段的数字化焊接电流的给定电路就是采用八套图 9-9 所示的数字化电流给定电路组合而成的。而电源的其他部分,如误差放大器、电源主电路、电流负反馈电路等(图 9-12 中未画出)均不变。

近代焊接电源中,正是因为采用了输出电流的数字控制技术及相关的电流脉冲控制技术、电源微(型计算)机控制技术,才形成了焊接成形结构件的全位置电弧焊、单面电弧焊双面成形、大厚板的窄间隙电弧焊等近代高新焊接工艺,并大大扩展了电弧焊机器人的使用范围。

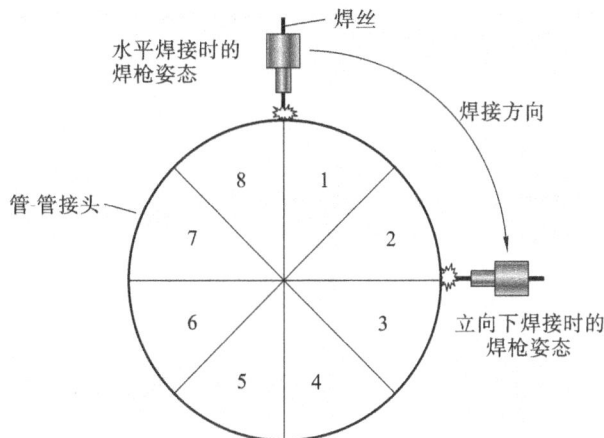

图 9-12　管-管接头位置氩弧焊工艺施焊示意图

9.4.2　脉冲(输出)电源数字控制技术

(1)电阻缝焊脉冲(输出)电源数字控制技术

在材料的电阻缝焊和电阻点焊成形设备中,对加热电源输出的交流电流不仅有电流(有效值)大小的要求,还要求电源以图 9-13 所示的所谓"调制交流脉冲波"的波形输出电流。

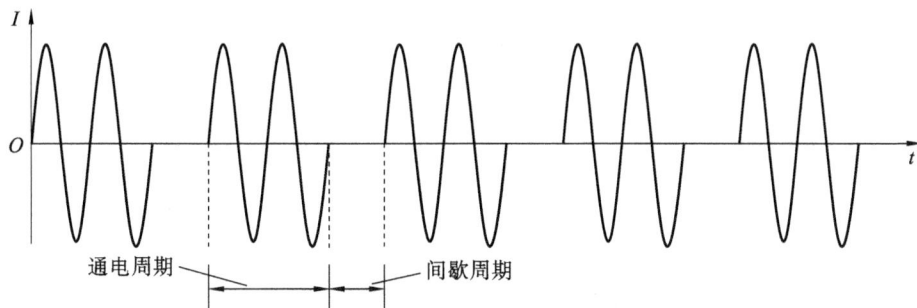

图 9-13　电阻缝焊脉冲(输出)电源输出的电流波形

电阻缝焊电流脉冲波形的特点是:电流不是连续的交流,而是有间歇周期的。相对间歇周期而言,有电流的周期称为通电周期。

电阻缝焊时,电流的通电周期和间歇周期都有时间长短的严格要求,即要求进行数字化的通电周期和间歇周期控制,专业术语为周波数控制。例如,图 9-13 中的调制交流脉冲波的通电周期为两个周波,间歇周期为一个周波。

不同的焊接工艺对通电周期周波数与间歇周期周波数都要求分别进行单独数字式调节。这样,就可出现多种通电周期周波数与间歇周期周波数的组合。图 9-13 所示为"2-1"组合,常见的还有"3-2""4-2""4-3""5-3"等组合。

这种调制交流脉冲波波形的电路框图如图 9-14 所示。图中的晶闸管 VT_1、VT_2 构成主电路中的交流无触点开关。只要晶闸管 VT_1、VT_2 导通,负载中就有图 9-13 所示波形的交流电流通过。控制晶闸管触发脉冲的有无,就可控制交流电流的有无。因此,使触发脉冲发生器电路的有触发脉冲的周期与无触发脉冲的周期都是电网周波数的整数倍,就实现了控制电路的功能。控制电路包括触发脉冲发生器电路、触发脉冲移相电路、触发脉冲功放和隔离电路。

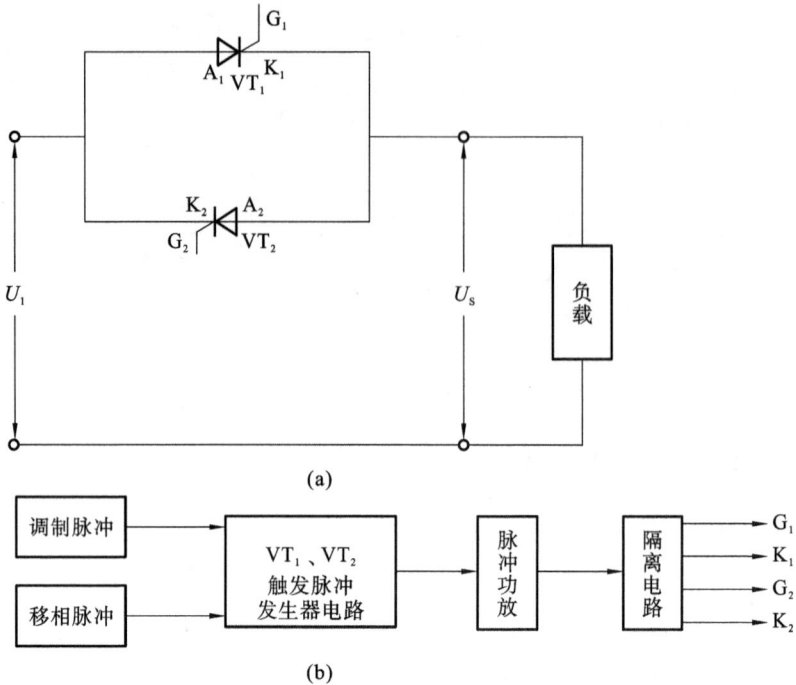

(a)

(b)

图 9-14　调制交流脉冲波波形的电路框图

(a) 工频交流调压主电路;(b) 脉冲调制控制电路构成框图

在上述电路的基础上再加进调制脉冲波电路,即构成调制脉冲控制电路。调制脉冲波电路主要用于产生图 9-15(c)、(d)所示的"通电"与"间歇"调制电压脉冲波形 U_{P1} 和 U_{P2}。图中, U_{P1} 的脉宽为电网 3 个周波数($3T$), U_{P2} 的脉宽为电网 2 个周波数。

而获得调制脉冲电压 U_{P1} 和 U_{P2} 还需要电网 50 Hz 过零脉冲发生器电路、50 Hz 过零脉冲计数器电路以及程序转换电路。

50 Hz 过零脉冲发生器电路用来产生 50 Hz 过零脉冲 U_{T50},其波形如图 9-15(a)所示。50 Hz 过零脉冲计数器电路用来对 50 Hz 过零脉冲 U_{T50} 计数,并产生"通电"与"间歇"计数"时间到"脉冲 U_{PD1} 和 U_{PD2}。也正是在计数器电路中,实现了对"通电"与"间歇"调制脉冲电压波形宽度的"数字化"。

"通电"与"间歇"计数"时间到"脉冲 U_{PD1} 和 U_{PD2} 是两个窄脉冲,必须经程序转换器电路的变换才能最后形成具有一定宽度的调制脉冲 U_{P1} 和 U_{P2}。

(2) 电阻点焊脉冲(输出)电源数字控制技术

与电阻缝焊的两个基本程序动作相比,电阻点焊在完成一个焊点的程序动作中包括加压、焊接、维持和休止四个基本程序动作(图 5-3)。

对四个基本程序动作有时间长短的严格要求,即要求进行数字化的加压周期、焊接周期、维持周期及休止周期的周波数控制。

在结构上,电阻点焊脉冲电源数字控制电路的大多数组成部分与电阻缝焊相同,主要是程序时间计数器电路稍有区别:电阻缝焊使用两程序时基脉冲计数器电路(图 9-16),而电阻点焊

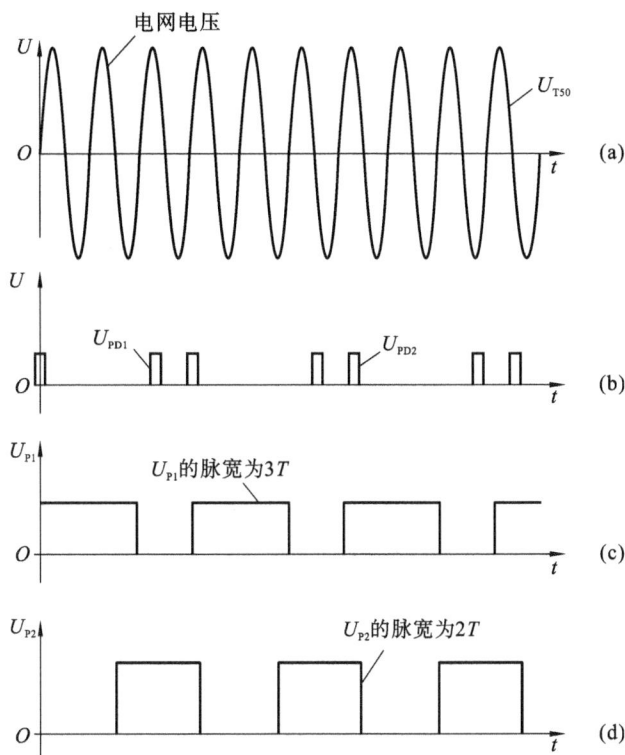

图 9-15　调制脉冲发生电路中的波形

使用四程序时基脉冲计数器电路。当然,后续的程序转换电路也不尽相同。

（3）电弧焊脉冲（输出）电源数字控制技术

在材料的电弧焊成形工艺中,经常用到脉冲电流（输出）电源,其典型输出电流波形如图 9-17（b）、（d）所示。图 9-17（b）所示的波形称为调制直流脉冲波,图 9-17（d）所示的波形称为调制交流方形脉冲波。

图 9-17（b）所示的调制直流脉冲波是用图 9-17（e）所示的脉冲调制波去调制图 9-17（a）所示的直流脉冲波的结果。而图 9-17（d）所示的调制交流方形脉冲波是用图 9-17（f）所示的脉冲调制波去调制图 9-17（c）所示的交流方形脉冲波的结果。

上述两种波形电源中的"数字化"控制主要是指两个调制波［即图 9-17（e）和图 9-17（f）］的数字给定控制。这里,仅对图 9-17（d）所示调制交流方形脉冲波电源的数字给定控制电路作简略分析。

该电源中,主要采用了图 9-18（a）所示的脉冲调制波发生器电路。由运算放大器 N_0 和 N_1 组成一个锯齿波-方波发生器。其中,N_0 是反相积分器,N_1 是滞回比较器。由 N_0 输出锯齿波电压 U_{o1},由 N_1 输出方波电压 U_{o2}。两个波形如图 9-18（b）和图 9-18（c）所示。N_0 和 N_1 实际上是一个压控锯齿波-方波振荡器,其控制电压 U_{11} 是电位器 R_{P1} 提供的。改变控制电压 U_{11} 的大小,可改变 N_0 输出锯齿波的上升斜率［图 9-18（b）所示的两种上升斜率不同的锯齿波波形］。因此,改变 U_{11} 也就改变了 N_0 输出锯齿波和 N_1 输出方波的频率。

运算放大器 N_2 也是一个滞回比较器,在其反相输入端作用着由 N_0 输出的锯齿波电压 U_{o1},同相输入端作用着参考电压 U_{REF}。因此,N_2 的输出端输出受参考电压 U_{REF} 控制其脉宽

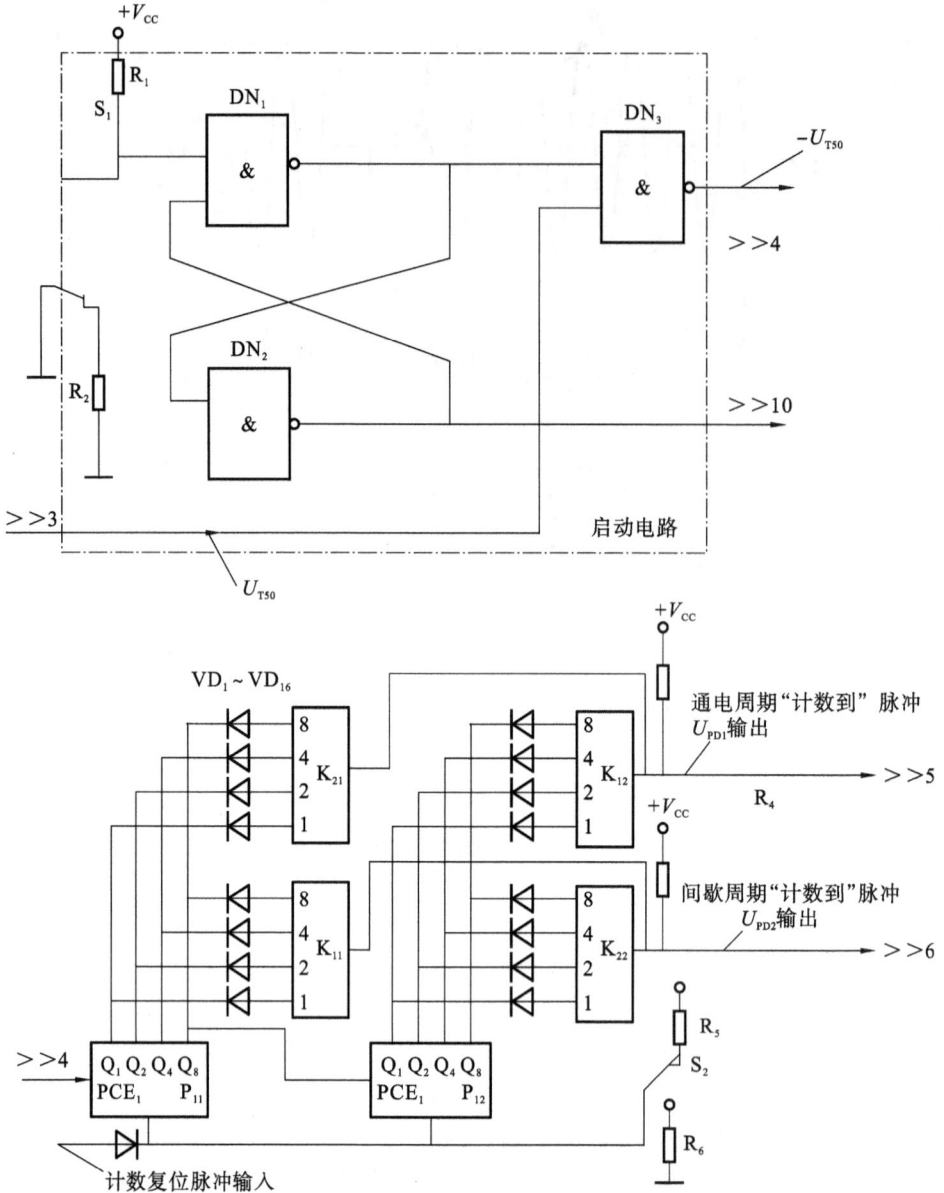

图 9-16　两程序时基脉冲计数器电路

的方形脉冲电压。综上，N_2 输出频率和脉宽均可调的方波脉冲电压 U_{o3}，如图 9-19 所示。

作为电源脉冲调制波，除了要具有脉冲峰值、脉冲频率、脉宽等成分外，还要具有一定的基值电流成分。在脉冲调制电压波形中，就有一定的脉冲基值。

在图 9-18(a) 中，由二极管 VD_2、晶体管 VT_2 和 VT_3 及电位器 R_{P3} 等元件组成了方波脉冲电压 U_{o3} 与基值电压的信号复合电路。其工作原理如下所述。

当脉冲调制方波电压 U_{o3} 为负值时，二极管 VD_2 处于反向偏置，晶体管 VT_2 截止，②点处的电位为电位器 R_{P3} ①点处的电位。而当二极管 VD_2 正向偏置时，晶体管 VT_2 集电极有一定的电位，所以②点处的输出电压 U_{PC} 就是 VT_2 集电极的电压 U_C。这里注意到 VT_2 的

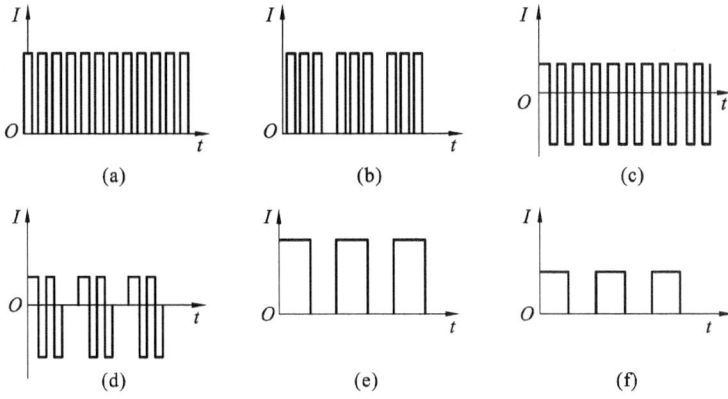

图 9-17 电弧焊脉冲电源输出的典型电流波形

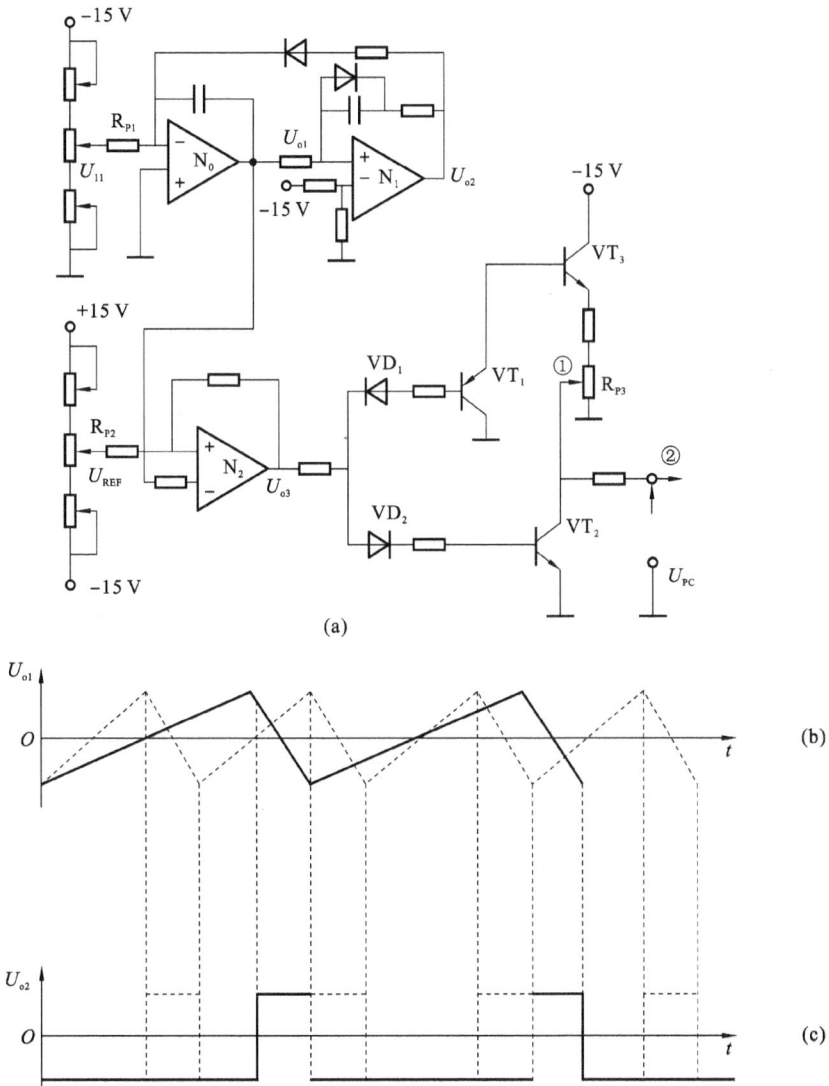

(a)

图 9-18 一种数字式脉冲调制波发生器电路

集电极是在电位器 R_{P3} 上取得一个直流电位的,因此②点处的输出电压 U_{PC} 是复合了一定基值电压的方波电压信号,如图 9-20(a)所示。U_{PC} 就是最后要送往电源综合比较器的脉冲调制波电压信号。

注意,这里的 U_{PC} 与电源的输出脉冲波形电压 U_S [图 9-20(b)]正好反相。这是因为电源的综合比较器一般是由反相加法器构成的,U_{PC} 经综合比较器倒相后使电源输出倒相的 U_S。

综上所述,电源的脉冲调制电路可产生脉冲调制波。其脉冲波电压的频率由图9-18(a)中的电位器 R_{P1} 调节,脉宽由电位器 R_{P2} 调节,基值电压由电位器 R_{P3} 调节。

由于脉冲调制波发生电路要控制的主电源是频率为 50 Hz 的工频方波电源,因此脉冲调制波的最大频率是 50 Hz 工频的二分频,即 25 Hz(由一个有工频方波电压的周期和一个休止周期组成)。所以,电源输出为脉冲方式时,其电源输出脉冲波的频率实际上是 50 Hz 的1/2(即 25 Hz)、1/4(即 12.5 Hz)、1/8(即 7.25 Hz)等。这正是"数字化"脉冲调制波的含义。

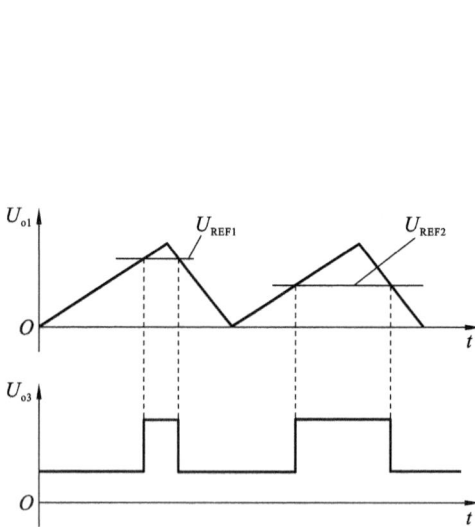

图 9-19　N₂ 的输出波形

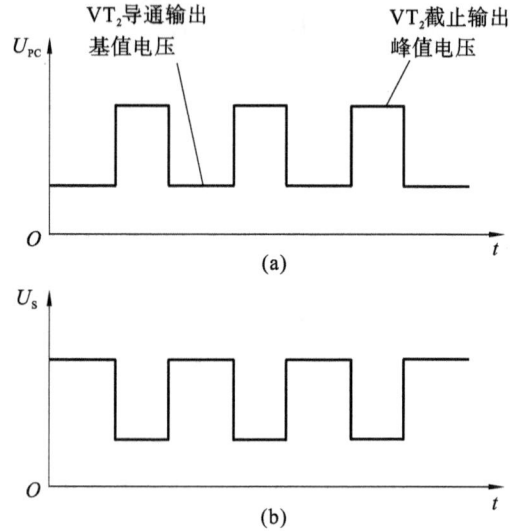

图 9-20　U_{PC} 与 U_S 的反相关系

10　焊接机器人控制系统

10.1　焊接机器人概述

10.1.1　新一代自动焊接的手段

工业机器人作为现代制造技术发展的重要标志之一和新兴技术产业,已为世人所认同,并正对现代高技术产业各领域乃至人们的生活产生重要影响。

我国工业机器人的发展起步较晚,但从 20 世纪 80 年代以来进展较快。1985 年研制成功华宇型弧焊机器人,1987 年研制成功上海 1 号、2 号弧焊机器人,1987 年又研制成功华宇型点焊机器人。这些都已初步商品化,可小批量生产。1989 年,我国以国产机器人为主的汽车焊接生产线的投入生产,标志着我国工业机器人实用阶段的开始。

焊接机器人是应用最广泛的一类工业机器人,在各国机器人的应用比例中占总数的 $40\% \sim 60\%$。

采用机器人焊接是焊接自动化的革命性进步,它突破了传统的焊接刚性自动化方式,开拓了一种柔性自动化新方式。刚性自动化焊接设备一般是专用的,通常用于中、大批量焊接产品的自动化生产,因而在中、小批量产品焊接生产中,焊条电弧焊仍是主要焊接方式,焊接机器人使小批量产品的自动化焊接生产成为可能。就目前的示教再现型焊接机器人而言,焊接机器人完成一项焊接任务只需人给它做一次示教,它即可精确地再现示教的每一步操作。如要机器人去做另一项工作,无须改变任何硬件,只要对它再做一次示教即可。因此,在一条焊接机器人生产线上,可同时自动生产若干种焊件。

焊接机器人的主要优点如下:
① 易于实现焊接产品质量的稳定,保证其均一性。
② 提高生产率,一天可 24 h 连续生产。
③ 改善工人劳动条件,可在有害环境下长期工作。
④ 降低对工人操作技术难度的要求。
⑤ 缩短产品改型换代的准备周期,减少相应的设备投资。
⑥ 可实现小批量产品焊接自动化。
⑦ 为焊接柔性生产线提供技术基础。

10.1.2　工业机器人的定义

关于工业机器人的定义尚未统一,目前国际标准化组织采用的美国机器人协会的定义如下:工业机器人是一种可重复编程和多功能的,用来搬运物料、零件、工具的机械手,或能执行不同任务而具有可改变的和可编程动作的专门系统。这个定义不能概括工业机器人今后的发展,但可说明目前工业机器人的主要特点。

工业机器人大致可分为三代。

① 第一代机器人,即目前广泛使用的示教再现型工业机器人,这类机器人对环境的变化没有应变或适应能力。

② 第二代机器人,即在示教再现型工业机器人上加上感觉系统,如视觉、力觉、触觉等。它具有对环境变化的适应能力,目前已有部分传感机器人投入实际应用。

③ 第三代机器人,即智能机器人,它能以一定方式理解人的命令,感知周围的环境,识别操作的对象,并自行规划操作顺序以完成赋予的任务,这种机器人更接近人的某些智能行为。目前尚处于实验室研究阶段。

10.1.3 工业机器人的主要术语

① 机械手(manipulator):也可称为操作机,具有和人臂相似的功能,可在空间抓放物体或进行其他操作的机械装置。

② 驱动器(actuator):将电能或流体能转换成机械能的动力装置。

③ 末端操作器(end effector):位于机器人腕部末端、直接执行工作要求的装置,如夹持器、焊枪、焊钳等。

④ 位姿(pose):工业机器人末端操作器在指定坐标系中的位置和姿态。

⑤ 工作空间(working space):工业机器人执行任务时,其腕轴交点能在空间活动的范围。

⑥ 机械原点(mechanical origin):工业机器人各自由度共用的机械坐标系中的基准点。

⑦ 工作原点(work origin):工业机器人工作空间的基准点。

⑧ 速度(velocity):机器人在额定条件下匀速运动过程中,机械接口中心或工具中心点在单位时间内移动的距离或转动的角度。

⑨ 额定负载(rated load):工业机器人在限定的操作条件下,其机械接口处能承受的最大负载(包括末端操作器),用质量或力矩表示。

⑩ 重复位姿精度(pose repeatability):工业机器人在同一条件下,用同一方法操作时,重复 t 次所测得的位姿一致程度。

⑪ 轨迹重复精度(path repeatability):工业机器人机械接口中心沿同一轨迹跟随 x 次所测得的轨迹之间的一致程度。

⑫ 点位控制(point to point control):控制机器人从一个位姿到另一个位姿,其路径不限。

⑬ 连续轨迹控制(continuous path control):控制机器人的机械接口,按编程规定的位姿和速度在指定的轨迹上运动。

⑭ 存储容量(memory capacity):计算机存储装置中可存储的位置、顺序、速度等信息的容量,通常用时间或位置点数来表示。

⑮ 外部检测功能(external measuring ability):机器人所具备的对外界物体状态和环境状况等的检测能力。

⑯ 内部检测功能(internal measuring ability):机器人对本身的位置、速度等状态的检测能力。

⑰ 自诊断功能(self-diagnosis ability)：机器人判断本身全部或部分状态是否处于正常的能力。

10.2　工业机器人原理

10.2.1　工作原理

现在广泛应用的焊接机器人属于第一代工业机器人，它的基本工作原理是示教再现。示教也称导引，即由用户导引机器人一步步按实际任务操作一遍，机器人在导引过程中自动记忆示教的每个动作的位置、姿态、运动参数、工艺参数等，并自动生成一个连续执行全部操作的程序。完成示教后，只需给机器人一个启动命令，机器人将精确地按示教动作一步步完成全部操作。这就是示教与再现。

实现上述功能的主要工作原理如下。

(1) 机器人的系统结构

一台通用的工业机器人的系统结构如图 10-1 所示。

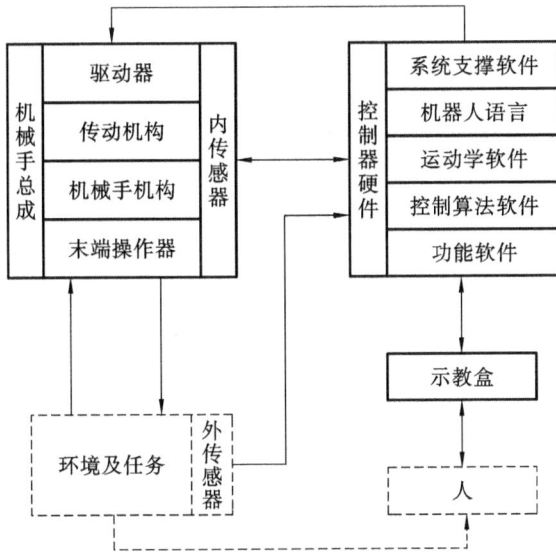

图 10-1　工业机器人的基本结构

机械手总成是机器人的执行机构，它由驱动器、传动机构、机器人臂、关节、末端操作器及内部传感器等组成。它的任务是精确地保证末端操作器所要求的位置、姿态，并实现其运动。

控制器是机器人的神经中枢。它由计算机硬件、软件和一些专用电路构成。其软件包括控制器系统软件，机器人专用语言，机器人运动学，动力学软件，机器人控制软件，机器人自诊断，自保护功能软件等，它处理机器人工作过程中的全部信息，控制其全部动作。

示教系统是机器人与人的交互接口，在示教过程中它将控制机器人的全部动作，并将其全部信息送入控制器的存储器中，它实质上是一个专用的智能终端。

(2) 机器人手臂运动学

机器人的机械臂是由数个刚性杆体由旋转或移动的关节串联而成，是一个开环关节链。

开环关节链的一端固接在基座上,另一端是自由的,安装着末端操作器(如焊枪)。在机器人操作时,机器人手臂前端的末端操作器必须与被加工工件处于相适应的位置和姿态,而这些位置和姿态是由若干个臂关节的运动所合成的。因此,机器人运动控制中,必须要知道机械臂各关节变量空间和末端操作器的位置和姿态之间的关系,这就是机器人运动学模型。一台机器人机械臂的几何结构确定后,其运动学模型即可确定,这是机器人运动控制的基础。

机器人手臂运动学中有两个基本问题。

① 对给定机械臂,已知各关节角矢量 $g(f)=[g_1(t),g_2(t),\cdots,g_n(t)]'$,其中 n 为自由度,求末端操作器相对于参考坐标系的位置和姿态,称为运动学正问题。在机器人示教过程中,机器人控制器即逐点进行运动学正问题运算。

② 对给定机械臂,已知末端操作器在参考坐标系中的期望位置和姿态,求各关节矢量,称为运动学逆问题。在机器人再现过程中,机器人控制器即逐点进行运动学逆问题运算,将角矢量分解到机械臂各关节。

运动学正问题的运算都采用 D-H 法。这种方法采用 4×4 齐次变换矩阵来描述两个相邻刚体杆件的空间关系,把正问题简化为寻求等价的 4×4 齐次变换矩阵。逆问题的运算可用几种方法求解,最常用的是矩阵代数、迭代或几何方法,在此不作具体介绍。

对于高速、高精度机器人,还必须建立动力学模型。由于目前通用的工业机器人(包括焊接机器人)最大的运动速度都在 3 m/s 内,精度都不高于 0.1 mm,故都只做简单的动力学控制。

(3)机器人轨迹规划

机器人机械手端部从起点(包括位置和姿态)到终点的运动轨迹空间曲线叫作路径。轨迹规划的任务是用一种函数来"内插"或"逼近"给定的路径,并沿时间轴产生一系列"控制设定点",用于控制机械手运动。目前,常用的轨迹规划方法有关节变量空间关节插值法和笛卡儿空间规划法两种方法。

(4)机器人机械手的控制

当一台机器人机械手的动态运动方程已给定时,它的控制目的就是按预定性能要求保持机械手的动态响应。但是由于机器人机械手的惯性力、耦合反应力和重力负载都随运动空间的变化而变化,因此要对它进行高精度、高速、高动态品质的控制是相当复杂而困难的,现在正在为此研究和发展许多新的控制方法。

目前,工业机器人上采用的控制方法是把机械手上的每一个关节都当作一个单独的伺服机构,即把一个非线性的、关节间耦合的变负载系统简化为线性的非耦合单独系统。每个关节都有两个伺服环,机械手伺服控制系统见图10-2。外环提供位置误差信号,内环由模拟器件和补偿器(具有衰减速度的微分反馈)组成,两个伺服环的增益是固定不变的。因此,基本上是一种比例-积分-微分控制方法(PID法)。这种控制方法只适用于目前速度、精度要求不高和负荷不大的机器人控制,对常规焊接机器人来说已能满足要求。

(5)机器人编程语言

机器人编程语言是机器人和用户的软件接口,编程语言的功能决定了机器人的适应性和给用户提供的方便性。至今还没有公认的机器人编程语言,每个机器人制造厂都有自己的语言。

实际上,机器人编程与传统的计算机编程不同,机器人操作的对象是各类三维物体,运动发生在一个复杂的空间环境,还要监视和处理传感器信息。因此,其编程语言主要有两类:面向机器人的编程语言和面向任务的编程语言。

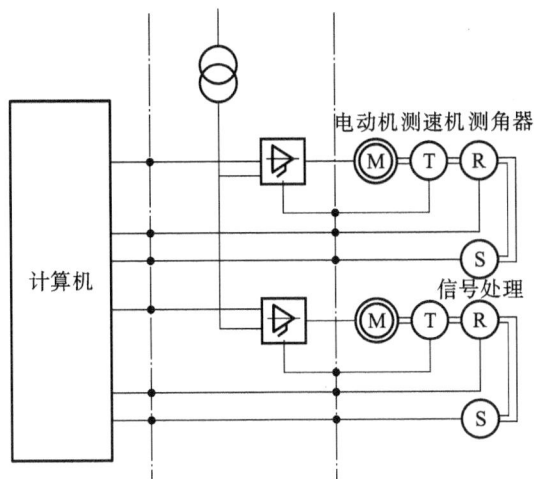

图 10-2 机械手伺服控制系统

面向机器人编程语言的主要特点是描述机器人的动作序列,每一条语句大约相当于机器人的一个动作,整个程序控制机器人的完整动作:

① 专用的机器人语言,如 PUMA 机器人的 VAL 语言是专用的机器人控制语言。

② 在现有计算机语言的基础上增加机器人子程序库。如美国机器人公司开发的 AR-Basic 和 Intelledex 公司的 Robot-Basic 语言,都是建立在 BASIC 语言上的。

③ 开发一种新的通用语言加上机器人子程序库,如 IBM 公司开发的 AML 机器人语言。

面向任务的机器人编程语言允许用户发出直接命令,以控制机器人完成一个具体的任务,而不需要说明机器人需要采取的每一个动作的细节。如美国的 RCCL 机器人编程语言,就是用 C 语言和一组 C 函数来控制机器人运动的任务级机器人语言。

焊接机器人的编程语言目前都属于面向机器人的语言,面向任务的机器人语言尚处于开发阶段。

10.2.2 工业机器人的基本构成

工业机器人的基本构成可参见图 10-3 和图 10-4。图 10-3 所示为一台电动机驱动的工业机器人,图 10-4 所示为一台液压驱动的工业机器人。焊接机器人基本上都属于这两类。弧焊机器人大多采用电动机驱动机器人,因为焊枪重量一般在 10 kg 以内。点焊机器人由于焊钳重量都超过 35 kg,也有采用液压驱动方式的,因为液压驱动机器人抓重能力强,但大多数点焊机器人仍是采用大功率伺服电动机驱动,因为成本较低,系统紧凑。工业机器人由机械手、控制器、驱动器和示教盒 4 个基本部分构成。对于电动机驱动机器人,控制器和驱动器一般装在一个控制箱内,而对于液压驱动机器人,液压驱动源单独形成一个部件。现分别简述如下。

(1)机械手

机器人机械手又称操作机,是机器人的操作部分,由它直接带动末端操作器(如焊枪点焊钳)实现各种运动和操作。它的结构形式多种多样,完全根据任务需要而定,其追求的目标是高精度、高速度、高灵活性、大工作空间和模块化。工业机器人机械手的主要结构形式有如下 3 种。

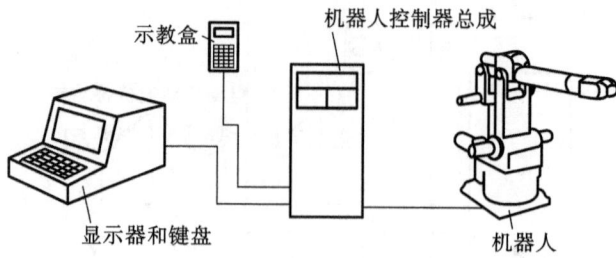

图 10-3　电动机驱动工业机器人

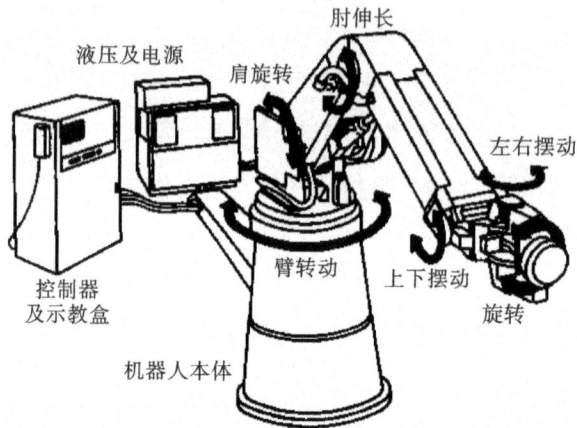

图 10-4　液压驱动工业机器人

① 机床式。这种机械手结构类似于机床。其达到空间位置的 3 个运动由直线运动构成，其末端操作器的姿态由旋转运动构成，如图 10-5 所示。这种形式机械手的优点是运动学模型简单，控制精度容易提高；缺点是机构较庞大，占地面积大，工作空间小。简易和专用焊接机器人常采用这种形式。

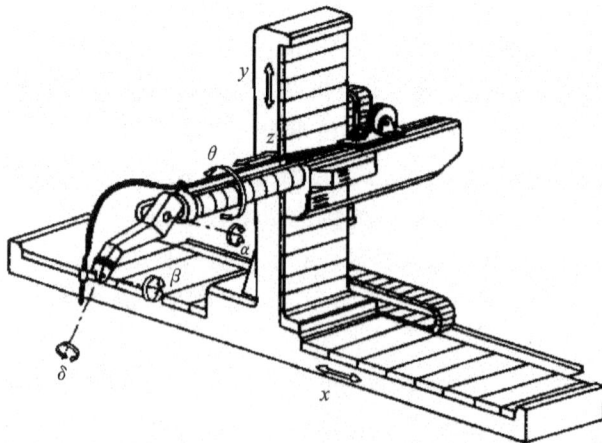

图 10-5　机床式机械手

② 全关节式。这种机械手的结构类似于人的腰部和手部,其位置和姿态全部由旋转运动实现,图 10-6 所示为正置式全关节机械手,图 10-7 所示为偏置式全关节机械手。这是工业机器人机械手最普遍的结构形式。其特点是机构紧凑、灵活性好、占地面积小、工作空间大,缺点是精度高、控制难度大。偏置式与正置式的区别是手腕关节置于小臂的外侧或小臂活动范围,其运动学模型要复杂一些。目前焊接机器人主要采用全关节机械手。

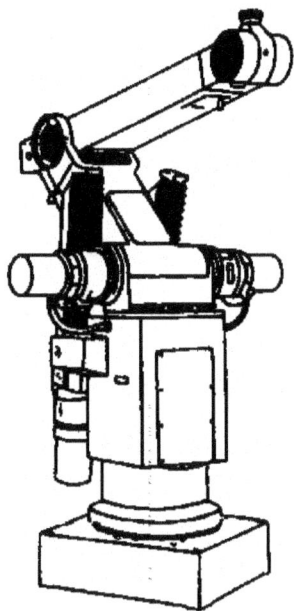

图 10-6 正置式全关节机械手

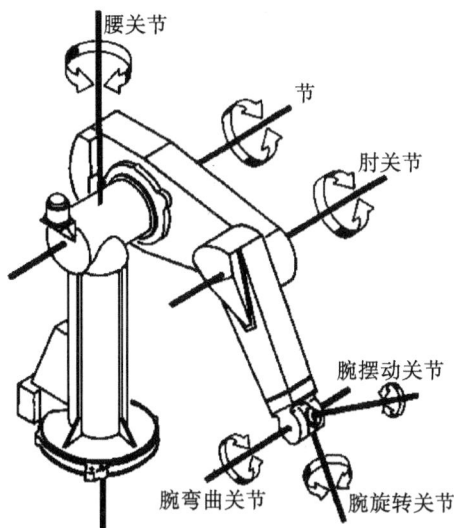

图 10-7 偏置式全关节机械手

③ 平面关节式。这种机械手的上下运动由直线运动构成,其他运动均由旋转运动构成。这种结构在垂直方向刚度大,水平方向又十分灵活,较适合以插装为主的装配作业,所以被装配机器人广泛采用,又称为 SCARA 型机械手,如图 10-8 所示。

机器人机械手的具体结构虽然多种多样,但都是由常用的机构组合而成的。现以美国 PUMA 机械手为例来简述其内部结构,见图 10-9。它由机座、大臂、小臂、手腕 4 部分构成,机座与大臂、大臂与小臂、小臂与手腕处有 3 个旋转关节,以保证达到工作空间的任意位置,手腕中又有 3 个旋转关节——腕转、腕曲、腕摆,以实现末端操作器的任意空间姿态。手腕的端部为一法兰,以连接末端操作器。

每个关节都由一台伺服电动机驱动。PUMA 机械手采用齿轮减速、杆传动,不同厂家采用的机构不尽相同。减速机构常用的是 4 种方式:齿轮、谐波减速器、滚珠丝杠、蜗轮蜗杆。传动方式有杆传动、链条传动、齿轮传动等。其技术关键是要保证传动双向无间隙(即正反传动均无间隙),这是机器人精度的机械保证,当然还要求效率高,结构紧凑。

(2) 驱动器

由于焊接机器人大多采用伺服电动机驱动,故这里只介绍这类驱动器。工业机器人目前采用的电动机驱动器可分为 4 类。

① 步进电动机驱动器。它采用步进电动机,特别是细分步进电动机为驱动源。

② 直流伺服电动机系统驱动器。它采用直流伺服电动机系统,能实现位置、速度、加速度 3

个闭环控制。其精度高,变速范围大,动态性能好。因此,它是目前工业机器人的主要驱动方式。

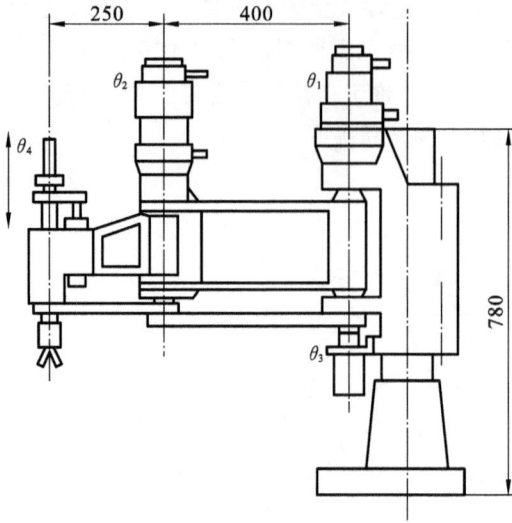

图 10-8　平面关节机械手

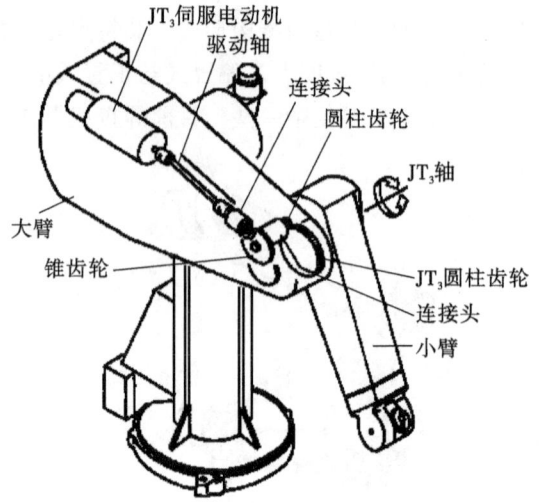

图 10-9　PUMA 机械手结构

③ 交流伺服电动机系统驱动器。它采用交流伺服电动机系统。这种系统具有直流伺服电动机系统的全部优点,而且取消了换相碳刷,不需要定期更换碳刷,大大延长了机器人的维修周期。因此,正在机器人中推广采用。

④ 直接驱动电动机驱动器。这是最新发展的机器人驱动器,直接驱动电动机有大于 1 万的调速比,在低速下仍能输出稳定的功率和高的动态品质,在机械手上可直接驱动关节,取消了减速机构,既简化了机构又提高了效率,是机器人驱动的发展方向。美国的 Adapt 机器人是直接驱动机器人。

工业机器人的驱动器布置都采用一个关节一个驱动器的形式。一个驱动器的基本组成为:电源、功率放大板、伺服控制板、电动机、测角器、测速器和制动器。它不仅能提供足够的功率驱动机械手各关节,还可实现快速而频繁的启停、精确的到位和运动。因此,必须采用位置闭环、速度闭环、加速度闭环。为了保护电动机和电路,还要有电流闭环。为适应机器人的频繁启停和高的动态品质要求,一般采用低惯量电动机,因此,机器人的驱动器是一个要求很高的驱动系统。

为了实现上述 3 个运动闭环,在机械手驱动器中都装有高精度测角、测速传感器。测速传感器一般采用测速发电机,测角传感器一般采用精密电位计或光电码盘。图 10-10 所示为光电码盘的原理图。光电码盘与电动机同轴安装,在电动机旋转时,带有细分刻槽的码盘同速旋转,固定光源射向光电管的光束则时通时断,因而输出电脉冲。实际的码盘输出两路脉冲,由于在码盘内布置了两对光电管,它们之间有一定的角度差,因此两路脉冲也有固定的相位差。电动机正、反转时,其输出脉冲的相位差不同,从而可判断电动机的旋转方向。

(3) 控制器

机器人控制器是机器人的核心部件,它实施机器人的全部信息处理,并对机械手的运动进行控制。图 10-11 所示为控制器的工作原理图。工业机器人控制器大多采用二级计算机结构,点画线框内为第一级计算机,它的任务是规划和管理。机器人在示教状态时,接受示教系

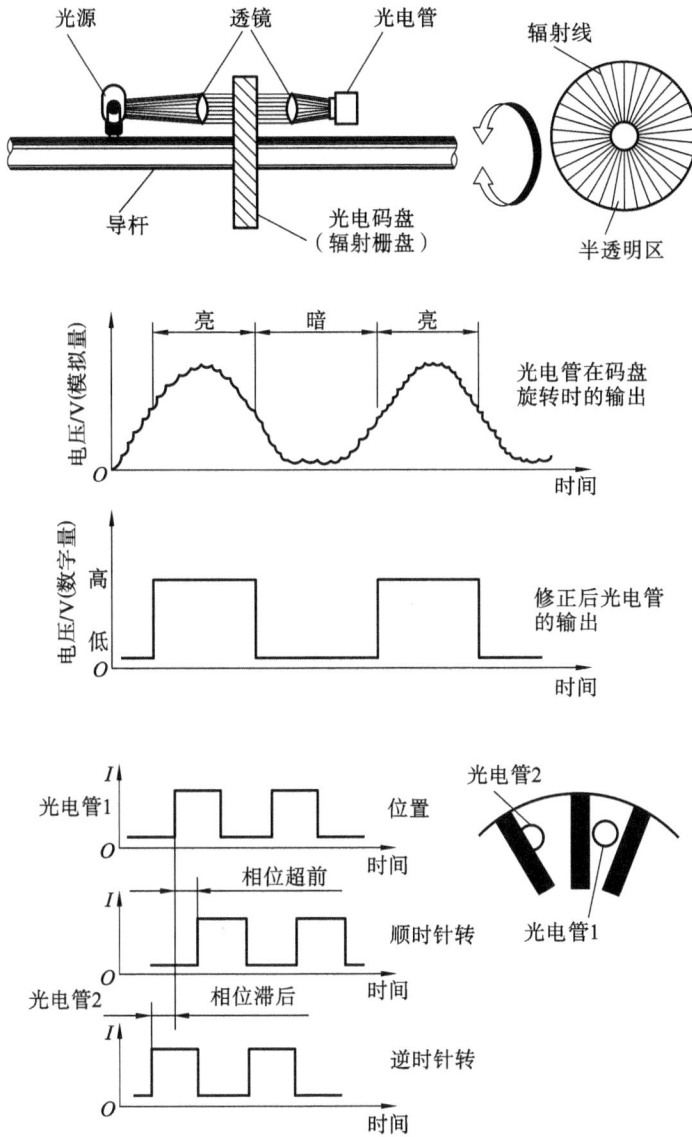

图 10-10　光电码盘原理图

统送来的各示教点位置和姿态信息、运动参数和工艺参数,并通过计算把各点的示教(关节)坐标值转换成直角坐标值,存入计算机内存。

机器人在再现状态时,从内存中逐点取出其位置和姿态坐标值,按一定的时间节拍(又称采样周期)对它进行圆弧或直线插补运算,算出各插补点的位置和姿态坐标值,这就是路径规划生成。然后逐点把各插补点的位置和姿态坐标值转换成关节坐标值,分送至各个关节。这就是第一级计算机的规划全过程。

第二级计算机是执行计算机,它的任务是进行伺服电动机闭环控制。它接收了第一级计算机送来的各关节下一步预期达到的位置和姿态后,又做一次均匀细分,以求运动轨迹更为平滑。然后将各关节的下一细步期望值逐点送给驱动电动机,同时检测光电码盘信号,直到其准确到位。

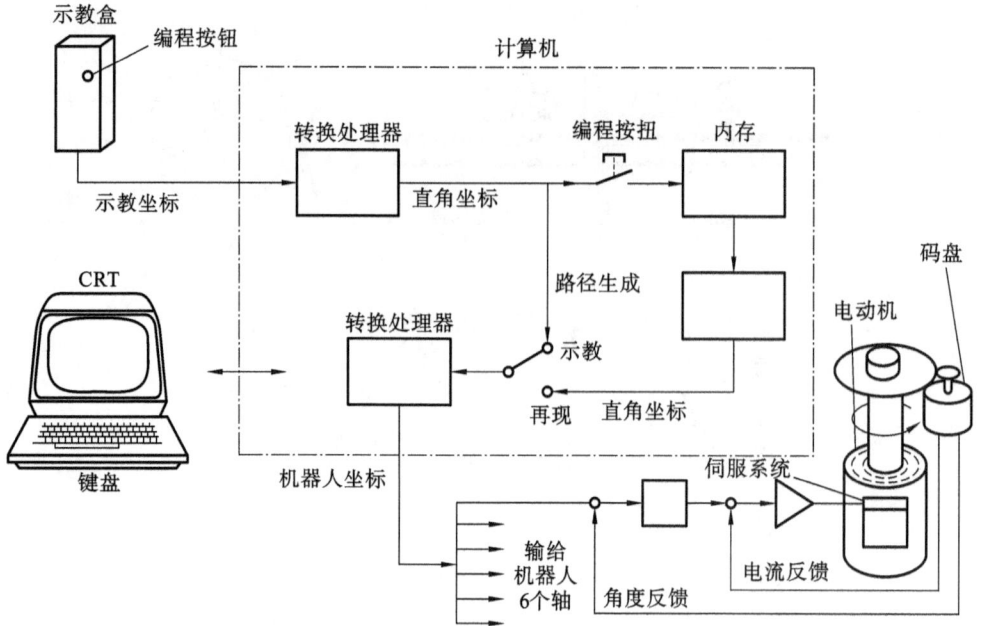

图 10-11　控制器工作原理图

以上均为实时过程,上述大量运算都必须在控制过程中完成。以 PUMA 机器人控制器为例,第一级计算机的采样周期为 28 ms,即每 28 ms 向第二级计算机送一次各关节的下一步位置和姿态的关节坐标;第二级计算机又将各关节值等分为 30 细步,每 0.875 ms 向各关节送一次关节坐标值。

（4）示教盒

示教盒是人对机器人示教的人机交互接口。目前,人对机器人示教有 3 种方式。

① 手把手示教,又称全程示教,即由人握住机器人机械臂末端,带动机器人按实际任务操作一遍。在此过程中,机器人控制器的计算机逐点记下各关节的位置和姿态值,而不做坐标转换;再现时,再逐点取出。这种示教方式需要很大的计算机内存,而且由于机构的阻力,示教精度不可能很高。目前其只用在喷漆、喷涂机器人上。

② 示教盒示教。即由人通过示教盒操纵机器人进行示教,这是最常用的机器人示教方式,目前焊接机器人都采用这种方式。

③ 离线编程示教。即不需人操作机器人进行现场示教,而是根据图样在计算机上进行编程,然后输给机器人控制器。它具有不占机器人工时、便于优化和更为安全的优点,所以是今后发展的方向。

图 10-12 所示为 ESAB 焊接机器人的示教盒。它通过电缆与控制箱连接,人可以手持示

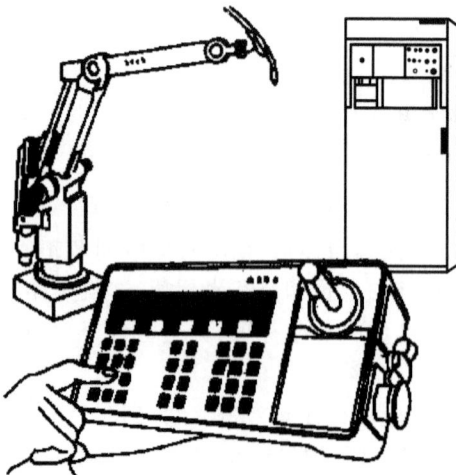

图 10-12　ESAB 焊接机器人的示教盒

教盒在工件附近最直观的位置进行示教。示教盒本身是一台专用计算机,它不断扫描盒上的功能和数字键、操纵杆,并把信息和命令送给控制器。各厂家的机器人示教盒各不相同,但其追求的目标都是为方便操作者。

示教盒上的按键主要有 3 类。

① 示教功能键。如示教/再现、存入、删除、修改、检查、回零、直线插补、圆弧插补等,为示教编程用。

② 运动功能键。如刀 x 向动、y 向动、z 向动、正/反向动、1～6 关节转动等,为操纵机器人示教用。

③ 参数设定键。如用于各轴速度设定、焊接参数设定、摆动参数设定等。

10.3　焊接机器人技术的研究现状

机器人技术是综合了计算机、控制论、机构学、信息和传感技术、人工智能、仿生学等多学科而形成的高新技术,当前对机器人技术的研究十分活跃。从目前国内外的研究现状来看,焊接机器人技术研究主要集中在焊缝跟踪技术、离线编程与路径规划技术、多机器人协调控制技术、专用弧焊电源技术、焊接机器人系统仿真技术、机器人用焊接工艺方法、遥控焊接技术 7 个方面。

10.3.1　焊缝跟踪技术的研究

焊接机器人施焊过程中,受焊接环境各种因素的影响,如强弧光辐射、高温、烟尘、飞溅、坡口状况、加工误差、夹具装夹精度、表面状态和工件热变形等,实际焊接条件会发生变化,往往会导致焊炬偏离焊缝,从而造成焊接质量下降甚至不符合要求。焊缝跟踪技术就是根据焊接条件的变化要求弧焊机器人实时检测出焊缝的偏差,并调整焊接路径和焊接参数,保证焊接质量的可靠性。焊缝跟踪技术的研究以传感器技术与控制理论方法为主,其中传感器技术的研究又以电弧传感器和光学传感器为主。电弧传感器是从焊接电弧中直接提取焊缝位置偏差信号,实时性好,焊枪运动灵活,符合焊接过程低成本、自动化的要求,适用于熔化极焊接场合。电弧传感器的基本原理是利用焊炬与工件距离的变化而引起的焊接参数变化,来探测焊炬高度和左右偏差。电弧传感器一般分为三类:并列双丝电弧传感器、摆动电弧传感器、旋转式扫描电弧传感器。其中,旋转式扫描电弧传感器比前两者的偏差检测灵敏度高,控制性能较好。光学传感器的种类很多,主要包括红外、光电、激光、视觉、光谱和光纤式。光学传感器的研究以视觉传感器为主,视觉传感器所获得的信息量大,结合计算机视觉和图像处理的最新技术,可大大增强弧焊机器人的外部适应能力。激光跟踪传感器具有优越的性能,是最有前途、发展最快的焊接传感器。另一方面,近代模糊数学和神经网络的出现以及应用到焊接这个复杂的非线性系统中,使得焊缝跟踪进入了智能焊缝跟踪的新时代。

10.3.2　离线编程与路径规划技术的研究

机器人离线编程系统是机器人编程语言的拓展,它利用计算机图形学的成果建立起机器人及其工作环境的模型,利用一些规划算法,通过对图形的控制和操作,在不使用实际机器人的情况下进行轨迹规划,进而产生机器人程序。自动编程技术的核心是焊接任务、焊接参数、焊接路径和轨迹的规划技术。针对弧焊应用,自动编程技术可以表述为在编程各阶段中,能够辅助编程者完成独立的、具有一定实施目的和结果编程任务的技术,具有智能化程度高、编程质量和效率高等特点。离线编程技术的理想目标是实现全自动编程,即只需输入工件的模型,离线编程系统中的专家系统会自动制订相应的工艺过程,并最终生成整个加工过程的机器人程序。目前,还不能实现全自动编程,自动编程技术是当前研究的重点。

10.3.3 多机器人协调控制技术的研究

多机器人系统是指为完成某一任务而由若干个机器人通过合作与协调组合成一体的系统。它包含两方面的内容,即多机器人合作与多机器人协调。当给定多机器人系统某项任务时,首先面临的问题是如何组织多个机器人去完成任务,如何将总体任务分配给各个成员机器人,即机器人之间怎样进行有效的合作。当以某种机制确定了各自任务与关系后,问题变为如何保持机器人间的运动协调一致,即多机器人协调。对于由紧耦合子任务组成的复杂任务而言,协调问题尤其突出。智能体技术是解决这一问题的最有力的工具。多智能体系统是研究在一定的网络环境中,各个分散的、相对独立的智能子系统之间通过合作,共同完成一个或多个控制作业任务的技术。多机器人焊接的协调控制是目前的研究热点。

10.3.4 专用弧焊电源技术的研究

在焊接机器人系统中,性能良好的专用弧焊电源直接影响焊接机器人的使用性能。目前,弧焊机器人一般采用熔化极气体保护焊(MIG 焊、MAG 焊、CO_2 气体保护焊)或非熔化极气体保护焊(TIG 焊、等离子弧焊)方法,熔化极气体保护焊的焊接电源主要使用晶闸管电源与逆变电源。近年来,弧焊逆变器的技术已趋于成熟,机器人用的专用弧焊逆变电源大多为单片微机控制的晶体管式弧焊逆变器,并配以精细的波形控制和模糊控制技术,工作频率一般为20～50 kHz,最高可达 200 kHz。焊接系统具有十分优良的动特性,非常适用于机器人自动化和智能化焊接。还有一些特殊功能的电源,如适合铝及铝合金 TIG 焊的方波交流电源、带有专家系统的焊接电源等。目前有一种采用模糊控制方法的焊接电源,可以更好地保证焊缝熔宽和熔深的基本一致,不仅焊缝表面美观,还能减少焊接缺陷。弧焊电源不断向数字化方向发展,其特点是焊接参数稳定,受网路电压波动、温升、元器件老化等因素的影响很小,具有较高的重复性,焊接质量稳定,成形良好。另外,利用 DSP 的快速响应,可以通过主控制系统的指令精确控制逆变电源的输出,使之具有输出多种电流波形和弧压高速稳定调节的功能,可适应多种焊接方法对电源的要求。

10.3.5 仿真技术的研究

机器人在研制、设计和试验过程中,经常需要对其运动学、动力学性能进行分析及轨迹规划设计,而机器人又是多自由度、多连杆的空间机构,其运动学和动力学问题十分复杂,计算难度很大。若将机械手作为仿真对象,运用 CAD 技术和机器人学理论在计算机中形成几何图形,并动画显示,然后对机器人的机构设计、运动学正反解分析、操作臂控制及实际工作环境中的障碍避让和碰撞干涉等诸多问题进行模拟仿真,就可以很好地解决研发机械手过程中出现的问题。

10.3.6 机器人用焊接工艺方法的研究

目前,弧焊机器人普遍采用气体保护焊方法,主要是熔化极气体保护焊,其次是钨极氩气保护焊。等离子弧焊、切割及机器人激光焊数量有限,比例较低。国外发达国家的弧焊机器人已普遍采用高速、高效气体保护焊接工艺,如双丝气体保护焊、T.I.M.E焊、热丝 TIG 焊、热丝等离子焊等先进的工艺方法。这些工艺方法不仅有效地保证了优良的焊接接头,还使焊接速度和熔敷效率提高了数倍乃至几十倍。

10.3.7　遥控焊接技术的研究

遥控焊接是指人在离开现场的安全环境中对焊接设备和焊接过程进行远程监视和控制,从而完成完整的焊接工作。在核电站设备的维修、海洋工程建设及未来的空间站建设中都要用到焊接。这些环境中的焊接工作不适合人类亲临现场,而目前的技术水平还不可能实现完全的自主焊接,因此需要采用遥控焊接技术。目前美国、欧洲各国、日本等对遥控焊接进行了深入的研究,我国的哈尔滨工业大学也正在进行这方面的研究。

10.4　点焊机器人

10.4.1　概述

点焊机器人的典型应用领域是汽车工业领域。一般装配每台汽车车体大约需要完成3000~4000 个焊点,而其中的 60% 是由机器人完成的。在有些大批量汽车生产线上,服役的机器人台数甚至高达 150 台。汽车工业中引入机器人已取得了下述明显效益:改善多品种混流生产的柔性,提高焊接质量,提高生产率,把工人从恶劣的作业环境中解放出来。如今,机器人已经成为汽车生产行业的支柱。

最初,点焊机器人只用于增强焊点作业(往已拼接好的工件上增加焊点)。后来,点焊机器人逐渐被要求具有更全的作业性能。具体来说,有:安装面积小,工作空间大;快速完成小节距的多点定位(例如,每 0.3~0.4 s 移动 30~50 mm 节距后定位);定位精度高(±0.25 mm),以确保焊接质量;持重大(300~1000 N),以便携带内装变压器的焊钳;示教简单,节省工时;安全可靠性好。

表 10-1 中列举了生产现场使用的点焊机器人的分类、特征和用途。在驱动形式方面,由于电伺服技术的迅速发展,液压伺服在机器人中的应用逐渐减少,大型机器人也在朝电动机驱动方向过渡;随着微电子技术的发展,机器人技术在性能及维修等方面日新月异;在机型方面,尽管主流的仍是多用途的大型 6 轴垂直多关节机器人,但是出于机器人加工单元的需要,一些汽车制造厂家也进行了开发立体配置3~5 轴小型专用机器人的尝试。

表 10-1　　　　　　　　　　　　点焊机器人的分类、特征与用途

分类	特征	用途
垂直多关节型(落地式)	工作空间/安装面积之比大,持重多数为 1000 N 左右,有时还可以附加整机移动自由度	主要用于增强焊点作业
垂直多关节型(悬挂式)	工作空间均在机器人的下方	车体的拼接作业
直角坐标型	多数为 3、4、5 轴,适用于连续直线焊缝,价格便宜	
定位焊接用机器人 (单向加压)	能承受 500 kg 加压反力的高刚度机器人,有些机器人本身带加压作业功能	车身底板的定位焊

以持重 1000 N、最高速度为 4 m/s 的 6 轴垂直多关节点焊机器人为例来说明典型点焊机器人的规格。由于实用中几乎全部用来完成间隔为 30～50 mm 的打点作业,运动中很少能达到最高速度,因此,改善最短时间内频繁短节距启、制动的性能是本机追求的重点。为了提高加速度和减速度,在设计中注意了减轻手臂的重量,增加驱动系统的输出力矩。同时,为了缩短滞后时间,得到高的静态定位精度,该机采用低惯性、高刚度减速器和高功率的无刷伺服电动机。其在控制回路中采取了加前馈环节和状态观测器等措施,控制性能得到了大大改善,50 mm 短距离移动的定位时间缩短到 0.4 s 以内。

一般关节式点焊机器人本体的技术指标见表 10-2。

表 10-2 **点焊机器人主要技术指标**

结构		全关节型	
自由度		6 轴	
驱动		直流伺服电动机	
运动范围		范围	最大速度
	腰转	±135°	50°/s
	大臂转	前 50°,后 30°	45°/s
	小臂转	下 40°,上 20°	40°/s
	腕摆	±90°	±80°/s
	腕转	±90°	±80°/s
	腕捻	±170°	±80°/s
最大负荷		65 kg	
重复精度		±1 mm	
控制系统		计算伺服控制,6 轴同时控制	
轨迹控制系统		PTP 及 CP	
运动控制		直线插补	
示教系统		示教再现	
内存容量		1280 步	
环境要求		温度 0～45 ℃ 湿度 20%～90%RH	
电源要求		220 V 交流,50 Hz 三相	
自重		1500 kg	

10.4.2 点焊机器人及其系统的基本构成

(1) 点焊机器人的结构形式

点焊机器人虽然有多种结构形式,但大体可以分为 3 大组成部分,即机器人本体、点焊焊接系统及控制系统,如图 10-13 所示。目前应用较广的点焊机器人,其本体形式为直角坐标简易型及全关节型。前者可具有 1～3 个自由度,焊件及焊点位置受到限制;后者具有 5～6 个自由度,分 DC 伺服和 AC 伺服两种形式,能在可到达的工作区间内任意调整焊钳姿态,以适应多种结构的焊接。

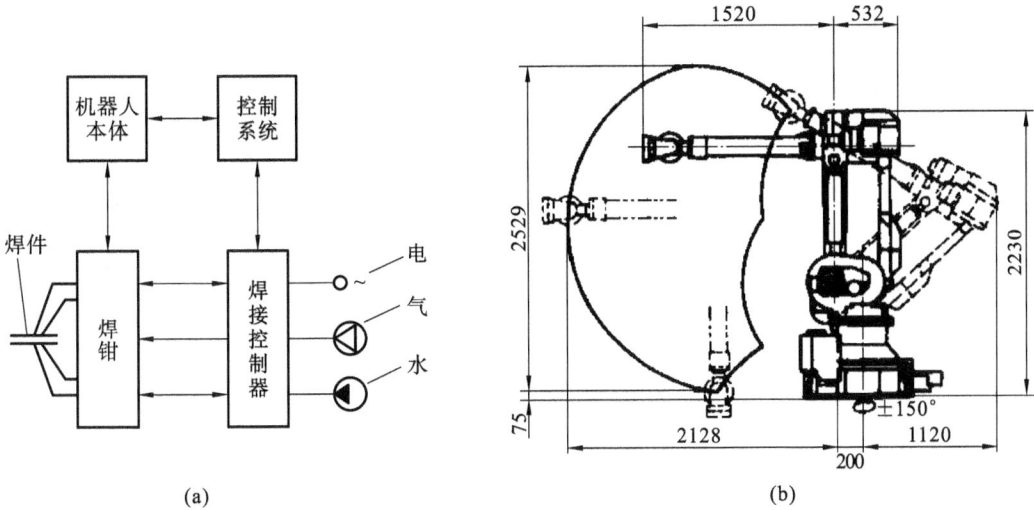

图 10-13 典型点焊机器人焊接系统和主机简图

(a) 点焊机器人焊接系统；(b) 典型点焊机器人主机简图

(2) 点焊机器人焊接系统

点焊机器人焊接系统主要由焊接控制器，焊钳（含阻焊变压器）及水、电、气等辅助部分组成。系统原理如图 10-14 所示。

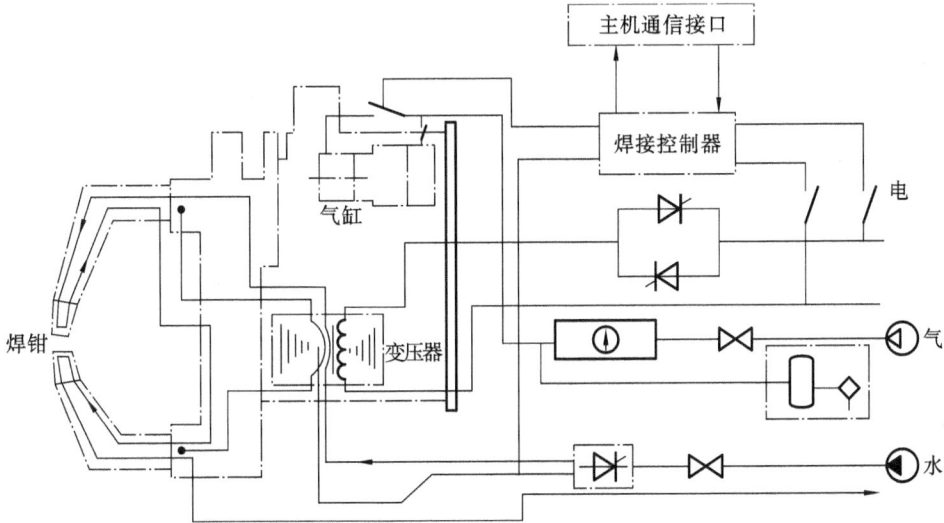

图 10-14 焊接系统原理图

① 点焊机器人焊钳。点焊机器人焊钳在用途上可分为 C 形和 X 形两种。C 形焊钳用于点焊垂直及近乎垂直倾斜位置的焊缝，X 形焊钳则主要用于点焊水平及近乎水平倾斜位置的焊缝。

从阻焊变压器与焊钳的结构关系角度，可将焊钳分为分离式、内藏式和一体式 3 种形式。

a. 分离式焊钳。该焊钳的特点是阻焊变压器与钳体相分离，钳体安装在机器人手臂上，而焊接变压器悬挂在机器人的上方，可在轨道上沿着机器人手腕移动的方向移动，二者之间用二次电缆相连，如图 10-15 所示。

其优点是减小了机器人的负载，运动速度高，价格便宜。

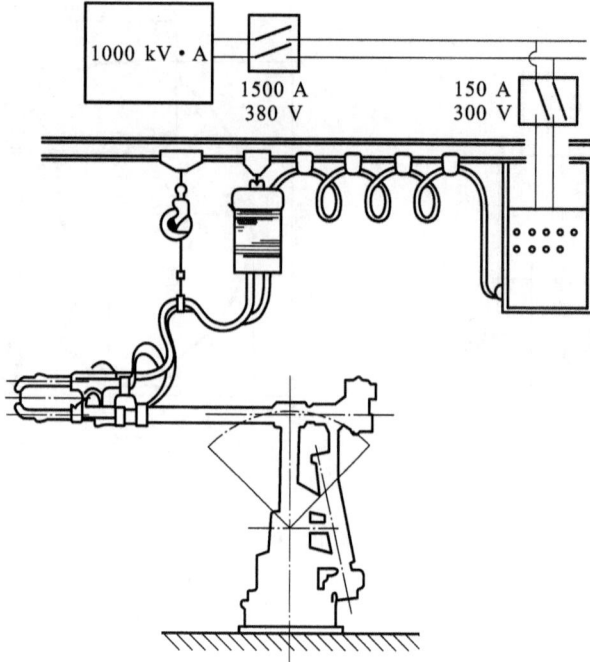

图 10-15　分离式焊钳点焊机器人

　　分离式焊钳的主要缺点是需要大容量的焊接变压器,电力损耗较大,能源利用率低。此外,粗大的二次电缆在焊钳上引起的拉伸力和扭转力作用于机器人的手臂上,限制了点焊工作区间与焊接位置的选择。分离式焊钳可采用普通的悬挂式焊钳及阻焊变压器。但二次电缆需要特殊制造,一般将两条导线做在一起,中间用绝缘层隔开。每条导线还要做成空心的,以便通水冷却。此外,电缆还要有一定的柔性。

　　b. 内藏式焊钳。这种结构是将阻焊变压器安放到机器人手臂内,使其尽可能地接近钳体,变压器的二次电缆可以在内部移动,如图 10-16 所示。当采用这种形式的焊钳时,必须同机器人本体统一设计,如 Cartesian 机器人就采用这种结构形式。另外,极坐标或球面坐标的点焊机器人也可以采用这种结构。其优点是二次电缆较短,变压器的容量可以减小,但是使机器人本体的设计变得复杂。

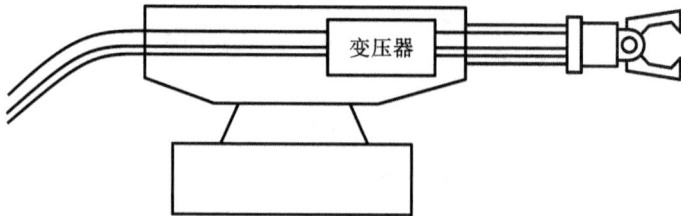

图 10-16　内藏式焊钳点焊机器人

　　c. 一体式焊钳。所谓一体式,就是将阻焊变压器和钳体安装在一起,然后共同固定在机器人手臂末端的法兰盘上,如图 10-17 所示。其主要优点是省掉了粗大的二次电缆及悬挂变压器的工作架,直接将焊接变压器的输出端连到焊钳的上、下机臂上,另一个优点是节省能量。例如,输出电流 12000 A,分离式焊钳需 75 kV · A 的变压器,而一体式焊钳只需 25 kV · A 的变压器。一体式焊钳的缺点是焊钳重量显著增大,体积也变大,要求机器人本体的承载能力大于 60 kg。此外,焊钳重量在机器人活动手腕上产生的惯性力易引起过载,这就要求在设计时尽量减小焊钳重心与机器人手臂轴心线间的距离。

阻焊变压器的设计是一体式焊钳的主要问题。这是由于变压器被限制在焊钳的小空间里,外形尺寸及重量都必须比一般的小,二次线圈还要通水冷却。目前,采用真空环氧浇铸工艺已制造出了小型集成阻焊变压器。例如,30 kV·A 的变压器体积为 $325 \times 135 \times 125 \text{ mm}^3$,重量只有 18 kg。

d. 逆变式焊钳。这是电阻焊机发展的一个新方向。目前,国外已经将装有逆变式焊钳的点焊机器人用于汽车装焊生产线上,我国对此正在进行研究。

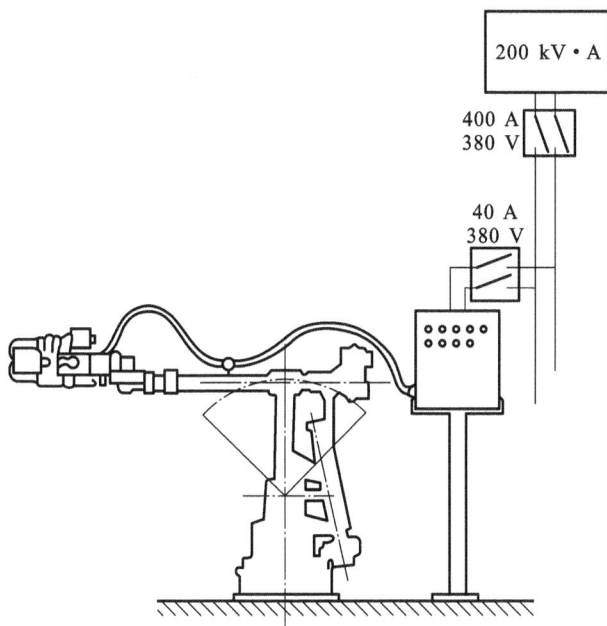

图 10-17 一体式焊钳点焊机器人

② 焊接控制器。控制器由 Z80CPU、EPROM 及部分外围接口芯片组成最小控制系统。它可以根据预定的焊接监控程序,完成点焊时的焊接参数输入、点焊程序控制、焊接电流控制及焊接系统故障自诊断,并可实现与本体计算机及手控示教盒的通信联系。常用的点焊控制器主要有 3 种结构形式。

a. 中央结构型。它将焊接控制部分作为一个模块与机器人本体控制部分共同安排在一个控制柜内,由主计算机统一管理并为焊接模块提供数据,焊接过程控制由焊接模块完成。这种结构的优点是设备集成度高,便于统一管理。

b. 分散结构型。采用分散结构型时,焊接控制器与机器人本体控制柜分开,二者采用应答式通信联系,主计算机给出焊接信号后,其焊接过程由焊接控制器自行控制,焊接结束后给主机发出结束信号,以便主机控制机器人移位,其焊接循环如图 10-18 所示。这种结构的优点是调试灵活,焊接系统可单独使用,因需要一定距离的通信,集成度不如中央结构型高。

焊接控制器与本体及示教盒的联系信号主要有焊钳大小行程、焊接电流增/减号,焊接时间增减、焊接开始及结束、焊接系统故障等。

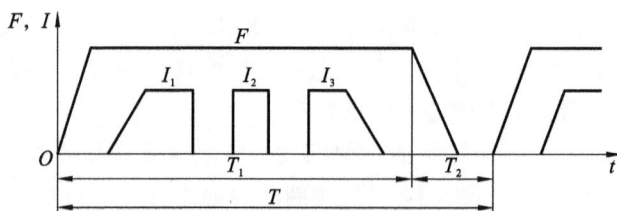

图 10-18　点焊机器人焊接循环

T_1—焊接控制器控制时间；T_2—机器人主控计算机控制时间；T—焊接周期；F—电极压力；I—焊接电流

　　c. 群控系统。群控就是将多台点焊机器人焊机（或普通焊机）与群控计算机相连，以便同时对通电的数台焊机进行控制，实现部分焊机的焊接电流分时交错，限制电网瞬时负载，稳定电网电压，从而保证焊点质量。群控系统的出现可以使车间供电变压器容量大大下降。此外，当某台机器人（或点焊机）出现故障时，群控系统启动备用的点焊机器人或对剩余的机器人重新分配工作，以保证焊接生产的正常进行。

　　为了适应群控的需要，点焊机器人焊接系统都应增加"焊接请求"及"焊接允许"信号，并与群控计算机相连。

　　点焊机器人与 CAD 系统的通信功能变得日益重要。这种 CAD 系统主要用来离线示教。图 10-19 所示为含 CAD 系统及焊接数据库系统的新型点焊机器人系统的基本构成。

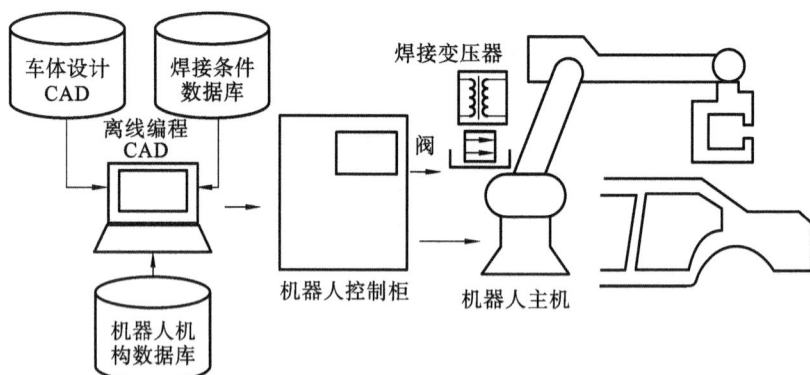

图 10-19　含 CAD 系统与焊接数据库系统的点焊机器人系统

　　点焊机器人对焊接系统的要求如下。

　　a. 应采用具有浮动加压装置的专用焊钳，也可对普通焊钳进行改装。焊钳重量要轻，可具有长、短两种行程，以便快速焊接及修整、更换电极，跨越障碍等。

　　b. 一体式焊钳的重心应设计在固定法兰盘的轴心线上。

　　c. 焊接控制系统应能对阻焊变压器过热、晶闸管过热、晶闸管短路或断路、气网失压、电网电压超限、粘电极等故障进行自诊断及自保护，除通知本体停机外，还应显示故障种类。

　　d. 分散结构型控制系统应具有通信联系接口。能识别机器人本体及手控盒的各种信号，并做出相应的反应。

10.4.3　点焊机器人的选择

　　在选用或引入点焊机器人时，必须注意以下几点：

　　① 必须使点焊机器人实际可达到的工作空间大于焊接所需的工作空间。焊接所需的工

作空间由焊点位置及焊点数量确定。

② 点焊速度与生产线速度必须匹配。首先由生产线速度及待焊点数确定单点工作时间，机器人的单点焊接时间（含加压、通电、维持、移位等过程）必须小于此值，即点焊速度应大于或等于生产线的生产速度。

③ 按工件形状、种类、焊缝位置选用焊钳。垂直及近乎垂直的倾斜焊缝选用 C 形焊钳，水平及近乎水平的倾斜焊缝选用 K 形焊钳。

④ 应选内存容量大、示教功能全、控制精度高的点焊机器人。

⑤ 需采用多台机器人时，应研究是否采用多种型号，并与多点焊机及简易直角坐标机器人并用等问题。当机器人间隔较小时，应注意动作顺序的安排，可通过机器人群控或相互间的联锁作用避免干涉。

根据上面的条件，从经济效益、社会效益方面进行论证，方可决定是否采用机器人及所需的台数、种类等。

10.5 弧焊机器人

10.5.1 弧焊机器人概述

（1）弧焊机器人的应用范围

弧焊机器人的应用范围很广，除汽车行业之外，在通用机械、金属结构等许多行业中都有应用。这是因为弧焊工艺早已在诸多行业中得到普及。弧焊机器人应是包括各种焊接附属装置在内的焊接系统，而不只是一台以规划的速度和姿态携带焊枪移动的单机。图 10-20 所示为焊接系统的基本组成，图 10-21 所示为适合机器人应用的弧焊方法。

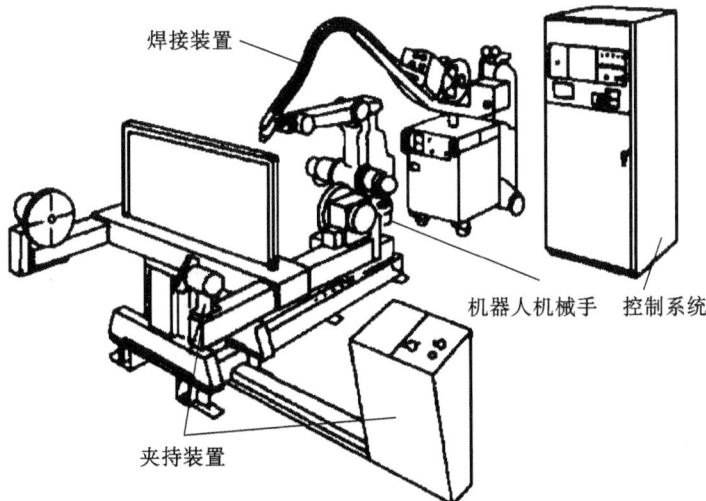

图 10-20 弧焊机器人系统的基本组成

（2）弧焊机器人的作业性能

在弧焊作业中，要求焊枪跟踪工件的焊道运动，并不断填充金属形成焊缝。因此，运动过程中速度的稳定性和轨迹精度是两项重要的指标。一般情况下，焊接速度取 5~50 mm/s，轨迹精度为 0.2~0.5 mm。由于焊枪的姿态对焊缝质量也有一定影响，因此希望在跟踪焊道的

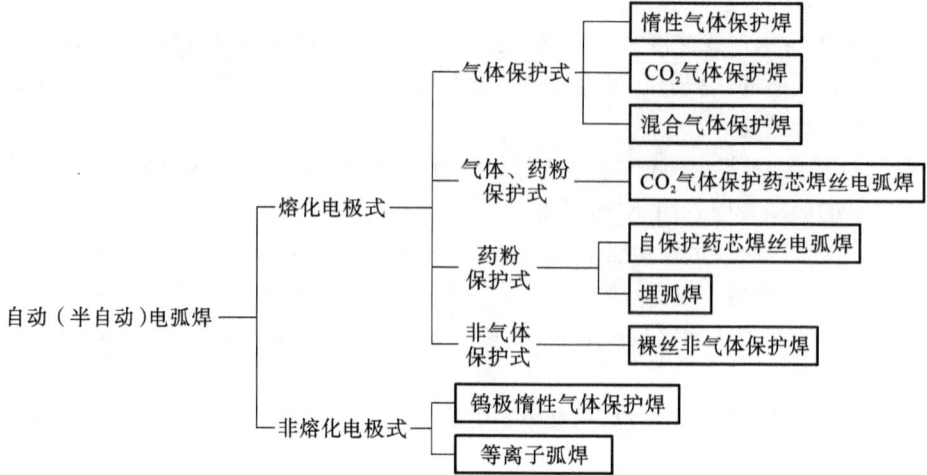

图 10-21 适合机器人应用的弧焊方法

同时,焊枪姿态的可调范围尽量大。作业时,为了得到优质焊缝,往往需要在动作的示教以及焊接条件(电流、电压、速度)的设定上花费大量的劳动力和时间,所以除了上述性能方面的要求外,如何使机器人便于操作也是一个重要课题。

有直角坐标型的弧焊机器人,也有关节型的弧焊机器人。对于小型、简单的焊接作业,4、5轴机器人即可以胜任了;对于复杂工件的焊接,采用 6 轴机器人时调整焊枪的姿态比较方便。对于特大型工件焊接作业,为加大工作空间,有时把关节型机器人悬挂起来,或者安装在运载小车上使用。

下面举一个典型的弧焊机器人加以说明。图 10-22 和表 10-3 分别是主机的简图和规格。

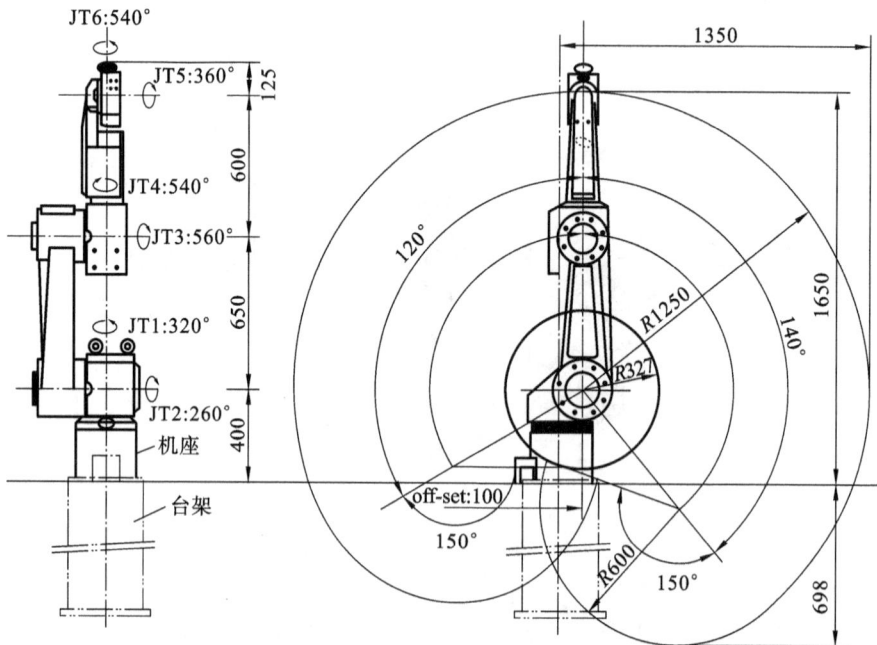

图 10-22 典型弧焊机器人的主机简图

表 10-3   **典型弧焊机器人的规格**

项目	要求
持重	5 kg,承受焊枪所必需的负荷能力
重复位置精度	±0.1 mm,高精度
可控轴数	6 轴同时控制,便于焊枪姿态调整
动作方式	各轴单独插补、直线插补、圆弧插补、焊枪端部等速控制(直线、圆弧插补)
速度控制	进给 6~1500 mm/s,焊接速度 1~50 mm/s,调速范围广(从极低速到高速均可调)
焊接功能	焊接电流、电压的选定,允许在焊接中途改变焊接条件,断弧、粘丝保护功能,焊接抖动功能(软件)
存储功能	IC 存储器,128 kW
辅助功能	定时功能、外部输入/输出接口
应用功能	程序编辑、外部条件判断、异常检查、传感器接口

10.5.2 弧焊机器人系统的构成

弧焊机器人可以应用在所有电弧焊、切割技术范围及类似的工艺方法中,最常用于结构钢和碳素镍钢的熔化极活性气体保护焊(CO_2 气体保护焊、MAG 焊),铝及特殊合金熔化极惰性气体保护焊(MIG 焊),铬-镍钢和铝的加冷丝和不加冷丝的钨极惰性气体保护焊(TIG 焊)及埋弧焊。除气割、等离子弧切割及等离子弧喷涂外,还实现了在激光切割上的应用。

图 10-20 所示为一套完整的弧焊机器人系统,它包括机器人机械手、控制系统、焊接装置、焊件夹持装置。夹持装置上有两组可以轮番进入机器人工作范围的旋转工作台。

(1)弧焊机器人的基本结构

弧焊用的工业机器人通常有 5 个以上的自由度,具有 6 个自由度的机器人可以保证焊枪的任意空间轨迹和姿态。图 10-22 所示为典型的弧焊机器人主机简图。点至点方式移动速度可达 60 m/min 以上,其轨迹重复精度可达到 0.2 mm,它们可以通过示教和再现方式或通过编程方式工作。

这种焊接机器人应具有直线及环形内插法摆动的功能。图 10-23 所示为 6 种摆动方式,可满足焊接工艺要求,机器人的负荷为 5 kg。

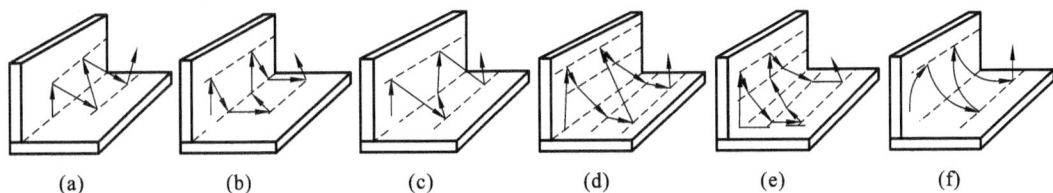

(a)   (b)   (c)   (d)   (e)   (f)

图 10-23 弧焊机器人的 6 种摆动方式

(a) 直线单摆;(b) L 形;(c) 三角形;(d) U 形;(e) 台形;(f) 高速圆弧摆动

弧焊机器人的控制系统不但要保证机器人的精确运动,而且要具有可扩充性,以控制周边设备,确保焊接工艺的实施。图 10-24 所示为一台典型的弧焊机器人控制系统的计算机硬件框图。控制计算机由 8086CPU 做管理用中央处理机单元,8087 协处理器进行运动轨迹计算,每 4 台电动机用 1 个 8086CPU 进行伺服控制。通过串行 I/O 接口与上一级管理计算机通信，采用数字量 I/O 和模拟量 I/O 控制焊接电源和周边设备。

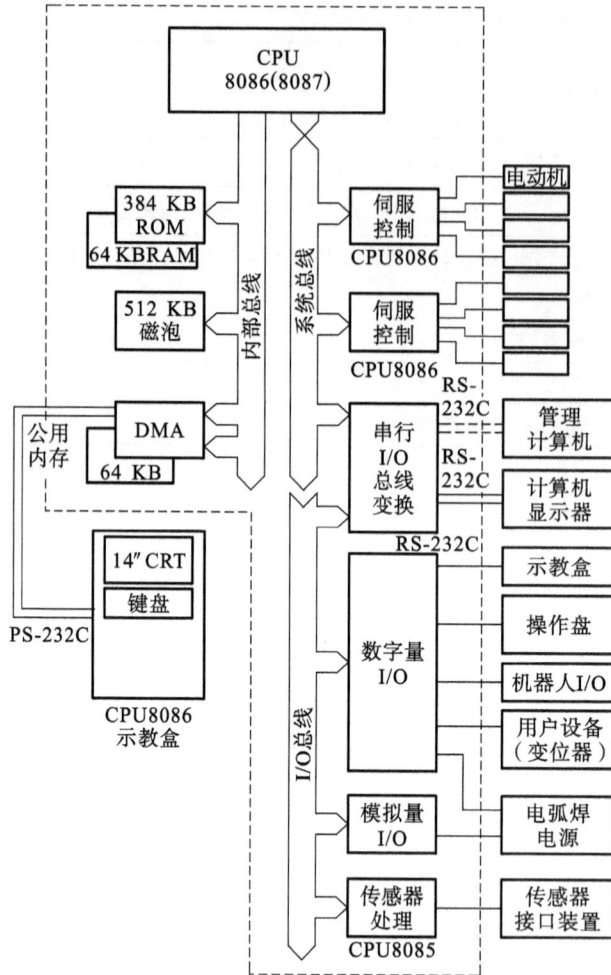

图 10-24 弧焊机器人控制系统计算机硬件框图

该计算机系统具有传感器信息处理的专用 CPU(8085)，微计算机具有 384 KB 的 ROM、64 KB 的 RAM 及 512 KB 磁泡的内存，示教盒与总线采用 DMA 方式(直接存储器访问方式)交换信息，并有公用内存 64 KB。

(2) 弧焊机器人周边设备

弧焊机器人只是焊接机器人系统的一部分，还应有行走机构及小型和大型移动机架。通过这些机构来扩大工业机器人的工作范围(图 10-25)，同时具有各种用于接收、固定及定位工件的转胎(图 10-26)、定位装置及夹具。

在最常见的结构中，工业机器人固定于基座上，工件转胎则安装于其工作范围内。为了更经济地使用工业机器人，至少应有两个工位轮番进行焊接。

所有这些周边设备的技术指标均应适应弧焊机器人的要求，即确保工件上焊缝的到位精度达到 0.2 mm。以往的周边设备都达不到机器人的要求。为了适应弧焊机器人的发展，新型的周边设备由专门的工厂进行生产。

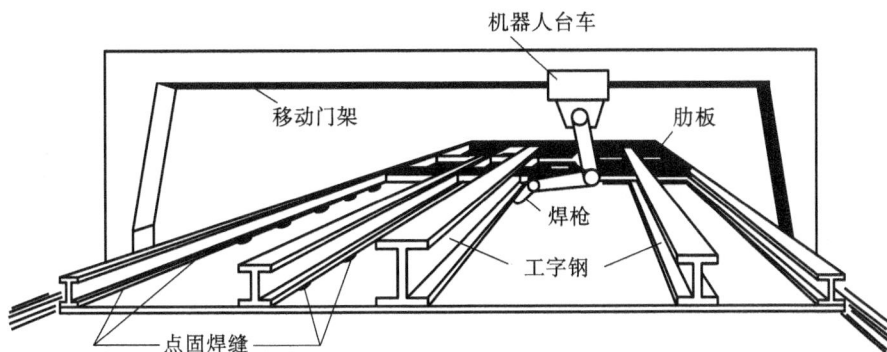

图 10-25　机器人倒置在移动门架上

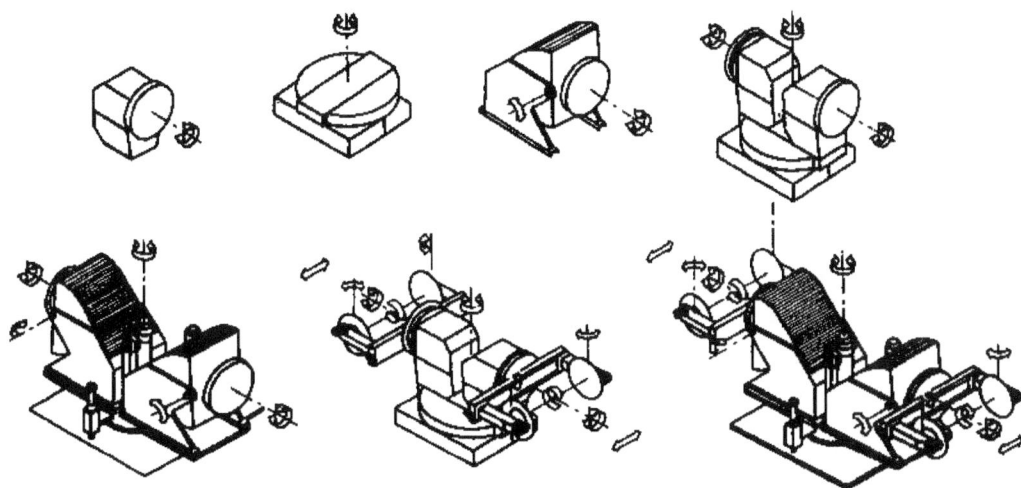

图 10-26　各种机器人专用转胎

　　鉴于工业机器人本身及转胎的基本构件已经实现标准化,所以用于每种工件装夹、夹紧、定位及固定的工具必须重新设计。这种工具既有简单的用手动夹紧杠杆操作的设备,又有极复杂的全自动液压或气动夹紧系统。必须特别注意工件上焊缝的可接近性。

　　转胎及工具的复杂性不同,机器人控制与外围设备之间的信号交换是相当不同的。这一信号交换对于工作的安全性有很大意义。

　　(3) 焊接设备

　　用于工业机器人的焊接电源及送丝设备,由于要进行参数选择,必须由机器人控制器直接控制。为此,一般至少通过 2 个给定电压达到上述目的。对于复杂过程,如脉冲电弧焊或填丝钨极惰性气体保护焊时,可能需要 2~5 个给定电压。电源在其功率和接通持续时间上必须与自动过程相符合,必须安全地引燃,并无故障地工作,使用最多的焊接电源是晶闸管整流电源。近年来的晶体管脉冲电源对于工业机器人电弧焊具有特殊的意义。这种晶体管脉冲电源无论是模拟的还是脉冲式的,通过其脉冲频率的无级调节,在结构钢、铬-镍钢及铝焊接时都能保证实现接近无飞溅的焊接。与采用普通电源相比,可以使用更大直径的焊丝,其熔敷效率更高。有很多焊接设备制造厂为工业机器人设计了专用焊接电源,采用微处理机控制,以便与工业机器人控制系统交换信号。

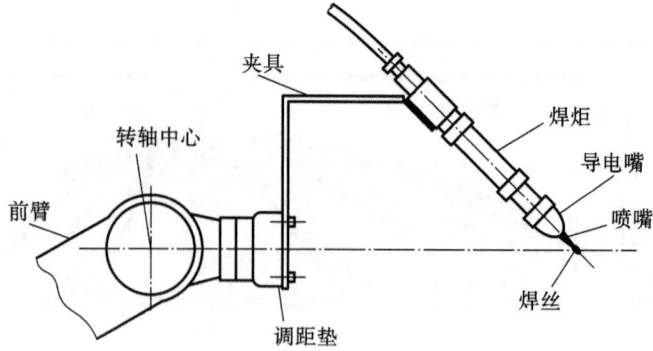

图 10-27　焊枪的固定

送丝系统必须保证恒定送丝。送丝系统应具有足够的功率,并能调节送丝速度。为了使机器人能自由移动,必须采用软管,但软管应尽量短。在工业机器人电弧焊时,由于焊接持续时间长,经常采用水冷式焊枪,焊枪与机器人末端的连接处应便于更换,并需有柔性的环节或制动保护环节,防止示教和焊接时与工件或周围物件碰撞影响机器人的寿命。图 10-27 所示为焊枪与机器人连接的一个例子。在装卡焊枪时,应注意焊枪伸出焊丝端部的位置应符合机器人使用说明书中所规定的位置,否则示教再现后焊枪的位置和姿态将产生偏差。

（4）控制系统与外围设备的连接

工业控制系统不仅要控制机器人机械手的运动,还需控制外围设备的动作、开启、切断及安全防护。图 10-28 所示为典型的控制框图。

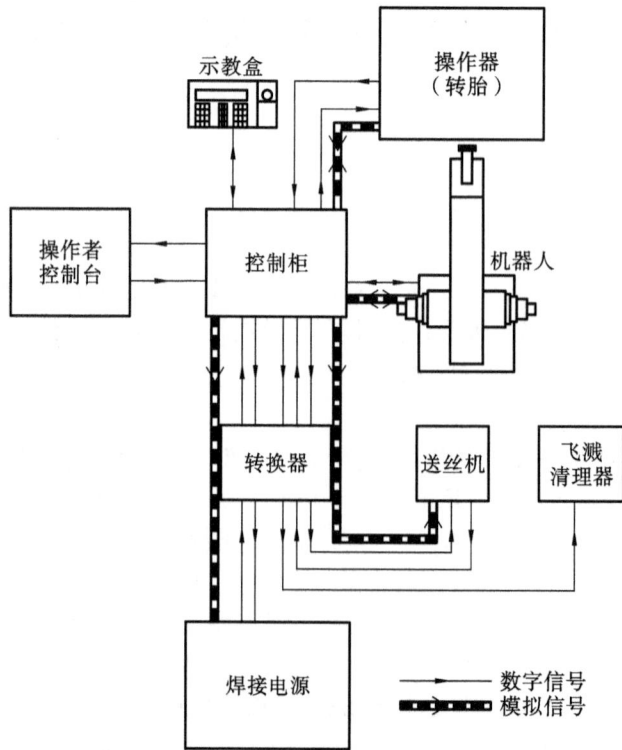

图 10-28　典型的控制框图

　　控制系统与所有设备的通信信号有数字信号和模拟信号。控制柜与外围设备用模拟信号联系的有焊接电源、送丝机构及操作机(包括夹具、变位器等)。这些设备需通过控制系统预置参数,通常是通过 D/A 转换器给定基准电压。控制器与焊接电源和送丝机构电源一般都需有电隔离,控制系统对操作机电动机的伺服控制与对机器人伺服控制电动机的要求相仿,通常采用双伺服环。要确保工件焊缝到位精度与机器人到位精度相等。

10.5.3　弧焊机器人的操作与安全

（1）弧焊机器人的操作

　　工业机器人普遍采用示教方式工作,即通过示教盒的操作键引导到起始点,然后用按键确定位置、运动方式(直线或圆弧插补)、摆动方式、焊枪姿态及各种焊接参数。还可通过示教盒确定周边设备的运动速度等。焊接工艺操作包括引弧、施焊、熄弧、填充火口等,也通过示教盒给定。示教完毕后,机器人控制系统进入程序编辑状态,焊接程序生成后即可进行实际焊接。下面是焊接操作的一个实例(图 10-29)。

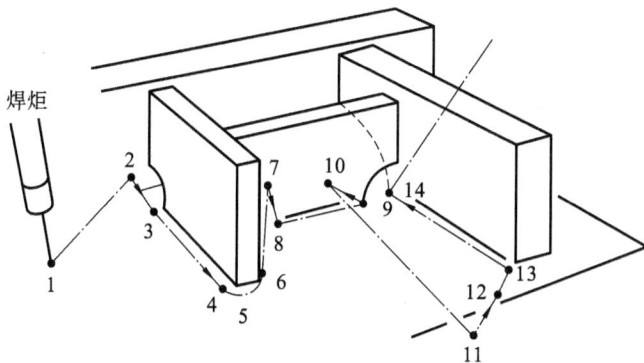

图 10-29　焊接操作

　① F＝2500,以 2500 cm/min 的速度到达起始点。

　② SEASA＝H1,L1＝0,根据 H1 给出起始点,L2＝0,F＝100。

　③ ARCON F＝35,V＝30;在给定条件下开始焊接 I＝280,TF＝0.5,SENSTON＝H1 并跟踪焊缝。

　④ SENSTON＝HI;给出焊缝结束位置。

　⑤ CORN＝*CHFOIAI :执行角焊缝程序,CHFOIAI。

　⑥ F＝300, DW＝1.5;1.5 s 后焊接速度为 v＝300 cm/min。

　⑦ F＝100;以 v＝100 cm/min,并保持到下一示教点。

　⑧ ARCON, DBASE＝*DHFL09:开始以数据库*DHFL09 的数据焊接。

　⑨ arcoff,vC＝20,ic＝180;在要求条件下结束焊接 TC＝1.5,F＝200。

　⑩ F＝1000;以 v＝1000 cm/min 的速度运动。

　⑪ Dw＝1, OUTB＝2,1 s 后,在♯2点发出 1 个脉冲。

　⑫ F＝100;以 v＝100 cm/min 的速度运动。

　⑬ MULTON＝*M:执行多层焊接程序*M。

　⑭ MULTOFF,F＝200:结束多层焊接。

（2）弧焊机器人的安全

安全设备对于工业机器人工位是必不可少的。工业机器人应在一个被隔开的空间内工作，用门或光栅保护，机器人的工作区通过电及机械方法加以限制。从安全角度出发，危险常表现为下面几种情况。

① 在示教时。这时，示教人员为了更好地观察，必须靠近机器人及工件。在此种工作方式下，限制机器人的最高移动速度和急停按键，会提高安全性。

② 在维护及保养时。此时，维护人员必须靠近机器人及其周围设备进行操作。

③ 在突然出现故障后观察故障时。

10.6　机器人焊接智能化技术

一般工业现场应用的弧焊机器人大都是示教再现型的，这种焊接机器人对示教条件以外的焊接过程动态变化、焊件变形和随机因素干扰等不具有适应能力。随着焊接产品的高质量、多品种、小批量等要求的增加，以及应用现场的各种复杂变化，使得直接从供货公司获得的焊接机器人难以满足现场的技术要求。这就需要对本体机器人焊接系统进行二次开发。通常包括给焊接机器人配置适当的传感器，柔性周边设备及相应软件，如焊缝跟踪传感器、焊接过程传感器与实时控制器、焊接变位机构及焊接任务的离线规划与仿真软件等。这些功能大大扩展了基本示教再现焊接机器人的功能。从某种意义上讲，这样的焊接机器人系统已具有一定的智能行为，不过其智能程度的高低由所配置的传感器、控制器及软硬件所决定。目前，这种焊接机器人智能化系统已成发展趋势，现将相关的智能化技术简要介绍如下。

10.6.1　机器人焊接智能化系统的技术组成

机器人焊接智能化系统是建立在智能反馈控制理论基础之上，涉及众多学科综合技术交叉的先进制造系统。除了不同的焊接工艺要求不同的焊接机器人实现技术与相关设备之外，现行机器人焊接智能化系统可从宏观上划分为如图 10-30 所示的组成部分。

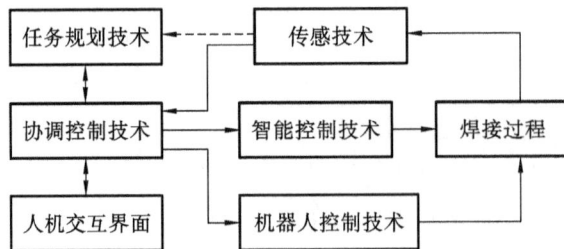

图 10-30　机器人焊接智能化系统的技术组成

图 10-30 中的机器人焊接智能化系统涉及如下几个主要技术基础：

① 机器人焊接任务规划软件系统设计技术。

② 焊接环境、焊缝位置和走向及焊接动态过程的智能传感技术。

③ 机器人运动轨迹控制实现技术。

④ 焊接动态过程的实时智能控制器设计。

⑤ 机器人焊接智能化复杂系统的控制与优化管理技术。

10.6.2　机器人焊接任务规划软件设计技术

机器人焊接任务规划系统的基本任务是在一定的焊接工作区内自动生成从初始状态到目标状态的机器人动作序列、可达的焊枪运动轨迹、最佳的焊枪姿态及与之相匹配的焊接参数和控制程序,并能实现对焊接规划过程的自动仿真与优化。

机器人焊接任务规划可归结为人工智能领域的问题求解技术,其包含焊接路径规划和焊接参数规划两部分。由于焊接工艺及任务具有多样性与复杂性,故在实际施焊前对机器人焊接的路径和焊接参数方案进行计算机软件规划(即 CAD 仿真设计研究)是十分必要的。这一方面可以大幅度节省实际示教对生产线的占用时间,提高焊接机器人的利用率;另一方面可以实现机器人运动过程的焊前模拟,保证生产过程的有效性和安全性。

机器人焊接路径规划的含义主要是指对机器人末端焊枪轨迹的规划。焊枪轨迹的生成是将一条焊缝的焊接任务进行划分后,得到一个关于焊枪运动的子任务,可用焊枪轨迹序列$\{P_{hi}\}$ $(i=1,2,\cdots,n)$来表示。通过选择和调整机器人各运动关节,得到一组合适的相容关节解序列 $J=\{A_1,A_2,\cdots,A_n\}$,在满足关节空间的限制和约束条件下,提高机器人的空间可达性和运动平稳性,完成焊缝上的焊枪轨迹序列。

机器人焊接参数规划主要是指对焊接工艺过程中各种质量控制参数的设计与确定。焊接参数规划的基础是参数规划模型的建立。焊接过程具有复杂性和不确定性,目前应用和研究较多的模型结构主要基于神经网络理论、模糊推理理论及专家系统理论等。根据该模型的结构和输入输出关系,由预先获取的焊缝特征点数据可以生成参数规划模型所要求的输入参数和目标参数,通过规划器后即可得到施焊时相应的焊接工艺参数。

机器人焊接路径规划不同于一般移动机器人的路径规划。它的特点在于对焊缝空间连续曲线轨迹、焊枪运动的无碰路径及焊枪姿态的综合设计与优化。由于焊接参数规划通常需要根据不同的工艺要求、不同的焊缝空间位置及相异的工件材质和形状做相应的调整,而焊接路径规划和参数规划又具有一定的相互联系,因此对它们进行联合规划研究具有实际的意义。对焊接质量来讲,焊枪的姿态、路径和焊接参数是一个紧密耦合的统一整体。一方面,在机器人路径规划中的焊枪姿态决定了施焊时的行走角和工作角,机器人末端执行器的运动速度也决定了焊接速度,而行走角、工作角、焊接速度等都是焊接参数的重要内容;另一方面,从焊接工艺和焊接质量控制角度讲,焊接速度、焊枪行走角等参数的调整又必须在机器人运动路径规划中得以实现。而从焊缝成形的规划模型来看,焊接电流、电弧电压、焊枪运动速度、焊接行走角 4 个量又必须有机配合才能较好地实现对焊缝成形的控制。因此,焊接路径和焊接参数是一个有机的统一整体,必须进行焊接路径和焊接参数的联合规划。

根据焊缝成形的规划模型及弧焊机器人焊接程序的结构,可以构造联合规划系统的结构,如图 10-31 所示。规划系统各部分的意义及工作流程简述如下。

① 焊缝信息数据为规划系统提供了一个规划对象,它是一种数据结构,描述了焊缝的空间位置、接头形式及焊缝成形的尺寸要求。

② 参数规划器是在焊接工艺上进行的参数规划,规划器模型输出焊接工艺参数文件和机器人焊枪姿态调整数据。

③ 姿态调整数据文件结合焊缝位置信息数据文件,生成焊枪运行轨迹(包括运行速度),然后通过焊接路径规划器实现路径规划。

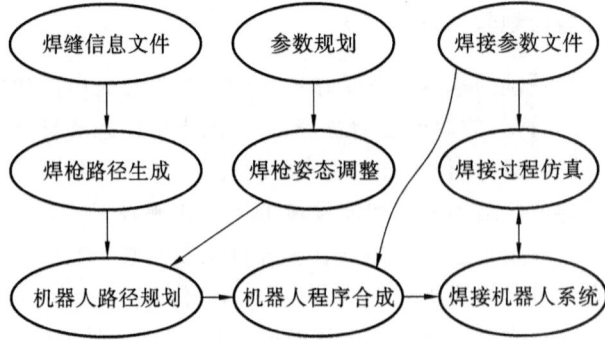

图 10-31　机器人焊接路径和参数联合规划图

④ 路径规划器是一种人工智能状态的搜索模型,通过设计相应的启发函数和罚函数,结合机器人逆运动学解算方法,在机器人关节空间搜索和规划出一条运动路径。该规划器主要是为了提高机器人的运动灵活性和可达性,对各种复杂的空间焊缝及闭合焊缝的路径进行规划。

⑤ 路径规划器能输出满足关节相容性的笛卡儿坐标运动程序和关节坐标运动程序。

⑥ 机器人综合程序将焊接工艺参数文件和焊接路径规划程序结合在一起,自动生成实际的焊接机器人系统的可执行程序,从而实现了对焊接路径和焊接参数的联合规划,并达到了相应的焊缝成形质量目标。

10.6.3　机器人焊接传感技术

人的智能标志之一是能够感知外部世界并依据感知信息采取适应性行为。要使机器人焊接系统具有一定的智能,研究机器人对焊接环境、焊缝位置与走向及焊接动态过程的智能传感技术是十分必要的。机器人具备对焊接环境的感知功能可利用机器、视觉技术实现,将对焊接工件整体或局部环境的视觉模型作为规划焊接任务、无碰路径及焊接参数的依据。这里需要建立三维视觉硬件系统,以及实现图像理解、物体分割等技术。

视觉焊缝跟踪传感器是焊接机器人传感系统的核心和基础之一。为了获取焊缝接头的三维轮廓并克服焊接过程中弧光的干扰,机器人焊缝跟踪识别技术一般采用激光、结构光等主动视觉的方法,从而正确导引机器人焊枪终端沿实际焊缝完成期望的轨迹运动。由于采用的主动光源的能量大都比电弧光的能量小,故一般将这种传感器放在焊枪的前端,以避开弧光直射的干扰。主动光源一般为单光面或多光面的激光或扫描电子束,将视觉传感器放在焊枪的前面,由于光源是可控的,因此可以消除环境对图像的干扰,性能稳定,实用性好。

结构光视觉是主动视觉焊缝跟踪的另一种形式,相应的传感器主要由两部分组成:一个是投影器,用它的辐射能量形成一个投影光面;一个是光电位置探测器件,常采用面阵 CCD 摄像机。它们以一定的位置关系装配后,配以一定的算法,便构成了结构光视觉传感器。它能感知投影面上所有可视点的三维信息。一条空间焊缝的轨迹可看成一系列离散点构成的,其密集程度根据控制的需要而定,焊缝坐标系的原点便建立在这些点上。传感器每次可测得一个焊缝点位姿,并可获得未知焊缝点的位姿启发信息,导引机器人焊枪完成整个光滑连续焊缝的跟踪。

焊接动态过程的实时检测技术主要是指在焊接过程中对熔池尺寸、熔透程度及电弧行为等参数进行在线检测,从而实现焊接质量的实时控制。焊接过程的弧光干扰、复杂的物理化学反应、强非线性及大量不确定性因素的作用,使得对焊接过程可靠而实用的检测成为难题。长期以来,已有众多学者探索用多种途径及技术手段检测,在一定条件下取得了成功各种不同的检测手段、信息处理方法及不同的传感原理、技术实现手段,实质上是要求综合技术的提高。从熔池动态变化和熔透特征检测来看,目前认为计算机视觉技术、温度场测量、熔池激励振荡、电弧传感等方法的实时控制效果较好。

10.6.4　焊接动态过程智能控制技术

焊接动态过程是一个多因素影响的复杂过程。被控对象的强非线性、多变量耦合、材料物理化学变化的复杂性,以及大量随机干扰和不确定因素的存在,使得有效、实时控制焊接质量成为焊接界多年来瞩目的难题,也是实现焊接机器人智能化系统不可逾越的关键问题。

由于经典及现代控制理论所能提供的控制器设计方法是基于被控对象的精确数学模型建模的,而焊接动态过程不可能给出这种可控的数学模型,因此对焊接过程难以应用这些理论方法设计有效的控制器。

近年来,随着模拟人类智能行为的模糊逻辑、人工神经网络、专家系统等智能控制理论方法的出现,我们有可能采用新思路来设计模拟焊工操作行为的智能控制器,以期解决焊接质量实时控制的难题。目前,已有一些学者将模糊逻辑、人工神经网络、专家推理等人工智能技术综合运用于机器人系统焊接动态过程控制问题。

针对实际的焊接动态过程控制对象,智能控制器的设计需要做许多技巧性的工作,尤其在控制器的实时自适应与自学习算法研究及其系统实现上尚有许多问题,而且不同的焊接工艺、不同的检测手段都将导致不同的智能控制器设计方法。焊接动态过程智能控制器与焊接机器人系统设计结合起来,将使机器人焊接智能化技术有实质性的提高。

10.6.5　机器人焊接智能化集成系统

对于以焊接机器人为主体的,由焊接任务规划、各种传感系统、机器人轨迹控制系统焊接质量智能控制器组成的复杂系统,要求有相应的系统优化设计与系统管理技术。从系统控制领域的发展分类来看,可将机器人焊接智能化系统归结为一个复杂系统的控制问题。这一问题在系统科学的发展研究中已有确定的学术地位,已有相当多的学者进行这一方向的研究。目前,对这种复杂系统的分析研究主要集中在系统中存在的各种不同性质的信息流的共同作用、系统的结构设计优化及整个系统的管理技术方面。随着机器人焊接智能化控制系统向实用化方向的发展,对其系统的整体设计、优化管理也将有更高的要求,这方面研究工作的重要性将进一步明确。

一个典型的以弧焊机器人为中心的智能化焊接系统的技术构成如图 10-32 所示。综上所述,在焊接机器人技术的现阶段,发展与焊接工艺相关设备的智能化系统是适宜的。这种系统可以作为一个焊接产品柔性加工单元(WFMC)而相对独立,也可以作为复合柔性制造系统(FMS)的子单元存在,技术上具有灵活的适应性。另外,研究这种机器人焊接智能化系统作为向更高目标——制造具有高度自主能力的智能焊接机器人的技术过渡也是不可缺少的。

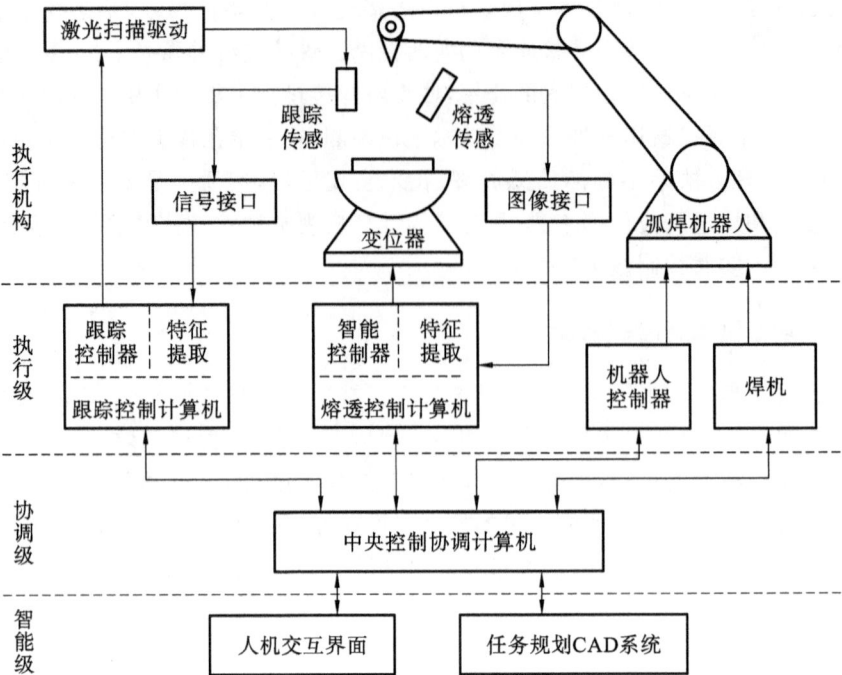

图 10-32　智能化焊接系统的技术构成

10.6.6　焊接机器人的主要技术指标

　　选择和购买焊接机器人时,全面和确切地了解其性能指标十分重要。使用机器人时,掌握其主要技术指标更是正确使用的前提。各厂家在其机器人产品说明书上所列的技术指标往往比较简单,有些性能指标要根据使用的需要在谈判和考察中深入了解。

　　焊接机器人的主要技术指标可分为两大部分:机器人的通用技术指标和焊接机器人的专用技术指标。

　　(1) 机器人通用技术指标

　　① 自由度数。这是反映机器人灵活性的重要指标。一般来说,有 3 个自由度数就可以达到机器人工作空间中的任意一点,但焊接不仅要达到空间某位置,还要保证焊枪(割具或焊钳)的空间姿态。因此,弧焊和切割机器人至少需要 5 个自由度,点焊机器人需要 6 个自由度。

　　② 负载。其指机器人末端能承受的额定载荷,焊枪及其电缆、割具及气管、焊钳及电缆、冷却水管等都属负载。弧焊和切割机器人的负载能力为 6～10 kg。点焊机器人如使用一体式变压器和焊钳一体式焊钳,其负载能力应为 60～90 kg;如使用分离式焊钳,其负载能力应为 40～50 kg。

　　③ 工作空间。厂家给出的工作空间是机器人未装任何末端操作器情况下的最大可达空间,用图形来表示。应特别注意的是,在装上焊枪(或焊钳)等后,又需要保证焊枪姿态。实际的可焊接空间会比厂家给出的小一层,需要认真地用比例作图法或模型法核算一下,以判断是否满足实际需要。

　　④ 最大速度。这在生产中是影响生产效率的重要指标。产品说明书给出的是在各轴联

动情况下机器人手腕末端所能达到的最大线速度。由于焊接要求的速度较低，最大速度只影响焊枪（或焊钳）的到位、空行程和结束返回时间。

⑤ 点到点重复精度。这是机器人性能的最重要指标之一。对点焊机器人，从工艺要求出发，其精度应达到焊钳电极直径的 1/2 以下，即 1~2 mm。对弧焊机器人，则应小于焊丝直径的 1/2，即 0.2~0.4 mm。

⑥ 轨迹重复精度。这项指标对弧焊机器人和切割机器人十分重要，但各机器人厂家都不给出这项指标，因为测量比较复杂。但各机器人厂家内部都做这项测量，应坚持索要其精度数据。对弧焊机器人和切割机器人，其轨迹重复精度应小于焊丝直径或割具切孔直径的 1/2，一般需要达到 0.3~0.5 mm 以下。

⑦ 用户内存容量。其指机器人控制器内主计算机存储器的容量大小。它反映了机器人能存储示教程序的长度，关系到能加工工件的复杂程度，即示教点的最大数量。一般用能存储机器人指令的系数和存储总字节（Byte）数来表示，也有用最多示教点数来表示的。

⑧ 插补功能。弧焊、切割和点焊机器人都应具有直线插补和圆弧插补功能。

⑨ 语言转换功能。各厂机器人都有自己的专用语言，但其屏幕可用多种语言显示。例如，ASEA 机器人可以选择英国、德国、法国、意大利、西班牙、瑞士等国语言显示。这对方便本国工人操作十分有用。我国国产机器人可用中文显示。

⑩ 自诊断功能。机器人应具有对主要元器件、主要功能模块进行自动检查、故障报警、故障部位显示等功能。这对保证机器人快速维修非常重要。因此，自诊断功能是机器人的重要功能，也是评价机器人完善程度的主要指标之一。现在世界上的名牌工业机器人都有 30~50 个自诊断功能项，用指定代码和指示灯方式向使用者显示其诊断结果及报警。

⑪ 自保护及安全保障功能。机器人有自保护及安全保障功能，主要有驱动系统过热自断电保护、动作超限位自断电保护等。它可起到防止机器人伤人或损伤周边设备的作用。在机器人的工作部位装有各类触觉或接近觉传感器，能使机器人自动停止工作。

（2）焊接机器人专用技术指标

① 可以适用的焊接或切割方法。这对弧焊机器人尤为重要。这在实质上反映了机器人控制和驱动系统抗干扰的能力。现在一般弧焊机器人只采用熔化极气体保护焊方法，因为这种焊接方法不需采用高频引弧起焊，机器人控制和驱动系统没有特殊的抗干扰措施。能采用钨极氩弧焊的弧焊机器人是近几年的新产品，它有一套特殊的抗干扰措施。这一点在选用机器人时要加以注意。

② 摆动功能。这对弧焊机器人而言甚为重要，它关系到弧焊机器人的工艺性能。现在弧焊机器人的摆动功能差别很大，有的机器人只有固定的几种摆动方式，有的机器人只能在 x-y 平面内任意设定摆动方式和参数。最佳的选择是能在空间范围内任意设定摆动方式和参数的机器人。

③ 焊接 P 点示教功能。这是一种在焊接示教时十分有用的功能，即在焊接示教时先示教焊缝上某一点的位置，然后调整其焊枪或焊钳姿态。在调整姿态时，原示教点的位置完全不变。其实际上是机器人能自动补偿由于调整姿态所引起的 P 点位置的变化，确保 P 点坐标，以方便示教操作者。

④ 焊接工艺故障自检和自处理功能。常见的焊接工艺故障如弧焊的粘丝、断丝，点焊的

粘电极等。这些故障发生后,如不及时采取措施,会发生损坏机器人或报废工件等大事故。因此,机器人必须具有检出这类故障并实时自动停车报警的功能。

⑤ 引弧和收弧功能。为确保焊接质量,需要改变参数。在机器人焊接中,参数在示教时应能设定和修改,这是弧焊机器人必不可少的功能。

10.7　焊接机器人的发展趋势

目前,国际机器人界在加大科研力度,进行机器人共性技术的研究。从机器人技术发展趋势角度看,焊接机器人和其他工业机器人一样,不断向智能化和多样化方向发展。具体而言,表现在如下几个方面。

(1) 机器人操作机构

有限元分析、模态分析及仿真设计等现代设计方法的运用,可实现机器人操作机构的优化设计。

探索新的高强度轻质材料,进一步提高负载自重比。例如,以德国 KUKA 公司为代表的机器人公司,已将机器人并联平行四边形结构改为开链结构,拓展了机器人的工作范围。加之轻质铝合金材料的应用,大大提高了机器人的性能。此外,采用先进的 RV 减速器及交流伺服电动机,可使机器人操作机几乎成为免维护系统。

机构向着模块化、可重构方向发展。例如,关节模块中的伺服电动机、减速机、检测系统已三位一体化,由关节模块、连杆模块用重组方式构造了机器人整机,国外已有模块化装配机器人产品问世。

机器人的结构更加灵巧,控制系统愈来愈小,二者正朝着一体化方向发展。

采用并联机构,利用机器人技术,实现高精度测量及加工,这是机器人技术向数控技术的拓展,为将来实现机器人和数控技术一体化奠定了基础。意大利 COMAU 公司、日本 FANUC 等公司已开发出了此类产品。

(2) 机器人控制系统

重点研究开放式、模块化控制系统。向基于 PC 机的开放型控制器方向发展,可以便于标准化、网络化;器件集成度提高,控制柜日见小巧,且采用模块化结构;大大提高了系统的可靠性、易操作性和可维修性。控制系统的性能进一步提高,已由过去控制标准的 6 轴机器人发展到现在能够控制 21 轴甚至 27 轴机器人,并且实现了软件伺服和全数字控制。

人机界面更加友好,语言、图形编程界面正在研制之中。机器人控制器的标准化和网络化及基于 PC 机网络式控制器已成为研究热点。

编程技术除进一步提高在线编程的可操作性之外,离线编程的实用化将成为研究重点,在某些领域离线编程已实现实用化。

(3) 机器人传感技术

机器人中传感器的作用日益重要。除采用传统的位置、速度、加速度等传感器外,装配、焊接机器人还应用了激光传感器、视觉传感器和力传感器,并实现了焊缝自动跟踪和自动化生产线上物体的自动定位及精密装配作业等,大大提高了机器人的作业性能和对环境的适应性。

遥控机器人则采用视觉、声觉、力觉、触觉等多传感器的融合技术来进行环境建模及决策控制。进一步提高机器人的智能和适应性,多种传感器的使用是关键。其研究热点在于有效可行的多传感器融合算法,特别是在非线性、非平稳及非正态分布情形下的多传感器融合算法。另一问题就是传感系统的实用化。

（4）网络通信功能

日本 YASKAWA 公司和德国 KUKA 公司的最新机器人控制器已实现了与 Canbus、Profibus 总线及一些网络的连接,使机器人由过去的独立应用向网络化应用迈进了一大步,也使机器人由过去的专用设备向标准化设备方向发展。

（5）机器人遥控和监控技术

在一些诸如核辐射、深水、有毒等高危险环境中进行焊接或其他作业时,需要由遥控机器人代替人去工作。遥控机器人系统的发展特点不是追求全自治系统,而是致力于操作者与机器人的人机交互控制,即遥控加局部自主系统构成完整的监控、遥控操作系统,使智能机器人走出实验室,进入实用化阶段。美国发射到火星上的"索杰纳"机器人就是这种系统成功应用的最著名实例。

（6）虚拟机器人技术

虚拟现实技术在机器人中的作用已从仿真、预演发展到用于过程控制,如使遥控机器人操作者产生置身于远端作业环境中的感觉来操纵机器人。基于多传感器、多媒体和虚拟现实及临场感技术,可实现机器人的虚拟遥操作和人机交互。

（7）机器人性能价格比

机器人性能不断提高（高速度、高精度、高可靠性、便于操作和维修）,而单机价格不断下降。微电子技术的快速发展和大规模集成电路的应用,使机器人系统的可靠性有了很大提高。过去机器人系统的可靠性 MTBF（平均故障间隔时间）一般为几千小时,而现在已达到 5 万小时,可以满足任何场合的需求。

（8）多智能体调控技术

这是目前机器人研究的一个崭新领域,主要对多智能体的群体体系结构、相互间的通信与磋商机理、感知与学习方法、建模和规划、群体行为控制等方面进行研究。

近年来,人类的活动领域不断扩大,机器人应用也从制造领域向非制造领域发展。海洋开发、宇宙探测、采掘、建筑、医疗、农林业、服务、娱乐等行业都提出了自动化和机器人化的要求。这些行业与制造业相比,主要特点是工作环境的非结构化和不确定性,因而对机器人的要求更高,需要机器人具有行走功能、对外感知能力及局部的自主规划能力等,是机器人技术的一个重要发展方向。

10.7.1　焊接机器人的技术展望

为了适应工业生产系统向大型、复杂、动态和开放方向发展的需要,国际机器人界都在加大科研力度,对机器人技术进行深入研究。从机器人技术发展趋势看,智能化控制技术将是焊接机器人技术发展的主要方向。

（1）视觉控制技术

应用焊接机器人视觉控制技术时,通过对焊接区图像进行采集,产生视频信号送至图像处理机,对图像进行快速处理并提取跟踪特征参量后进行数据识别和计算,通过逆运动学求解得到机器人各关节位置给定值,最后控制高精度的末端执行机构,调整机器人的位姿。视觉控制的关键在于视觉测量,在焊接过程中视觉技术分为直接视觉传感和间接视觉传感两种形式。直接视觉传感技术是一种常用的非接触式传感技术,其主要优点是不接触工件,不干扰正常的焊接过程,获取的信息量大,通用性强。早先,研究人员直接利用电弧光照射熔池前方的工件间隙获取焊接区焊缝信息,根据熔池前方不同远近处电弧光强度的闪烁来实现焊接过程中的焊缝跟踪。典型的例子是利用带有 CCD 摄像机的微型计算机控制系统对焊接熔池行为进行观察和控制。现在,基于激光三角形的视觉系统具有高度的灵活性,价格低,精度高,获取信息能力强,且不受周围噪声和电弧产生的高温影响,其获得的信息可以用于多种自适应功能。弧焊中使用激光视觉系统可以抗电弧辐射、火焰、热金属飞溅、振动、冲击和高温,这种传感器正成为智能自适应焊接机器人优先选用的视觉系统。

(2) 模糊控制技术

焊接机器人系统具有非线性和时变特点,难以用精确的数学模型进行描述,用传统的控制方法难以实现最佳控制。而模糊控制具有自适应和鲁棒性等特点,它为机器人的焊接控制提供了一种理想的控制方法。模糊控制是智能控制的较早形式,它吸取了人的思维具有模糊性的特点,使用模糊数学中的隶属函数、模糊关系、模糊推理和决策等工具,巧妙地综合了人们的直觉经验,从而在其他经典控制理论和现代控制理论不太奏效的场合能够实现较满意的控制。将模糊控制理论和实际焊接过程相结合,发展出了专用焊接控制器,进一步发展出了通用型焊接模糊控制器。模糊控制具有较完善的控制规则,但模糊控制综合定量知识的能力较差。当对象动态特性发生变化或者受到随机干扰的影响时都会影响模糊控制的效果。因此,在模糊控制理论方面,人们对常规模糊控制进行了改进,设计了一些高性能模糊控制器,有效解决了精度较低、自适应能力有限及设备产生振荡现象等问题。

(3) 神经网络控制技术

神经网络控制是研究和利用人脑的某些结构、机理及人的知识和经验对系统进行控制,它是神经网络在控制领域的渗透。用神经网络设计的控制系统适应性、鲁棒性均较好,能处理时变、多因素、非线性等复杂焊接过程的控制问题。人工神经网络具有很强的自学习、自适应能力,信息存储量大,容错性好,能够实现并行联想搜索解空间和完成自适应推理,从而提高智能系统的智能水平、知识处理能力及强壮性。因此,在机器人焊接质量控制中可采用神经网络建立焊接过程模型,从而解决线性控制方法所不能克服的问题,弥补传统专家系统以及模糊控制的不足。现在,焊接机器人神经网络控制系统中使用较多的是前馈式多层神经网络。

(4) 嵌入式控制技术

嵌入式系统以其小型、专用、易携带、可靠性高的特点,已经在焊接机器人控制领域得到了应用。嵌入式控制系统具备网络和人机交互能力,可以取代以往基于微处理器的控制方式。嵌入式控制器具有液晶显示器,可以替代 CRT 显示器,键盘响应也具有很高的实时性,可满足信息输入和对控制系统干预等工作的要求。实验和实际应用表明,嵌入式控制器比基本的模糊控制器具有更好的控制性能。嵌入式控制器为焊接工艺的在线监测提供了新的技术方法,它能确保焊接质量"零缺陷"的目标得以实现。

10.7.2　焊接机器人未来研究的热点及发展方向

① 工业机器人性能不断提高,而单机价格不断下降。

② 机械结构向模块化、可重构化方向发展。

③ 工业机器人控制系统向基于 PC 机的开放型控制器方向发展,便于标准化、网络化。

④ 机器人中的多传感器系统日益重要。

⑤ 虚拟现实技术在机器人中的作用已从仿真、预演发展到用于过程控制。

⑥ 微型和微小机器人技术是机器人研究中的一个新领域和重点发展方向。

⑦ 机器人化机械研究开发包括并联机构机床(VMT)与机器人化加工中心(RVIC)的开发研究,以及机器人化无人值守和具有自适应能力的多机遥控操作的仿人形散料输送设备的研究开发。目前其已成为国防研究的热点之一。

参 考 文 献

［1］刘君华.现代检测技术与测试系统设计.西安:西安交通大学出版社,1999.

［2］卢本.检测与控制工程基础.北京:机械工业出版社,2001.

［3］卢本,王君.材料成型过程的测量与控制.北京:机械工业出版社,2005.

［4］李英民.计算机在材料热加工领域中的应用.北京:机械工业出版社,2001.

［5］杨叔子,杨克冲.机械工程控制基础.武汉:华中科技大学出版社,2014.

［6］卢本.焊接自动化基础.武汉:华中工学院出版社,1987.

［7］刘立君.材料成型控制工程基础.北京:北京大学出版社,2009.

［8］张毅刚,王少军,付宁.单片机原理及接口技术.2版.北京:人民邮电出版社,2015.

［9］芮延年,姚寿广.机电传动控制.北京:机械工业出版社,2006.

［10］张进秋.可编程控制器原理及应用实例.北京:机械工业出版社,2004.

［11］夏田,陈婵娟,祁广利.PLC 电气控制技术.北京:化学工业出版社,2014.

［12］高钦和.可编程控制器应用与设计实例.北京:人民邮电出版社,2005.

［13］程德福.传感器原理及应用.北京:机械工业出版社,2008.

［14］张洪润,张亚凡.传感器原理及应用.北京:清华大学出版社,2008.

［15］赵燕.传感器原理及应用.北京:北京大学出版社,2010.

［16］武波.专家系统.北京:北京理工大学出版社,2003.

［17］韩峻峰,李玉惠.模糊控制技术.重庆:重庆大学出版社,2003.

［18］沙占友.智能化集成温度传感器原理及应用.北京:机械工业出版社,2002.

［19］程大亨.热工过程检测仪表.北京:中国电力出版社,1997.

［20］王香,马旭梁.材料加工过程控制技术.哈尔滨:哈尔滨工业大学出版社,2006.

［21］胡寿松.自动控制原理基础教程.北京:科学出版社,2013.

［22］蒋大明.自动控制原理.北京:清华大学出版社,2003.

［23］杨献勇.热工过程自动控制.北京:清华大学出版社,2000.

［24］杨思乾,李付国.材料加工工艺过程的检测与控制.西安:西北工业大学出版社,2006.

［25］林尚扬,陈善本.焊接机器人及其应用.北京:机械工业出版社,2000.

［26］中国焊接协会成套设备与专用机具分会,中国机械工程学会焊接学会机器人与自动化专业委员会.焊接机器人实用手册.北京:机械工业出版社,2014.

［27］刘伟,周广涛.中厚板焊接机器人系统及传感技术应用.北京:机械工业出版社,2013.